高等教育国家级教学成果二等奖

清华大学计算机基础教育课程系列教材

# 微型计算机系统原理及应用 （第3版）

杨素行 刘慧银 唐光荣 赵长德 黄益庄 编著

清华大学出版社

北京

## 内 容 简 介

本书主要面向高等院校工科非计算机专业的学生。本次修订注意强化计算机近年来的最新发展和应用的内容,同时删减比较陈旧的内容和非教学重点的内容,进一步加强实用性和教学适用性。全书正文包括 6 章,内容分别是微型计算机基础、微型计算机指令系统、汇编语言程序设计、半导体存储器、数字量输入输出以及模拟量输入输出。

本书结合大量实例来讲述微型计算机的系统原理和应用,内容简明扼要,深入浅出,循序渐进,便于学生自学,可以作为高等院校的教材,也可作为工程技术人员自学计算机知识的参考书。

**图书在版编目(CIP)数据**

微型计算机系统原理及应用/杨素行等编著. —3 版. —北京:清华大学出版社,2009.4
(2022.7重印)

(清华大学计算机基础教育课程系列教材)

ISBN 978-7-302-19352-4

Ⅰ. 微… Ⅱ. 杨… Ⅲ. 微型计算机-理论-高等学校-教材 Ⅳ. TP36

中国版本图书馆 CIP 数据核字(2009)第 010849 号

责任编辑:谢 琛 林都嘉
责任校对:白 蕾
责任印制:曹婉颖

出版发行:清华大学出版社
　　　　　网　　　址:http://www.tup.com.cn,http://www.wqbook.com
　　　　　地　　　址:北京清华大学学研大厦 A 座　　　邮　　编:100084
　　　　　社 总 机:010-83470000　　　　　　　　　　邮　　购:010-62786544
　　　　　投稿与读者服务:010-62776969,c-service@tup.tsinghua.edu.cn
　　　　　质 量 反 馈:010-62772015,zhiliang@tup.tsinghua.edu.cn
印 装 者:北京鑫海金澳胶印有限公司
经　　销:全国新华书店
开　　本:185mm×260mm　　印　张:26.25　　字　数:630 千字
版　　次:2009 年 4 月第 3 版　　　　　　印　次:2022 年 7 月第 13 次印刷
定　　价:69.00 元

产品编号:028528-06

# 序

计算机科学技术的发展不仅极大地促进了整个科学技术的发展,而且明显地加快了经济信息化和社会信息化的进程。因此,计算机教育在各国备受重视,计算机知识与能力已成为 21 世纪人才素质的基本要素之一。

清华大学自 1990 年开始将计算机教学纳入基础课的范畴,作为校重点课程进行建设和管理,并按照"计算机文化基础"、"计算机技术基础"和"计算机应用基础"三个层次的课程体系组织教学:

第一层次"计算机文化基础"的教学目的是培养学生掌握在未来信息化社会里更好地学习、工作和生活所必须具备的计算机基础知识和基本操作技能,并进行计算机文化道德规范教育。

第二层次"计算机技术基础"是讲授计算机软硬件的基础知识、基本技术与方法,从而为学生进一步学习计算机的后续课程,并利用计算机解决本专业及相关领域中的问题打下必要的基础。

第三层次"计算机应用基础"则是讲解计算机应用中带有基础性、普遍性的知识,讲解计算机应用与开发中的基本技术、工具与环境。

以上述课程体系为依据,设计了计算机基础教育系列课程。随着计算机技术的飞速发展,计算机教学的内容与方法也在不断更新。近几年来,清华大学不断丰富和完善教学内容,在有关课程中先后引入了面向对象技术、多媒体技术、Internet 与互联网技术等。与此同时,在教材与 CAI 课件建设、网络化的教学环境建设等方面也正在大力开展工作,并积极探索适应 21 世纪人才培养的教学模式。

为进一步加强计算机基础教学工作,适应高校正在开展的课程体系与教学内容的改革,及时反映清华大学计算机基础教学的成果,加强与兄弟院校的交流,清华大学在原有工作的基础上,重新规划了"清华大学计算机基础教育课程系列教材"。

该系列教材有如下几个特色:

1. 自成体系:该系列教材覆盖了计算机基础教学三个层次的教学内容。其中既包括所有大学生都必须掌握的计算机文化基础,又包括适用于各专业的软、硬件基础知识;既包括基本概念、方法与规范,又包括计算机应用开发的工具与环境。

2. 内容先进:该系列教材注重将计算机技术的最新发展适当地引入教学中来,保持了教学内容的先进性。例如,系列教材中包括了面向对象与可视化编程、多媒体技术与应用、Internet 与互联网技术、大型数据库技术等。

　　3. 适应面广：该系列教材照顾了理、工、文等各种类型专业的教学要求。

　　4. 立体配套：为适应教学模式、教学方法和手段的改革，该系列教材中多数都配有习题集和实验指导、多媒体电子教案，有的还配有 CAI 课件以及相应的网络教学资源。

　　本系列教材源于清华大学计算机基础教育的教学实践，凝聚了工作在第一线的任课教师的教学经验与科研成果。我希望本系列教材不断完善，不断更新，为我国高校计算机基础教育做出新的贡献。

周远清

1999 年 12 月

---

注：周远清，曾任教育部副部长，原清华大学副校长、计算机专业教授。

# 第3版前言

《微型计算机系统原理及应用》一书,自 1995 年出版,并于 2003 年修订第 2 版以来,一直受到广大读者的欢迎,被许多高等院校选为相关课程的教材或参考书,至今已共计重印将近 30 次。在此期间,微型计算机技术以及高等学校的微型计算机课程建设都有了迅速的发展。为了适应新的形势,我们编写了本书的第 3 版。

编写第 3 版的指导思想是,首先,既要保证基础,又要面向更新,加强新技术。一方面注意培养学生掌握计算机软硬件基本知识,为今后在专业中应用计算机打下牢固基础;另一方面要适应计算机技术飞速发展的形势,加强介绍计算机近年来的最新发展和应用。其次,删减比较陈旧的内容和非教学重点的内容,进一步加强实用性和教学适用性。第三,力求简明扼要,深入浅出,循序渐进,便于学生自学,适当减少全书的篇幅,防止教材"越编越厚"的倾向。例如,加强 Intel 公司近几年研制的新型微处理器以及相应的指令系统的介绍,进一步介绍新一代的存储器,如 DDR 内存和 Flash 存储器,介绍比较实用的 RS-485 接口、USB 接口和 SPI 接口,增加新推出的高精度 D/A 和 A/D 芯片的介绍等。进一步删减比较低档的微处理器的介绍,删减了汇编语言部分的篇幅,特别是汇编语言的机器码。此外,存储器 I/O 接口和 A/D、D/A 部分也删减了比较陈旧的内容。

本教材主要面向高等院校非计算机专业的本科生和研究生。同时,本书不仅可以作为高等院校的教材,也可作为工程技术人员自学计算机知识的参考书。

第 3 版的修订工作由以下几位老师承担:刘慧银负责修订第 1 章和第 3 章的 3.4 节,杨素行负责修订第 2 章和第 3 章的 3.1 节、3.2 节、3.3 节和 3.5 节,赵长德负责修订第 4 章,唐光荣负责修订第 5 章,黄益庄负责修订第 6 章。

清华大学自动化系罗予频教授,作为使用本书的在第一线进行微型计算机教学工作的教师,参加了第 3 版的修订工作,对修订大纲和书中许多内容提出了宝贵的意见,在此表示深深的感谢。

由于作者水平有限,本书的第 3 版中一定存在有错误或不妥之处,敬请广大读者给予批评指正,以便今后不断改进。

编者

2008 年 12 月

# 目 录

# 第 1 章

# 微型计算机基础

## 1.1 概述

自 1946 年世界上第一台电子计算机问世以来,计算机技术得到了突飞猛进的发展。短短 60 多年的时间,已经历了四代的更替:电子管计算机、晶体管计算机、集成电路计算机和大规模、超大规模集成电路计算机。20 世纪 80 年代初,日本和美国又分别宣布了第五代"非冯·诺依曼"计算机和第六代"神经"计算机的研制计划。

计算机按其性能、价格和体积的不同,一般分为巨型机、大型机、中型机、小型机和微型计算机 5 类。

微型计算机是 20 世纪 70 年代初研制成功的。一方面,由于军事、空间及自动化技术的发展需要体积小、功耗低、可靠性高的计算机;另一方面,大规模集成电路技术的不断发展也为微型计算机的产生打下了坚实的物质基础。

微处理器是微型计算机的核心芯片,通常简称为 $\mu$P 或 MP(Micro Processor),它是将计算机中的运算器和控制器集成在一片硅片上制成的集成电路。这样的芯片也被称为中央处理单元(Central Processing Unit,CPU)。

微型计算机简称为 $\mu$C 或 MC(Micro Computer),它是由微处理器、适量内存和 I/O 接口电路组成的计算机。

30 多年来,微处理器和微型计算机获得了极快的发展,几乎每两年微处理器的集成度翻一番,每 2~4 年更新换代一次,现已进入第六代。

**1. 第一代(1971—1973 年):4 位或低档 8 位微处理器**

1971 年,美国 Intel 公司研制成功的 4004 是集成度为 2000 个晶体管/片的 4 位微处理器。1972 年,Intel 公司推出的低档 8 位的 8008 也属于第一代微处理器产品。

第一代微处理器的指令系统比较简单,运算能力差,速度慢(基本指令的执行时间为 $10\sim20\mu s$),但价格低廉。软件主要使用机器语言及简单的汇编语言。

**2. 第二代(1974—1978 年):中高档 8 位微处理器**

微处理器问世后,众多公司纷纷研制微处理器,逐步形成以 Intel 公司、Motorola 公司和 Zilog 公司产品为代表的三大系列微处理器。1973—1975 年,中档微处理器以 Intel 8080、Motorola 的 MC6800 为代表。1976—1978 年,出现高档 8 位微处理器,典型产品为 Intel 8085、Z80 和 MC6809。

第二代微处理器比第一代有了较多改进,集成度提高 1~4 倍,运算速度提高 10~15 倍,指令系统相对比较完善,已具有典型的计算机体系结构以及中断、存储器直接存取 (Direct Memory Access,DMA)功能。软件除汇编语言外,还可使用 BASIC、FORTRAN

以及 PL/M 等高级语言。后期开始配上操作系统,如 CP/M(Control Program/Monitor)操作系统,它运用于以 8080A/8085A、Z80、MC6502 为 CPU,带有磁盘及各种外设的微型计算机系统。

**3. 第三代(1978—1981 年):16 位微处理器**

1977 年左右,超大规模集成电路工艺研制成功,一片硅片上可集成一万个以上的晶体管,16Kb 和 64Kb 半导体存储器也已出现。微处理器及微型计算机从第二代发展到第三代。三大公司陆续推出 16 位微处理器芯片,如 Intel 8086 的集成度为 29 000 晶体管/片,Z8000 为 17 500 晶体管/片,MC68000 为 68 000 晶体管/片。这些微处理器的基本指令执行时间约为 $0.15\mu s$。以各项性能指标看,比第二代微处理器提高了很多,已达到或超过原来中、低档小型机的水平。用这些芯片组成的微型计算机有丰富的指令系统、多级中断系统、多处理机系统、段式存储器管理以及硬件乘除运算等。除此以外,还配备了功能较强的系统软件。为方便原 8 位机用户,Intel 公司很快推出 8088,其指令系统完全与 8086 兼容,内部结构仍为 16 位,但外部数据总线是 8 位。并以 8088 为 CPU 组成了 IBM PC、PC/XT 等准 16 位机。由于其性能价格比高,很快占领了世界市场。与此同时,Intel 公司在 8086 基础上研制出性能更优越的 16 位微处理器芯片 80286,以 80286 为 CPU 组成 IBM PC/AT 高档 16 位机。

以上介绍的是 16 位微型计算机发展的一条途径,即在原 8 位机的基础上发展而来。另一条途径是将已流行的 16 位小型计算机微型化,例如美国 DEC 公司将 PDP-11/20 微型化为 LSI-11,将中档 PDP-11/34 微型化为 LSI-23,又如 NOVA 机微型化为 Micro NOVA 等。

**4. 第四代(1985 年后):32 位高档微处理器**

1985 年,Intel 公司推出了 32 位微处理器芯片 80386。80386 有两种结构:80386SX 和 80386DX。这两者的关系类似于 8088 和 8086 的关系。80386SX 内部结构为 32 位,外部数据总线为 16 位,采用 80287 作协处理器,指令系统与 80286 兼容。80386DX 内部结构、外部数据总线皆为 32 位,采用 80387 作为协处理器。

1990 年,Intel 公司在 80386 基础上研制出新一代 32 位微处理器芯片 80486。它相当于把 80386、80387 及 8KB($2^3 \times 2^{10}$ Byte)高速缓冲存储器集成在一块芯片上,性能比 80386 大大提高。

**5. 第五代(1993 年后):64 位高档微处理器**

1993 年 3 月,Intel 公司推出 64 位微处理器芯片 Pentium(80586,P5),它的外部数据总线为 64 位,地址总线为 32 位,内存寻址空间为 $2^{32}$ B=4GB,工作频率为 66MHz,以它为 CPU 的 Pentium 机是一种 64 位高档微机。IBM、Apple 和 Motorola 三公司合作生产的 Power PC 芯片是又一种优异的 64 位微处理器芯片,以它为 CPU 的微型计算机型号为 Macintosh。

**6. 第六代(1995 年后):64 位高档微处理器**

1995 年,Intel 公司推出第六代微处理器 PentiumPro(P6)。它采用了 $0.6\mu m$ 工艺,集成了 550 万只晶体管。它有数据线 64 位,地址线 36 位,寻址范围为 $2^{36}$ B=64GB。工作频率达 200MHz。随后,Intel 公司陆续推出了 P6 的系列产品,如 Pentium Ⅱ、Pentium Ⅲ 和 Pentium 4 等。这些产品采用了多项先进技术,如 RISC 技术、超级流水线技术、超标量结构技术(每个时钟周期可启动并执行多条指令)、MMX 技术、动态分支预测技术、超顺序执行技术、双独立总线 DIB 技术;一级高速缓冲存储器(L1)采用双 cache 结构(独立的指令 cache 和数据 cache)、二级高速缓冲存储器(L2)达 256KB 或 512KB;支持多微处理器等。

第六代微处理器性能优异,适应当前对多媒体、网络、通信和视频等多方面的要求。随着科学技术的发展及人们不断提出新的需求,新型微处理器定会不断问世。

# 1.2　计算机中的数制和编码

日常生活中,人们使用各种进制来表示数,如二进制、八进制、十进制和十六进制等。由于用电子器件表示两种状态比较容易实现,所以,电子计算机中一般采用二进制。但人们又习惯于使用十进制数,因此在学习和掌握计算机的原理之前,需要了解二进制、十进制、十六进制等表示法及其相互关系和转换。

计算机中的数有两种表示法,即定点表示和浮点表示,相应地有定点数和浮点数之分,本节将对这些内容作简单介绍。

另外,人们经常使用的字母、符号、图形以及汉字,在计算机中也一律用二进制编码来表示,这些编码也是本节介绍的内容。

## 1.2.1　无符号数的表示及运算

### 1. 无符号数的表示法

(1) 十进制数的表示法

十进制计数法的特点是:

- 以 10 为底,逢 10 进位。
- 需要 10 个数字符号 $0,1,2,\cdots,9$。

任何一个十进制数 $N_D$ 可以表示为:

$$N_D = \sum_{i=-m}^{n-1} D_i \times 10^i \tag{1.1}$$

其中,$m$ 表示小数位的位数,$n$ 表示整数位的位数,$D_i$ 为十进制数字符号 $0\sim9$。例如:$135.7D = 1 \times 10^2 + 3 \times 10^1 + 5 \times 10^0 + 7 \times 10^{-1}$。

上式中的后缀 D 表示十进制数(Decimal),但 D 可以省略。

(2) 二进制数的表示法

二进制计数法的特点是:

- 以 2 为底,逢 2 进位。
- 需要两个数字符号 $0,1$。

一个二进制数可以表示为如下形式:

$$N_B = \sum_{i=-m}^{n-1} B_i \times 2^i \tag{1.2}$$

例如:$1101.1B = 1 \times 2^3 + 1 \times 2^2 + 0 \times 2^1 + 1 \times 2^0 + 1 \times 2^{-1}$。

上式中后缀 B 表示二进制数(Binary)。

(3) 十六进制数的表示法

十六进制计数法的特点是:

· 以 16 为底,逢 16 进位。

· 需要 16 个数字符号 0,1,2,…,9,A,B,C,D,E,F。其中,A～F 依次表示 10～15。

一个十六进制数可表示为如下形式:

$$N_H = \sum_{i=-m}^{n-1} H_i \times 16^i \tag{1.3}$$

例如:E5AD.BFH$=14 \times 16^3 + 5 \times 16^2 + 10 \times 16^1 + 13 \times 16^0 + 11 \times 16^{-1} + 15 \times 16^{-2}$。
上式中后缀 H 表示十六进制数(Hexadecimal)。

**2. 数制转换**

(1) 任意进制数转换为十进制数

二进制、十六进制,以至任意进制的数转换为十进制数的方法简单,可按式(1.2)、式(1.3)等展开求和即可。

(2) 十进制数转换为二进制数

① 十进制整数转换为二进制整数。

任何一个十进制数转换为二进制数后,都可以表示成为式(1.2)的形式。问题的核心在于求出 $n$ 及 $B_i$。

下面通过一个简单的例子分析一下转换的方法。例如,已知

$$13D = 1101B = 1 \times 2^3 + 1 \times 2^2 + 0 \times 2^1 + 1 \times 2^0$$
$$\qquad\qquad\quad \uparrow\qquad \uparrow\qquad \uparrow\qquad \uparrow$$
$$\qquad\qquad\quad B_3\qquad B_2\qquad B_1\qquad B_0$$

上式也可以表示为:

$$13D = 1101B = (1 \times 2^2 + 1 \times 2) \times 2 + 0 \times 2^1 + 1 \times 2^0$$
$$= ((1 \times 2 + 1) \times 2 + 0) \times 2 + 1$$
$$\qquad\quad \uparrow\qquad\quad \uparrow\qquad\quad \uparrow\qquad\quad \uparrow$$
$$\qquad\quad B_3\qquad\quad B_2\qquad\quad B_1\qquad\quad B_0$$

可见,要确定 13D 对应的二进制数,只需从右到左分别确定 $B_0$、$B_1$、$B_2$ 和 $B_3$ 即可。显然,从上式可以归纳出以下转换方法,用 2 连续去除十进制数,直至商等于 0 为止。逆序排列余数便是与该十进制相应的二进制数各位的数值。过程如下:

$$
\begin{array}{r l}
2\underline{\big|\,13} & \\
2\underline{\big|\,6} & \cdots 1(商\ 6\ 余\ 1) \rightarrow B_0 \\
2\underline{\big|\,3} & \cdots 0(商\ 3\ 余\ 0) \rightarrow B_1 \\
2\underline{\big|\,1} & \cdots 1(商\ 1\ 余\ 1) \rightarrow B_2 \\
0 & \cdots 1(商\ 0\ 余\ 1) \rightarrow B_3
\end{array}
$$

所以,13D=1101B。

用与此类似的方法可以完成十进制数至十六进制数的转换,不同的是用 16 连续去除而已。

② 十进制小数转换为二进制小数。

根据式(1.2),有:

$$0.8125D = B_{-1} \times 2^{-1} + B_{-2} \times 2^{-2} + B_{-3} \times 2^{-3} + B_{-4} \times 2^{-4}$$
$$= 2^{-1}(B_{-1} + 2^{-1}(B_{-2} + 2^{-1}(B_{-3} + 2^{-1} \times B_{-4})))$$

由上式可以看出,十进制小数转换为二进制小数的方法是,连续用 2 去乘十进制小数,直至乘积的小数部分等于 0。顺序排列每次乘积的整数部分,便得到二进制小数各位的系数 $B_{-1}, B_{-2}, B_{-3}, \cdots$。若乘积的小数部分永不为 0,则根据精度的要求截取一定的位数即可。0.8125D 的转换过程如下:

$$0.8125D \times 2 = 1.625 \qquad 得出 B_{-1} = 1$$
$$0.625D \times 2 = 1.25 \qquad 得出 B_{-2} = 1$$
$$0.25D \times 2 = 0.5 \qquad 得出 B_{-3} = 0$$
$$0.50D \times 2 = 1.0 \qquad 得出 B_{-4} = 1$$

所以,0.8125D = 0.1101B。

（3）二进制数与十六进制数之间的转换

因为 $2^4 = 16$,故二进制数转换为十六进制数只需以小数点为起点,向两端每 4 位二进制用 1 位十六进制数表示即可。例如:

$$1101110.01011B = \underline{0110}\ \underline{1110}.\underline{0101}\ \underline{1000}\ B = 6E.58H$$

二进制数书写冗长易错,因此一般用十六进制表示数,这样比较简洁、方便。

### 3. 二进制数的运算

（1）二进制数的算术运算

① 二进制加法。

二进制加法运算规则为:

$$0 + 0 = 0$$
$$0 + 1 = 1$$
$$1 + 0 = 1$$
$$1 + 1 = 0（进位 1）$$

② 二进制减法。

二进制减法运算规则为:

$$0 - 0 = 0$$
$$1 - 1 = 0$$
$$1 - 0 = 1$$
$$0 - 1 = 1（有借位）$$

③ 二进制乘法。

二进制乘法运算规则为:

$$0 \times 0 = 1 \times 0 = 0 \times 1 = 0$$
$$1 \times 1 = 1$$

④ 二进制除法。

二进制除法是乘法的逆运算。

（2）二进制数的逻辑运算

① "与"运算（AND）。

"与"运算又称为逻辑乘，可用符号"·"或"∧"表示。A、B 两个逻辑变量进行"与"运算的规则如下：

| A | B | A∧B |
|---|---|-----|
| 0 | 0 | 0 |
| 0 | 1 | 0 |
| 1 | 0 | 0 |
| 1 | 1 | 1 |

由上可知，只有当 A、B 两变量皆为 1 时，"与"的结果才为 1。

② "或"运算（OR）。

"或"运算又称为逻辑加，可用符号"＋"或"∨"表示。A、B 两个逻辑变量进行"或"运算的规则如下：

| A | B | A∨B |
|---|---|-----|
| 0 | 0 | 0 |
| 0 | 1 | 1 |
| 1 | 0 | 1 |
| 1 | 1 | 1 |

由上可知，A、B 两变量中，只要有 1 个为 1，"或"运算的结果就是 1。

③ "非"运算（NOT）。

变量 A 的"非"运算的结果用 $\overline{A}$ 表示，"非"运算的规则如下：

| A | $\overline{A}$ |
|---|----|
| 0 | 1 |
| 1 | 0 |

④ "异或"运算（XOR）。

"异或"运算用"∀"表示，逻辑变量 A、B 进行"异或"运算的规则如下：

| A | B | A∀B |
|---|---|-----|
| 0 | 0 | 0 |
| 0 | 1 | 1 |
| 1 | 0 | 1 |
| 1 | 1 | 0 |

由上可知，A、B 两变量取值相同时，"异或"结果为 0；取值相异时，"异或"结果为 1。换句话说，一个逻辑变量和 0 异或结果不变，和 1 异或则取反。

以上 4 种逻辑运算都是按位进行的，任何时候都不发生进位。下面举一个逻辑运算的例子，已知 A＝11110101B，B＝00110000B，则：

$$\overline{A}=00001010B$$

$$A \wedge B=00110000B$$

```
      1111 0101
∧     0011 0000
_____
      0011 0000
```

$$A \vee B=11110101B$$

```
      1111 0101
∨     0011 0000
_____
      1111 0101
```

$$A \veebar B=11000101B$$

```
      1111 0101
⊻     0011 0000
_____
      1100 0101
```

## 1.2.2　带符号数的表示及运算

### 1. 带符号数的表示法

日常生活中遇到的数,除上述的无符号数外,还有大量的带符号数。数的符号在计算机中也用二进制数表示,通常用二进制数的最高位表示数的符号。把一个数及其符号在机器中的表示加以数值化,这样的数称为机器数,而机器数所代表的数称为该机器数的真值。机器数可以用不同方法表示,常用的有原码、反码和补码表示法。

(1) 原码

数 $x$ 的原码记作$[x]_{原}$,如机器字长为 $n$,则原码的定义如下:

$$[x]_{原}=\begin{cases} x, & 0\leqslant x\leqslant 2^{n-1}-1 \\ 2^{n-1}+|x|, & -(2^{n-1}-1)\leqslant x\leqslant 0 \end{cases} \tag{1.4}$$

例如:当 $n=8$ 时,

$$[+1]_{原}=00000001, \quad [+127]_{原}=01111111$$
$$[-1]_{原}=10000001, \quad [-127]_{原}=11111111$$

当 $n=16$ 时,

$$[+1]_{原}=0000000000000001, \quad [+32\,767]_{原}=0111111111111111$$
$$[-1]_{原}=1000000000000001, \quad [-32\,767]_{原}=1111111111111111$$

由此看出,原码表示法中,最高位为符号位,正数为 0,负数为 1。其余 $n-1$ 位表示数的绝对值。原码表示数的范围是 $-(2^{n-1}-1)\sim +(2^{n-1}-1)$。8 位二进制原码表示数的范围是 $-127\sim +127$,16 位二进制原码表示数的范围是 $-32\,767\sim +32\,767$。原码表示法简单直观,但不便于进行加减运算。

(2) 反码

数 $x$ 的反码记作$[x]_{反}$,如机器字长为 $n$,反码定义如下:

$$[x]_{反}=\begin{cases} x, & 0\leqslant x\leqslant 2^{n-1}-1 \\ (2^{n}-1)-|x|, & -(2^{n-1}-1)\leqslant x\leqslant 0 \end{cases} \tag{1.5}$$

例如:当 $n=8$ 时,

$$[+1]_{反}=00000001, \quad [+127]_{反}=01111111$$
$$[-1]_{反}=11111110, \quad [-127]_{反}=10000000$$

从反码表示法中可见,最高位仍为符号位,正数为 0,负数为 1。反码表示数的范围是 $-(2^{n-1}-1)\sim(2^{n-1}-1)$。8 位二进制数反码表示数的范围是 $-127\sim+127$,16 位二进制数反码表示数的范围是 $-32\,767\sim+32\,767$。

从上例中还可以看出,正数的反码与原码相同,负数的反码只需将其对应的正数的反码(包括符号位)按位求反即可得到。

(3) 补码

数 $x$ 的补码记作 $[x]_{补}$,当机器字长为 $n$ 时,补码定义如下:

$$[x]_{补}=\begin{cases}x, & 0\leqslant x\leqslant 2^{n-1}-1 \\ 2^n-|x|, & -2^{n-1}\leqslant x<0\end{cases} \tag{1.6}$$

例如:当 $n=8$ 时,

$$[+1]_{补}=00000001 \qquad\qquad , \qquad [+127]_{补}=01111111$$
$$[-1]_{补}=2^8-|-1|=11111111, \qquad [-127]_{补}=2^8-|-127|=10000001$$

补码表示法中,最高位仍为符号位,正数为 0,负数为 1。

补码表示数的范围为 $-2^{n-1}\sim+(2^{n-1}-1)$。8 位二进制补码表示数的范围为 $-128\sim+127$,16 位二进制补码表示数的范围是 $-32\,768\sim+32\,767$。

从上例中还可以看出,正数的补码与它的原码、反码均相同,负数的补码等于它的反码加 1,也就是说,负数的补码等于其对应正数的补码按位求反(包括符号位)再加 1。如上例中,求 $-127$ 的补码过程可以简化如下:

$$[-127]_{补}=\overline{[+127]_{补}}+1=\overline{01111111}+1=10000001$$

8 位二进制数的原码、反码和补码如表 1.1 所示。

表 1.1　原码、反码和补码表

| 二进制数 | 无符号数 | 带 符 号 数 | | |
|---|---|---|---|---|
| | | 原　码 | 补　码 | 反　码 |
| 00000000 | 0 | +0 | +0 | +0 |
| 00000001 | 1 | +1 | +1 | +1 |
| 00000010 | 2 | +2 | +2 | +2 |
| ⋮ | | | | |
| 01111110 | 126 | +126 | +126 | +126 |
| 01111111 | 127 | +127 | +127 | +127 |
| 10000000 | 128 | −0 | −128 | −127 |
| 10000001 | 129 | −1 | −127 | −126 |
| ⋮ | | | | |
| 11111101 | 253 | −125 | −3 | −2 |
| 11111110 | 254 | −126 | −2 | −1 |
| 11111111 | 255 | −127 | −1 | −0 |

**2. 真值与补码之间的转换**

（1）真值转换为补码

根据补码的定义便可以完成真值到补码的转换。

（2）补码转换为真值

其中正数补码转换为真值比较简单，由于正数的补码是其本身，因此，正数补码的真值 $x=[x]_{补}$（$0 \leqslant x \leqslant 2^{n-1}-1$）。

下面主要讲解负数补码转换为真值的方法。负数补码和与其对应的正数补码之间存在如下关系：

$$[x]_{补} \xrightarrow{\text{求补运算}} [-x]_{补} \xrightarrow{\text{求补运算}} [x]_{补}$$

其中，$x$ 是带符号数，正负皆可。求补运算是将一个二进制数按位求反加 1 的运算。对此关系此处不加证明，只用实例说明。

设：$x=+1$，则 $-x=-1$。

已知：$[x]_{补}=[+1]_{补}=00000001$。

对 $[x]_{补}$ 做求补运算的过程如下：

$$\overline{[x]_{补}}+1=\overline{[+1]_{补}}+1=\overline{0000\ 0001}+1=11111111=[-1]_{补}=[-x]_{补}$$

由这个例子可以看出，当 $x$ 为正数时，对其补码进行求补运算，结果是 $-x$ 的补码。

若设：$x=-1$，则 $-x=+1$。

已知：$[x]_{补}=[-1]_{补}=11111111$。

对 $[x]_{补}$ 做求补运算的过程如下：

$$\overline{[x]_{补}}+1=\overline{[-1]_{补}}+1=\overline{11111111}+1=00000001=[+1]_{补} 与 =[-x]_{补}$$

由此例可以看出，当 $x$ 为负数时，对其补码进行求补运算，结果是 $-x$ 的补码。

上述两例验证了 $[x]_{补}$ 与 $[-x]_{补}$ 之间的关系。显然，对负数补码进行求补运算的结果是该负数对应的正数的补码，也就是该负数的绝对值。因此，负数补码转换为真值的办法如下：将负数补码按位求反加 1（即求补运算），即可得到该负数补码对应的真值的绝对值。也就是说，对负数而言，$|x|=\overline{[x]_{补}}+1$。

**［例 1.1］** 求下列数的补码。

① 设 $x=+127D$，求 $[x]_{补}$。

应用十进制数转换为二进制数的原则，可以得出 $x=01111111B$。故 $[x]_{补}=[+127]_{补}=01111111$。

② 设 $x=-127D$，求 $[x]_{补}$。

因为对 $[x]_{补}$ 进行求补运算便可得到 $[-x]_{补}$。因此，$[x]_{补}=[-127]_{补}=\overline{[+127]_{补}}+1=\overline{01111111}+1=10000001$。

**［例 1.2］** 求以下补码的真值。

① 设 $[x]_{补}=01111110$，求 $x$。

因为该补码的最高位为 0，即符号位为 0，该补码对应的真值是正数。则 $x=[x]_{补}=01111110=+126D$。

② 设$[x]_补=10000010$，求 $x$。

因为该补码的最高位为 1，即符号位为 1，该补码对应的真值是负数，其绝对值为：

$$|x|=\overline{[x]_补}+1=\overline{10000010}+1=01111101+1=01111110=+126D$$

则 $x=-126D$。

### 3. 补码的运算

(1) 补码加法

补码加法的规则是：

$$[x+y]_补=[x]_补+[y]_补$$

其中，$x$、$y$ 为正负数皆可，下面用 4 个例子来验证这个公式的正确性。

已知：　　　　$[+51]_补=00110011$　　　$[+66]_补=01000010$

　　　　　　　$[-51]_补=11001101$　　　$[-66]_补=10111110$

则：　十进制加法　　　　　　　　　二进制(补码)加法

①　　　　$+66$　　　　　　　　　　$01000010=[+66]_补$

　　　$+)+51$　　　　　　　　$+)\ 00110011=[+51]_补$

　　　　$+117$　　　　　　　　　$01110101=[+117]_补$

②　　　　$+66$　　　　　　　　　　$01000010=[+66]_补$

　　　$+)-51$　　　　　　　　$+)\ 11001101=[-51]_补$

　　　　$+15$　　　　　　　$\boxed{1}\ 00001111=[+15]_补$

③　　　　$-66$　　　　　　　　　　$10111110=[-66]_补$

　　　$+)+51$　　　　　　　　$+)\ 00110011=[+51]_补$

　　　　$-15$　　　　　　　　　$11110001=[-15]_补$

④　　　　$-66$　　　　　　　　　　$10111110=[-66]_补$

　　　$+)-51$　　　　　　　　$+)\ 11001101=[-51]_补$

　　　　$-117$　　　　　　　$\boxed{1}\ 10001011=[-117]_补$

可以看出，不论被加数、加数是正数还是负数，只要直接用它们的补码(包括符号位)相加，当结果不超出补码表示范围时，运算结果是正确的补码。但当运算结果超出补码表示范围时，结果就不正确了，这种情况称为溢出。上例②、④中由最高位向更高位的进位由于机器字长的限制而自动丢失，不会影响运算结果的正确性。

(2) 补码减法

补码的减法规则是：

$$[x-y]_补=[x]_补+[-y]_补$$

下面仍用 4 个例子对此规则的正确性加以验证。

　　十进制　　　　　　　　　　　二进制(补码)

①　　　　$+66$　　　　　　　　　　$01000010=[+66]_补$

　　　$-)+51$　　　　　　　　$+)\ 11001101=[-51]_补$

　　　　$+15$　　　　　　　$\boxed{1}\ 00001111=[+15]_补$

|    |              |                                      |
|----|--------------|--------------------------------------|
| ②  | $+66$        | $01000010 = [+66]_{补}$              |
|    | $-)\ -51$    | $+)\ 00110011 = [+51]_{补}$          |
|    | $+117$       | $01110101 = [+117]_{补}$             |
| ③  | $+51$        | $00110011 = [+51]_{补}$              |
|    | $-)\ +66$    | $+)\ 10111110 = [-66]_{补}$          |
|    | $-15$        | $11110001 = [-15]_{补}$              |
| ④  | $-51$        | $11001101 = [-51]_{补}$              |
|    | $-)\ -66$    | $+)\ 01000010 = [+66]_{补}$          |
|    | $+15$        | $\boxed{1}\ 00001111 = [+15]_{补}$   |

可见,无论被减数、减数是正数还是负数,上述补码减法的规则是正确的。在计算机中,利用这个规则,通过对减数进行求补运算而将减法变成加法。例①和④中由最高位向更高位的进位同样会自动消失而不影响运算结果的正确性。

由上述分析可以看出,计算机中的带符号数用补码表示时,有许多优点。

(1) 负数的补码与对应正数的补码之间的转换可以用同一方法——求补运算实现,因而可简化硬件。

(2) 可以将减法变为加法运算,从而省去了减法器。

(3) 无符号数及带符号数的加法运算可用同一电路完成,结果都是正确的。例如,计算机中有两个数分别为 11110001 及 00001100,无论它们代表无符号数还是带符号数,运算结果都是正确的。

|              | 无符号数     | 有符号数        |
|--------------|-------------|----------------|
| $11110001$   | $241$       | $[-15]_{补}$   |
| $+)\ 00001100$ | $+)\ 12$  | $+)\ [+12]_{补}$ |
| $11111101$   | $253$       | $[-3]_{补}$    |

### 1.2.3　二进制编码

#### 1. 二进制编码的十进制数(BCD 码)

尽管计算机采用的二进制数的表示法及运算规则简单,但书写冗长、不直观且易出错,因此计算机的输入输出仍采用人们习惯的十进制数。当然,十进制数在计算机中也需要用二进制编码表示。这种编码有多种形式,其中 BCD(Binary-Coded Decimal)码比较常用。4 位二进制数有 16 种组合态,当用来表示十进制数时,要舍去 6 种组合态。BCD 码有两种形式,即压缩 BCD 码和非压缩 BCD 码。

(1) 压缩 BCD 码

压缩 BCD 码的每一位用 4 位二进制表示,一个字节(8 位二进制数)表示两位十进制数。例如,10010110B 表示十进制数 96。

(2) 非压缩 BCD 码

非压缩 BCD 码用一个字节表示一位十进制数,高 4 位总是 0000,低 4 位的 0000～1001 表示 0～9。例如,00001000B 表示十进制数 8。

两种 BCD 码的部分编码如表 1.2 所示。

**表 1.2　BCD 码表**

| 十进制数 | 压缩 BCD 码 | 非压缩 BCD 码 |
|---|---|---|
| 0 | 00000000 | 00000000 |
| 1 | 00000001 | 00000001 |
| 2 | 00000010 | 00000010 |
| ⋮ | ⋮ | ⋮ |
| 9 | 00001001 | 00001001 |
| 10 | 00010000 | 00000001　00000000 |
| 11 | 00010001 | 00000001　00000001 |
| ⋮ | ⋮ | ⋮ |

**2. 字母和符号的编码(ASCII 码)**

计算机处理的信息除了数字之外还需要处理字母、符号等,例如键盘输入及打印机、CRT 输出的信息大部分是字符。因此,计算机中的字符也必须采用二进制编码的形式。编码有多种,微型计算机中普遍采用的是 ASCII(American Standard Code for Information Interchange)码,即美国标准信息交换代码。ASCII 码用 8 位二进制对字符进行编码,具体的表示见附录 1。

## 1.2.4　计算机中数的定点表示和浮点表示

人们常用的数据一般有三种:纯整数(如二进制数 1011)、纯小数(如二进制数 0.1011)及既含整数又含小数的数(如二进制数 1.011)。在计算机中,表示这三种数有两种方法:定点表示法和浮点表示法。

计算机中数的小数点位置固定的表示法称为定点表示法,用定点表示法表示的数称为定点数。

计算机中数的小数点位置不固定的表示法称为浮点表示法,用浮点表示法表示的数称为浮点数。

值得注意的是:小数点在计算机中是不表示出来的,也就是说,它不占据一个二进制位,而是隐含在用户规定的位置上。

原则上讲,上述三种数用任何一种表示法都可以。但实际上,纯整数和纯小数用定点表示法比较方便;而既含整数又含小数的数用浮点表示法时,比较实用且便于运算。

**1. 定点纯整数**

用 $n$ 位二进制表示一个数,其中最高位($b_{n-1}$)表示数的符号,小数点固定在最低位($b_0$)的最右边,这样的数称为定点纯整数,如图 1.1 所示。

正如在 1.2.2 节中所介绍的,微机中的有符号数一般用补码形式的定点纯整数表示。$n$ 位补码定点纯整数的表示范围为 $-2^{n-1} \sim 2^{n-1}-1$。例如,8 位($n=8$)二进制补码表示的定点纯整数的范围是 $-128 \sim +127$。

**2. 定点纯小数**

用 $n$ 位二进制表示一个数,其中最高位($b_{n-1}$)表示数的符号,小数点固定在符号位

$(b_{n-1})$之后，最高数据位$(b_{n-2})$之前，这样的数称为定点纯小数，如图 1.2 所示。

图 1.1　定点纯整数　　　　　　　　图 1.2　定点纯小数

### 3. 浮点数

定点数表示的范围受位数 $n$ 的大小的限制，超出该范围的数（如很大的整数或很小的小数），若不采取其他措施就无法正确表示，而浮点表示法就可以解决这个问题。当然，当一个数既含整数部分又含小数部分时，采用浮点表示法就更是必要的了。

如人们所熟悉的，一个二进制数 1011.01 可以写成如下的不同形式：

$$1011.01 = 2^4 \times 0.101101 = 2^3 \times 1.01101 = 2^{-2} \times 101101$$

那么，任何一个二进制数 $N$（含整数、小数两部分）都可以表示成下列形式：

$$N = 2^j \times S$$

其中，$j$ 是数 $N$ 的阶码，表示小数点的位置。阶码 $j$ 由阶符（阶码的符号位）和阶码（阶码的数值位）组成。$S$ 是数 $N$ 的尾数，它表示数 $N$ 的有效数值。尾数 $S$ 由尾符（尾数的符号位）和尾码（尾数的数值位）组成。

从上例可以看出，当用不同大小的阶码表示同一个数时，尾数中小数点的位置是不同的。换句话说，小数点的位置是浮动的。这种表示数的方法就是浮点表示法。定点纯整数和定点纯小数只是浮点数的两个特例。

计算机中浮点数的存放形式如图 1.3 所示。

[**例 1.3**]　尾数 5 位（尾符占 1 位），阶码 3 位（阶符占 1 位），数 $N = 2^3 \times 1101$ 在计算机中的表示形式如图 1.4 所示。

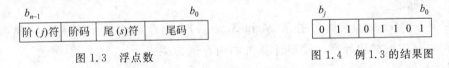

图 1.3　浮点数　　　　　　　　　图 1.4　例 1.3 的结果图

应用中，为不损失有效数字，一般对尾数进行"规格化"处理，即通过调整阶码，使尾码的最高位为 1。上例中的数 $N(2^3 \times 1101)$ 规格化后，就变为 $N = 2^7 \times 0.1101$。那么，如果仍然采用上述的尾数 5 位，阶码 3 位的浮点表示法就无法表示这个数，因为它超出了该表示法所能表示的数的范围。

一般来说，阶码用补码定点整数表示，尾数用补码定点规格化小数表示。

阶符、阶码、尾符、尾码的位数，在不同的计算机中有不同的规定。例如，用一个字节（8 位）做阶码，三个字节（24 位）做尾数。当总位数不变的情况下，阶码位数越多，表示的数的范围越大；但同时，尾数的位数减少，表示的数的精度降低。

当位数相同时，浮点数比定点数表示的数的范围大。但浮点数的运算规则比定点数的运算规则复杂。本书采用定点纯整数。有关浮点数的表示法、浮点数的运算等内容请查阅相关资料。

## 1.3　微型计算机系统的组成、分类和配置

### 1.3.1　微型计算机系统的组成

微型计算机系统与一般的计算机系统一样，由硬件和软件两部分组成，如图 1.5 所示。

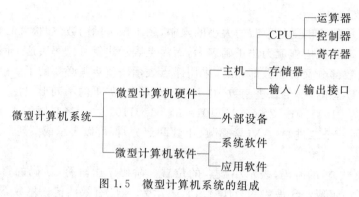

图 1.5　微型计算机系统的组成

**1. 微型计算机硬件**

（1）CPU

CPU 是微型计算机的核心芯片，它包括运算器、控制器和寄存器三个主要部分。运算器也称为算术逻辑单元（Arithmetic and Logic Unit，ALU）。顾名思义，运算器的功能是完成数据的算术和逻辑运算的。控制器一般由指令寄存器、指令译码器和控制电路组成。控制器根据指令的要求，对微型计算机各部件发出相应的控制信息，使它们协调工作，从而完成对整个计算机系统的控制。CPU 内部的寄存器用来存放经常使用的数据。

（2）存储器

存储器（Memory）又称为主存（Main Storage）或内存，是微型计算机的存储和记忆装置，用以存放数据和程序。微型计算机的内存通常采用半导体存储器。

① 内存单元的地址和内容。内存中存放的是数据和程序，从形式上看，均为二进制数。一般将 8 位二进制数记作一个字节（Byte），每一个内存单元中存放一个字节的二进制信息，内存容量就是它所能包含的内存单元的数量。通常以字节为单位，1024（$2^{10}$）字节记作 1KB，$2^{20}$ 字节记作 1MB。

微型计算机通过给各个内存单元规定不同地址来管理内存。这样，CPU 便能识别不同的内存单元，正确地对其进行操作，如图 1.6 所示。

显然，内存单元的地址和内存单元的内容是两个完全不同的概念。例如在图 1.6 中，第 6 号内存单元的地

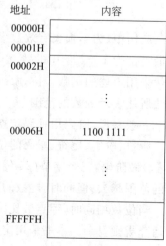

图 1.6　内存单元的地址和内容

址是 00006H,而其内容是 11001111B,即 CFH。

②　内存的操作。CPU 对内存的操作有两种:读或写。读操作是 CPU 将内存单元的内容读入 CPU 内部,而写操作是 CPU 将其内部信息传送到内存单元保存起来。显然,写操作的结果改变了被写内存单元的内容,是破坏性的;而读操作是非破坏性的,即该内存单元的内容在信息被读"走"之后仍保持原信息。

③　内存的分类。按工作方式,内存可分为两大类:随机存储器(Random Access Memory,RAM)和只读存储器(Read Only Memory,ROM)。

RAM 可以被 CPU 随机地读写,故又称为读写存储器。这种存储器用于存放用户装入的程序、数据及部分系统信息。当机器断电后,所存信息消失。

ROM 中的信息只能被 CPU 读取,而不能由 CPU 任意写入,故称为只读存储器,机器断电,信息仍保留。这种存储器用于存放固定的程序,如基本的 I/O 程序、BASIC 解释程序以及用户编写的专用程序等。ROM 中的内容只能用专用设备写入。

(3) 输入输出(I/O)设备和输入输出接口(I/O Interface)

I/O 设备是微型计算机系统的重要组成部分。程序、数据及现场信息要通过输入设备输入给微型计算机。CPU 计算的结果通过输出设备输出到外部。常用的输入设备有键盘、鼠标器、数字化仪、扫描仪、A/D 变换器等。常用的输出设备有显示器、打印机和绘图仪等。磁盘、磁带、U 盘既是输入设备,又是输出设备。

外设的种类繁多,有机械式、电动式和电子式等,且一般说来,与 CPU 相比,工作速度较低,外设处理的信息有数字量、模拟量、开关量等,而微型计算机只能处理数字量。另外,外设与微型计算机工作的逻辑时序也可能不一致。鉴于上述原因,微型计算机与外设间的连接及信息的交换不能直接进行,而需设计一个"接口电路"作为微型计算机与外设之间的桥梁。这种接口电路又叫做"I/O 适配器"(I/O Adapter)。

综上所述,微型计算机硬件主要由 CPU、内存、I/O 接口和 I/O 设备组成。微型计算机各部件之间是用系统总线连接的。系统总线就是传送信息的公共导线,一般有三组总线。地址总线(Address Bus, AB)传送 CPU 发出的地址信息,是单向总线。数据总线(Data Bus,DB)传送数据信息,是双向总线,CPU 既可通过 DB 从内存或输入设备接口电路读入数据,又可通过 DB 将 CPU 内部数据送至内存或输出设备接口电路。控制总线(Control Bus,CB)传送控制信息,其中,有的是 CPU 向内存及外设发出的信息,有的是外设等发送给 CPU 的信息,因此,CB 中每一根线的传送方向是一定的。微型计算机的系统结构可用图 1.7 表示,图中 CB 作为一个整体,用双向表示。

**2. 微型计算机软件**

微型计算机软件是为了运行、管理和维护微型计算机而编制的各种程序的总和。软件和硬件是微型计算机系统不可分离的两个重要组成部分。没有软件,微型计算机就无法工作。

微型计算机软件包括系统软件和应用软件。应用软件就是用户为解决各种实际问题而编制的各种程序。系统软件主要包括操作系统(Operating System,OS)和系统应用程序。操作系统是控制微型计算机的资源,如 CPU、存储器及 I/O 设备等,使应用程序得以自动执行的程序。系统应用程序很多,如各种语言的汇编、解释、编译程序,诊断和调试程

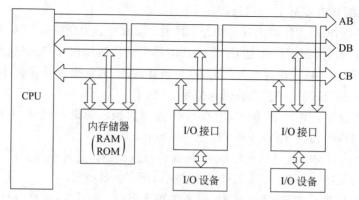

图1.7　微型计算机的外部结构框图

序,文字、表格、图像处理程序,服务性工具程序,数据库管理程序等。

### 1.3.2　微型计算机的分类

微型计算机的分类方法很多。按微处理器的位数,可分为1位、4位、8位、32位和64位机等。按功能和结构可分为单片机和多片机。按组装方式可分为单板机和多板机等。

利用大规模集成电路工艺将微型计算机的三大组成部分——CPU、内存和I/O接口集成在一片硅片上,这就是单片机(Single-Chip Computer)。使用专用开发装置可以对它进行在线开发。单片机在工业过程控制、智能化仪器仪表和家用电器中得到广泛的应用。

若将微型计算机的CPU、内存、I/O接口电路安装在一块印刷电路板上就组成了单板机,单板机结构简单,价格低廉,性能较好,经过开发后,可用于过程控制、各种仪器仪表、机器的单机控制、数据处理等,可用作学习"微机原理"课程的实验机型。

微型计算机是多板机,这是因为它是由主板及插在主板上的多个电路板(如显示卡、声卡、多功能卡和网卡等)组成的。随着芯片集成度的提高,所插电路板越来越少。

若将1位或4位等数位的算术逻辑部件等电路集成在一块芯片上即成为位片式微处理器。多片位片及控制电路连接而成的计算机就叫做位片机。位片一般采用双极型工艺制成,因此速度比较高,比一般MOS芯片高1～2个数量级。用户可根据需要组成各种不同字长的位片机,因此目前受到人们的关注。

本书将以多片多板微型计算机IBM PC及PC/XT为例,介绍微型计算机的组成原理及其应用。

### 1.3.3　IBM PC及PC/XT的配置

以8088为CPU的微型计算机IBM PC及PC/XT的硬件部分由主机和外设组成,主机由电源、系统板(主板)及插于其上的各种I/O接口选件组成,系统板水平放置在机箱内。

#### 1. 系统板

系统板上的元件按功能分为5大部分:微处理器及其支持芯片、RAM、ROM、I/O接口电路及 I/O 扩展槽,如图 1.8 所示。

| 时钟<br>控制器<br>8284 | 微处理器<br>8088<br>8087 | 20 位 4 通道<br>DMA 控制器<br>8237 | 16 位 3 通道<br>定时/计数器<br>8253 | 8 级中断<br>优先级控制器<br>8259 |
|---|---|---|---|---|

| 盒式磁带接口 | ROM | RAM |
|---|---|---|
| 扬声器接口 | ROM | RAM |
| 键盘接口 | I/O 扩展槽 | RAM |

图 1.8　IBM PC 及 PC/XT 系统板功能结构图

(1) 微处理器及其支持芯片

① 微处理器 8088 及 8087。8088 是准 16 位微处理器,时钟频率为 4.77MHz,有 20 条地址线,故可寻址 $2^{20}$B＝1MB,即可配接具有 1MB 存储单元的内存。8088 有两种工作方式:最小模式是单处理机方式,只允许 8088 接于系统中;而最大模式是多处理机方式,除 8088 外,系统可配接浮点协处理器 8087,它是专门进行浮点数据处理的微处理器,协同 CPU 一起工作,可使 PC 及 PC/XT 的浮点运算速度提高约 100 倍。

② 总线控制器 8288。8288 将工作在最大模式的 8088 的状态信号 $S_2 \sim S_0$ 进行译码,产生相应的控制信号并加以驱动,以实现 8088 对内存及外设的控制。

③ 时钟信号发生与驱动器 8284。8284 芯片外接频率为 14.31818MHz 的石英晶振,它可输出供系统使用的14.31818MHz的 OSC 信号,4.77MHz 的 CLK 信号和 2.387MHz 的 PCLK 信号。

④ 可编程定时/计数器 8253。8253 具有 3 个 16 位定时/计数通道,全部被系统使用。通道 0 是定时器,它为系统用时钟提供恒定的时间基准,此通道每隔 55ms 向 CPU 发一信号,8088 对此信号进行计数,平均 18.2 次计时 1s,用此来计算时钟的时间。通道 1 用于动态存储器刷新的定时。通道 2 输出方波至扬声器,此方波的频率和持续时间可以由程序设置,以此控制扬声器发声的音调和时间。

⑤ DMA 控制器 8237。用于直接存储器存取控制的 8237 有 4 个 DMA 通道。通道 0 用于动态存储器的刷新,通道 2 用于软盘与内存的 DMA 传送,通道 3 用于硬盘与内存间的 DMA 传送,只有通道 1 为用户保留。

⑥ 可编程中断控制器 8259。8259 用于 8 级中断优先权的控制。关于中断的概念及 8259 的结构和用法详见第 5 章。

(2) ROM

IBM PC 及 PC/XT 的 ROM 容量为 64KB,但只用了其中的 40KB。地址 F6000H～FDFFFH 的 32KB 中固化了 BASIC 解释程序,地址 FE000H～FFFFFH 中固化了基本输入输出系统(Basic Input and Output System,BIOS)。BIOS 是一组管理程序,包括上电自检程序、DOS 引导程序、日时钟管理程序、基本 I/O 设备如显示器、键盘、打印机等的驱动程序等。

（3）RAM

系统板上的存储器芯片共 4 列,9 片/列组成带奇偶校验的 64KB 内存,后期产品采用高度集成化的存储器芯片后,大板上可安装 256KB 内存,某些兼容机甚至在大板上插接 640KB 内存。

（4）I/O 接口电路

在系统板上还有 IBM PC 及 PC/XT 的音频盒式磁带机、键盘及扬声器等的接口电路。盒式磁带常作为低档无磁盘驱动器微型计算机的外存储器,PC 的这部分接口电路主要为与低档机兼容,已不常用。

（5）I/O 扩展槽

IBM PC 有 5 个,PC/XT 有 8 个 62 芯 I/O 扩展插槽,亦称 I/O 通道,各种接口电路板插入其中。这些插槽相同序号的插脚串接在一起。62 芯插槽分两排,A 排有 31 条引线,对应接口电路板的元件面,B 排也有 31 条引线,对应接口电路板的焊接面。IBM 公司对 62 芯 I/O 通道信号的名称、功能、方向、时序、引脚排列都作了明确规定。通道信号包括数据线 $DB_7 \sim DB_0$,地址线 $AB_{19} \sim AB_0$,以及控制线、电源线和地线等。有关 I/O 通道的详细介绍见第 5 章。

PC/XT 的第 8 个插槽与其余 7 个槽的信号及用法不同,它用于连接扩展机箱,以便再为用户提供 7 个 I/O 通道。不过,随着微机的发展,新机型不断出现,扩展机箱已不再使用。

**2. I/O 接口选件**

IBM PC 及 PC/XT 的主要外部设备除了上述的扬声器和键盘外,还有显示器、打印机、软盘驱动器、硬盘驱动器以及绘图仪、数字化仪等,这些外设都有相应的接口电路,插入 I/O 扩展槽后,便可使外设投入使用。

当系统板上的 256KB 内存容量不够时,可在 I/O 槽中插入 IBM 公司为用户提供的存储器扩充选件以扩大内存容量,直至 640KB。

用户设计的接口电路也可作为 I/O 选件而插入 I/O 扩展槽中。

# 1.4　微处理器

## 1.4.1　Intel 8086/8088

### 1. 8086/8088 的功能结构

微处理器 8086、8088 结构类似,都由算术逻辑单元 ALU、累加器、专用和通用寄存器、指令寄存器、指令译码器、定时和控制电路等组成。后 4 部分相当于控制器。不过,按其功能可以分为两大部分——总线接口单元(Bus Interface Unit,BIU)和执行单元(Execution Unit,EU),如图 1.9 所示。

执行单元 EU 由 8 个通用寄存器、1 个标志寄存器、算术逻辑单元 ALU 及 EU 控制电路组成。总线接口单元 BIU 包括 4 个段寄存器、1 个指令指针寄存器、1 个与 EU 通信的内部寄存器、先入先出的指令队列、总线控制逻辑及计算 20 位实际物理地址的加法

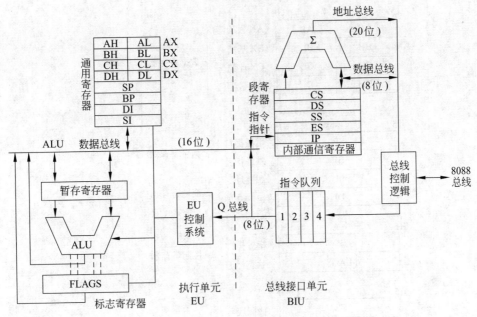

图 1.9　8088 功能结构图

器。8088 的指令队列包括 4 个字节,而 8086 为 6 个字节。

EU 的功能是执行指令。EU 从指令队列取出指令代码,将其译码,发出相应的控制信息。数据在 ALU 中进行运算。运算结果的特征保留在标志寄存器 FLAGS 中。

BIU 的功能是负责与存储器、I/O 接口传送信息。当 EU 从指令队列中取走指令,指令队列出现空字节时,BIU 即从内存中取出后续的指令代码放入队列中;当 EU 需要数据时,BIU 根据 EU 给出的地址,从指定的内存单元或外设中取出数据供 EU 使用;当运算结束时,BIU 将运算结果送入指定的内存单元或外设。当队列空时,EU 就等待,直到有指令为止。当 8088 队列空出 1 个字节,8086 空出两个字符时,BIU 就自动执行一次取指令周期,将新指令送入队列。若 BIU 正在取指令,EU 发出访问总线的请求,则必须等 BIU 取指令完毕后,该请求才能得到响应。一般情况下,程序顺序执行,当遇跳转指令时,BIU 就使指令队列复位,从新地址取出指令,并立即传给 EU 去执行。

指令队列的存在使 8086/8088 的 EU 和 BIU 并行工作,从而减少了 CPU 为取指令而等待的时间,提高了 CPU 的利用率,加快了整机的运行速度。另外也降低了对存储器存取速度的要求,这种技术是借鉴大型机的结果。在整个程序运行期间,BIU 总是忙碌的,效率很高。

**2. 8086/8088 的内部寄存器**

8086/8088 内部有 14 个 16 位寄存器。按其功能可分为三大类:第一类是通用寄存器(8 个),第二类是段寄存器(4 个),第三类是控制寄存器(2 个),如图 1.10 所示。

(1) 通用寄存器

通用寄存器包括数据寄存器、地址指针寄存器和变址寄存器三种。

① 数据寄存器 AX、BX、CX、DX。数据寄存器一般用于存放参与运算的数据或运算

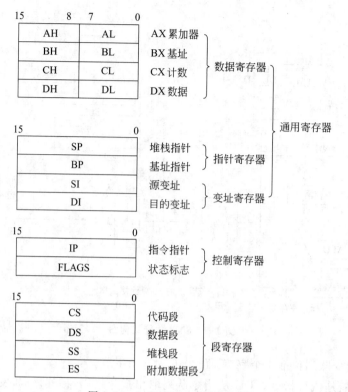

图 1.10    8086/8088 内部寄存器

的结果。每一个数据寄存器都是 16 位寄存器,但又可将高、低 8 位分别作为两个独立的 8 位寄存器使用。它们的高 8 位记作 AH、BH、CH、DH,低 8 位记作 AL、BL、CL、DL,这给编程带来很大的方便。

上述 4 个寄存器一般作为通用寄存器使用,但它们又有各自的习惯用法。

AX(Accumulator)称为累加器,所有的 I/O 指令都使用该寄存器与外设接口传送信息。BX(Base)称为基址寄存器,在计算内存地址时,常用来存放基址。CX(Count)称为计数寄存器,在循环和串操作指令中用作计数器。DX(Data)称为数据寄存器,在寄存器间接寻址的 I/O 指令中存放 I/O 端口的地址。在做双字长乘除法运算时,DX 与 AX 合起来存放一个双字长数(32 位),其中 DX 存放高 16 位。

② 地址指针寄存器 SP、BP。SP(Stack Pointer)称为堆栈指针寄存器,BP(Base Pointer)称为基址指针寄存器。作为通用寄存器的一种,它们可以存放数据。但实际上,它们更经常、更重要的用途是存放堆栈区域中的内存单元的偏移地址。

③ 变址寄存器 SI、DI。SI(Source Index)称为源变址寄存器,DI(Destination Index)称为目的变址寄存器,常常用于变址寻址方式。

(2) 段寄存器 CS、SS、DS、ES

CS(Code Segment)称为代码段寄存器,SS(Stack Segment)称为堆栈段寄存器,DS (Data Segment)称为数据段寄存器,ES(Extra Segment)称为附加数据段寄存器。段寄存器用于存放段基址。

(3) 控制寄存器 IP、FLAGS

IP(Instruction Pointer)称为指令指针寄存器,用以存放预取指令的偏移地址。CPU 从代码段中偏移地址为 IP 的内存单元中取出指令代码的一个字节后,IP 自动加 1,指向指令代码的下一个字节。用户程序不能直接访问 IP。

FLAGS 称为标志寄存器,它是 16 位寄存器,但只用其中的 9 位,这 9 位包括 6 个状态标志和 3 个控制标志,如图 1.11 所示。

图 1.11　FLAGS 寄存器

状态标志位记录了算术和逻辑运算结果的一些特征,如结果是否为 0,是否有进位、借位,结果是否溢出等。不同指令对标志位的影响是不同的。

- CF:进位标志位。当进行加法或减法运算时,若最高位发生进位或借位,则 CF＝1;否则 CF＝0。
- PF:奇偶标志位。当逻辑运算结果中 1 的个数为偶数时,PF＝1;为奇数时,PF＝0。
- AF:辅助进位位。在 8 位加减法操作中,低 4 位向高 4 位有进位、借位发生时,AF＝1;否则 AF＝0。
- ZF:零标志位。当运算结果为 0 时,ZF＝1;否则 ZF＝0。
- SF:符号标志位。当运算结果的最高位为 1 时,SF＝1;否则 SF＝0。
- OF:溢出标志位。当算术运算的结果超出了带符号数的范围,即溢出时,OF＝1;否则 OF＝0。8 位带符号数范围是 $-128 \sim +127$,16 位带符号数的范围是 $-32\ 768 \sim +32\ 767$。

下面三个是控制标志位。控制标志被设置后便对其后的操作产生控制作用。

- TF:跟踪标志位。TF＝1,使 CPU 处于单步执行指令的工作方式。这种方式便于进行程序的调试。每执行一条指令后,自动产生一次内部中断,从而使用户能逐条指令地检查程序。
- IF:中断允许标志位。IF＝1 使 CPU 可以响应可屏蔽中断请求。IF＝0 使 CPU 禁止响应可屏蔽中断请求。IF 的状态对不可屏蔽中断及内部中断没有影响。
- DF:方向标志位。DF＝1 使串操作按减地址方式进行。也就是说,从高地址开始,每操作一次地址减小一次。DF＝0 使串操作按增地址方式进行。

### 3. 8086/8088 的引脚信号

8086 与 8088 内部结构基本相同,外部都采用 40 芯双列直插式封装。图 1.12 是 8088 引脚图,8086 与之基本相同。括号内为最大模式下引脚的定义。

8086/8088 芯片的各类信号线包括 20 根地址线,8 根(8088)或 16 根(8086)数据线及控制线、状态线、时钟、电源和地线等。总数大大超过了 40 根线。因此,为满足封装的要求,必须采用一线多用的办法。8086/8088 引脚定义的方法大致可以分为 5 类。

第一类的每个引脚只传送一种信息。例如,第 32 脚只传送 CPU 发出的读信号 $\overline{\text{RD}}$。

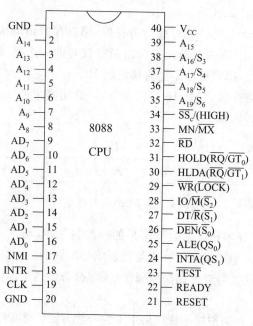

图 1.12    8088 引脚

第二类的每个引脚电平的高低代表不同的信号,例如 IO/$\overline{\text{M}}$。

第三类引脚在 8086/8088 的两种不同工作方式——最小模式和最大模式下有不同的名称和定义。例如,第 29 脚为 $\overline{\text{WR}}$($\overline{\text{LOCK}}$)。当 8086/8088 工作在最小模式时,该引脚传送 CPU 发出的写信号 $\overline{\text{WR}}$,而当 8086/8088 工作在最大模式时,该引脚传送的是括号内的信号 $\overline{\text{LOCK}}$ 即总线锁定信号。

第四类的每个引脚可以传送两种信息。这两种信息在时间上是可以分开的。因此可以用一个引脚在不同时刻传送不同的信息,一般称这类引脚为分时复用线。例如,AD$_7$ ~ AD$_0$ 是地址和数据的分时复用线。当 CPU 访问内存或 I/O 设备时,在 AD$_7$ ~ AD$_0$ 上首先出现的是被访问的内存单元或 I/O 设备某端口的地址信息的低 8 位。然后,在这些线上就出现 CPU 进行读写的 8 位数据。

第五类引脚在输入和输出时分别传送不同的信息,如 $\overline{\text{RQ}}$/$\overline{\text{GT}}_0$。输入时传送总线请求信号 $\overline{\text{RQ}}$,输出时传送总线请求允许信号 $\overline{\text{GT}}_0$。

下面,简单介绍与用户有关的引脚的名称及定义。

• $V_{CC}$:电源。8088 采用 ±10% 单一 +5V 电源。

• AD$_7$ ~ AD$_0$(Address Data Bus):低 8 位地址、数据复用端,双向工作。

• A$_{15}$ ~ A$_8$(Address):高 8 位地址输出端。

• A$_{19}$/S$_6$ ~ A$_{16}$/S$_3$(Address/Status):最高 4 位地址、状态复用输出端。S$_6$ 恒等于 0。S$_5$ 表明中断允许标志的状态,S$_5$ =1 表明 CPU 可以响应可屏蔽中断的请求;S$_5$ =0 表明 CPU 禁止一切可屏蔽中断。S$_4$、S$_3$ 的组合表明当前正在使用的段寄存器,如表 1.3 所示。

**表 1.3　$S_4$、$S_3$ 的组合及所对应的正在使用的寄存器**

| $S_4$ | $S_3$ | 当前正在使用的段寄存器 |
| --- | --- | --- |
| 0 | 0 | ES |
| 0 | 1 | SS |
| 1 | 0 | CS 或未使用任何段寄存器 |
| 1 | 1 | DS |

- NMI(Non-Maskable Interrupt)：非屏蔽中断申请输入端。非屏蔽中断申请输入信号必须是一个由低到高的上升沿，这类中断是一种不可用软件屏蔽的中断。
- INTR(Interrupt Request)：可屏蔽中断申请输入端。可屏蔽中断申请信号高电平有效，这类中断可用软件屏蔽。
- CLK(Clock)：时钟输入端。该引脚接至 8284 集成电路的输出端，由 8284 提供 8088 所需的 4.77MHz，33% 占空比（即 1/3 周期为高电平，2/3 周期为低电平）的系统时钟信号。
- RESET：系统复位信号输入端。RESET 信号高电平有效，8086/8088 要求该信号的有效时间至少为 4 个 T 状态。接通电源或按 RESET 键，都可产生 RESET 信号。CPU 接收到 RESET 信号后，立即停止当前操作，完成内部的复位过程，恢复到机器的起始状态并使系统重新启动。8086/8088 复位时各寄存器的状态如表 1.4 所示。

**表 1.4　8086/8088 复位时各寄存器值**

| 寄　存　器 | 值 | 寄　存　器 | 值 |
| --- | --- | --- | --- |
| FLAGS | 0000H | DS | 0000H |
| IP | 0000H | ES | 0000H |
| 指令队列 | 空 | SS | 0000H |
| CS | FFFFH | 其余寄存器 | 0000H |

- READY："准备好"信号输入端。准备好信号是由被访问的内存或 I/O 设备发出的响应信号，高电平有效。当其有效时，表示内存或 I/O 设备已准备好，CPU 可以进行数据传送。若内存或 I/O 设备还未准备好，则使 READY 信号为低电平。CPU 采集到低电平的 READY 信号后，自动插入等待周期 $T_W$（一个至多个），直到 READY 变为高电平后，CPU 才脱离等待状态，完成数据传送过程。
- $\overline{\text{TEST}}$：测试信号输入端。当 CPU 执行 WAIT 指令时，每隔 5 个时钟周期对 $\overline{\text{TEST}}$ 引脚进行一次测试。若为高电平，CPU 就仍处于空转状态进行等待，直到 $\overline{\text{TEST}}$ 引脚变为低电平，CPU 结束等待状态，执行下一条指令，以使 CPU 与外部硬件同步。
- $\overline{\text{RD}}$(Read)：读信号输出端。读信号是一个低电平有效的输出信号，当 RD 为低电平时,表明 CPU 正在对内存或外设进行读操作。

- MN/$\overline{\text{MX}}$(Minimum/Maximum Mode Control):最小/最大模式控制信号输入端。该引脚接至高电平,8086/8088 工作在最小模式;该引脚接至低电平,8086/8088 工作在最大模式。

上述引脚的名称和定义在最大模式和最小模式下是相同的,而第 24～31 的 8 个引脚在两种工作方式下的名称和定义是不同的,详见下述。

### 4. 8086/8088 的工作方式

8086/8088 有两种工作方式:最大模式和最小模式。最大模式是多处理机模式,最小模式是单处理机模式。

(1) 最小模式

8086/8088 最小模式的基本配置如图 1.13 所示,系统主要由 8086/8088 CPU、时钟发生器 8284、地址锁存器及数据收发器组成。

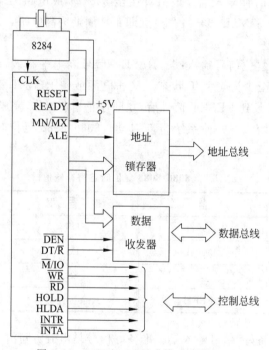

图 1.13　8086/8088 最小模式下的配置

由于地址与数据、状态线分时复用,系统中需要地址锁存器。数据线连至内存及外设,负载重,需用数据总线收发器作驱动。而控制总线一般负载较轻不需要驱动,故直接从 8086/8088 引出。

(2) 最大模式

8086/8088 最大模式基本配置如图 1.14 所示。

比较最大模式和最小模式的基本配置图,可以看出,最大模式和最小模式有关地址总线和数据总线的电路部分基本相同,即都需要地址锁存器及数据总线收发器。而控制总线的电路部分有很大的差别。在最小模式下,控制总线直接从 8086/8088 得到,不需外加

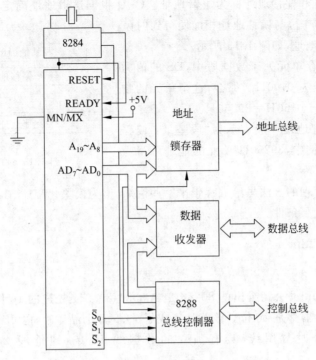

图 1.14　8086/8088 最大模式下的配置

电路。最大模式是多处理机模式,需要协调主处理器和协处理器的工作,并因负载较重需要总线驱动。因此,8086/8088 的一部分引脚需要重新定义,控制总线不能直接从 8086/8088 引脚引出而需外加电路,故采用了总线控制器 8288。用户在硬件设计中需要使用的三总线信号将在第 5 章中介绍。

　　这里还需要说明一下 8088 与 8086 引脚的区别。8088 与 8086 除第 28 脚及第 34 脚外,其余引脚的名称和功能完全相同。当然,数据与地址的复用线,8088 为 8 根($AD_7 \sim AD_0$),而 8086 为 16 根($AD_{15} \sim AD_0$)。8088 和 8086 的第 28 脚的功能是相同的,但有效电平的高低定义不同,8088 第 28 脚为 $\overline{M}/IO$,当该引脚为低电平时,表明 8088 正进行存储器操作,而当该引脚为高电平时,表明 8088 正在进行 I/O 操作,而 8086 的第 28 脚为 $M/\overline{IO}$,电平与 8088 正好相反。

　　8088、8086 的第 34 脚的定义及功能不同,在最大模式下,8088 的第 34 脚保持高电平,而 8086 在最大模式下第 34 脚的定义与最小模式下相同。

　　**5. 8086/8088 的存储器管理**

　　8086/8088 有 20 条地址线,最大内存容量为 1MB($2^{20}$ B),其中任何一个内存单元都有一个 20 位的地址,称为内存单元的物理地址。8086/8088 采用内存分段的办法,使 16 位的内部结构可以提供 20 位的地址。8086/8088 将 1MB 内存分为若干段,段的大小根据需要决定,最大为 64KB。每个段起始地址的低 4 位一般为 0,高 16 位称为段基址,放入段寄存器中。段内某内存单元的物理地址相对于段起始地址的位移量称为段内偏移地址,由于一个段最大为 64KB,故偏移地址只用 16 位二进制数表示即可。

一般将段基址和偏移地址称为逻辑地址。CPU 根据逻辑地址确定物理地址的方法为：将段基址左移 4 位与偏移地址相加便得到内存单元的 20 位物理地址，如图 1.15 所示。

例如，若某内存单元处于数据段中，DS 的值为 89150H，偏移地址为 0100H。那么，这个单元的物理地址为 89150H＋0100H＝89250H。

内存单元物理地址一般表示为"段基址：偏移地址"的形式。上例中，89250H 单元的地址可写为 8915H：0100H。

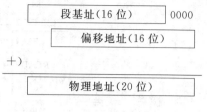

图 1.15　逻辑地址

存储器分段管理的方法虽给编程带来一些麻烦，但为模块化程序、多通道程序及多用户程序的设计创造了条件。

## 1.4.2　Intel 80286

### 1. 概述

1982 年 1 月，Intel 公司推出的 80286 是比 8086/8088 更先进的 16 位微处理器芯片，其内部操作和寄存器都是 16 位。该芯片集成了 13.5 万个晶体管，以 68 引线 4 列直插式封装，不再使用分时复用线，具有独立的数据线 16 条，地址线 24 条，时钟频率为 8～10MHz。

80286 片内具有存储管理和保护机构。80286 对存储器采用分段的管理方法，每段最大为 64KB，并支持虚拟存储器。这样的存储器管理方法使 80286 能可靠地支持多用户系统。

80286 有两种工作方式，即实地址方式和虚地址保护方式。在实地址方式下就是一个快速的 8086；在虚地址保护方式下，80286 可寻址 16MB($2^{24}$ B)物理地址，并能提供 1000MB(约 $2^{30}$ B)的虚拟地址空间。80286 可以配接浮点处理器 80287。

80286 具有 8086/8088 的全部功能。8086/8088 的汇编语言程序不做任何修改即可在 80286 上运行。

### 2. 80286 的功能结构

8086/8088 的结构按功能可分为 EU 和 BIU 两大部分，而 80286 又将 BIU 分为 AU (地址单元)、IU(指令单元)和 BU(总线单元)三部分。其中，IU 是增加的部分，该单元取出 BU 的预取代码队列中的指令进行译码，并放入已被译码的指令队列中，这就加快了指令的执行过程。

由于 80286 时钟频率比 8086/8088 的高，而且 80286 是 4 个单元而 8086/8088 是两个单元并行工作，因此，80286 整体功能比 8086/8088 提高很多。

### 3. 80286 的内部寄存器

80286 内部寄存器中，通用寄存器、指令指针 IP 等均与 8086/8088 相同，4 个段寄存器仍为 16 位，实地址方式下其内容与 8086/8088 相同，在虚地址保护方式下并不存放段基址，但与段基址有关。80286 比 8086/8088 增添了几个寄存器，如机器状态字、任务寄存器及描述符寄存器等。标志寄存器也比 8086/8088 增加了两个标志：

- IOPL：I/O 特权标志位。该标志位只适用于保护方式，指明 I/O 操作的级别（0～3）。
- NT：嵌套标志位。当前执行的任务正嵌套在另一任务中时，NT＝1；否则，NT＝0。该标志位只适用于保护方式。

### 1.4.3　Intel 80386

#### 1. 概述

1985 年 10 月，Intel 公司推出 32 位微处理器 80386，其内部操作和寄存器都是32 位。该芯片以 132 条引线网络阵列式封装。其中，数据线 32 条，地址线 32 条。时钟频率为 12.5MHz 和 16MHz。

80386 的存储管理部件由分段部件和分页机构组成，有 4 级保护机构，支持虚拟存储器。

80386 有三种工作方式：实地址方式、虚地址保护方式及虚拟 8086 方式。80386 处于实地址方式下就是一个高速的 8086/8088。在虚地址保护方式下，可寻址 4GB($2^{32}$ B)物理地址及 64TB 虚拟地址空间。存储器按段组织，每一段最长 4GB，因此，64TB 虚拟存储空间允许每个任务最多有 16 384 个段。在虚拟 8086 方式下时，80386 就像在实地址方式下一样，可执行 8086 的应用程序，而系统程序员仍能利用 80386 的虚拟保护机构。也就是说，在运行 8086 应用程序的同时，可以运行 80386 操作系统及程序。

80386 有两种档次的芯片：80386SX 和 80386DX。80386SX 是准 32 位芯片，即其内部结构为 32 位，而外部数据线只有 16 条。80386DX 是真正的 32 位芯片，内部、外部都是 32 位。80386SX 只能配接协处理器 80287，而 80386DX 需配接协处理器 80387。

#### 2. 80386 的功能结构

80386 由中央处理器、存储器管理部件(MMU)和总线接口部件(BIU)组成。

CPU 由指令部件和执行部件组成。指令部件可以预取指令、对指令译码并存放在已译码的指令队列中供执行部件使用，从而省去了取指令和译码的时间。执行部件包括 8 个既可用于数据操作又可用于地址计算的 32 位通用寄存器，还包括一个 64 位的桶形移位器(barrel shifter)，用于加速移位、循环及乘除法的操作，使典型的 32 位乘法可在 $1\mu s$ 内完成。

MMU 由分段部件和分页机构组成。每一页 4KB，每一段可以有一页或多页。

BIU 的作用是负责与存储器、输入/输出接口传送数据。

80386 的几个部件可以并行而独立地操作，明显地加快了指令的执行速度。

#### 3. 80386 的内部寄存器

80386 有 32 个寄存器，分为 8 类，即通用寄存器、段寄存器、指令指针、标志寄存器、控制寄存器、系统地址寄存器、排错寄存器和测试寄存器。

(1) 通用寄存器和指令指针 EIP

80386 的通用寄存器和指令指针如图 1.16 所示。

通用寄存器皆由 8086/8088、80286 的相应 16 位寄存器扩展成 32 位而得。每个 32 位寄存器的低 16 位可单独使用，与 8086/8088、80286 的相应寄存器作用相同。与 8086/

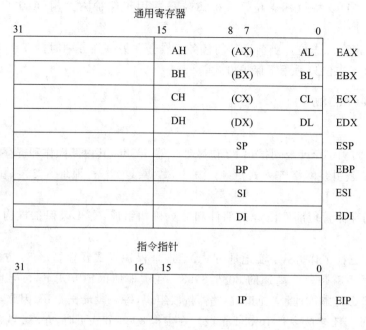

图 1.16　80386 的通用寄存器和指令指针

8088 一样,AX、BX、CX、DX 寄存器的高、低 8 位也可分别组成 8 位寄存器,单独使用。

80386 的指令指针 EIP 也是由 8086/8088、80286 的 16 位指令指针 IP 扩展成 32 位而得。由于 80386 地址线是 32 条,故 EIP 中存放的是下一条要取出的指令的偏移地址。当然,这是相对于代码段 CS 的基址的偏移量。EIP 的低 16 位用于 16 位寻址。

(2) 标志寄存器 EFLAGS

80386 的标志寄存器有 32 位,其中低 12 位即是 8086/8088 的标志寄存器,而低 16 位即是 80286 的标志寄存器。80386 只比 80286 多两个标志。

- VM:虚拟 8086 方式。处于保护方式下的 80386 转为虚拟 8086 方式时 VM＝1。
- RF:恢复标志。该标志用于 DEBUG 调试,每执行完一条指令,使 RF＝0。而 RF＝1 表示下一条指令遇到的断点被忽略。

### 1.4.4　Intel 80486

#### 1. 概述

1990 年,Intel 公司推出了与 80386 完全兼容但功能更强的 32 位微处理器 80486,但它只是对 80386 的底层硬件做了改进,内部操作及寄存器仍是 32 位。该芯片集成了 120 万个晶体管,以 168 条引线网络阵列式封装,数据线 32 条,地址线 32 条。

80486 时钟频率为 25MHz 和 33MHz。当主频达到 50MHz 时,80486 DX 可以在 1 个时钟周期内执行完一条指令。1992 年,80486 DX2 出现,它采用倍频技术,使 CPU 能以双倍于芯片外部的处理速度工作。80486 DX2-50、80486 DX2-66 是它的代表芯片。这一技术使 80486 的运行速度提高了 70%。

　　80486 芯片实际上是将 80386、80387 及 8KB 超高速缓存集成在一起,因此具有 80386 的所有功能。它的存储器管理部件也由分段部件和分页机构组成,也有 4 级保护机构,支持虚拟存储。

　　80486 与 80386 一样,也有三种工作方式:实地址方式、虚地址保护方式及虚拟 8086 方式。也可寻址 4GB 物理地址和 64TB 虚拟地址。

　　**2. 80486 的功能结构**

　　与 80386 相比,80486 增加了一些增强功能的部件。8KB 超高速缓存可存放常用的数据和指令,这就减少了对外部总线的访问。使用 RISC 技术,减少了指令的执行时间。猝发总线特点使超高速缓存能快速填充。芯片内的浮点部件与算术逻辑部件的操作是并行的。所有这些特点,使 80486 比 80386 的性能提高很多。

　　**3. 80486 的内部寄存器**

　　80486 的内部寄存器包括了 80386 和 80387 的全部寄存器,共分 4 大类。

　　• 基本结构寄存器。其中包括通用寄存器、指令指针、标志寄存器和段寄存器。

　　• 浮点寄存器。其中包括数据寄存器、标记寄存器、指令和数据指示字控制字。

　　• 系统级寄存器。其中包括控制寄存器、系统地址寄存器。

　　• 调试和测试寄存器。

　　其中的基本结构寄存器和浮点寄存器是应用程序可访问的;系统级寄存器是特权级 0 上由系统级程序访问;调试和测试寄存器是特权级 0 上可访问。

　　(1) 通用寄存器和指令指针

　　80486 的通用寄存器 EAX、EBX、ECX、EDX、ESP、EBP、ESI、EDI 及指令指针 EIP 与 80386 完全相同。

　　(2) 标志寄存器 EFLAGS

　　80486 的标志寄存器只比 80386 的标志寄存器多一个标志位 AC,对界检查。当 AC=1 时,表示有对界故障。错对界地址包括:一个字访问一个奇地址,一个双字访问一个不在双字边界上的地址,或一个 8 字节访问不在 64 位字边界上的地址等。对界故障仅由特权级 3(用户程序)的运行产生,在特权级 0,1,2 上可忽略 AC 位的设置。

## 1.4.5　Pentium 系列微处理器

　　Intel 公司继 x86 系列微处理器之后推出的 Pentium 系列微处理器属于高档处理器,它采用了许多先进的技术,使其性能有了质的飞跃。微处理器的发展进入了一个崭新的阶段。Pentium 系列微处理器包括 Pentium、PentiumMMX、PentiumPro、Pentium Ⅱ、Pentium Ⅲ 和 Pentium 4 等。

　　**1. 高档微处理器采用的先进技术**

　　(1) 超级流水线技术——单条多级流水线

　　指令的流水线结构意指将一条指令的执行过程分作若干步骤,由微处理器的相应功能块完成各步骤的功能。这样,在微处理器的同一时钟周期内,几条指令可以在微处理器的不同模块中进行相应的处理,从而实现了指令的并行执行。此过程如图 1.17 所示。

　　指令流水线中,完成一条指令所需步骤数称为流水线的级数,它表明了流水线的深

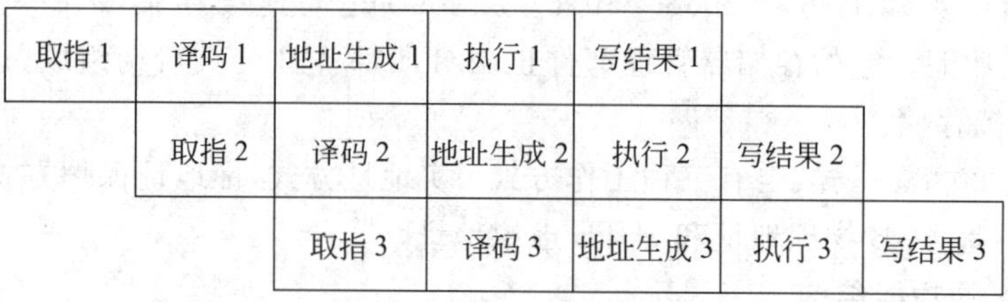

| 取指 1 | 译码 1 | 地址生成 1 | 执行 1 | 写结果 1 | | |
|---|---|---|---|---|---|---|
| | 取指 2 | 译码 2 | 地址生成 2 | 执行 2 | 写结果 2 | |
| | | 取指 3 | 译码 3 | 地址生成 3 | 执行 3 | 写结果 3 |

图 1.17　多级单条流水线

度。流水线的级数越多(深)(即所谓超级流水线),单条流水线并行处理的能力越强;同时,每级的处理时间越短,这就可以进一步提高微处理器的工作频率和效率。平均看来,几乎每个时钟周期执行一条指令。当然,流水线的级数也不是越多越好,一方面会使微处理器的硬件复杂,另一方面也会制约指令执行速度的提高。

Intel 公司微处理器产品中,8086 的指令流水线有 2 级;80386 有 4 级;80486 有 5 级;第五代微处理器 Pentium 在整数指令执行时为 5 级,而在浮点运算时为 6 级;第六代微处理器中,PentiumPro、Pentium Ⅱ、Pentium Ⅲ 为 12 级;而 Pentium 4 已为 24 级。

(2) 超标量流水线结构——多条多级流水线

如上所述,一条流水线就可以使微处理器具有并行处理指令的能力。若采用多条流水线,那么,多条指令就可以同时启动且同时执行;每条流水线都有自己独立的算逻单元 ALU、地址生成逻辑和高速缓存 Cache 接口,处理器的这种结构就称为超标量流水线结构。例如,在具有两条流水线的微处理器中,可以同时启动两条指令,大大提高了微处理器的并行处理能力。Intel 公司微处理器产品中,80386、80486 只有一条流水线,一个指令周期启动并执行一条指令;Pentium 有 U、V 两条流水线,它在一个时钟周期内启动并执行两条指令;而 PentiumPro、Pentium Ⅱ、Pentium Ⅲ 有三条流水线,它在一个时钟周期就可以启动并执行三条指令。

(3) 高速缓存(Cache)

高速缓存 Cache 是一种在 CPU 内部(或外部)、读写速度非常快的存储器。它的作用是存放即将被执行的指令及被操作的数据。Cache 的存在,大大加快了 CPU 访问内存(存放指令及数据)的速度,也就加快了程序的执行,提高了 CPU 的性能。Cache 技术被引入微处理器后,有了很大的发展,如:

- CPU 内部的 Cache 由原来的一个(指令与数据共用)变为相互独立的两个(一个为指令 Cache,一个为数据 Cache),取指和数据操作互不干扰,独立进行。
- CPU 内部的 Cache 由原来的一级变为两级:L1 和 L2。其中,L1 Cache 是 CPU 硅片的一部分,而 L2 是采用特殊工艺与 CPU 封装在一起的 Cache。
- Cache 的容量也由最初的 8KB 增加到 512KB 甚至更多。
- Cache 的存取速度也越来越快。
- Cache 现有多个接口,分别与多条流水线相连,以便在同一时刻与相互独立的多条流水线进行指令与数据的存取。
- Pentium 4 中又有一个称为执行轨迹的 Cache(Execution Trace Cache)。它处于指令译码和指令执行逻辑之间,用于存放已经译码的指令和微操作。这样,当 CPU 遇到已经译过码的指令时,就不必操作译码电路而直接从该 Cache 中取出已存在的译码结果即可。这就进一步加速了 CPU 执行指令的速度。尤其是当程序中有循环时,效果就更突出,这是因为循环体不必在每次循环时都译码,而是译码一次放入执行轨迹 cache 中即可。

（4）双独立总线（DIB）

双独立总线（Dual Independent Bus,DIB）意指在微处理器内部设置两条数据总线,一条用于与 CPU 内部的 L2 Cache 存取信息,另一条用于与主板上的内存交换信息。两条总线可以同时工作。L2 Cache 的高速就不会受到相对较慢的内存的制约。

（5）分支预测

程序中一般会有分支跳转指令。当遇到一条跳转指令时,指令预取队列中的按照指令代码顺序（而不是按照指令执行顺序）预取的指令将全部作废。CPU 此时要从跳转的目标地址处开始预取指令,这就打乱了一次指令流水线,当然也就放慢了指令的执行速度。为此,高档微处理器中都配置了一套分支预测机构,以提高 CPU 的效率。

分支预测,顾名思义就是预测分支。高档微处理器用一个小型 cache 作为分支目标缓冲器（Branch Target Buffer,BTB）,其中存放若干条分支跳转的目标地址,其作用是预测分支。当一条指令导致分支时,BTB 记住这条指令及分支的目标地址,用这些信息预测这条指令再次产生分支时的路径,并预先从此预取,以保证流水线的指令预取步骤不会空置;当判断正确时,分支程序即刻得到解码。

分支预测分为静态分支预测和动态分支预测。静态分支预测是在指令译码之后进行预测。而动态分支预测是指分支预测发生在指令译码之前,即在指令预取过程中进行预测。这将使微处理器的效率更高。而且,循环次数越多,作用越明显。动态分支预测已在第六代微处理器中实现。

（6）指令超顺序执行

为了充分利用微处理器的资源,使微处理器能在一些执行时间较长的指令的执行过程中,将与此条指令无关的后面的指令提前执行。也就是说,CPU 未按指令在内存中的存放顺序执行,这就是指令的超顺序执行。

（7）多核技术

这里先介绍一个名词——核心（Die）,又称为内核,是 CPU 最重要的组成部分。CPU 所有的计算、接受/存储命令、处理数据都由核心执行。各种 CPU 核心都具有固定的逻辑结构,一级缓存、二级缓存、执行单元、指令级单元和总线接口等逻辑单元也都会有科学的布局。为了便于 CPU 设计、生产、销售的管理,CPU 制造商会对各种 CPU 核心给出相应的代号,这也就是所谓的 CPU 核心类型。

Intel 的多核技术是在一个处理器里面植入两个（或多个）核心的技术。核心间通过 Smart Cache 技术共享 L2,根据处理任务的负荷程度,在核心间进行协调,然后分别同时进行指令运算,从而达到更高效的处理能力。多核技术所解决的是,并发多任务运行时整体的性能。有的公司（如 AMD）的产品为每个核心单独设计二级缓存。

（8）其他的先进技术

除了上面介绍的先进技术之外,高档微处理器还采用了诸如 RISC 技术、常用指令固化（即指令的执行由硬件实现）、虚拟存储、内置的浮点处理单元采用快速硬件电路代替微码实现浮点数的运算等先进技术,使高档微处理器得到了突飞猛进的发展。

### 2. Pentium(奔腾、P5、80586)

(1) Pentium 的功能结构

1993 年 3 月,Intel 公司推出了当时最先进的微处理器芯片——64 位的 Pentium,这是第五代微处理器。该芯片集成了 310 万个晶体管,有 64 条数据线,36 条地址线。

Pentium 采用了新的体系结构,其内部浮点部件在 80486 的基础上重新进行了设计。Pentium 具有两条流水线,每条流水线有自己独立的地址生成逻辑、算术逻辑部件及数据超高速缓存接口。这两条流水线与浮点部件能够独立工作。每条流水线在一个时钟周期内发送一条常用指令。这样,两条流水线在一个时钟周期内就可同时发送两条整数指令,或者在一个时钟周期内发送一条浮点指令,在某些情况下也可以发送两条浮点指令。Pentium 芯片内有两个超高速缓冲存储器。一个是指令超高速缓冲存储器,一个是数据超高速缓冲存储器,这比只有一个超高速缓冲存储器的 80486 更为先进。Pentium 还将常用指令固化,也就是说,像 MOV、INC、PUSH、POP、JMP、NOP、SHIFT、TEST 等指令的执行由硬件实现,从而大大加速了指令的执行过程。Pentium 的工作频率也比80486 高。

(2) Pentium 的内部寄存器

Pentium 对 80486 的寄存器做了如下的扩充。

标志寄存器增加了两位:VIF 和 VIP。这两位用于控制 Pentium 的虚拟 8086 方式扩充部分的虚拟中断。控制寄存器中增加了一个 $CR_4$,并对 $CR_0$ 中的 CD 位和 NIV 位的含义进行了重新定义。增加了几个模型专用寄存器,用来控制可测试性、执行跟踪、性能监测和机器检查错误的功能等。Pentium 可用指令读写这些寄存器。

### 3. PentiumMMX

PentiumMMX 是 Intel 公司于 1996 年推出的第一个采用 MMX(MultiMedia eXtensions)技术的微处理器。它集成了 450 万只晶体管,有数据线 64 位,地址线 32位,工作频率为 166/200/233MHz,片内 cache 的容量比 Pentium 增加了一倍,即为32KB。

MMX 技术因人们对图形、图像、动画、音频、视频和通信等多媒体信息的处理要求应运而生,它的应用使微处理器处理大量复杂数据的能力大大提高。MMX 技术主要包括:

(1) 增加 57 条与多媒体及通信有关的指令。

(2) 增加新的数据类型,以适合多媒体数据的处理要求。

(3) 单指令多数据技术。

(4) 借用已有的寄存器。如,借用浮点寄存器作为 MMX 的寄存器,以节省硬件资源。

### 4. PentiumPro(P6)

PentiumPro 是 Intel 公司于 1995 年推出的用于服务器的第六代微处理器。它采用了 $0.6\mu m$ 工艺,集成了 550 万只晶体管。它有数据线 64 位,地址线 36 位,工作频率为150/166/180/200MHz。它的指令系统比普通 Pentium 增加了 8 条指令。

PentiumPro 性能优异,是因为它采用了一系列先进技术,如 RISC 技术,12 级超级流水线,超标量结构(每个时钟周期可执行 3 条指令),动态分支预测,超顺序执行,双独立总线 DIB,L1 为 16KB,采用双 Cache 结构(8KB 指令 Cache 和 8KB 数据 Cache),L2 为 256KB 或 512KB,支持多微处理器等。

PentiumPro 是第一个将 L2 Cache 集成到芯片内的微处理器,大大提高了微处理器的速度。PentiumPro 的缺点是没有对 16 位代码进行优化,因此运行 16 位代码程序的性能较差。

**5. Pentium Ⅱ(PⅡ)**

Pentium Ⅱ 是 Intel 公司于 1997 年推出的基于 P6 又对 16 位代码进行了优化且采用 MMX 技术的微处理器。它使用 $0.35\mu m$ 或 $0.25\mu m$ 工艺,集成了 750 万只晶体管。它有数据线 64 位,地址线 36 位,L1 为双 16KB,L2 为 512KB,工作频率为 233/266/300/333/350MHz。

**6. Pentium Ⅲ(PⅢ)**

Pentium Ⅲ 是 Intel 公司于 1999 年推出的为提高因特网性能而设计的微处理器。它采用 $0.13\mu m$ 或 $0.25\mu m$ 或 $0.18\mu m$ 工艺,集成了 950 万只晶体管。它有数据线 64 位,地址线 36 位,工作频率为 450～850MHz,系统总线为 133MHz。L1 仍为双 16KB,L2 为 256KB(高级传输高速缓存)或 512KB(统一非阻塞高速缓存)。

它增加了 70 条称为数据流单指令多数据扩展(Streaming SIMD Extensions,SSE)指令,增加了 8 个 128 位单精度寄存器。这些改进明显地提高了浮点运算速度、Web 程序运行速度和多媒体性能,可以浏览和处理更高分辨率的图像,更高质量的音频、MPEG2 视频,同时进行 MPEG2 编码和解码,语音识别占用的 CPU 资源更少,更高的精度和更快的响应时间。

它还具有微处理器序列号,利用此序列号可以对使用该微处理器的 PC 进行识别。在当今的互联网时代,序列号与用户名、用户密码的配合,可以大大提高互联网应用中,尤其是电子商务应用中的安全性。

**7. Pentium 4(P4)——奔腾 4 微处理器**

Pentium 4 是 Intel 公司于 2000 年推出的当时最高档的微处理器。P4 采用 $0.18\mu m$ 或 $0.13\mu m$ 工艺,集成了 4200 万只晶体管。它有数据线 64 位,地址线 36 位,寻址范围为 64GB。有 8KB L1 数据高速缓存,12K L1 执行跟踪高速缓存,256KB L2 二级高级传输缓存(速度范围是 2GHz 以下),512KB 二级高级传输高速缓存(速度范围是 2.4～3.2GHz),以及集成在处理器芯片上的 2MB 集成三级缓存(只有 3.2GHz 的 P4 顶级版本配有,专门为高级用户的计算需求和高级游戏玩家设计的)。

P4 的工作频率为 1.40GHz,系统总线有 400MHz、533MHz 和 800MHz 三种,它使用的 SSE2 指令集比 SSE 指令集增加了 76 条指令,不仅增加了浮点运算能力,还提高了存储器的使用效率。在三维可视化、多媒体和 Internet 内容制作、视频压缩等领域,P4 是当时性能最优异的微处理器。

P4 的命名方法有如下三种。

(1) P4 X·XGHz 后缀为 A(或 B、C、E),例如 P4 2.66GHz。

此命名法直接将主频标出,而后缀表示微处理器的核心类型、接口类型、二级缓存的大小,前端总线(Front Side Bus,FSB)的数值以及所支持的技术,如:

- EIST(Enhanced Intel Spedstep Technology)：节能省电技术
- VT(Virtualization Technololgy)：虚拟化技术
- HT(Hyper Threading)：超线程技术

（2）P4　5xx/6xx 例如 P4 506。

这种表示法是用三位数字表示微处理器的系列号,Intel 公司使用了 5xx 和 6xx 两个系列,以适应品种日益增多的 P4。

（3）P4　XE(或 EE) X·XGHz。

其中,XE 或 EE 表示 Extrene Edition,即极致、高档之意,俗称"至尊"。这是为高端用户研制的高性能 P4 版本。

### 8. PM(Pentium Mobile)

这是移动奔腾,也就是笔记本计算机专用的微处理器,于 2003 年面世。它的命名方法为 PM 5xx/7xx,例如 PM 735。

奔腾移动微处理器在 Pentium、PentiumⅡ、PetiumⅢ 以 P4 时期都有相应的产品,P4早期的移动产品称为 P4-M 及 Mobile P4,现在这些产品在市场上都已很难见到。

### 9. PD(Pentium Dual-core)

PD 是 Intel 公司于 2005 年推出的 65nm(纳米)制作工艺的双核奔腾,这是 Intel 公司的首款双核微处理器,它正式揭开了微处理器的多核时代。PD 有两个系列:8xx 和 9xx,命名方法为 PD 8xx/9xx,例如 PD 805。

PD 的至尊版本为 PEE,命名方法为 PEE 8xx/9xx,例如 PEE 965。

Pentium 双核的另一种命名方法如下:

- PT2xxx,例如 PT2330(及 2310、2130、2080、2060 等)。
- PE2xxx,例如 PE2220(及 2200、2180、2160、2140 等)。

Intel 公司独有的超线程(Hyper Threading,HT)技术使软件程序可以在一个微处理器上同时运行两项任务或线程,改善多任务环境下的系统性能,提高可扩充性、可靠性和性价比。用户可以同时进行学习、工作、娱乐和共享。如在转换音乐文件的同时,可以在 PC 上玩游戏;或者在观看一部下载电影的同时压缩数字视频;实现事半功倍的效果。含超线程技术的 Pentium 4 主频速度分别为 2.80C GHz、2.60C GHz 和 2.40C GHz,它们支持先进的 800MHz 系统总线。

## 1.4.6　Core 及 Core2——酷睿及酷睿 2 微处理器

从微处理器问世,至今只有短短几十年的时间,计算机已经极其广泛地应用于国民经济、国防、日常生活的各个领域,真可谓"无孔不入",它改变了世界,改变了人们的生活,是其他任何一项新技术无法比拟的。反过来,这种广泛性、深入性又使人们不断对计算机提出更高、更快、更方便、更专业化、网络功能更强、安全性更好等需求,这就直接促进了近年来 Core 及 Core2 类型微处理器的急速发展。这种微处理器的种类多得使人眼花缭乱,这里只能大致做一些介绍,关于它们的详细介绍读者可以从有关资料及强大的网络系统中查询。

**1. 微处理器的开发代号**

从应用角度出发,基本上可以将微处理器分为三大类,即用于台式机的桌面版微处理器、用于笔记本计算机的移动版微处理器及用于服务器和工作站的服务器版微处理器。除此之外,还有网络微处理器、I/O 微处理器等,这些用途的微处理器,一般用户很少触及。各类微处理器的功能、功耗、体积、网络功能和特点等各方面有不同侧重,在开发过程中,Intel 公司赋予不同类型的微处理器以不同的代号,Core 及 Core 2 类微处理器的开发代号如下:

- 桌面版微处理器开发代号为 Conroe。
- 移动版微处理器开发代号为 meron。
- 服务器版微处理器开发代号为 wooderest。

**2. Core 及 Core 2 特点**

2006 年,Intel 公司终止了长达 13 年之久的奔腾时代,推出 32 位全新 Core 架构的 Core(酷睿)型微处理器。此类微处理器有单核 Core Solo 和双核 Core Duo 之分。但它很快被 2007 年面世的 Core 2(酷睿 2)型微处理器代替。

Core 2 微处理器采用了全新的 Core 架构,彻底摒弃了 PM 和 P4 的 NotBurst 架构;采用 65nm 及 45nm 的工作制程,它集成了数亿晶体管;其 L2 提升至 4MB,FSB 提升至 1066MHz (Conroe)、1333MHz(wooderest)和 667MHz (merom)。Core 及 Core 2 又是一款领先节能的新型微处理架构,具有超凡的创新特性,如高级智能高速缓存、高级数字媒体增强、动态功率调节、深度睡眠、高级散热管理、智能内存访问、先进的分支预测及宽位动态执行等。创新特性带来更出色的性能、更强大的多任务处理功能和更高的智能水平,各种平台可以从中获得巨大优势。

- 台式机:占用更小空间,为家庭用户带来更多全新娱乐体验,为员工带来更高的工作效率。
- 笔记本:可获得更高的移动性能和更耐久的电池使用时间。
- 服务器:更快速、更低功耗,为企业节省开支,并保证安全稳定运行。

**3. Core 及 Core 2 的分类**

Core 及 Core 2 型微处理器种类繁多,简单介绍如下。

(1) E、T、L、U 类

按 TDP 大小,可分为 Exxxx、Txxxx、Lxxxx、Uxxxx 四大系列。其中:

TDP(Thermal Design Power,热量设计功耗)是指当微处理器达到负荷最大时(温度应在设计范围内),释放出的热量,单位为 W。微处理器功耗＝实际消耗功耗＋TDP。

E:代表微处理器的 TDP$\geqslant$50W,主要用于桌面版微处理器。

T:代表微处理器的 TDP 在 25W～49W 之间,大部分主流的移动版微处理器是 T 系列。

L:代表微处理器的 TDP 在 15W～24W 之间,这是微处理器的低电压版本。

U:代表微处理器的 TDP$\leqslant$14W,这是微处理器的超低电压版本。

在前缀字母后面的 4 位数字 xxxx 里,左起第一位数字代表产品的系列,其中用奇数来代表移动处理器,例如 5 和 7 等;用偶数来代表桌面处理器,例如 4,6 和 8 等。后面的三位数字则表示具体的产品型号,数字越大就代表规格越高,例如 E6700 规格就要高于 E6600。

到目前为止,Core 型微处理器有单核 Core Solo 和双核 Core Duo 之分,Core 2 型微处理器没有单核只有双核 Core 2 Duo 和四核 Core 2 Quad 之分。

Core Solo、Core Duo 和 Core 2 Duo 型微处理器基本上是 E、T、L、U 四大类型。如 Core Solo T1400、Core Duo U2500、Core 2 Duo L7500 等。

(2) Q 类

Qxxxx 用于 Intel Core 2 四核微处理器的命名,如 Core 2 Quad Q9650。

(3) X、QX 类

Xxxx、QXxxxx 用于 Intel Core 2 至尊版双核及四核的命名,如:

- Core 2 Extreme X6800 是 Core 2 双核至尊型微处理器。
- Core 2 Extreme QX9775 是 Core 2 四核至尊型微处理器。

(4) S、P 类

这两类微处理器是"迅驰 2"平台出台后将要增加的系列。其中 P 表示高能效类,S 表示锁定外形、设计轻巧的产品。即将上市的产品有 P9500、SP9400 和 SL9400 等。

**4. Core 及 Core 2 常用型号简介**

(1) 桌面版 Core 2 微处理器

- Core 2 Q9100
- Core 2 Duo E8500(8400、8200、8190、8100 等)
- Core 2 Duo E6850(6800、6750、6700、6600、6550 等)
- Core 2 Duo E4600(4500、4400、1300、1200 等)
- Core 2 Extveme QX9775、QX9770 等

(2) 移动版 Core 及 Core 2 Duo 微处理器

- Core 2 Duo T9500 (9300、8300、8100 等)
- Core 2 Duo T7800(7700、7600、7300、7250、7200、7100 等)
- Core 2 Duo T5600(5550、5500、5470、5450、5300、5270 等)
- Core 2 Duo X9000
- Core 2 Duo X7900(7800、7700 等)
- Core 2 Duo L7500(7400、7300、7200 等)
- Core 2 Duo U7700(7600、7500 等)
- Core Duo T2700、2050 等
- Core Duo L2500、L2400、L2300
- Core Duo U2500、U2400
- Core Solo T1600、T1300
- Core Solo U1500、U1400、U1300 等

(3) 服务器版微处理器——至强(Xeon)及安腾(Itanium)

Intel 公司于 1997 年研制成功用于工作站、服务器的基于 Pentium Ⅱ 的 Xeon 微处理器,随后又有了基于 Pentium Ⅲ 的 Xeon 微处理器。2002 年 3 月 Intel 公司发布了支持多

微处理器平台的基于 Pentium 4 的 Xeon DP（Dual Processor）和 Xeon MP（Multi Processor）。它们支持 2～32 个微处理器。Intel 至强系列微处理器主要为前端及小型服务器及工作站提供所需的处理能力和多功能性，以及经济的高性能计算。

Intel 安腾（Itanium）及安腾 2 微处理器也是面向服务器和工作站的微处理器，但它属于高端产品。安腾 2 的数据库优化解决方案补充了基于至强微处理器 MP 的应用层解决方案，显著提升了数据和应用的访问速度。

随着微处理器的发展，与之相应的服务器版"至强（Xeon）"、"安腾（Itanium）"等微处理器也会得到相应的发展。2006 年以前，无论 Xeon、Xeon MP 还是 Itanium 都是用主频命名，这种简单的命名法不能全面体现核心类型、FSB、接口类型等信息。因此，2006 年后，服务器版微处理器也改用 4 位数字标注。左起第一位数字代表服务器版微处理器的类型，如：5 代表 Xeon，7 代表 Xeon MP，9 代表 Itanium2。

目前，Xeon 有三个系列：7000 型、5000 型和 3000 型，也有双核、四核之分。举例如下：

- Xeon X3230、L5320、E5342、E7120 等。
- Itanium 9050、9040、9015、9010。

（4）ATOM——凌动微处理器

除了上述三种基本用途的主流微处理器外，Intel 公司还根据特殊需求，研制出侧重于某一或某几方面需求的微处理器。例如，2008 年 4 月 2 日推出的 Intel 凌动处理器——ATOM 就是一款专为超移动 Internet 终端（Mobile Internet Device，MID）及侧重于 Internet、低成本、简易型"上网本（笔记本计算机）"、"上网机（台式计算机）"而设计的处理器。

ATOM 全面兼容 Intel Core 微体系结构指令集，但它采用的是一个全新的微体系结构，专为实现高性能、低功率而设计的。另外一些 ATOM 产品还将具备 HT 功能，以支持更佳性能及更高的系统响应能力。

ATOM 以 45nm 的工艺，用世界上最小的晶体管，集成了 4.7 亿个晶体管，制成了历史上最小的处理器；同时它又是深度节能型处理器，它的 TDP 为 2.5W，平均功耗 0.6W，闲置时<30mW；而速度却是功耗<3W 的处理器中最快的。

2008 年 6 月 3 日，Intel 在北京展示了基于 ATOM 的造价不过 250 美元的"上网本"和"上网机"，其凌动处理器的编号为 N270，主频 1.6GHz，L2 为 512KB，FSB 为 533MHz，配 945GSE 芯片组，支持多种 I/O 接口。"上网机"和"上网本"界面直观，操作简单，性能卓越，上网本还使用户在移动中随时随地开展业务、畅游网络、听音乐、看视频，与外界与亲友保持联系。

ATOM 还将大量用于 MID，俗称"掌上电脑"，使其成为真正的掌上的电脑，可随身携带，置于掌上。MID 将内置 GPS 导航及 GPRS、CDMA 上网功能、2.5G 上网模块，配以原有的 WiFi 无线网络支持。MID 将具有随时随地的上网功能，使"移动互联"不再是一句空话，例如可以访问基于地点的信息，如所在地周围的方位及个人定制的信息（如最近的饭店、房屋出售、朋友的位置等信息）。

这里请注意：无线联网及某些功能的实现可能需要用户购买一些软件、硬件及服务。

### 1.4.7　核心类型

每一种核心类型都有其相应的制造工艺(如 $0.09\mu m$、65nm 和 45nm 等)、核心面积、核心电压、电流大小、晶体管数量、各级缓存的大小、主频范围、流水线架构和支持的指令集(这两点是决定 CPU 实际性能和工作效率的关键因素)、功耗和发热量的大小、封装方式、接口类型、前端总线频率(FSB)等。因此,核心类型在某种程度上决定了 CPU 的工作性能。下面介绍几种主要的核心。为了便于 CPU 设计、生产、销售的管理,CPU 制造商会对各种 CPU 核心给出相应的代号,这也就是所谓的 CPU 核心类型,下面做简单介绍。

**1. Tualatin**

这也就是大名鼎鼎的"图拉丁"核心,采用 $0.13\mu m$ 制造工艺,核心电压为 1.5V 左右,主频 1～1.4GHz,二级缓存 L2 为 512KB(Pentium Ⅲ-S)或 256KB(Pentium Ⅲ 和赛扬),这是最强的 Socket 370 核心。

**2. Willamette**

这是早期的 Pentium 4 和 P4 赛扬的核心,采用 $0.18\mu m$ 制造工艺,FSB 为 400MHz,主频范围为 1.3～2.0GHz,L2 为 256KB(Pentium 4)和 128KB(赛扬)。核心电压为 1.75V 左右。Willamette 核心制造工艺落后,发热量大,性能低下,已被 Northwood 核心所取代。

**3. Northwood**

这是 Pentium 4 和赛扬所采用的核心,采用了 $0.13\mu m$ 制造工艺,核心电压为 1.5V 左右,L2 分别为 128KB(赛扬)和 512KB(Pentium 4),FSB 分别为 400/533/800MHz,主频范围为 1.6～3.4GHz。3.06GHz 的 Pentium 4 和所有的 800MHz 的 Pentium 4 都支持超线程技术(HT)。

**4. Prescott**

这是高端的 Pentium 4 EE、主流的 Pentium 4 和低端的 Celeron(赛扬)D 所采用的核心。采用了 90nm 制造工艺,支持 SSE3 指令集。核心电压为 1.25～1.525V。FSB 为 533～1066MHz,部分产品支持超线程技术。L2 为 256KB 及 1MB、2MB。核心先后加入了硬件防病毒技术 EDB(Execute Disable Bit)、节能省电技术 EIST(Enhanced Intel SpeedStep Technology)、虚拟化技术(Virtualization Technology,VT)以及 64 位技术 EM64T 等。L2 也从最初的 1MB 增加到了 2MB。

**5. Smithfield(双)**

这是 Intel 公司的第一款双核心处理器的核心类型,于 2005 年 4 月发布,该核心基本上可以认为是简单地将两个 Prescott 核心松散地耦合在一起的产物,其优点是技术简单,缺点是性能不够理想,采用此核心的是 Pentium D 8XX 系列以及 Pentium EE 8XX 系列。

**6. Cedar Mill**

2005 年末开始出现。基本上可以认为是 Prescott 核心的 65nm 制程版本,核心电压为 1.3V 左右。这是 Pentium 4 6X1 系列和 Celeron D 3X2/3X6 系列采用的核心。

**7. Presler**

它是 2005 年末推出的。基本上可以认为 Presler 核心是简单地将两个 Cedar Mill 核心松散地耦合在一起的产物,Pentium D 9XX 和 Pentium EE 9XX 采用该核心。

**8. Yonah(双)**

它是 2006 年初推出的,采用该核心的有 Core Duo、Core Solo 及 Celeron M。Yonah 采用 65nm 制造工艺,支持 EDB 及 EIST,但最大的遗憾是不支持 64 位技术,仅仅是 32 位的处理器。值得注意的是,Core Duo 的 Yonah 核心则是采用了两个核心共享 2MB 的二级缓存。

**9. Conroe(双)**

它是 2006 年 7 月 27 日正式发布的,是全新的 Core(酷睿)微架构(Core Micro-Architecture)应用在桌面平台上的第一种 CPU 核心。目前采用此核心的有 Core 2 Duo E6x00 系列和 Core 2 Extreme X6x00 系列。Conroe 采用 65nm 制造工艺,核心电压为 1.3V 左右。在 FSB 方面,Core 2 Duo 和 Core 2 Extreme 都是 1066MHz,而顶级的 Core 2 Extreme 将会升级到 1333MHz;在 L2 方面,Conroe 核心都是两个内核共享 4MB。该核心都支持 EDB、EIST、EM64T 以及 VT。该核心还拥有非常不错的超频能力,是目前最强劲的台式机 CPU 核心。

**10. Allendale(双)**

这是与 Conroe 同时发布的 Intel 桌面双核心处理器的核心类型。采用此核心的有 1066MHz FSB 的 Core 2 Duo E6x00 系列,即将发布的还有 800MHz FSB 的 Core 2 Duo E4x00 系列。L2 只有 2MB。该核心仍采用 65nm 制造工艺,核心电压为 1.3V 左右,并且仍然支持 EDB、EIST、EM64T 和 VT,可以说是 Conroe 的简化版。

**11. Merom(双)**

这是与 Conroe 同时发布的 Intel 移动平台双核心处理器的核心类型。这也就是说 Intel 全平台(台式机、笔记本和服务器)处理器首次采用了相同的微架构设计,目前采用此核心的有 667MHz FSB 的 Core 2 Duo T7x00 和 T5x00 系列。该核心仍采用 65nm 制造工艺,核心电压为 1.3V 左右,同样支持 EDB、EIST、EM64T 和 VT。L2 为 4MB 或 2MB,主要技术特性与 Conroe 几乎完全相同,只是在 Conroe 的基础上利用多种手段加强了功耗控制,使其 TDP 功耗几乎只有 Conroe 核心的一半左右,以满足移动平台的节电需求。

## 1.4.8　移动计算技术——迅驰

在台式计算机迅速发展的同时,由于网络、通信、电子商务、视频和游戏等所形成的对网络功能强大的可移动的计算机——笔记本计算机的需求急剧增长,家庭、个人拥有一台笔记本计算机已不是什么奢望。Intel 移动微处理器芯片出库量从 2003 年的 3800 万个,到 2007 年的 1 亿个、2008 年的 1.45 亿个及预计的 2011 年的 2 亿个,就足以证明这一点。为此,Intel 公司在研制微处理器芯片的同时,还研制出它的一整套移动计算解决方案,以使各类笔记本的功能发挥到极致。

2003 年 3 月,Intel 正式发布了第一代迅驰移动计算技术,它是一整套移动计算解决方案。迅驰的构成分为三个部分：处理器、芯片组和无线网模块，三项缺一不可，共同组成了迅驰移动计算技术。如果一台笔记本的三方面都使用 Intel 认可的部件，这台笔记本就称为迅驰笔记本计算机，可贴上 Intel Centrino 标志。

经历了迅驰一至四代后，在 2008 年迅驰进入新时代——迅驰 2 时代。每代迅驰都有自己的代号，如迅驰一代的代号为 Carmel，下面做简单介绍。

**1. 迅驰一代（Carmel）**

这是首代迅驰，处理器为奔腾 M，芯片组为 855/915，无线网模块是 Intel pro。

**2. 迅驰二代（Sonoma）**

该平台由 90nm 工艺的 Dothan 核心（2MB L2 缓存，533MHz FSB）的 Pentium M 处理器、全新 Aviso 芯片组（915PM/915GM）、新的无线模组 Calexico2（Intel Pro/无线 2915ABG 或 2200BG 无线局域网组件兼容 802.11b/g 两种网络环境）三个主要部件组成。

适用于迅驰一、二代的微处理器有 Pentium M 780～710、778LV 和 753ULV 等。

**3. 迅驰三代（Napa）及三代半（Napa Refresh）**

2006 年 1 月推出的迅驰三代是由 Intel 945 系列芯片组、90nm 的 Yonah Pentium M 处理器、Intel 3945ABG 无线网卡模块组成的整合平台。2006 年 7 月，Intel 又推出三代半平台，相对于第二代迅驰（Sonoma）平台最大的技术提升是：系统总线速率提升到 667MHz，Yonah 处理器推出单、双核技术并且采用 65nm 制程，IntelPro/Wireless 3945ABG 无线模块则开始兼容 802.11a/b/g 三种网络环境。

适用于迅驰三代的微处理器有：

- Core 2 T7600、L7400、T5600
- Core Duo T2450、T2050
- Pentium Dual Core T2230 等

**4. 迅驰四代（Santa Rosa）及四代半（Santa Rosa Refresh）**

Intel 在 2007 年 5 月 9 日发布了第四代迅驰移动平台——Santa Rosa，最大的优势在于其更好的多任务处理能力、清晰的视频播放能力、更好的可管理性和安全性。

处理器 65nm（四代）、45nm（四代半）采用酷睿微架构，具有高能低耗的特性。FSB 从 667MHz 提高到 800MHz，使 CPU 和芯片组之间数据传输速度提高。芯片组采用最新的 965 系列，该系列芯片组包含 PM965、GM965 和 GL960 三款。PM965 是不集成图形显示核心的版本。GM965 集成 X3100 图形显示核心，核心频率达 500MHz，支持 DirectX9.0c 和 OpenGL1.5，还可以完美支持 Vista Premium 和 Aero 图形界面。GL960 则是 GM965 的简化版本，不仅图形显示核心的频率降低到了 320MHz，前端总线也仅支持 533MHz。无线网配备 Intel Pro/Wireless 4965AGN 无线网卡，除了 802.11a/b/g 标准，还可以支持最新的 802.11n 标准。

适用于迅驰四代的微处理器有 Core 2 T9300、T8100、X7900、T5470、L7700、U7700 和 QX9300 等。

**5. 迅驰 2（Montevina）**

2008 年 7 月，基于 45nm 名为 Montevina 的新一代迅驰平台——迅驰 2 问世了。芯片组采用 Cantiga GM45/GM47/PM45,无线网卡采用的 WiMAX/WiFiLink 5000 系列可以说是迅驰 2 平台与之前或者其他移动平台最大的不同之处,802.16 无线宽带协议的支持开创了全新的无线互联标准,让无线上网更加畅通无阻。SSE4 指令集是 Intel 45nm 处理器新加入的一套指令集,该指令集在视频高清解码方面进行了大幅度的改进,能够为消费者提供更加流畅的影像体验。迅驰 2 引入的 DDR3 代内存无疑是存储传输速度的又一次飞跃。Turbo Memory 迅盘 2.0 又进一步提升了硬盘的读写能力。迅驰 2 出台后将要增加的微处理器有 P9500、P8600、P8400、SP9400、SP9300、SL9400、SL9300、SU9400 和 SU9300 等。

迅驰 2 平台的最大亮点在于对高清技术的支持,笔记本计算机迎来了新时代——高清时代。在高清方面,联想集团一直是潮流的引领者,2008 年 7 月下旬出品了多款高清笔记本,使用户体验到了“芯”想“视”成、精彩“无线”及 Montevina 的无穷魅力。

### 1.4.9　Intel Celeron(赛扬)

为满足不同层次的需求,Intel 公司还出品低端产品——Intel Celeron 赛扬微处理器。它与高端产品的主要区别是 Cache 容量小,另外,在前端总线 FSB、支持的指令集、支持的特殊技术等方面都有一些差别。当然,低端产品也不乏出现以超越性能著称者或能修改(如超频)的精品。

赛扬的系列、品种也相当多,在 Intel 的 X86 和 Core 的发展过程中,总有相应的赛扬系列产生。赛扬微处理器以它较好的性能与低廉的价格受到了用户的欢迎。

1998 年 Celeron 问世,不久又出品 Celeron A,以后又出品了 Celeron II、Celeron III、Celeron IV、Celeron D(2xx、3xx、4xx、5xx 系列)、Celeron M (5xx、4xx 系列、ULV 版 5xx 等)还有 Celeron Dual-Core(E1xx 系列等),除此之外还有些细微的划分,此处不再详述。

### 1.4.10　AMD 微处理器

事物都存在竞争,同时又在竞争中得到发展。在微处理器领域,AMD 公司一直是 Intel 公司强有力的竞争对手,在 1998 年之前,AMD 的产品比 Intel 的产品要落后 1 代到 1.5 代,例如 Intel 在 1985 年出品 80386,1989 年生产 80486;而同样级别的产品 AMD 是在 1991 年出品的 386,1993 年生产 486。而近十年来,AMD 的产品与 Intel 的产品几乎同步了。

AMD 的微处理器也遍及台式机、笔记本及服务器,而且它的价格比 Intel 同档次微处理器的价格低,而其性能可与 Intel 产品媲美,有些方面还略显优势。例如它研制出世界上第一款 64 位移动版微处理器(炫龙 64);它的多核方案与 Intel 不同,它是将两个(或多个)内核(各自有独立总线)做在一个内核(Die)上,通过直连架构连接起来,集成度高,没有总线竞争问题,是真正的“双核”(而不是“双芯”)。至于 Intel 和 AMD 两种构造多核的方式中,哪一种更能有效提高微处理器的性能还有待研究及时间的考验。但至少到目前为止,用 AMD 的方式构建奇数个核的多核芯片,成本要低些,目前 AMD 的羿龙三核已上市。

相对 Intel 的迅驰移动计算技术,AMD 也研制了自己的移动设计平台,2008 年 AMD 推出了侧重面向未来高清视频应用的新一代笔记本平台架构 PUMA。

AMD 以它微处理器的优异性能,齐全的类型,较高的性价比,多年来得到用户的认同。下面做一简单介绍。

从 1991 年开始,AMD 陆续推出 386、486、5X86、K5、K6、K6-2 和 K7 系列,其中,AMD mobile k6/k7 是 AMD 的移动版微处理器。

进入 21 世纪,AMD 微处理器的命名法改为“龙”系列。从最早的“毒龙”(Duron),到“速龙”(Athlon),再到近几年的“闪龙”(Sempron)、“炫龙”(Turion)、“皓龙”(Opteron)、“羿龙”(Phenom),共有 6 条龙。最早的“毒龙”是首个基于 K7 架构的移动版微处理器,现已被淘汰,其他“龙”又衍生出许多新品种。从桌面版的“速龙”、移动版的“闪龙”、“炫龙”到服务器版的“皓龙”,应有尽有。从移动版“闪龙”、移动版单核“炫龙 64”,到移动版双核“炫龙 64×2”,低、中、高档互补。微处理器核心数也从单核、双核,发展到三核、四核。其中,“速龙”有单核 Athlon64、双核 Athlon64×2 品种,“闪龙”也有单核和双核之分,“炫龙”单核是 Turion64,双核为 Turion64×2,而“羿龙”最有实用价值的是三核和四核。它们的详细资料,读者可自行查阅。

计算机尤其是微机的诞生彻底改变了人们的生活,改变了整个世界。Intel 公司创始人之一的摩尔先生曾预言:CPU 以 18 个月为一个更新换代周期。微处理器确实在按照他的预言发展着。Intel 公司从研制成功微处理器 8080 开始,已经推出微处理器的系列产品:8080、8086、8088、80286、80386、80486、Pentium、PentiumMMX、PentiumPro、PentiumⅡ、PentiumⅢ、Pentium 4、Core 及 Core 2 等。以微处理器为 CPU 的微机性能的提高是史未能及的。今后,新技术、新结构、新概念的微处理器仍将会层出不穷。

微处理器的发展主要体现在以下几方面:使用更先进的制作工艺,集成更多的晶体管;芯片具有更小的核心面积,更低的电压,更低的功耗,更高的主频,更快的 FSB,更先进的流水线结构,更复杂的指令集,更多的功能等。

Intel 微处理器的制程工艺已从过去的微米($\mu$m)量级进入到纳米(nm)量级,从 90nm 到 65nm,再到 45nm,下一步(2008 年下半年)将进入 32nm 工艺,其发展速度是惊人的。

Intel 首席技术官(CTO)贾斯汀曾经说过:从处理器的性能和运算能力方面,多核是唯一出路,摩尔定律仍将适用,要增加晶体管数量,只增加内核数量即可。Intel 现已研制出具有 80 个内核的微处理器的原型,体积只有手指甲般大小。2008 年下半年将推出基于 45nm 的六核心至强。2009 年主流四核服务器版微处理器——安腾在采用 65nm 工程进制的条件下将集成 20 亿个晶体管,其复杂程度是安腾 9100 处理器的 3 倍,性能提高 2 倍。2010 年 Intel 将发布的新一代六核心微处理器的制作工艺为 32nm,核心为 westmore。AMD 也将推出 5 款高效服务器版微处理器。下一代微处理器将集成 200 亿个晶体管,具有 130W 的功率,L2 将达到 30MB,核心中大量的管子实际上用于板载缓存,用来支持多个指令线程。

在核心数量、集成度增加的同时,微处理器的主频也会有较大提高,2008 年底主频有望超过 4GHz。

除此之外,在更高效能的制程工艺下,增加微处理器芯片的性能也是一种微处理器发展的有效途径。例如,在一片微处理芯片中,不仅内含计算机的 CPU,而且还将 GPU (Graphic Processing Unit,图形处理器)集成进去。这样可以充分满足家用系统,游戏发烧友等用户对图形处理质量和速度的高需求。

以微处理器为 CPU 的各类台式微机、笔记本计算机、服务器等性能的提高肯定是始未能及的。今后,新技术、新结构、新概念的微处理器仍将会层出不穷。

# 习　题　1

**题 1-1**　计算机发展至今,经历了哪几代?

**题 1-2**　微机系统由哪几部分组成?微处理器、微机和微机系统的关系是什么?

**题 1-3**　微机的分类方法包括哪几种?各用在什么应用领域中?

**题 1-4**　微处理器由哪几部分组成?各部分的功能是什么?

**题 1-5**　微处理器的发展经历了哪几代?Pentium 系列微处理器采用了哪些先进技术?

**题 1-6**　何为微处理器的系统总线?有几种?功能是什么?

**题 1-7**　何为引脚的分时复用?如何从 8088 的地址、数据复用引脚准确地得到地址和数据信息?

**题 1-8**　标志寄存器的功能及各种标志的含义是什么?进位标志和溢出标志的区别是什么?

**题 1-9**　查表得出下列字符的 ASCII 码:回车、换行、空格、$ 、/、* 、9、A、B、C、D、E、F、a、b。

**题 1-10**　何为定点数、浮点数?何为无符号数、有符号数?

**题 1-11**　写出下列数表示的无符号数和有符号数的范围。

(1) 8 位二进制数　　　　　　(2) 16 位二进制数

**题 1-12**　用 8 位和 16 位二进制数,写出下列数的原码、反码、补码。

(1) +1　　　(2) -1　　　(3) +45

(4) -45　　　(5) +127　　　(6) -128

**题 1-13**　写出与十进制数 135.625 相等的二进制数及十六进制数。

**题 1-14**　已知$[x]_补$=01110001B,求 $x$ 的真值。

**题 1-15**　已知$[x]_补$=10000101B,求 $x$ 的真值。

**题 1-16**　微机某内存单元中的内容为 C5H,若它表示的是一个无符号数,写出该数在下列各进制中的表达式。

(1) 二进制　　(2) 八进制　　(3) BCD 码(压缩及非压缩)　　(4) 十进制

**题 1-17**　微机某内存单元中的内容为 C5H,若它表示的是一个有符号数,则该数对应的十进制数是什么?

**题 1-18**　求 A95BH 与 8CA2H 之和;并写出运算后标志寄存器中的 SF、ZF、CF、OF 的值。

# 第 2 章

# 微型计算机指令系统

本章首先以 8086 CPU 为例,介绍微型计算机的指令系统,然后介绍 80486 微处理器对指令功能的扩充以及新增加的指令。

在具体介绍微型机的指令系统之前,首先说明指令的寻址方式。

## 2.1 寻址方式

寻址方式,通常是指 CPU 指令中规定的寻找操作数所在地址的方式。由第 1 章可知,8086 CPU 内部设置了多个有关地址的寄存器,如各种地址指针寄存器以及变址寄存器等,因而使 8086 的寻址方式多种多样。8086 的基本寻址方式有以下 7 种。

### 2.1.1 立即寻址

在立即寻址(Immediate Addressing)方式中,位于指令操作码后面的操作数部分,不代表操作数所在的地址,而是参加操作的数本身。这种操作数称为立即数。例如:

```
MOV  CL,05
MOV  AX,3100H
```

以上第一条指令的功能是将常数 05 传送到 CL 寄存器。其中 05 是一个 8 位二进制立即数,即 00000101B。在第二条指令中,3100H 是一个 16 位二进制立即数,该指令将 3100H 这个立即数传送到累加器 AX,即 00H 传送到 AL,31H 传送到 AH。

采用立即寻址方式时,操作数(立即数)作为指令的一部分,跟随在指令的操作码之后,存放在内存的代码段。如为 16 位立即数,存放时低 8 位在前(低地址部分),高 8 位在后(高地址部分)。上例中两条指令在内存中的存放以及它们的执行情况示意图分别如图 2.1(a)和图 2.1(b)所示。

立即寻址方式主要用于给寄存器或存储单元赋初值。

### 2.1.2 寄存器寻址

寄存器寻址(Register Addressing)指令中指定某些 CPU 寄存器存放操作数。上述寄存器可能是通用数据寄存器(8 位或 16 位)、地址指针或变址寄存器,以及段寄存器。

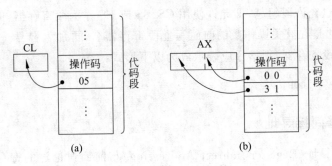

图 2.1　立即寻址方式

例如：

```
MOV  SS,AX
```

该指令将累加器 AX 的内容传送给堆栈段寄存器 SS，指令执行情况的示意图如图 2.2 所示。寄存器寻址的指令本身存放在存储器的代码段，而操作数则在 CPU 寄存器中。由于指令执行过程中不必通过访问内存而取得操作数，因此执行速度很快。

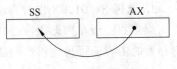

图 2.2　寄存器寻址方式

### 2.1.3　直接寻址

直接寻址(Direct Addressing)指令在指令的操作码后面直接给出操作数的 16 位偏移地址。这个偏移地址也称为有效地址(Effective Address，EA)，它与指令的操作码一起，存放在内存的代码段，也是低 8 位在前，高 8 位在后。但是，操作数本身一般存放在内存的数据段。例如：

```
MOV  AX,[3100H]
```

注意这种直接寻址指令与前面已经介绍的立即寻址指令的区别。从指令的汇编语言表示形式来看，在直接寻址指令中，对于表示有效地址的 16 位数，必须加上方括号。从指令的功能来看，本例指令的功能不是将立即数 3100H 传送到累加器 AX，而是将一个内存单元的内容传送到 AX，该内存单元的有效地址是 3100H。假设此时数据段寄存器 DS＝6000H，则该内存单元的物理地址是 DS 的内容左移 4 位后再加上指令中给出的 16 位有效地址，即物理地址为：

$$6000H \times 10H + 3100H = 60000H + 3100H = 63100H$$

直接寻址指令中操作数物理地址的形成以及指令的执行情况示意图如图 2.3 所示。

如果没有特别指明，直接寻址指令的操作数一般在内存的数据段，即隐含的段寄存器是

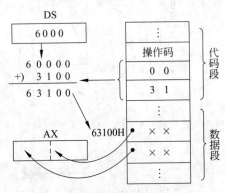

图 2.3　直接寻址方式

DS。但是 8086 也允许段超越,即允许使用 CS、SS 或 ES 作为段寄存器,此时需要在指令中特别标明,方法是在有关操作数的前面写上段寄存器名,再加上冒号。例如,若以上指令改用 ES 作为段寄存器,则指令应表示成为以下形式:

```
MOV  AX,ES：[3100H]
```

### 2.1.4　寄存器间接寻址

寄存器间接寻址(Register Indirect Addressing)与前面讨论过的寄存器寻址方式不同,指令中的寄存器(是一个 16 位寄存器)的内容不是操作数,而是操作数的有效地址,操作数本身则在存储器中。

寄存器间接寻址方式可用的寄存器有 4 个: SI、DI、BX 和 BP,但若选择其中不同的间址寄存器,涉及的段寄存器将有所不同。

**1. 选择 SI、DI、BX 作为间址寄存器**

操作数一般在数据段,此时应将数据段寄存器 DS 的内容左移 4 位,再加上有关间址寄存器的内容便可得到操作数的物理地址,例如:

```
MOV  BX,[DI]
```

**2. 选择 BP 作为间址寄存器**

操作数一般在堆栈段,将堆栈段寄存器 SS 的内容左移 4 位再加上 BP 的内容即是操作数的物理地址。例如:

```
MOV  [BP],AX
```

书写汇编语言指令时,用作间址的寄存器必须加上方括号,以免与 2.1.2 节的寄存器寻址指令混淆。

以上两条指令的执行情况示意图分别如图 2.4(a)和图 2.4(b)所示。

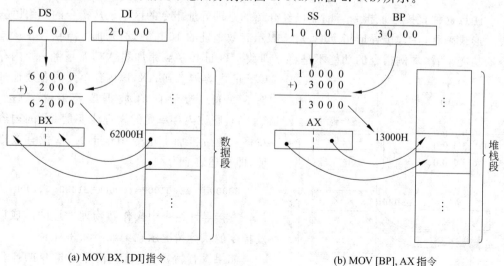

(a) MOV BX, [DI]指令　　　　　　(b) MOV [BP], AX指令

图 2.4　寄存器间接寻址方式

无论用 SI、DI、BX 或者 BP 作为间址寄存器,都允许段超越,即也可以使用上面所提到的一般情况以外的其他段寄存器。以下是两条段超越的寄存器间址指令的例子:

```
MOV  ES：[DI],AX
MOV  DX,DS：[BP]
```

## 2.1.5　变址寻址

变址寻址(Indexed Addressing)指令将规定的变址寄存器的内容加上指令中给出的位移量(displacement),即可得到操作数的有效地址。8086 CPU 中的变址寄存器有两个：源变址寄存器 SI 和目的变址寄存器 DI。位移量可以是 8 位或 16 位二进制数,一般情况下操作数在内存的数据段,但也允许段超越。

在变址寻址指令中,这个 8 位或 16 位二进制数的位移量代表一个带符号数的补码,也就是说,位移量可以是正数,也可以是负数。如果位移量是 8 位二进制数,则位移的范围为 $-128 \sim +127$。如果位移量是 16 位二进制数,则位移的范围为 $-32\,768 \sim +32\,767$。

下面是一条变址寻址指令的例子:

```
MOV  BX,[SI+1003H]
```

指令执行情况的示意图如图 2.5 所示。

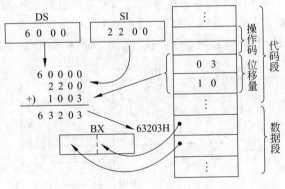

图 2.5　变址寻址方式

假设数据段寄存器 DS 和源变址寄存器 SI 的内容同上,但以上变址寻址指令改为:

```
MOV  BX,[SI+0FFFEH]
```

此时由于指令中的 16 位二进制数 0FFFEH 是 $-2$ 的补码,说明本指令的位移量为 $-2$,因此指令中源操作数的物理地址将成为:

```
6000H×10H+2200H-2=621FEH
```

变址寻址方式常常用于存取表格或一维数组中的元素。例如,某数据表的首址(有效地址)为 TABLE,如欲读取表中第 10 个数据(其有效地址为 TABLE+9),并存放到 AL 寄存器,则可用以下指令实现:

```
MOV  SI,09
MOV  AL,[SI+TABLE]
```

在汇编语言中,变址寻址指令可以表示成几种略为不同的形式,例如以下几种写法实质上代表同一条指令:

```
MOV  AL,TABLE[SI]
MOV  AL,[SI]+TABLE
MOV  AL,[SI+TABLE]
```

### 2.1.6 基址寻址

基址寻址(Based Addressing)与变址寻址类似,不同之处在于指令中使用基址寄存器 BX 或基址指针寄存器 BP,而不是变址寄存器 SI 和 DI。

需要指出一点,当使用 BX 寄存器实现基址寻址时,一般情况下操作数在数据段,即段地址在 DS 寄存器;而当使用 BP 时,操作数通常在堆栈段,即段地址在 SS 寄存器。但是,同样允许段超越。下面两条指令是基址寻址的例子。

```
MOV  SI,DATA[BX]
MOV  BLOCK[BP],AX
```

指令中的 DATA 和 BLOCK 均为位移量。与变址寻址指令中的位移量一样,基址寻址指令中的位移量也可以是 8 位或 16 位二进制数,而且同样代表一个带符号数的补码。假设 BLOCK=2500H,上面第二条指令的执行情况示意图如图 2.6 所示。

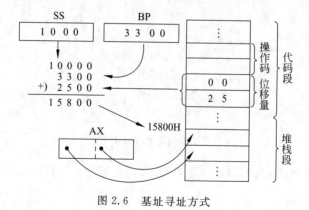

图 2.6　基址寻址方式

与变址寻址方式类似,基址寻址的汇编指令也可以用几种不同的形式表示,此处不再赘述。

### 2.1.7 基址-变址寻址

基址-变址寻址(Based Indexed Addressing)方式是前面两种寻址方式的结合。指令中规定一个基址寄存器(BX 和 BP 二者之一)和一个变址寄存器(SI 和 DI 二者之一),同时还给出一个 8 位或 16 位的位移量,将三者的内容相加就得到操作数的有效地址。至于段地址,与基址寻址的情况相同,通常与指令中所用的基址寄存器有关。当使用 BX 存放基址时,段地址一般在 DS 寄存器;当使用 BP 时,段地址一般在 SS。但当指令中标明是段超越时例外。以下是一条基址-变址寻址指令的例子。

```
MOV  AX,COUNT[BX][SI]
```

设 COUNT＝64H,指令执行情况的示意图如图 2.7 所示。

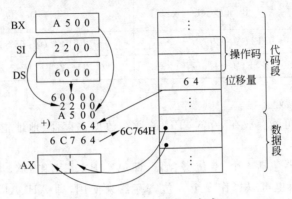

图 2.7　基址-变址寻址方式

在汇编语言中,基址-变址寻址指令也可以表示成几种不同的形式,下列几种书写方法的效果是相同的:

```
MOV  AX,COUNT[BX][SI]
MOV  AX,[BX+COUNT][SI]
MOV  AX,[BX+SI+COUNT]
MOV  AX,[BX]COUNT[SI]
MOV  AX,[BX+SI]COUNT
MOV  AX,COUNT[SI][BX]
```

由此可见,以上方括号的作用相当于加号。

但要注意一点,不允许将两个基址寄存器或两个变址寄存器组合在一起寻址,例如以下指令是非法的:

```
MOV  AX,COUNT[BX][BP]
MOV  AX,COUNT[SI][DI]
```

利用基址-变址寻址方式访问二维数组十分方便。例如可用基址寄存器存放数组的首地址(有效地址),变址寄存器和位移量分别存放数组的行和列的值,则基址-变址寻址指令可以直接访问二维数组中指定行和列的元素。

以上是 8086 CPU 常用的寻址方式。综观各种寻址方式,指令中所要寻找的操作数不外乎以下三种类型:立即数操作数、寄存器操作数和存储器操作数。

下面分别说明这三种操作数的特点。

**1. 立即数操作数**

可以使用立即数操作数的指令主要有数据传送指令、算术运算指令(乘法和除法运算指令除外)、逻辑运算指令等。但在这些指令中立即数只能作为源操作数,而不能作为目标操作数,因为立即数具有固定的数值,不会由于指令的执行而发生变化。

对于 8 位或 16 位立即数,当它们分别代表无符号数和带符号数时,各自的取值范围列在表 2.1 中。如果超出规定的取值范围,将会发生错误。

表 2.1 8 位或 16 位立即数的取值范围

| 类型 \ 位数 | 8 位 数 | 16 位 数 |
|---|---|---|
| 无符号数 | 0～0FFH(0～255) | 0～0FFFFH(0～65 535) |
| 带符号数 | 80H～7FH(−128～+127) | 8000H～7FFFH(−32 768～+32 767) |

**2. 寄存器操作数**

寄存器操作数可能存放在 8086 CPU 的通用数据寄存器、地址指针或变址寄存器以及段寄存器中。

通用数据寄存器包括 4 个 16 位寄存器,即 AX、BX、CX 和 DX,用以存放字操作数。同时,在指令中它们也可以当作 8 个 8 位寄存器来使用,即 AH、AL、BH、BL、CH、CL、DH 和 DL,用以存放字节操作数。

所有的通用数据寄存器和地址指针寄存器既可以用作源操作数,又可以用作目标操作数。在算术和逻辑运算指令中,有时也可将其他通用数据寄存器当作累加器使用。但是相比之下,还是使用 AL 或 AX 作为累加器可使指令的机器码字节数更少一些(参阅附录 2)。

段寄存器 DS、ES、SS 和 CS 用以存放当前的段地址。在与通用寄存器或存储器传送数据时,段寄存器通常也可以作为源操作数或目标操作数。

虽然很多指令的执行结果将影响标志寄存器 FLAGS 的有关位(如算术运算指令和逻辑运算指令等),但是就标志寄存器整体而言,很少作为指令的操作数,除了标志传送指令外。

某些指令规定只能使用指定的操作数寄存器,其中有些指令从汇编形式看似乎没有指出操作数,但实际上隐含着某些特定的寄存器操作数。这些隐含的寄存器可能是累加器、其他特定的通用数据寄存器或变址寄存器,以及某些特定的段寄存器等,如表 2.2 所示。

表 2.2 隐含的寄存器操作数

| 指 令 | 指定或隐含的操作数寄存器 |
|---|---|
| AAA,AAD,AAM,AAS | AL,AH |
| CBW,CWD | AL,AH 或 AX,DX |
| DAA,DAS | AL |
| IN,OUT | AL 或 AX |
| MUL,IMUL,DIV,IDIV | AL,AH 或 AX,DX |

| 指　　令 | 指定或隐含的操作数寄存器 |
| --- | --- |
| LAHF,SAHF | AH |
| LES | ES |
| LDS | DS |
| 移位及循环移位指令 | CL |
| 串操作指令 | CX,SI,DI |
| XLAT | AL,BX |

### 3. 存储器操作数

存储器操作数可能存放在 1 个、2 个或 4 个存储单元中,此时操作数的类型分别是字节(8 位二进制数)、字(16 位二进制数)或双字(32 位二进制数)。

在指令中,存储器操作数可以分别作为源操作数或目标操作数,但是必须指出一点,不允许源操作数和目标操作数两者同时都是存储器操作数,也就是说,不允许用 1 条指令实现从存储器到存储器的操作。

存储器操作数的有效地址可以在指令中用直接的方式给出(直接寻址),也可以用间接的方式给出(寄存器间接寻址、变址寻址、基址寻址或基址-变址寻址等)。

为了找到存储器操作数的物理地址,还必须确定操作数所在的段,即确定有关的段寄存器。一般情况下,指令中不特别指出涉及的段寄存器,这是因为对于各种不同类型的存储器操作,8086 CPU 约定了隐含的段寄存器。有的指令允许段超越,此时需要在指令中加以标明。各种存储器操作约定的隐含段寄存器、允许超越的段寄存器以及指令的有效地址所在的寄存器如表 2.3 所示。

表 2.3 隐含及允许超越的段寄存器

| 存储器操作的类型 | 隐含的段寄存器 | 允许超越的段寄存器 | 有　效　地　址 |
| --- | --- | --- | --- |
| 取指令 | CS | 无 | IP |
| 堆栈操作 | SS | 无 | SP |
| 通用数据读写 | DS | CS,ES,SS | 有效地址 EA |
| 源数据串 | DS | CS,ES,SS | SI |
| 目标数据串 | ES | 无 | DI |
| 用 BP 作为基址寄存器 | SS | CS,DS,ES | 有效地址 EA |

以上讨论的三种类型的操作数中,从指令的执行速度来看,寄存器操作数的指令执行速度最快,立即数操作数指令次之,存储器操作数指令的执行速度最慢。以通用数据传送指令(MOV)为例,由附录 2 的 8086 指令系统表可知,从寄存器到寄存器之间的传送指令,执行时间仅需 2 个时钟周期;立即数传送到寄存器的指令需要 4 个时钟周期;而存储器与累加器之间的传送指令需要 10 个时钟周期。这是由于寄存器位于 CPU 的内部,执行寄存器操作数指令时,8086 的执行单元(EU)可以简捷地从 CPU 内部的寄存器中取得

操作数,不需要访问内存,因此执行速度很快。立即数操作数作为指令的一部分,在取指时被 8086 的总线接口单元(BIU)取出后存放在 BIU 的指令队列中,执行指令时也不需要访问内存,因而执行速度也比较快。而存储器操作数放在某些内存单元中,为了取得操作数,首先要根据不同的寻址方式找到有效地址 EA(16 位偏移地址),然后考虑有关的段寄存器的内容,由总线接口单元计算出内存单元的 20 位物理地址,然后再执行存储器的读写操作,所以相对前述两种操作数来说,指令的执行速度最慢。

## 2.2　8086 指令系统

8086 的指令系统共有 90 多种基本指令,按照它们的功能,可以分为以下六大类:

① 数据传送指令。

② 算术运算指令。

③ 逻辑运算和移位指令。

④ 串操作指令。

⑤ 控制转移指令。

⑥ 处理器控制指令。

在按类论述各种指令的特点、功能和用途等之前,将所有指令的助记符列在表 2.4 中,这样可能有助于对 8086 的指令系统建立起一个初步而较全面的概念。8086 CPU 指令系统的详细说明,请参阅附录 2。介绍指令的过程中涉及的各种符号的意义,也请参阅附录 2 指令系统表前面的说明。

表 2.4　8086 指令的助记符

| 指 令 类 别 | | 助 记 符 |
|---|---|---|
| 数据传送 | 通用传送 | MOV,PUSH,POP,XCHG,XLAT |
| | 输入输出 | IN,OUT |
| | 目标地址传送 | LEA,LDS,LES |
| | 标志传送 | LAHF,SAHF,PUSHF,POPF |
| 算术运算 | 加法 | ADD,ADC,INC,AAA,DAA |
| | 减法 | SUB,SBB,DEC,NEG,CMP,AAS,DAS |
| | 乘法 | MUL,IMUL,AAM |
| | 除法 | DIV,IDIV,AAD |
| | 转换 | CBW,CWD |
| 逻辑指令 | 逻辑运算 | AND,TEST,OR,XOR,NOT |
| | 移位 | SHL,SAL,SHR,SAR |
| | 循环移位 | ROL,ROR,RCL,RCR |
| 串处理 | 串操作 | MOVS,CMPS,SCAS,LODS,STOS |
| | 重复控制 | REP,REPE/REPZ,REPNE/REPNZ |

| 指 令 类 别 | | 助　记　符 |
|---|---|---|
| 控制转移 | 转移 无条件转移 | JMP |
| | 转移 条件转移 | JA/JNBE,JAE/JNB,JB/JNAE,JBE/JNA,JC,JCXZ,JE/<br>JZ,JNS,JO,JS,JG/JNLE,JGE/JNL,JL/JNGE,JLE/JNG,<br>JNC,JNE/JNZ,JNO,JNP/JPO,JP/JPE |
| | 循环控制 | LOOP,LOOPE/LOOPZ,LOOPNE/LOOPNZ |
| | 过程调用 | CALL,RET |
| | 中断指令 | INT,INTO,IRET |
| 处理器控制 | | CLC,STC,CMC,CLD,STD,CLI,STI,NOP,HLT,WAIT,ESC,LOCK |

## 2.2.1　数据传送指令

数据传送指令(Data Transfer)是程序中使用最频繁的指令。只要仔细观察各种实用程序,不难发现其中通常使用了大量的传送指令,这是因为无论程序针对何种具体的实际问题,往往都需要将原始数据、中间结果、最终结果以及其他各种信息在 CPU 的寄存器和存储器或外设端口之间多次地传送。

数据传送指令按其功能的不同,可以分为以下 4 组:

- 通用数据传送指令。
- 输入、输出指令。
- 目标地址传送指令。
- 标志传送指令。

数据传送指令绝大多数对标志位不发生影响,只有第 4 组中两条涉及标志寄存器FLAGS 的指令(SAHF 和 POPF)例外。下面分别进行讨论。

**1. 通用传送指令(General purpose transfer)**

通用传送指令包括 MOV(一般传送)、PUSH 和 POP(堆栈操作)、XCHG(交换)和XLAT(查表转换)指令。

1) MOV(Movement)

指令格式及操作:

```
MOV dest,src    ;(dest)←(src)
```

指令中的 dest 表示目标操作数,src 表示源操作数。指令实现的操作是将源操作数传送到目标操作数。这种传送实际上是进行数据的"复制",将源操作数复制到目标操作数中去,源操作数本身不变。

这种双操作数指令在汇编语言中的表示方法,通常是将目标操作数写在前面,源操作数写在后面,二者之间用一个逗号隔开。

MOV 指令是最普通、最常用的传送指令,这种指令有如下特点:

① 既可传送字节操作数(8 位),也可以传送字操作数(16 位)。

② 可用本章 2.1 节讨论过的各种寻址方式。

③ 可实现以下各种传送：

- 寄存器与寄存器/存储器之间。
- 立即数至寄存器/存储器。
- 寄存器/存储器与段寄存器之间。

以下是 MOV 指令的几个例子：

```
MOV  SI,BX              ;寄存器至寄存器
MOV  DS,AX              ;通用寄存器至段寄存器
MOV  AX,CS              ;段寄存器至通用寄存器
MOV  AL,5               ;立即数至寄存器
MOV  MEM,5              ;立即数至存储器,直接寻址
MOV  [BX],5             ;立即数至存储器,寄存器间址
MOV  MEM,AX             ;寄存器至存储器,直接寻址
MOV  MEM,DS             ;段寄存器至存储器,直接寻址
MOV  DISP[BX],CX        ;寄存器至存储器,基址寻址
MOV  AX,DISP[SI]        ;存储器至寄存器,变址寻址
MOV  DS,MEM             ;存储器至段寄存器,直接寻址
MOV  AX,DISP[BX][SI]    ;存储器至寄存器,基址-变址寻址
```

但是必须注意,不能用一条 MOV 指令实现以下传送：

- 存储单元之间的传送。
- 立即数至段寄存器的传送。
- 段寄存器之间的传送。

若程序中需要以上的传送时,可以用两条 MOV 指令来实现,例如：

- 存储单元之间的传送。

```
MOV  AX,MEM1            ;先将 MEM1 传送至通用数据寄存器
MOV  MEM2,AX            ;再从通用数据寄存器传送至 MEM2
```

- 立即数至段寄存器的传送。

```
MOV  AX,DATA            ;先将立即数传送至通用数据寄存器
MOV  DS,AX             ;再从通用数据寄存器传送至段寄存器
```

- 段寄存器之间的传送。

```
MOV  AX,DS             ;段寄存器传送至通用数据寄存器
MOV  ES,AX             ;从通用数据寄存器传送至另一个段寄存器
```

还要注意一个问题,对于代码段寄存器 CS 和指令指针寄存器 IP,通常不要求用户利用传送指令改变其中的内容。但是 CS 可以作为源操作数。

采用循环程序的形式,可以用 MOV 指令传送一个数据块。

[**例 2.1**]　传送 200 个字节到内存中的另一个数据区。

```
        MOV SI,OFFSET BUFFER1          ;源数据块首地址的偏移量送 SI
```

```
            MOV DI,OFFSET BUFFER2        ;目标首址的偏移量送 DI
            MOV CX,200                   ;数据块长度送 CX
    NEXT:   MOV AL,[SI]                  ;源数据块中一个字节传送到 AL
            MOV [DI],AL                  ;AL 传送到目标地址
            INC SI                       ;SI 加 1
            INC DI                       ;DI 加 1
            DEC CX                       ;CX 减 1
            JNZ NEXT                     ;如不等于零,转移到标号 NEXT
            ⋮
```

程序中各 MOV 指令采用了不同的寻址方式,如直接寻址、立即寻址以及变址寻址等。为了列出较实用的例子,以上程序中暂先使用几条尚未介绍的指令,如 INC(加 1),DEC(减 1),JNZ(非零转移),这些指令在稍后几小节中很快就要讨论。

2) PUSH(Push word onto stack)和 POP(Pop word off stack)

指令格式及操作:

```
PUSH src         ;(SP)←(SP)- 2
                 ((SP)+1:(SP))←(src)
POP dest         ;(dest)←((SP)+1:(SP))
                 (SP)←(SP)+2
```

这是两条堆栈操作指令,PUSH 指令将寄存器或存储器的内容推入堆栈;POP 指令将堆栈中的内容弹出到寄存器或存储器。

以上 PUSH 指令和 POP 指令的注释中,((SP)+1:(SP))中间有个冒号":",这里的冒号所连接的前后两个部分,表示两个地址连续的存储单元,其中后一个存储单元的偏移地址在堆栈指针寄存器 SP 中,前一个存储单元的偏移地址为 SP 的内容加 1。

PUSH 和 POP 指令的操作数可能有三种情况:

① 寄存器(包括通用数据寄存器以及地址指针和变址寄存器)。

② 段寄存器(CS 例外,PUSH CS 指令是合法的,而 POP CS 指令是非法的)。

③ 存储器。

但无论哪一种操作数,其类型必须是字操作数(16 位)。如果推入或弹出堆栈的是寄存器操作数,则应是一个 16 位寄存器;如为存储器操作数,应是两个地址连续的存储单元,例如:

```
PUSH  AX          ;通用数据寄存器推入堆栈
PUSH  BP          ;基址指针寄存器推入堆栈
PUSH  DATA[SI]    ;两个连续的存储单元推入堆栈
POP   DI          ;从堆栈弹出到变址寄存器
POP   ES          ;从堆栈弹出到段寄存器
POP   ALPHA[BX]   ;从堆栈弹出到两个连续的存储单元
```

堆栈是在内存中开辟的一个特定的区域,用以存放 CPU 寄存器或存储器中暂时不用的数据。堆栈在内存中所处的段称为堆栈段,其段地址存放在堆栈段寄存器 SS 内。从堆栈中读写数据与内存的其他段相比,有两个特点:

第一,用 PUSH 指令向堆栈中存放数据时总是从高地址开始逐渐向低地址方向增长,而不像内存中的其他段,从低地址开始向高地址存放数据。

第二,"后进先出"的原则(Last In First Out,LIFO),凡是用 PUSH 指令最后推入堆栈的数据,用 POP 指令弹出时最先出栈。例如顺序将 AX、BX 和 CX 的内容推入堆栈,则弹出时依次是原来 CX、BX 和 AX 中的内容。

我们把堆栈中当前可以用 PUSH 或 POP 指令与之交换数据的存储单元称为栈顶。8086 CPU 中有一个堆栈指针寄存器 SP,它的内容总是指向当前栈顶的偏移地址。

可以用一条立即数传送指令给堆栈指针寄存器 SP 赋值,从而确定栈顶在堆栈段中的初始位置。例如,指令 MOV SP,0E200H 使初始栈顶的偏移地址为 E200H,设此时堆栈段寄存器 SS=9000H,则整个堆栈段的物理地址范围最大为 90000H~9FFFFH 共计 64KB。此时栈顶的物理地址为:

90000H + E200H = 9E200H

堆栈在内存中的情况示意图如图 2.8 所示。

当执行 PUSH 指令时,首先将 SP 的内容减 2,即栈顶移到原来(SP-2)的位置,然后将有关寄存器或存储器的内容向堆栈中较低地址的方向存放,即寄存器或存储器的高 8 位推入(SP+1)单元中,低 8 位推入(SP)单元。

执行 POP 指令的操作正好与上述过程相反,首先将当前栈顶的内容(即 SP 指向的单元)弹出到有关寄存器或存储器的低 8 位,再将(SP+1)的内容弹出到寄存器或存储器的高 8 位,最后将 SP 的内容加 2。例如,PUSH AX 和 POP BX 指令的操作分别为:

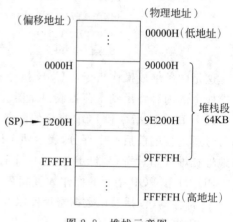

图 2.8 堆栈示意图

```
PUSH   AX      ;(SP)←(SP)-2,((SP)+1)←(AH),((SP))←(AL)
POP    BX      ;(BL)←((SP)),(BH)←((SP)+1),(SP)←(SP)+2
```

这两条指令的执行情况分别如图 2.9 和图 2.10 所示。

堆栈的用途很多,例如在调用子程序(或过程)或发生中断时用推入堆栈的办法保护断点的地址,当子程序返回或中断返回时将断点地址从堆栈中弹出,以便继续执行主程序。同时还可用堆栈保护有关的寄存器内容。堆栈的"后进先出"特点还能在子程序嵌套时保证正确地返回,例如某主程序调用子程序 1,子程序 1 又调用子程序 2。则在第一次调用时将主程序中的断点地址推入堆栈,第二次调用时又将子程序 1 中的断点地址推入堆栈。而从堆栈弹出时的顺序恰好相反,首先弹出子程序 1 的断点,然后再弹出主程序中的断点,从而保证了正确地返回。示意图如图 2.11 所示。

堆栈操作指令的另一个用途是用在较复杂的程序中,当寄存器不够用而需要将同一

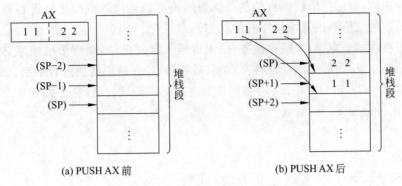

图 2.9 PUSH AX 指令执行情况示意图

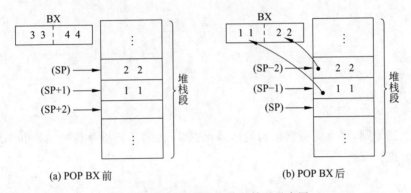

图 2.10 POP BX 指令执行情况示意图

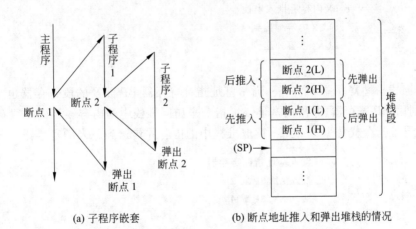

图 2.11 子程序嵌套时断点地址在堆栈中的情况

个寄存器存放两个以上的参数时,可以利用堆栈作为缓冲器。例如,用 CX 寄存器同时作为两重循环嵌套的计数器。可先将外循环计数存入 CX,当内循环开始时将 CX 中的外循环计数推入堆栈,然后把内循环计数写入 CX,内循环完成时再将外循环计数从堆栈弹出到 CX。

PUSH 和 POP 指令常常成对使用。在一个程序中应该尽量使 PUSH 和 POP 指令执行同样的次数,以保持堆栈原有的状态。当然也可以通过将堆栈指针寄存器中的值加上或减去适当的数值来恢复堆栈原有的状态。

如果需要将多个寄存器(或存储器)的内容推入堆栈保护,则弹出的顺序必须与推入堆栈时的顺序相反,如此方能保证各寄存器(或存储器)保持原有的内容不变。例如,假设需要将 AX、BX、CX 和 DX 4 个寄存器的内容先暂时存到堆栈,以后再恢复 4 个寄存器原来的内容,则可按如下所示编程:

```
     ⋮
PUSH AX
PUSH BX
PUSH CX
PUSH DX
     ⋮
POP  DX
POP  CX
POP  BX
POP  AX
     ⋮
```

如不遵循上述原则,将不能得到预期的结果,例如下面的几条指令将使 AX 和 BX 两个寄存器的内容进行交换。

```
     ⋮
PUSH  AX           ;AX 内容先推入堆栈
PUSH  BX           ;BX 内容后推入堆栈
POP   AX           ;原 BX 内容弹出到 AX
POP   BX           ;原 AX 内容弹出到 BX
     ⋮
```

除了堆栈指针寄存器 SP 以外,通常基址指针寄存器 BP 涉及的段寄存器也是 SS,因此,可以利用 BP 寄存器,并使用基址寻址指令来访问堆栈中的内容。下面一段程序中用三条基址寻址指令代替 POP 指令,读取堆栈中的内容并传送到原来的寄存器。

```
MOV   BP,SP        ;设置基址指针寄存器
PUSH  AX           ;推入 AX,SP 减 2
PUSH  BX           ;推入 BX,SP 减 4
PUSH  CX           ;推入 CX,SP 减 6
     ⋮
MOV   AX,[BP-2]    ;恢复 AX 原来的内容
MOV   BX,[BP-4]    ;恢复 BX 原来的内容
MOV   CX,[BP-6]    ;恢复 CX 原来的内容
     ⋮
ADD SP,6           ;恢复 SP 原来的内容
```

上例中堆栈的示意图如图 2.12 所示。

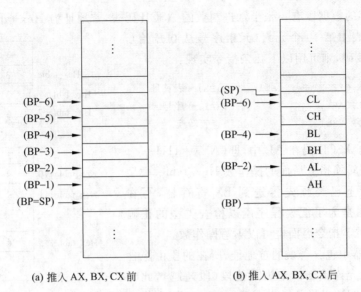

　　　(a) 推入 AX, BX, CX 前　　　　　　(b) 推入 AX, BX, CX 后

图 2.12　堆栈情况示意图

3) XCHG(Exchange)

指令格式及功能：

```
XCHG  dest,src    ;(dest)↔(src)
```

这是一条交换指令，它的操作是使源操作数与目标操作数进行互换，即不仅将源操作数传送到目标操作数，而且，同时将目标操作数传送到源操作数。

交换指令的源操作数和目标操作数各自均可以是寄存器或存储器，但不能二者同时为存储器。也就是说可以在寄存器与寄存器之间，或者寄存器与存储器之间进行交换，但是不能在存储器与存储器之间交换。此外，段寄存器的内容不能参加交换。

交换的内容可以是一个字节(8 位)，也可以是一个字(16 位)。例如：

```
XCHG  BL,DL            ;寄存器之间交换,字节操作
XCHG  AX,SI            ;寄存器之间交换,字操作
XCHG  COUNT[DI],AX     ;寄存器与存储器之间交换,字操作
```

4) XLAT(Translate)

指令格式及操作：

```
XLAT  src_table    ;(AL)←((BX)+(AL))
```

XLAT 指令是字节的查表转换指令，可以根据表中元素的序号查出表中相应元素的内容。为了实现查表转换，预先应将表的首地址(偏移地址)传送到 BX 寄存器，元素的序号送 AL。表中第一个元素的序号为 0，然后依次是 1, 2, 3, …。执行 XLAT 指令后，表中指定序号的元素存于 AL。利用 XLAT 指令实现不同数制或编码系统之间的转换十分方便。

例如内存的数据段有一张十六进制数的 ASCII 码表,首地址为 Hex-table,如图 2.13 所示,欲查出表中第 10 个元素(元素序号从 0 开始), 即'A'的 ASCII 码,则可用以下几条指令实现:

```
MOV    BX,OFFSET Hex_table    ;(BX)←表首址
MOV    AL,0AH                 ;(AL)←序号
XLAT   Hex_table             ;查表转换
```

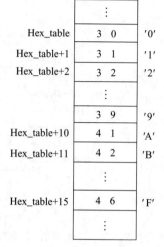

图 2.13　十六进制数的 ASCII 码表

结果'A'的 ASCII 码在 AL 中,即(AL)=41H。

以上查表转换指令后面的操作数 Hex_table(类型为字节)实际上已经预先传送到 BX 寄存器,写在 XLAT 指令中是为了汇编程序用以检查类型的正确性。但是 XLAT 指令后面也可以不写操作数。

BX 寄存器中包含着表的首地址,所在的段由隐含值确定。但也允许重新设定为其他段(段超越),此时必须在指令中写明重设的段寄存器。XLAT 指令的几种表示形式如下:

```
XLAT                ;不写操作数
XLAT   src_table    ;写操作数
XLATB               ;B 表示字节类型,不允许再写操作数
XLAT   ES: src_table;重设段寄存器为 ES
```

**2. 输入输出指令**

输入输出指令(Input and Output)共有两条。输入指令 IN 用于从 I/O 端口接收数据,输出指令 OUT 向端口发送数据。无论接收到的数据或准备发送的数据都必须在累加器 AX(字)或 AL(字节)中,所以这是两条累加器专用指令。

1) IN(Input byte or word)

指令格式及操作:

```
IN  acc,port    ;(acc)←(port)
```

输入指令从 I/O 端口输入一个字节或一个字到累加器(acc)。输入端口地址可以用一个 8 位立即数表示,此时最多允许寻址 256 个端口(0~FFH)。但端口地址也可以是 16 位二进制数,此时端口地址必须放在 16 位寄存器 DX 中,不能放在其他 16 位寄存器中,也不能用 16 位立即数表示。当端口地址为 16 位二进制数时,端口总数最多可达 65 536 个(0~FFFFH)。

当 IN 指令中的目标操作数为 AL 时,从端口输入一个字节;如目标操作数为 AX,则从端口输入一个字。输入一个字(16 位)时,实际上是从两个地址连续的端口各输入一个字节。输入指令的具体形式有以下 4 种:

```
IN  AL,data8     ;(AL)←(data8)
IN  AX,data8     ;(AX)←((data8)+1: (data8))
```

```
IN  AL,DX           ;(AL)←((DX))
IN  AX,DX           ;(AX)←((DX)+1:(DX))
```

2) OUT(Output byte or word)

指令格式及操作：

```
OUT  port,acc    ;(port)←(acc)
```

输出指令的数据传送方向与输入指令相反。不过也有与 IN 指令类似之处，即 OUT 指令也可以输出一个字节或一个字到端口；输出端口的地址也可以用 8 位立即数表示或将 16 位端口地址放在 DX 寄存器中。输出指令的 4 种具体形式如下：

```
OUT  data8, AL      ;(data8)←(AL)
OUT  data8, AX      ;((data8)+1:(data8))←(AX)
OUT  DX, AL         ;((DX))←(AL)
OUT  DX,AX          ;((DX)+1:(DX))←(AX)
```

**3. 目标地址传送指令（Address-Object Transfer）**

8086 CPU 提供了三条把地址指针写入寄存器或寄存器对的指令，它们可以用来写入近地址指针和远地址指针。这三条指令是 LEA、LDS 和 LES。

1) LEA(Load Effective Address)

指令格式：

```
LEA reg16,mem16
```

LEA 指令将一个近地址指针写入到指定的寄存器。指令中的目标寄存器必须是一个 16 位通用寄存器，源操作数必须是一个存储器，指令的执行结果是把源操作数的有效地址即 16 位偏移地址传送到目标寄存器。例如：

```
LEA  BX,BUFFER
LEA  AX,[BP][DI]
LEA  DX,BETA[BX][SI]
```

注意 LEA 指令与 MOV 指令的区别，比较下面两条指令：

```
LEA  BX,BUFFER
MOV  BX,BUFFER
```

前者将存储器 BUFFER 的偏移地址传送到 BX，而后者将存储器 BUFFER 的内容（两个字节）传送到 BX。当然也可以用 MOV 指令来得到存储器的偏移地址，例如以下两条指令的效果相同：

```
LEA  BX,BUFFER
MOV  BX,OFFSET BUFFER
```

其中 OFFSET BUFFER 表示存储器 BUFFER 的偏移地址。

利用 LEA 指令来得到直接寻址存储器操作数的有效地址时，作用不太显著，因为直接存储器操作数的地址是已知的常数，而对于间接存储器操作数的地址，用 LEA 指令来

获取比较有效,例如:

```
LEA  DX,BETA[BX][SI]
```

假设执行指令前 BX＝0400H,SI＝003CH,BETA＝0F62H,则执行上述指令后,DX 的内容为 0400H＋003CH＋0F62H＝139EH,这是指令中存储器操作数的偏移地址。

2) LDS(Load pointer using DS)

指令格式:

```
LDS  reg16,mem32
```

LDS 指令和下面即将介绍的 LES 指令都是用于写入远地址指针的。源操作数可以是任一个存储器,目标操作数可以是任一个 16 位通用寄存器。

LDS 指令传送一个 32 位的远地址指针,其中包括一个 16 位的偏移地址和一个 16 位的段地址,前者送指定寄存器,后者送数据段寄存器 DS。例如:

```
LDS  SI,[0010H]
```

设原来 DS＝C000H,而有关存储单元的内容为:

```
(C0010H)=80H
(C0011H)=01H
(C0012H)=00H
(C0013H)=20H
```

则执行以上指令后,SI 寄存器的内容为 0180H,段寄存器 DS 的内容为 2000H。

3) LES(Load pointer using ES)

指令格式:

```
LES  reg16,mem32
```

LES 指令与 LDS 类似,也是装入一个 32 位的远地址指针。偏移地址送指定寄存器,但是,段地址送附加段寄存器 ES。例如:

```
LES  DI,[BX]
```

设原来 DS＝B000H,BX＝080AH,而有关存储单元的内容为:

```
(B080AH)=A2H
(B080BH)=05H
(B080CH)=00H
(B080DH)=40H
```

执行指令后,DI 寄存器的内容为 05A2H,段寄存器 ES 的内容为 4000H。目标地址传送指令常常用于在串操作时建立初始的地址指针。由 2.1 节的表 2.3 可知,串操作时源数据串隐含的段寄存器为 DS,偏移地址在 SI 中,目标数据串隐含的段寄存器为 ES,偏移地址在 DI 中。

**4. 标志传送指令(Flag Register Transfer)**

标志寄存器传送指令共有 4 条。这些指令用汇编形式表示时均没有操作数,但由

2.1 节的表 2.2 可知,前两条指令隐含寄存器操作数 AH。当然标志寄存器 FLAGS 也是这一组指令的隐含操作数寄存器。

1) LAHF(Load AH from Flags)

指令将标志寄存器 FLAGS 中的 5 个标志位,即符号标志 SF、零标志 ZF、辅助进位标志 AF、奇偶标志 PF 以及进位标志 CF 分别传送到累加器 AH 的对应位,如图 2.14 所示。

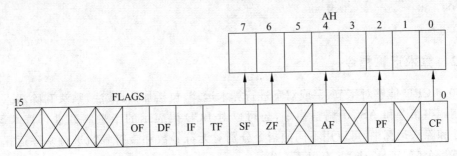

图 2.14　LAHF 指令操作示意图

LAHF 指令对标志位没有影响。

2) SAHF(Store AH into Flags)

SAHF 指令的传送方向与 LAHF 相反,将 AH 寄存器中的第 7,6,4,2,0 位分别传送到标志寄存器的对应位。

SAHF 指令将影响标志位,FLAGS 寄存器中的 SF、ZF、AF、PF 和 CF 将被修改成 AH 寄存器对应位的状态,但其余标志位即 OF、DF、IF 和 TF 不受影响。

3) PUSHF(Push Flags onto stack)

PUSHF 指令先将堆栈指针寄存器 SP 减 2,然后将标志寄存器 FLAGS(16 位)推入堆栈。即指令的操作为:

$(SP) \leftarrow (SP) - 2,$

$((SP) + 1) \leftarrow (FLAGS_H),$

$((SP)) \leftarrow (FLAGS_L)$

这条指令本身不影响标志位。

4) POPF(Pop Flags off stack)

POPF 指令的操作与 PUSHF 相反,它将堆栈内容弹出到标志寄存器,然后 SP 加 2,即指令的操作为:

$(FLAGS_L) \leftarrow ((SP))$

$(FLAGS_H) \leftarrow ((SP) + 1)$

$(SP) \leftarrow (SP) + 2$

POPF 指令对标志位有影响,使各标志位恢复成为推入堆栈以前的状态。

PUSHF 和 POPF 指令可用于保护调用过程以前标志寄存器的值,过程返回以后再恢复这些标志状态。例如:

　　　　⋮

```
    PUSH   AX           ;保护 AX
    PUSH   CX           ;保护 CX
    PUSHF               ;保护 FLAGS
    CALL   TRANS        ;调用过程
    POPF                ;恢复 FLAGS
    POP    CX           ;恢复 CX
    POP    AX           ;恢复 AX
      ⋮
```

### 2.2.2　算术运算指令

8086 CPU 能够对字节、字或双字进行算术运算,包括加法、减法、乘法和除法。利用十进制调整指令和 ASCII 调整指令,还可以对 BCD 码表示的十进制数进行算术运算。在乘法和除法运算中,可以用不同的指令分别对无符号数和带符号数进行乘除运算。算术运算指令(Arithmetic)共有以下 5 组:

- 加法运算指令。
- 减法运算指令。
- 乘法运算指令。
- 除法运算指令。
- 转换指令。

算术运算类指令大都对标志位有影响。其中不同的指令影响不同。加法和减法指令将根据运算结果修改大部分标志位(SF、ZF、AF、PF、CF 和 OF),但 INC(加 1)和 DEC(减 1)指令不影响进位标志 CF。乘法指令的运算结果将改变 CF 和 OF,但使 SF、ZF、AF 和 PF 的状态不确定。除法指令使大部分标志位的状态不确定。而对 BCD 码的各种调整指令如 AAA、DAA、AAS、DAS、AAM 和 AAD 等对标志位的影响也有所不同,详见后面有关指令的介绍。转换指令(CBW、CWD)对标志位没有影响。

#### 1. 加法指令(Addition)

加法指令包括普通加法(ADD)指令、带进位加法(ADC)指令和加 1(INC)指令,另外还有两条加法调整指令,即 ASCII 调整(AAA)和十进制调整(DAA)指令。

1) ADD(Addition)

指令格式及操作:

```
ADD   dest,src         ;(dest)←(dest)+(src)
```

ADD 指令将目标操作数与源操作数相加,并将结果存回目标操作数。加法指令将影响大多数标志位。

目标操作数可以是寄存器或存储器,源操作数可以是立即数、寄存器或存储器。但是源操作数和目标操作数不能同时是存储器。另外,不能对段寄存器进行加法运算(段寄存器也不能参加减法、乘法和除法运算)。加法指令的操作对象可以是 8 位数(字节),也可以是 16 位数(字)。例如:

```
ADD   CL,10                     ;寄存器加立即数
```

```
ADD   DX,SI              ;寄存器加寄存器
ADD   AX,MEM             ;寄存器加存储器
ADD   DATA[BX],AL        ;存储器加寄存器
ADD   ADPHA[DI],30H      ;存储器加立即数
```

相加的数据类型可以根据编程者的意图,规定为带符号数或无符号数。对于带符号数,如果 8 位数相加结果超出范围(-128~+127),或 16 位数的相加结果超出范围(-32 768~+32 767),则发生溢出,OF 标志位置 1;对于无符号数,若 8 位数加法结果超过 255,或 16 位数加法结果超过 65 535,即最高位产生进位,则 CF 标志位置 1。例如:

```
MOV   AL,7EH          ;(AL)=7EH
MOV   BL,5BH          ;(BL)=5BH
ADD   AL,BL           ;(AL)=7EH+5BH=D9H
```

执行以上三条指令以后,相加结果(AL)=D9H,此时各标志位的状态为:SF=1,ZF=0,AF=1,PF=0,CF=0,OF=1。其中 OF=1 表示发生了溢出,这是由于相加结果超过了 127。但最高位并未产生进位,故 CF=0。

2) ADC(Add with carry)

指令格式及操作:

```
ADC   dest,src           ;(dest)←(dest)+(src)+(CF)
```

ADC 是带进位加法指令,它将目标操作数与源操作数相加,再加上进位标志 CF 的内容,然后将结果返回目标操作数。与 ADD 指令一样,ADC 指令的运算结果也将修改大多数标志位。目标操作数及源操作数的类型与 ADD 指令相同,而且 ADC 指令同样也可以进行字节操作或字操作。

带进位加法指令主要用于多字节数据的加法运算。如果低字节相加时产生进位,则在下一次高字节相加时应将这个进位加进去。

[例 2.2]　要求计算两个多字节十六进制数之和:

3B74AC60F8H+20D59E36C1H=?

式中被加数和加数均有 5 个字节,可以编一个循环程序实现以上运算。假设已将被加数和加数分别存入从 DATA1 和 DATA2 开始的两个内存区,且均为低位字节在前,高位字节在后,如图 2.15 所示。要求相加所得结果仍存回以 DATA1 为首址的内存区。

运算程序的流程图如图 2.16 所示。程序如下。

```
        MOV   CX,5            ;循环次数送 CX
        MOV   SI,0            ;SI 初值为零
        CLC                  ;清进位标志 CF
LOOPER: MOV   AL,DATA2[SI]    ;取一个字节加数
        ADC   DATA1[SI],AL    ;与被加数相加并送回内存区
        INC   SI             ;SI 加 1,指向下一个字节
        DEC   CX             ;循环次数减 1
        JNZ   LOOPER         ;如不等于零,转 LOOPER
        ⋮                   ;如等于零,运算结束
```

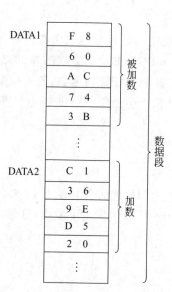

图 2.15　例 2.2 中被加数和加数在内存中的存放情况

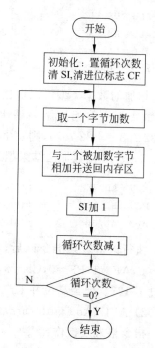

图 2.16　例 2.2 的流程图

　　由于程序中使用了带进位加指令,因此在循环程序开始之前应将进位标志 CF 清零,以免在第一次相加最低位字节时,因原来的进位标志状态影响相加结果而产生错误。

3) INC(Increment by1)

指令格式及操作:

```
INC  dest        ;(dest)←(dest)+1
```

　　INC 指令将目标操作数加 1。指令将影响大多数标志位,如 SF、ZF、AF、PF 和 OF,但对进位标志 CF 没有影响。

　　INC 指令中操作数的类型可以是寄存器或存储器,但不能是段寄存器。字节操作或字操作均可。例如:

```
INC  DL               ;8位寄存器加1
INC  SI               ;16位寄存器加1
INC  BYTE PTR[BX][SI] ;存储器加1,字节操作
INC  WORD PTR[DI]     ;存储器加1,字操作
```

指令中的 BYTE PTR 或 WORD PTR 分别指定随后的存储器操作数的类型是字节或字。

　　INC 指令常常用于循环程序中修改地址。

4) AAA(ASCII Adjust for Addition)

　　AAA 是加法的 ASCII 调整指令。它的汇编指令后面不写操作数,但实际上隐含累加器操作数 AL 和 AH。

　　指令的操作为:

如果　　((AL)&0FH)＞9,或(AF)＝1,

则　　　(AL)←(AL)＋6,(AH)←(AH)＋1

　　　　(AF)←1,(CF)←(AF)

　　　　(AL)←((AL)&0FH)

否则　　(AL)←((AL)&0FH)

由此可见,指令将影响 AF 和 CF 标志,但标志位 SF、ZF、PF 和 OF 的状态不确定。

AAA 指令在加法运算时对不压缩的(unpacked)BCD 码进行调整。不压缩的 BCD 码就是一个字节存放一位 BCD 码(BCD 码存放在字节的低 4 位,高 4 位为零)。调整以前,先用指令 ADD(多字节加法时用 ADC)进行 8 位数的加法运算,相加结果放在 AL 中,用 AAA 指令调整后,不压缩 BCD 码结果的低位在 AL 寄存器,高位在 AH 寄存器。

例如,要求计算两个十进制数之和:

$$7＋8＝?$$

可以先将被加数 7、加数 8 以不压缩的 BCD 码形式分别存放在寄存器 AL 和 BL 中,且令 AH＝0,然后进行加法,再用 AAA 指令调整。可用以下指令实现:

```
MOV  AX,0007H        ;(AL)=07H,(AH)=00H
MOV  BL,08H          ;(BL)=08H
ADD  AL,BL           ;(AL)=0FH
AAA                  ;(AL)=05H,(AH)=01H,(CF)=(AF)=1
```

以上指令的运行结果为 7＋8＝15,所得之和也以不压缩的 BCD 码形式存放,个位在 AL,十位在 AH。

8086 提供了几条 BCD 码调整指令,使 CPU 可以对用 BCD 码表示的十进制数进行加、减、乘、除运算,并将结果调整成为正确的 BCD 值。

[例 2.3]　计算 4609＋3875＝?

本例要求实现十进制多位数的加法,假设被加数和加数的每一位数都以 ASCII 码形式存放在内存中,低位在前,高位在后。另外留出 4 个存储单元,以便存放相加所得的结果,如图 2.17 所示。程序的流程图如图 2.18 所示。

程序如下:

```
         LEA  SI,STRING1      ;(SI)←被加数地址指针
         LEA  BX,STRING2      ;(BX)←加数地址指针
         LEA  DI,SUM          ;(DI)←结果地址指针
         MOV  CX,4            ;(CX)←循环次数
         CLC                  ;清进位标志 CF
NEXT:    MOV  AL,[SI]         ;取一个字节被加数
         ADC  AL,[BX]         ;与加数相加
         AAA                  ;ASCII 调整
         MOV  [DI],AL         ;送存
         INC  SI              ;SI 加 1
         INC  BX              ;BX 加 1
         INC  DI              ;DI 加 1
```

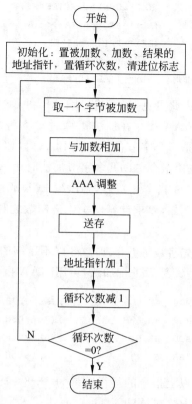

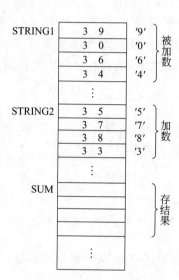

图 2.17　例 2.3 数据存放情况示意图　　　　图 2.18　例 2.3 的流程图

```
DEC  CX                    ;循环次数减 1
JNZ  NEXT                  ;如不为零,转 NEXT
 ⋮                         ;如等于零,运算结束
```

5) DAA(Decimal Adjust for Addition)

DAA 是加法的十进制调整指令。其汇编指令同样不带操作数,实际上隐含寄存器操作数 AL。

DAA 指令的操作为:

如果　$((AL)\&0FH)>9$　或　$(AF)=1$

则　　$(AL)\leftarrow(AL)+6,(AF)\leftarrow1$

如果　$(AL)>9FH$　或　$(CF)=1$

则　　$(AL)\leftarrow(AL)+60H,(CF)\leftarrow1$

与 AAA 指令不同,DAA 只对 AL 中的内容进行调整,任何时候都不会改变 AH 的内容。另外,DAA 指令将影响大多数标志位,如 SF、ZF、AF、PF、CF 和 OF。

实际上,DAA 指令针对压缩的(packed)BCD 码进行调整。压缩的 BCD 码,是指一个字节中可以存放两位 BCD 码,高 4 位和低 4 位各存放一位。一般来说,两个 BCD 码相加以后,有可能得到不正确的 BCD 结果,可用 DAA 指令对 AL 寄存器中的"和"进行调整,即可得到预期的结果。例如,要求计算两个两位的十进制数之和:

$$68+59=?$$

用 BCD 码的运算过程如下：

| 压缩的 BCD 码 | 对应的十进制数 |
|---|---|
| 0110 1000 | 68 |
| +) 0101 1001 | +)59 |

| 1100 0001 | C1 （不正确的和） |
|---|---|
| +) 0110 0110 | +)66 （加 66H 调整） |

| 1 0010 0111 | 1 27 （正确的十进制结果） |
|---|---|
| （进位） | （进位） |

调整之前,也应先用 ADD 或 ADC 指令进行 8 位数加法运算,相加结果放在 AL 中,然后用 DAA 指令进行调整。例如要求计算 68+59＝? 可用以下指令实现：

```
MOV  AL,68H        ;(AL)=68H
MOV  BL,59H        ;(BL)=59H
ADD  AL,BL         ;(AL)=C1H,(AF)=1
DAA                ;(AL)=27H,(CF)=1
```

如果要求相加两个位数更多的十进制数,则也应编写一个循环程序,并采用 ADC 指令,在开始循环之前要清进位标志 CF（参阅例 2.3）。但采用压缩的 BCD 码时每次可以相加两位十进制数。例如,相加两个 8 位十进制数时只需循环 4 次。

为了掌握 DAA 指令与 AAA 指令的区别,现在再来做前面已经做过的简单计算,即 7+8＝? 不过这一次编程时不用 AAA 指令,而改用 DAA 指令调整,看看结果有什么不同。

```
MOV  AX,0007H      ;(AL)=07H,(AH)=00H
MOV  BL,08H        ;(BL)=08H
ADD  AL,BL         ;(AL)=0FH
DAA                ;(AL)=15H,(AH)=00H,(AF)=1,(CF)=0
```

可见,现在 7 加 8 所得之和以压缩的 BCD 码形式存放在 AL 寄存器中,而 AH 的内容不变。

**2. 减法指令**

8086 CPU 共有 7 条减法指令（Subtraction）,它们是普通减法（SUB）、带借位减（SBB）、减 1（DEC）、求补（NEG）、比较（CMP）指令,以及减法的 ASCII 调整（AAS）和十进制调整（DAS）指令。

1) SUB(Subtraction)

指令格式及操作：

```
SUB  dest,src      ;(dest)←(dest)-(src)
```

SUB 指令将目标操作数减源操作数,结果送回目标操作数,指令对标志位 SF、ZF、AF、PF、CF 和 OF 有影响。

操作数的类型与加法指令一样,即目标操作数可以是寄存器或存储器,源操作数可以是立即数、寄存器或存储器,但不允许两个存储器相减。既可以字节相减,也可以字相减。例如:

```
SUB  AL,37H              ;寄存器减立即数
SUB  BX,DX               ;寄存器减寄存器
SUB  CX,VAR1             ;寄存器减存储器
SUB  ARRAY[SI],AX        ;存储器减寄存器
SUB  BETA[BX][DI],512    ;存储器减立即数
```

相减数据的类型也可以根据程序员的要求约定为带符号数或无符号数。当无符号数的较小数减较大数时,因不够减而产生借位,此时进位标志 CF 置 1。当带符号数的较小数减较大数时,将得到负的结果,则符号标志 SF 置 1。带符号数相减如果结果溢出,则 OF 置 1。

2) SBB(Subtraction with borrow)

指令格式及操作:

```
SBB  dest src       ;(dest)←(dest)-(src)-(CF)
```

SBB 指令执行带借位的减法操作,也就是说,将目标操作数减源操作数,然后再减进位标志 CF,并将结果送回目标操作数。SBB 指令对标志位的影响与 SUB 指令相同。

目标操作数及源操作数的类型也与 SUB 指令相同。8 位数或 16 位数运算均可。

带借位减指令主要用于多字节的减法。

3) DEC(Decrement by 1)

指令格式及操作:

```
DEC  dest           ;(dest)←(dest)-1
```

DEC 指令将目标操作数减 1。指令对标志位 SF、ZF、AF、PF 和 OF 有影响,但不影响进位标志 CF。

操作数的类型与 INC 指令一样,可以是寄存器或存储器(段寄存器不可)。字节操作或字操作均可。

在循环程序中常常利用 DEC 指令来修改循环次数。例如:

```
     MOV  AX,0FFFFH
CYC: DEC  AX
     JNZ  CYC
      ⋮
```

以上程序中 DEC AX 指令重复执行 65 535(0FFFFH)次。常常采用类似的程序得到一定的延时时间。当延时时间更长时可以采用多重循环。

4) NEG(Negate)

指令格式及操作:

```
NEG  dest       ;(dest)←0-(dest)
```

NEG 是求补指令,它的操作是用 0 减去目标操作数,结果送回原来的目标操作数。求补指令对大多数标志位如 SF、ZF、AF、PF、CF 及 OF 有影响。

操作数的类型可以是寄存器或存储器。可以对 8 位数或 16 位数求补。

利用 NEG 指令可以得到负数的绝对值,例如假设原来 AL=FFH(FFH 是−1 的补码),执行指令 NEG AL 后,结果为 AL=01。

[**例 2.4**]　内存数据段存放了 100 个带符号数,首地址为 AREA1,要求将各数取绝对值后存入以 AREA2 为首址的内存区。

由于 100 个带符号数中可能既有正数,又有负数,因此先要判断正负。如为正数,可以原封不动地传送到另一内存区;如为负数,则需先求补即可得到负数的绝对值,然后再传送。程序流程图如图 2.19 所示。

程序如下:

```
       LEA  SI,AREA1   ;(SI)←源地址指针
       LEA  DI,AREA2   ;(DI)←目标地址指针
       MOV  CX,100     ;(CX)←循环次数
CHECK: MOV  AL,[SI]    ;取一个带符号数到 AL
       OR   AL,AL      ;AL 内容不变,但使之影响标志
       JNS  NEXT       ;若 (SF)=0,则转 NEXT
       NEG  AL         ;否则求补
NEXT:  MOV  [DI],AL    ;传送到目标地址
       INC  SI         ;源地址加 1
       INC  DI         ;目标地址加 1
       DEC  CX         ;循环次数减 1
       JNZ  CHECK      ;如不等于零,则转 CHECK
        :              ;如等于零,转换结束
```

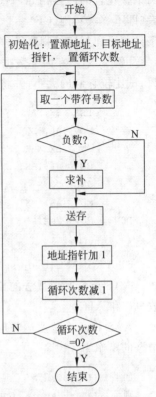

图 2.19　例 2.4 的流程图

5) CMP(Compare)

指令格式及操作:

```
CMP dest,src   ;(dest)-(src)
```

CMP 是一条比较指令,其操作是将目标操作数减源操作数,但结果不送回目标操作数。因此,执行比较指令以后,被比较的两个操作数内容均保持不变,而比较结果反映在标志位上,这是比较指令与减法指令 SUB 的区别所在。

CMP 指令的目标操作数可以是寄存器或存储器,源操作数可以是立即数、寄存器或存储器,但是,源操作数和目标操作数不能同时是存储器。既可以进行字节比较,也可以是字比较。

比较指令的执行结果将影响大多数标志位,如 SF、ZF、AF、PF、CF 和 OF。例如,若两个被比较的内容相等,则(ZF)=1。又如,假设被比较的两个无符号数中,前者小于后者(即不够减),则(CF)=1 等。比较指令常常与条件转移指令结合起来使用,完成各种条件判断和相应的程序转移。

[**例 2.5**]　在内存数据段从 DATA 开始的存储单元中分别存放了两个 8 位无符号数,试比较它们的大小,并将大者传送到 MAX 单元。可编程如下:

```
        LEA  BX,DATA        ;DATA 偏移地址送 BX
        MOV  AL,[BX]        ;第一个无符号数送 AL
        INC  BX             ;BX 指向第二个无符号数
        CMP  AL,[BX]        ;两个数比较
        JNC  DONE           ;如 (CF)=0,则转 DONE
        MOV  AL,[BX]        ;否则,第二个无符号数送 AL
DONE:   MOV  MAX,AL         ;较大的无符号数送 MAX 单元
        ⋮                   ;比较结束
```

6) AAS(ASCII adjust for subtraction)

AAS 指令实现减法的 ASCII 调整。指令的汇编形式不带操作数,但隐含寄存器操作数 AL 和 AH。

AAS 指令在减法运算时,对不压缩的 BCD 码进行调整,以得到正确的结果。AAS 指令的操作为:

如果　((AL)&0FH)>9　或　(AF)=1,
则　　(AL)←(AL)-6,(AH)←(AH)-1
　　　(AF)←1,(CF)←(AF)
　　　(AL)←((AL)&0FH)
否则　(AL)←((AL)&0FH)

可见,AAS 指令将影响标志位 AF 和 CF,但 SF、ZF、PF 和 OF 标志位不确定。

例如想进行以下十进制数的减法运算:

$$13-4=?$$

可先将被减数和减数以不压缩的 BCD 码形式分别存放在 AH(被减数的十位)、AL(被减数的个位)和 BL(减数)中,然后用 SUB 指令进行减法,再用 AAS 指令进行调整。可用以下指令实现:

```
MOV  AX,0103H       ;(AH)=01H,(AL)=03H
MOV  BL,04H         ;(BL)=04H
SUB  AL,BL          ;(AL)=03H-04H=FFH
AAS                 ;(AL)=09H,(AH)=0
```

以上指令的执行结果为 13-4=9,此结果仍以不压缩的 BCD 码形式存放,个位在 AL 寄存器,十位在 AH 寄存器。

7) DAS(Decimal adjust for subtraction)

DAS 指令对减法进行十进制调整,指令隐含寄存器操作数 AL。

在减法运算时,DAS 指令对压缩的 BCD 码进行调整,其操作为:

如果　　((AL)&0FH)>9　或　(AF)=1

则　　　(AL)←(AL)-6,(AF)←1

如果　　(AL)>9FH　或　(CF)=1

则　　　(AL)←(AL)-60H,(CF)←1

与 DAA 指令类似,DAS 指令也只对 AL 寄存器中的内容进行调整,而无论何时都不改变 AH 的内容。DAS 指令也将影响大多数标志位,如 SF、ZF、AF、PF、CF 和 OF。

例如要求完成以下十进制数的减法运算:

$$83-38=?$$

现在采用压缩的 BCD 码形式来存放原始数据,则以上减法运算可用下列几条指令实现:

```
MOV  AL,83H        ;(AL)=83H
MOV  BL,38H        ;(BL)=38H
SUB  AL,BL         ;(AL)=4BH
DAS                ;(AL)=45H
```

### 3. 乘法指令

8086 CPU 可以通过执行一条指令完成乘法或除法运算。乘法指令(Multiplication)共有三条:无符号数乘法指令(MUL)、带符号数乘法指令(IMUL)以及乘法的 ASCII 调整指令(AAM)。

1) MUL(Multiplication unsigned)

指令格式:

```
MUL  src
```

指令的操作为:

字节乘法　　(AX)←(src) * (AL)

字乘法　　　(DX∶AX)←(src) * (AX)

MUL 指令对标志位 CF 和 OF 有影响,但 SF、ZF、AF 和 PF 不确定。

MUL 指令执行 8 位或 16 位无符号数的乘法。一个操作数(乘数)在累加器中(8 位乘法时乘数在 AL,16 位乘法时乘数在 AX),这个寄存器操作数是隐含的,在指令中没有写明,另一个操作数 src(被乘数)必须在寄存器或存储单元中。两个操作数均按无符号数处理,它们的取值范围为 0~255(字节),或 0~65 535(字)。例如:

```
MUL  AL              ;AL 乘 AL
MUL  BX              ;AX 乘 BX
MUL  BYTE PTR[DI+6]  ;AL 乘存储器(8 位)
MUL  WORD PTR ALPHA  ;AX 乘存储器(16 位)
```

两个 8 位数相乘,乘积可能有 16 位,结果存放在 AX 中;两个 16 位数相乘,乘积可能有 32 位,存放在 DX(高 16 位)和 AX(低 16 位)中。如果运算结果的高半部分(在 AH 或 DX 中)为零,则标志位(CF)=(OF)=0,否则(CF)=(OF)=1。因此,标志位(CF)=

(OF)＝1,表示 AH 或 DX 中包含着乘积的有效数字,例如:

```
MOV  AL,14H      (AL)＝14H
MOV  CL,05H      ;(CL)＝05H
MUL  CL          ;(AX)＝0064H,(CF)＝(OF)＝0
```

本例中结果的高半部分(AH)＝0,因此,标志位(CF)＝(OF)＝0。

　　有了乘法(和除法)指令,使有些运算程序的编程变得简单方便。但是必须注意,乘法指令的执行速度很慢,除法指令也是如此。有时,乘某些常数(例如 2 的若干次方),可以通过向左移位若干次实现,这将大大提高程序的执行速度。例如,要求将 AL 的内容乘以2,可用以下两种不同的方案实现:

　　• 用乘法指令,以下两条指令的执行时间需 74～81 个时钟数。

```
MOV  BL,2        ;(BL)＝2
MUL  BL          ;(AX)＝(AL) * (BL)
```

　　• 用移位指令,以下指令同样将 AL 的内容乘以 2,但执行时间只需 5 个时钟数。

```
XOR  AH,AH       ;AH 清零
SHL  AH,1        ;AX 左移 1 位
```

关于移位指令的情况,将在本章稍后详细进行讨论。

2) IMUL(Integer Multiplication)

指令格式:

```
IMUL  src
```

指令的操作为:

字节乘法　(AX)←(src) * (AL)
字乘法　　(DX ：AX)←(src) * (AX)

　　如乘积的高半部分包含乘积的有效数字,而不只是符号的扩展部分,则标志位(CF)＝(OF)＝1。

　　IMUL 指令将影响标志位 CF 和 OF,但使 SF、ZF、AF 和 PF 不确定。

　　IMUL 指令进行带符号数的乘法,指令将两个操作数均按带符号数处理。这是它与MUL 指令的区别所在。8 位和 16 位带符号数的取值范围分别是－128～＋127(字节)和－32 768～＋32 767(字)。IMUL 指令的一个乘数也在累加器中(8 位数在 AL,16 位数在AX,均为隐含的寄存器操作数),另一个被乘数必须在寄存器或存储器中。

　　同样地,当进行 8 位数乘法时,乘积存放在 AX 中;当进行 16 位数乘法时,乘积的高16 位在 DX,乘积的低 16 位在 AX 中。如果乘积的高半部分仅仅是低半部分符号位的扩展,则标志位(CF)＝(OF)＝0;否则,如果高半部分包含乘积的有效数字,则(CF)＝(OF)＝1。例如:

```
MOV  AX,04E8H    ;(AH)＝04E8H
MOV  BX,4E20H    ;(BL)＝4E20H
```

```
IMUL  BX              ;(DX∶AX)=(AX) * (BX)
```

以上指令的执行结果为(DX)＝017FH,(AX)＝4D00H,且(CF)＝(OF)＝1。实际上以上指令完成带符号数(＋1256)和(＋20000)的乘法运算,得到乘积为(＋25120000)。由于此时 DX 中结果的高半部分包含着乘积的有效数字,故标志位(CF)＝(OF)＝1。

结果的高半部分仅仅是低半部分符号位的扩展,是指当乘积为正值时,其符号位为零,则 AH 或 DX 中的高半部分为 8 位全零或 16 位全零;当乘积是负值时,其符号位为 1,则高半部分为 8 位全 1 或 16 位全 1。这种情况表示所得乘积的绝对值比较小,其有效数位仅仅包含在低半部分中。

3) AAM(ASCII Adjust for Multiply)

AAM 是乘法的 ASCII 调整指令。它的汇编指令后面不带操作数,而隐含寄存器操作数 AL 和 AH。

在乘法运算时,AAM 指令可对不压缩的 BCD 码进行调整。调整之前,先用 MUL 指令将两个不压缩的 BCD 码相乘,结果放在 AL 中,然后用 AAM 指令进行调整,于是在 AX 中即可得到正确的不压缩的 BCD 码结果,乘积的高位在 AH 中,乘积的低位在 AL 中。AAM 指令的操作为:

```
(AH)←(AL)/0AH      即 AL 除以 0AH,商送 AH
(AL)←(AL)%0AH      即 AL 除以 0AH,余数送 AL
```

AAM 指令的操作实质上是将 AL 寄存器中的二进制数转换成为不压缩的 BCD 码,十位存放在 AH 寄存器,个位存放在 AL 寄存器。

AAM 指令执行以后,将根据 AL 中的结果改变标志位 SF、ZF 和 PF,但使 AF、CF 和 OF 的值不确定。

例如要求进行以下十进制乘法运算:

$$7×9＝?$$

可编程如下:

```
MOV  AL,07H            ;(AL)=07H
MOV  BL,09H            ;(BL)=09H
MUL  BL               ;(AX)=07H×09H=003FH
AAM                   ;(AH)=06H,(AL)=03H,(SF)=0,(ZF)=0,(PF)=1
```

已知 7×9＝63。以上指令执行以后,十进制乘积也以不压缩的 BCD 码形式存放在 AX 中。由于(AL)＝03H(即 00000011),故决定了标志位(SF)＝0,(ZF)＝0,(PF)＝1。

**4. 除法指令(Division)**

8086 CPU 有三条除法指令,它们是无符号数除法指令(DIV)、带符号除法指令(IDIV)以及除法的 ASCII 调整指令(AAD)。

1) DIV(Division unsigned)

指令格式:

```
DIV  src
```

DIV 指令执行无符号数除法,指令的操作为:

字节除法　　(AL)←(AX)/(src)

　　　　　　(AH)←(AX)%(src)

即 AX 除以 src,被除数为 16 位,除数为 8 位。执行 DIV 指令后商在 AL,余数在 AH 中。

字除法　　　(AX)←(DX:AX)/(src)

　　　　　　(DX)←(DX:AX)%(src)

即 DX:AX 除以 src,被除数为 32 位,除数为 16 位。除的结果商在 AX,余数在 DX 中。

　　执行 DIV 指令时,如果除数为 0,或字节除法时 AL 寄存器中的商大于 FFH,或字除法时 AX 寄存器中的商大于 FFFFH,则 CPU 立即自动产生一个类型号为 0 的内部中断。有关中断的概念将在本书第 5 章中进行讨论。

　　DIV 指令使大多数标志位如 SF、ZF、AF、PF、CF 和 OF 的值不确定。

　　在 DIV 指令中,一个操作数(被除数)隐含在累加器 AX(字节除法)或 DX:AX(字除法)中,另一个操作数 src(除数)必须是寄存器或存储器操作数。两个操作数均被作为无符号数对待。例如:

```
DIV  BL              ;AX 除以 BL
DIV  CX              ;DX:AX 除以 CX
DIV  BYTE PTR DATA   ;AX 除以存储器(8 位)
DIV  WORD PTR[DI+BX] ;DX:AX 除以存储器(16 位)
```

下面几条指令将 DX:AX 中的一个 32 位无符号数除以 CX 中的一个 16 位无符号数。

```
MOV  AX,0F05H    ;(AX)=0F05H
MOV  DX,068AH    ;(DX)=068AH
MOV  CX,08E9H    ;(CX)=08E9H
DIV  CX          ;(AH)=BBE1H,(DX)=073CH
```

执行结果为:

068A0F05H÷08E9H=BBE1H…073CH

　　除法指令规定必须将一个 16 位数除以一个 8 位数,或将一个 32 位数除以一个 16 位数,而不允许两个字长相等的操作数相除。如果被除数和除数的字长相等,可以在用 DIV 指令进行无符号数除法之前将被除数的高位扩展 8 个零或 16 个零。

　　除法指令也有与乘法指令相同的问题,即执行速度很慢,因此,如除以某些常数(例如 2 的若干次方)可以通过向右移若干位来实现,此时执行速度将比除法指令快得多。例如,以下两组指令均将 AX 的内容除以 8,但二者的执行时间却相差很远。

　　• 采用除法指令,执行时间需 84~94 个时钟数。

```
MOV  BL,8     ;(BL)=8
DIV  BL       ;(AL)=(AX)/8
```

- 采用移位指令,执行时间仅需 24 个时钟数。

```
MOV  CL,3      ;(CL)=3
SHR  AX,CL     ;AX右移 3 位
```

2) IDIV(Integer division)

指令格式:

```
IDIV   src
```

IDIV 是带符号数除法指令,其操作与 DIV 指令类似,区别在于 IDIV 指令将两个操作数作为带符号数对待。IDIV 指令的操作为:

字节除法　(AL)←(AX)/(src)

　　　　　(AH)←(AX)%(src)

字除法　　(AX)←(DX：AX)/(src)

　　　　　(DX)←(DX：AX)%(src)

执行 IDIV 指令时,如除数为 0,或字节除法时 AL 寄存器中的商超出(−128～+127)的范围,或字除法时 AX 寄存器中的商超出(−32 768～+32 767)的范围,则自动产生一个类型号为 0 的中断。

IDIV 指令对标志位的影响以及指令中操作数的类型与 DIV 指令相同。以下是几条 IDIV 指令的例子。

```
IDIV  CL              ;AX 除以 CL
IDIV  BX              ;DX：AX 除以 BX
IDIV  BYTE PTR[SI]    ;AX 除以存储器(8 位)
IDIV  WORD PTR TABLE  ;DX：AX 除以存储器(16 位)
```

如果被除数和除数字长相等,则在用 IDIV 指令进行带符号数除法之前,必须先用转换指令 CBW 或 CWD 将被除数的符号位扩展,使之成为 16 位数或 32 位数。关于 CBW 和 CWD 指令,本节后面将进行介绍。

IDIV 指令对非整数商舍去尾数,而余数的符号总是与被除数的符号相同。下面是一个带符号数除法的例子。

```
MOV  AX,- 2000     ;(AX)=-2000
CWD                ;将 AX 中的 16 位数扩展成为 32 位,结果在 DX：AX
MOV  BX,-421       ;(BX)=-421
IDIV BX            ;(AX)=4(商),(DX)=-316(余数)
```

除法结果得到商为 4,余数为(−316),余数的符号与被除数相同。

3) AAD(ASCII Adjust for Division)

AAD 指令对除法进行 ASCII 调整。它的汇编指令后面也不带操作数,但隐含寄存器操作数 AL 和 AH。

AAD 指令对不压缩的 BCD 码进行调整,其操作为:

(AL)←(AH) * 0AH+ (AL)

$$(AH) \leftarrow 0$$

即将 AH 寄存器的内容乘 10 并加上 AL 寄存器的内容,结果送回 AL,同时将零送 AH。以上操作实质上是将 AX 中不压缩的 BCD 码转换成为二进制,并存放在 AL 寄存器中。

执行 AAD 指令以后,将根据 AL 中的结果影响标志位 SF、ZF 和 PF,但其余几个标志位如 AF、CF 和 OF 的值则不确定。

AAD 指令的用法与其他 ASCII 调整指令(如 AAA、AAS、AAM)有所不同。AAD 指令不是在除法之后,而是在除法之前进行调整,然后用 DIV 指令进行除法,所得之商还需用 AAM 指令进行调整,最后方可得到正确的不压缩 BCD 码的结果。

例如要求进行以下十进制除法运算:

$$73 \div 2 = ?$$

可先将被除数和除数以不压缩的 BCD 码形式分别存放在 AX 和 BX 寄存器中,被除数的十位在 AH,个位在 AL;除数在 BL。先用 AAD 指令对 AX 中的被除数进行调整,之后进行除法运算,并对商进行再调整。可编程如下:

```
MOV   AX,0703H       ;(AH)=07H,(AL)=03H
MOV   BL,02H         ;(BL)=02H
AAD                  ;(AL)=49H(即十进制数 73)
DIV   BL             ;(AL)=24H(商),(AH)=01H(余数)
AAM                  ;(AH)=03H,(AL)=06H
```

已知 $73 \div 2 = 36 \cdots 1$。以上几条指令执行的结果为,在 AX 中得不到压缩 BCD 码形式的商,但余数被丢失。如果需要保留余数,则应在 DIV 指令之后,用 AAM 指令调整之前,将余数暂存到另一个寄存器。如果有必要,还应设法对余数也进行 ASCII 调整。

**5. 转换指令**

在前面介绍的各种算术运算指令中,两个操作数的字长要求符合规定的关系。例如,在加法、减法和乘法运算指令中,两个操作数的字长必须相等。在除法指令中,被除数必须是除数的双倍字长。因此,有时需要将一个 8 位数扩展成为 16 位,或者将一个 16 位数扩展成为 32 位。

对于无符号数,扩展字长比较简单,只需在高位添上足够个数的零即可。例如,以下两条指令将 AL 中的一个 8 位无符号数扩展成为 16 位,存放在 AX 中。

```
MOV   AL,0FBH       ;(AL)=11111011B
XOR   AH,AH         ;(AH)=00000000B
```

但是,对于带符号数,扩展字长时正数与负数的处理方法不同。正数的符号位为零,而负数的符号位为 1,因此,扩展字长时,应分别在高位添上相应的符号位。转换指令 CBW 和 CWD 用于扩展带符号数的字长。

1) CBW(Convert Byte to Word)

CBW 指令将一个字节(8 位)转换成为字(16 位)。它的汇编指令后面不带操作数,但隐含寄存器操作数 AL 和 AH。指令的操作为:

如果　(AL)<80H,则(AH)←0,

否则　(AH)←FFH

CBW 指令对标志位没有影响。

观察下面两组指令,由于初始时 AL 寄存器中内容的符号位不同,因而执行 CBW 指令后 AH 中的结果也不同。

```
①  MOV  AL,4FH      ;(AL)=0100 1111B
    CBW              ;(AH)=0000 0000B
②  MOV  AL,0FBH     ;(AL)=1111 1011B
    CBW              ;(AH)=1111 1111B
```

2) CWD(Convert Word to Double word)

CWD 指令将一个字(16 位)转换成为双字(32 位)。其汇编指令后面也不带操作数,隐含寄存器操作数 AX 和 DX。指令的操作为:

```
如果  (AX)<8000H,则(DX)←0,
否则  (DX)←FFFFH
```

CWD 指令与 CBW 一样,对标志位没有影响。

CBW 和 CWD 指令在带符号数的乘法(IMUL)和除法(IDIV)运算中十分有用,常常在字节或字的乘法运算之前,将 AL 和 AX 中数据的符号位进行扩展。例如:

```
MOV   AL,MUL_BYTE       ;AL←8 位被乘数(带符号数)
CBW                     ;扩展成为 16 位带符号数,在 AX 中
IMUL  RSRC_WORD         ;两个 16 位带符号数相乘,结果在 DX:AX
```

### 2.2.3　逻辑运算和移位指令

逻辑运算和移位指令对 8 位或 16 位的寄存器或存储单元中的内容按位(bit)进行逻辑运算或移位操作。这一类指令包括以下几组:

* 逻辑运算指令。
* 移位指令。
* 循环移位指令。

**1. 逻辑运算指令**

8086 CPU 的逻辑运算指令有 AND(逻辑“与”)、TEST(测试)、OR(逻辑“或”)、XOR(逻辑“异或”)和 NOT(逻辑“非”)5 条指令,这些指令对操作数中的各个位分别进行布尔运算。各种逻辑运算的结果如表 2.5 所示。

**表 2.5　逻辑运算返回的值**

| X | Y | X AND Y | X OR Y | X XOR Y | NOT X |
|---|---|---|---|---|---|
| 0 | 0 | 0 | 0 | 0 | 1 |
| 0 | 1 | 0 | 1 | 1 | 1 |
| 1 | 0 | 0 | 1 | 1 | 0 |
| 1 | 1 | 1 | 1 | 0 | 0 |

以上 5 条逻辑运算指令中,只有 NOT 指令对所有的标志位不产生影响,其余 4 条指令(即 AND、TEST、OR 和 XOR)对标志位的影响均相同。这些指令将根据各自逻辑运算的结果影响 SF、ZF 和 PF 标志位,同时将 CF 和 OF 置 0,但使 AF 的值不确定。

1) AND(Logical and)

指令格式及操作:

```
AND    dest,src           ;(dest)←(dest)&(src)
```

AND 指令将目标操作数和源操作数按位进行逻辑"与"运算,并将结果送回目标操作数。

目标操作数可以是寄存器或存储器,源操作数可以是立即数、寄存器或存储器。但是指令的两个操作数不能同时是存储器,即不能将两个存储器的内容进行逻辑"与"操作。AND 指令操作对象的类型可以是字节,也可以是字。例如:

```
AND   AL,00001111B        ;寄存器"与"立即数
AND   CX,DI               ;寄存器"与"寄存器
AND   SI,MEM_NAME         ;寄存器"与"存储器
AND   ALPHA[DI],AX        ;存储器"与"寄存器
AND   [BX][SI],0FFFEH     ;存储器"与"立即数
```

AND 指令可以用于屏蔽某些不关心的位,而保留另一些感兴趣的位。为了做到这一点,只需将欲屏蔽的位和 0 进行逻辑"与",而将要求保留的位和 1 进行逻辑"与"即可。例如 AND AL,0FH 指令将 AL 寄存器中的内容屏蔽高 4 位,保留低 4 位。该指令可将数字 0~9 的 ASCII 码转换成相应的不压缩的 BCD 码。例如:

```
MOV  AL,'6'      ;(AL)=00110110B
AND  AL,0FH      ;(AL)=00000110B
```

利用 AND AL,11011111B 指令可以将 AL 中的英文字母(用 ASCII 码表示)转换成为大写字母。如果字母原来已经是大写,则以上 AND 指令不起作用,因为大写字母 ASCII 码的第 5 位总是 0;如果原来是小写字母,则将其第 5 位置 0,转换成为相应的大写字母。大写和小写英文字母 ASCII 码的对比如下(参阅附录 1 中的 ASCII 码表):

| 大 写 字 母 | 小 写 字 母 |
|---|---|
| 'A'=41H=0100 0001B | 'a'=61H=0110 0001B |
| 'B'=42H=0100 0010B | 'b'=62H=0110 0010B |
| ⋮ | ⋮ |
| 'Z'=5AH=0101 1010B | 'z'=7AH=0111 1010B |

以下几条指令判断从键盘输入的字符是否为'Y',但对输入的字符大写或小写不加区别,同样对待。

```
MOV  AH,7       ;接受由键盘输入的字符
INT  21H        ;字符的 ASCII 码存 AL
```

```
        AND    AL,1101 1111B     ;屏蔽第 5 位,转换为大写字母
        CMP    AL,'Y'            ;字符是否为'Y'?
        JE     YES               ;如是,转到 YES
         ⋮                        ;否则,…
YES: …
         ⋮
```

以上程序中的前两条指令涉及 DOS 的功能调用,将在本书第 3 章 3.4 节中详细进行讨论。

2) TEST(Test or non-destructive logical and)

指令格式及操作:

```
TEST       dest,src          ;(dest)&(src)
```

TEST 是测试指令,它的操作实质上与 AND 指令相同,即把目标操作数和源操作数进行逻辑"与",二者的区别在于 TEST 指令不把逻辑运算的结果送回目标操作数,因此两个操作数的内容均保持不变,即目标操作数将不被破坏。逻辑"与"的结果反映在标志位上,例如,"与"的结果最高位是 0 还是 1,结果是否为全 0,结果中 1 的个数是奇数还是偶数等,分别由 SF、ZF 和 PF 标志位体现。和 AND 指令一样,TEST 指令总是将 CF 和 OF 清零,但使 AF 的值不确定。

TEST 指令常用于位测试,它与条件转移指令一起,共同完成对特定位状态的判断,并实现相应的程序转移。这样的作用与比较指令 CMP 有些相似,不过 TEST 指令只比较某几个指定的位,而 CMP 指令比较整个操作数(字节或字)。例如,以下几条指令判断一个端口地址为 PORT 的外设端口输入的数据,若输入数据的第 1,3,5 位中的任一位不等于零,则转移到 NEXT。

```
        IN     AL,PORT
        TEST   AL,00101010B
        JNZ    NEXT
         ⋮
NEXT: …
         ⋮
```

3) OR(Logical inclusive or)

指令格式及操作:

```
OR  dest,src        ;(dest)←(dest)∨(src)
```

OR 指令将目标操作数和源操作数按位进行逻辑"或"运算,并将结果送回目标操作数。

OR 指令操作数的类型与 AND 指令相同,即目标操作数可以是寄存器或存储器,源操作数可以是立即数、寄存器或存储器。但两个操作数不能同时都是存储器。

OR 指令的一个常见的用途是将寄存器或存储器中某些特定的位设置成 1,而不管这

些位原来的状态如何,同时使其余位保持原来的状态不变。为此,应将需置1的位和1进行逻辑"或",而将要求保持不变的位和0进行逻辑"或"。例如,以下指令可将 AH 寄存器及 AL 寄存器的最高位同时置1,而 AX 中的其余位保持不变:

```
OR  AX,8080H  ;(AX)∨(1000000010000000B)
```

又如,指令 OR  AL,30H 可将 AL 寄存器中不压缩的 BCD 码转换成为相应十进制数的 ASCII 码,例如:

```
MOV  AL,09H     ;(AL)=09H
OR   AL,30H     ;(AL)=39H='9'
```

AND 指令和 OR 指令有一个共同的特性:如果将一个寄存器的内容和该寄存器本身进行逻辑"与"操作或者逻辑"或"操作,则寄存器原来的内容不会改变,但寄存器中的内容将影响 SF、ZF 和 PF 标志位,且将 OF 和 CF 清零。

利用这个特性,可以在数据传送指令之后,使该数据影响标志,然后可以判断数据的正负、是否为零以及数据的奇偶性等。例如前面介绍 NEG 指令时所举的例2.4中,曾用 OR 指令来影响标志,然后判断数据的正负。又如,以下几条指令判断数据是否为零。

```
       MOV  AX,DATA     ;(AX)←DATA
       OR   AX,AX       ;影响标志(用 AND AX,AX 指令亦可)
       JZ   ZERO        ;如为零,转移到 ZERO
       ⋮
ZERO: ⋯
       ⋮
```

在以上程序中,如果没有 OR AX,AX(或 AND AX,AX)指令,则不能紧跟着进行条件判断和程序转移,因为 MOV 指令不影响标志。当然采用 CMP AX,0 指令代替上述 AND 或 OR 指令也可以得到同样的效果,但这条比较指令字节较多,且执行速度较慢。所用的逻辑运算指令和比较指令的字节数和时钟数如下:

```
AND  AX,AX     ;2个字节,3个时钟数
OR   AX,AX     ;2个字节,3个时钟数
CMP  AX,0      ;3个字节,4个时钟数
```

4) XOR(Logical exclusive or)

指令格式及操作:

```
XOR  dest,src          ;(dest)←(dest)⊕(src)
```

XOR 指令将目标操作数和源操作数按位进行逻辑"异或"运算,并将结果送回目标操作数。XOR 指令操作数的类型和 AND、OR 指令均相同。

XOR 指令的一个用途是将寄存器或存储器中某些特定的位"求反",而使其余位保持不变。为此,可将欲"求反"的位和1进行"异或",而将要求保持不变的位和0进行"异或"。例如,若要使 AL 寄存器中的第1,3,5,7位求反,第0,2,4,6位保持不变,则只需将 AL 和 10101010B(即 0AAH)"异或"即可。

```
MOV   AL,0FH        ;(AL)=00001111B
XOR   AL,0AAH       ;(AL)=10100101B(0A5H)
```

XOR 指令的另一个用途是将寄存器的内容清零,例如:

```
XOR   AX,AX   ;AX 清零
XOR   CX,CX   ;CX 清零
```

而且,上述指令和 AND、OR 等指令一样,也将进位标志 CF 清零。

当然,用 SUB 指令将一个寄存器的内容减去自身也能将该寄存器和进位标志 CF 同时清零,而且这条指令的字节数和执行时间与上面的 XOR 指令相同。另外,也可以用 MOV 指令将立即数 0 传送到寄存器使之清零,但这条 MOV 指令字节数较多,执行时间较长,而且 MOV 指令不影响任何标志。请看以下三条指令的比较:

```
XOR   AX,AX   ;清 AX,清 CF。2 个字节,3 个时钟数
SUB   AX,AX   ;清 AX,清 CF。2 个字节,3 个时钟数
MOV   AX,0    ;清 AX,不影响标志位。3 个字节,4 个时钟数
```

XOR 指令的这种特性在多字节的累加程序中十分有用,它可以在循环程序开始前的初始化工作中将一个用作累加器的寄存器清零,同时将进位标志 CF 清零。

[例 2.6]　从偏移地址 TABLE 开始的内存区中,存放着 100 个字节的十六进制数,要求将这些数进行累加,并将累加和的低位存 SUM 单元,高位存 SUM+1 单元。程序的流程图如图 2.20 所示。

程序如下:

```
        LEA   BX,TABLE     ;(BX)←数据表地址指针
        MOV   CL,100       ;(CL)←数据块长度
        XOR   AX,AX        ;清 AL、AH
LOOPER: ADD   AL,[BX]      ;加一个数到 AL
        JNC   GOON         ;如(CF)=0,转移到 GOON
        INC   AH           ;否则,AH 加 1
GOON:   INC   BX           ;地址指针加 1
        DEC   CL           ;计数值减 1
        JNZ   LOOPER       ;如(CL)≠0,转移到 LOOPER
        MOV   SUM,AX       ;否则,(SUM)←(AL),(SUM+ 1)←(AH)
        ⋮                  ;累加结束
```

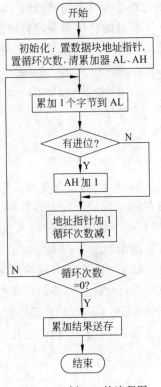

图 2.20　例 2.6 的流程图

5) NOT(Logical not)

指令格式及操作:

```
NOT  dest          ;字节求反  (dest)←FFH-(dest)
                   ;字求反    (dest)←FFFFH-(dest)
```

NOT 指令是一条逻辑"非"指令,它只有一个操作数,指令将该操作数按位求反。

NOT 指令的操作数可以是 8 位或 16 位的寄存器或存储器,但不能对一个立即数执行逻辑"非"操作。

NOT 指令对标志位没有影响。

**2. 移位指令**

8086 CPU 的移位指令包括逻辑左移 SHL、算术左移 SAL、逻辑右移 SHR 和算术右移 SAR 等指令,其中 SHL 和 SAL 指令的操作完全相同。移位指令的操作对象可以是一个 8 位或 16 位的寄存器或存储器,移位操作可以是向左或向右移一位,也可以移多位。当要求移多位时,指令规定的移动位数必须放在 CL 寄存器中,即指令中规定的移位次数不允许是 1 以外的常数或 CL 以外的其他寄存器。

所有的移位指令都将根据移位的结果影响标志位 SF、ZF、PF 和 CF,但使 AF 的值不确定。此外,移位次数为 1 的指令还将根据不同的情况影响 OF 标志位,但若移位次数不等于 1,则 OF 的值不确定。

1) SHL/SAL(Shift logical left/shift arithmetic left)

指令格式:

```
SHL  dest,1        SAL  dest,1
SHL  dest,CL       SAL  dest,CL
```

SHL/SAL 称为逻辑左移/算术左移指令。这两条指令的操作是将目标操作数顺序向左移 1 位或 CL 寄存器中指定的位数。左移 1 位时,操作数的最高位移入进位标志 CF,最低位补 0,其操作如图 2.21 所示。

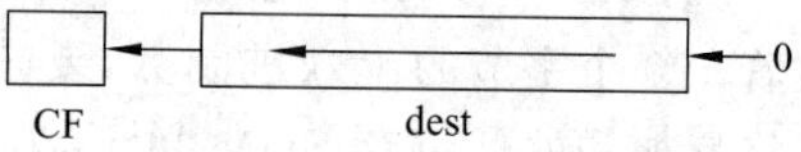

图 2.21　SHL/SAL 指令示意图

如果 SHL/SAL 指令的移位次数等于 1,且移位以后目标操作数新的最高位与 CF 不相等,则溢出标志(OF)=1,否则(OF)=0。因此 OF 的值表示移位操作是否改变了符号位。如果移位次数不等于 1,则 OF 的值不确定。以下是 SHL/SAL 指令的几个例子:

```
SHL  AH,1                ;寄存器左移 1 位
SAL  SI,CL               ;寄存器左移 (CL) 位
SAL  WORD PTR[BX+5],1    ;存储器左移 1 位
SHL  BYTE PTR DATA,CL    ;存储器左移 (CL) 位
```

假设(SI)=A450H,(CL)=02H,则执行指令 SAL SI,CL 之后,(SI)=9140H,(CF)=0,(SF)=1,(ZF)=0,(PF)=1。

将一个二进制无符号数左移 1 位,相当于将该数乘 2,因而可以利用左移指令完成乘某些常数的运算。最容易的运算是乘 2 的若干次方,例如乘 $2^4$,只需左移 4 位即可。由于移位指令比乘法指令的执行速度快得多,一般情况下,用移位指令代替乘法和除法指令往往能够将执行速度提高 10 倍甚至更多,因此上述方法常常被采用。

例如要求将一个 16 位无符号数乘以 10。设该数原来存放在以 FACTOR 为首址的两个连续的存储单元中(低位在前,高位在后)。

因为 FACTOR * 10＝(FACTOR * 8)＋(FACTOR * 2)，故可用左移指令实现以上乘法运算。编程如下：

```
MOV  AX,FACTOR              ;(AX)←被乘数
SHL  AX,1                   ;(AX)=FACTOR*2
MOV  BX,AX                  ;暂存 BX
SHL  AX,1                   ;(AX)=FACTOR*4
SHL  AX,1                   ;(AX)=FACTOR*8
ADD  AX,BX                  ;(AX)=FACTOR*10
    ⋮
```

以上程序段的执行时间大约需 26 个时钟数。如用乘法指令编程，执行时间将超过 130 个时钟数。

2) SHR(Shift logical right)

指令格式：

```
SHR  dest,1
SHR  dest,CL
```

SHR 是逻辑右移指令，这条指令的操作是将目标操作数顺序向右移 1 位或由 CL 寄存器指定的位数。逻辑右移 1 位时，操作数的最低位移到进位标志 CF，最高位补 0，指令的操作如图 2.22 所示。

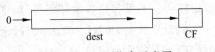

图 2.22　SHR 指令示意图

如果 SHR 指令移位次数等于 1，且移位以后新的最高位和次高位不相等，则(OF)＝1，否则(OF)＝0。实质上，此时 OF 的值仍然表示符号位在移位前后是否改变。如果移位次数不等于 1，则 OF 的值不确定。

下面举出 SHR 指令的几个例子。

```
SHR  BL,1                   ;寄存器逻辑右移 1 位
SHR  AX,CL                  ;寄存器逻辑右移 (CL) 位
SHR  BYTE PTR[DI+ BP],1     ;存储器逻辑右移 1 位
SHR  WORD PTR BLOCK,CL      ;存储器逻辑右移 (CL) 位
```

假设(BL)＝F0H，执行指令 SHR BL,1 之后,(BL)＝78H,(CF)＝0,(OF)＝1,(SF)＝0,(ZF)＝0,(PF)＝1。

逻辑右移 1 位的操作，相当于将寄存器或存储器中的无符号数除以 2，因此同样可以利用 SHR 指令完成除以某些常数的运算。而且，采用移位指令通常比采用除法指令时程序执行速度要快得多。

例如要求将一个 16 位无符号数除以 512。设该数原来存放在以 DIVIDAND 为首地址的两个连续的存储单元中。

因为 DIVIDAND÷512＝(DIVIDAND÷2)÷256，因此可用逻辑右移指令完成上述除法运算。编程如下：

```
MOV   AX,DIVIDAND      ;(AX)←被除数
```

```
SHR     AX,1            ;(AX)=DIVIDAND÷2
XCHG    AL,AH           ;(AL)↔(AH),相当循环右移8位
CBW                     ;清AX的高8位,(AX)=DIVIDAND÷512
    ⋮
```

当然,也可以将立即数9传送到CL寄存器,然后用指令 SHR AX,CL 完成除以512的运算。但是相比之下,上面的程序段执行速度更快。

3) SAR(Shift arithmetic right)

指令格式:

```
SAR     dest,1
SAR     dest,CL
```

SAR称为算术右移指令,它的操作也是将目标操作数向右移1位或由CL寄存器指定的位数,操作数的最低位移到进位标志CF。它与SHR指令的主要区别是算术右移时,最高位保持不变。SAR指令的操作如图2.23所示。

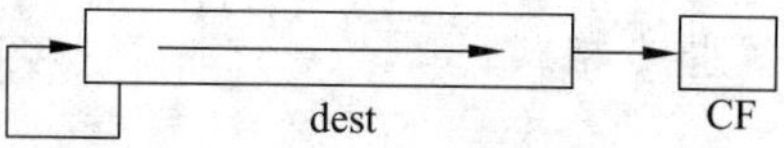

图 2.23　SAR 指令示意图

SAR指令对标志位OF的影响与SHR指令相同,即如果移位次数等于1,且移位以后新的最高位与次高位不相等,则(OF)=1,否则(OF)=0。如果移位次数不等于1,则OF的值不确定。

假设(DI)=0064H,(CL)=05H,则执行指令 SAR DI,CL 之后,(DI)=0003H,(CF)=0,(SF)=0,(ZF)=0,(PF)=1。

算术右移1位,相当于带符号数除以2,但是SAR指令完成的除法运算对负数为向下舍入,而带符号数除法指令IDIV对负数总是向上舍入。例如:

- 用SAR指令做除法。

```
MOV     AX,0FF81H       ;(AX)←-127
SAR     AX,1            ;(AX)=-64
```

- 用IDIV指令做除法。

```
MOV     AX,0FF81H       ;(AX)←-127
MOV     CL,2
IDIV    CL              ;(AL)=-63(商),(AH)=-1(余数)
```

### 3. 循环移位指令(Rotate)

8086 CPU有4条循环移位指令,它们是不带进位标志CF的左循环移位指令ROL和右循环移位指令ROR,以及带进位的左循环移位指令RCL和右循环移位指令RCR。

循环移位指令的操作数类型与移位指令相同,可以是8位或16位的寄存器或存储器。指令中指定的左移或右移的位数也可以是1或由CL寄存器指定。但不能是1以外的常数或CL以外的其他寄存器。

所有循环移位指令都只影响进位标志CF和溢出标志OF,而对其他标志位没有影响。但OF标志的含义对于左循环移位指令和右循环移位指令将有所不同。

1) ROL(Rotate left)

指令格式：

```
ROL   dest,1
ROL   dest,CL
```

ROL 指令将目标操作数向左循环移动 1 位或 CL 寄存器指定的位数。最高位移到进位标志 CF，同时，最高位移到最低位形成循环，进位标志 CF 不在循环回路之内。其操作如图 2.24 所示。

ROL 指令将影响 CF 和 OF 两个标志位。如果循环移位次数等于 1，且移位以后目标操作数新的最高位与 CF 不相等，则 OF＝1，否则 OF＝0。因此 OF 的值表示循环移位前后符号位是否有所变化。如果移位次数不等于 1，则 OF 的值不确定。

2) ROR(Rotate right)

指令格式：

```
ROR   dest,1
ROR   dest,CL
```

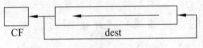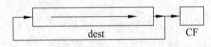

图 2.24　ROL 指令示意图　　　　　图 2.25　ROR 指令示意图

ROR 指令将目标操作数向右循环移动 1 位或由 CL 寄存器指定的位数。最低位移到进位标志 CF，同时最低位移到最高位，指令的操作可用图 2.25 表示。

ROR 指令也将影响标志位 CF 和 OF。若循环移位次数等于 1，且移位后新的最高位和次高位不等，则 OF＝1，否则 OF＝0。若循环移位次数不等于 1，则 OF 的值不确定。

3) RCL(Rotate left through carry)

指令格式：

```
RCL    dest,1
RCL    dest,CL
```

RCL 指令将目标操作数连同进位标志 CF 一起，向左循环移动 1 位，或由 CL 寄存器指定的位数。最高位移入进位标志 CF，而 CF 移入最低位。指令的操作如图 2.26 所示。

RCL 指令对标志位的影响与 ROL 指令相同。

4) RCR(Rotate right through carry)

指令格式：

```
RCR   dest,1
RCR   dest,CL
```

RCR 指令将目标操作数与进位标志 CF 一起向右循环移动 1 位，或由 CL 寄存器指定的位数。最低位移入进位标志 CF，CF 则移入最高位。指令的操作如图 2.27 所示。

图 2.26　RCL 指令示意图　　　　　　　　图 2.27　RCR 指令示意图

RCR 指令对标志位的影响与 ROR 指令相同。

这里介绍的 4 条循环移位指令(Rotate)与前面讨论过的移位指令(Shift)有所不同，循环移位之后，操作数中原来各数位的信息不会丢失，而只是移到了操作数中的其他位或进位标志 CF 上，必要时还可以恢复。

利用循环移位指令可以对寄存器或存储器中的任一位进行位测试。例如要求测试 AL 寄存器中第 5 位的状态是 0 还是 1，则可利用以下指令实现：

```
        MOV  CL,3            ;(CL)←移位次数
        ROL  AL,CL          ;(CF)←AL 的第 5 位
        JNC  ZERO           ;若(CF)=0,转 ZERO
         ⋮
ZERO: …
         ⋮
```

利用带进位循环移位指令还可以将两个以上的寄存器或存储单元组合起来一起移位。例如要求将 DX 和 AX 两个寄存器组合成为一个整体，其中的 32 位一起向左移 1 位，AX 的最高位(第 15 位)应移到 DX 的最低位(第 0 位)，如图 2.28 所示。

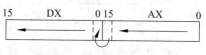

图 2.28　32 位寄存器左移 1 位

以上要求可用两条指令实现：

```
SHL  AX,1        ;AX 左移 1 位,(CF)←AX 的最高位
RCL  DX,1        ;DX 带进位循环左移 1 位,DX 的最低位←(CF)
```

## 2.2.4　串操作指令

8086 CPU 有一组十分有用的串操作指令(String Manipulation)，这些指令的操作对象不只是单个的字节或字，而是内存中地址连续的字节串或字串。在每次基本操作后，能够自动修改地址，为下一次操作做好准备。串操作指令还可以加上重复前缀，此时指令规定的操作将一直重复下去，直到完成预定的循环次数。

串操作指令共有以下 5 条。

- MOVS　　　串传送指令；
- CMPS　　　串比较指令；
- SCAS　　　串扫描指令；
- LODS　　　串装入指令；
- STOS　　　串送存指令。

上述串操作指令的基本操作各不相同，但都具有以下几个共同特点：

　　① 总是用 SI 寄存器存放源操作数的偏移地址,用 DI 寄存器存放目标操作数的偏移地址。源操作数的段地址通常在现行的数据段,隐含段寄存器 DS,但也允许段超越。目标操作数的段地址总是在现行的附加段,隐含段寄存器 ES,不允许段超越。

　　② 每一次操作以后修改地址指针,是增量还是减量决定于方向标志 DF。当(DF)＝0 时,地址指针增量,即字节操作时地址指针加 1,字操作时地址指针加 2。当(DF)＝1 时,地址指针减量,即字节操作时地址指针减 1,字操作时地址指针减 2。

　　③ 有的串操作指令可加重复前缀 REP,则指令规定的操作重复进行,重复循环的次数由 CX 寄存器决定。

　　如果在串操作指令前加上重复前缀 REP,则 CPU 按以下步骤执行:

- 首先检查 CX 寄存器,若(CX)＝0,则退出串操作指令,否则执行一次字符串基本操作。
- 根据 DF 标志修改地址指针。
- CX 减 1(但不改变标志)。
- 转至下一次循环,重复以上步骤。

　　④ 若串操作指令的基本操作影响零标志 ZF(如 CMPS、SCAS),则可加重复前缀 REPE(即 REPZ)或 REPNE(即 REPNZ),此时操作重复进行的条件不仅要求(CX)≠0,而且同时要求 ZF 的值满足重复前缀中的规定(REPE 要求(ZF)＝1,REPNE 要求(ZF)＝0)。

　　⑤ 串操作汇编指令的格式可以写上操作数,也可以只在指令助记符后加上字母 B(字节操作)或 W(字操作)。加上字母 B 或 W 后,指令助记符后面不允许写上操作数。

　　下面分别进行介绍。

### 1. MOVS(Move String)

指令的基本格式和操作为:

```
MOVS    ;((ES)：(DI))←((DS)：(SI))
```

　　MOVS 是字符串传送指令,它将一个字节或字从存储器的某个区域传送到另一个区域,然后根据方向标志 DF 自动修改地址指针。串传送指令不影响标志位。

　　在汇编语言中,字符串传送指令可以表示成为下列几种形式:

```
[REP]  MOVS  [ES：]dest_string,[sreg：]src_string
[REP]  MOVSB
[REP]  MOVSW
```

　　以上各种格式中,凡是方括号中的内容均表示任选项,即这些项可有可无。例如重复前缀 REP,可以加在串操作指令之前,也可以不加。

　　在第一种格式中,串操作指令给出源操作数和目标操作数,此时指令执行字节操作还是字操作,决定于这两个操作数定义时的类型。列出源操作数和目标操作数的作用有二,首先,用以说明操作对象的大小(字节或字);其次,明确指出涉及的段寄存器(sreg)。指令执行时,实际仍用 SI 和 DI 寄存器寻址操作数。如果在指令中采用 SI 和 DI 来表示操作数,则必须用类型运算符 PTR 说明操作对象的类型。第一种格式的一个重要优点是可以对源字符串进行段重设(目标字符串的段地址只能在 ES,不可进行段重设)。

在第二种和第三种格式中,串操作指令助记符的后面加上一个字母 B 或 W,指出操作对象是字节串或字串。但要注意,在这两种情况下,指令后面不允许出现操作数。例如以下指令都是合法的:

```
REP    MOVS  DATA2,DATA1        ;操作数类型应预先定义
MOVS   BUFFER2,ES: BUFFER1      ;源操作数进行段重设
REP    MOVS  WORD PTR[DI],[SI]  ;用变址寄存器表示操作数
REP    MOVSB                    ;字节串传送
MOVSW                           ;字串传送
```

但以下表示方法是非法的:

```
MOVSB   DEST,ES: SRC
```

串操作指令常常与重复前缀联合使用,这样不仅可以简化程序,而且提高了运行速度。当然也可以单独使用串操作指令编制循环程序,但此时需要在程序中另加使 CX 寄存器减 1 的指令,以便控制循环次数。

前面介绍 MOV 指令时,曾举出一个传送 200 个字节的例子(见例 2.1),如果采用 MOVS 指令,程序将变得十分简单。

例如要求将数据段中首地址为 BUFFER1 的 200 个字节传送到附加段首地址为 BUFFER2 的内存区中。使用字节串传送指令的程序如下:

```
LEA  SI,BUFFER1      ;(SI)←源串首址指针
LEA  DI,BUFFER2      ;(DI)←目标串首址指针
MOV  CX,200          ;(CX)←字节串长度
CLD                  ;清方向标志 DF
REP  MOVSB           ;传送 200 个字节
  ⋮                  ;传送结束
```

### 2. CMPS(Compare String)

指令的基本格式和操作为:

```
CMPS    ;((DS): (SI))-((ES): (DI))
```

CMPS 是字符串比较指令,该指令将两个字符串中相应的元素逐个进行比较(即相减),但不将比较结果送回目标操作数,而反映在标志位上。CMPS 指令对大多数标志位有影响,如 SF、ZF、AF、PF、CF 和 OF。

在汇编语言中,字符串比较指令有以下几种格式:

```
[REPE/REPNE]  CMPS  [sreg: ]src_string,[ES: ]dest_string
[REPE/REPNE]  CMPSB
[REPE/REPNE]  CMPSW
```

以上几种格式与 MOVS 指令的格式有些类似。但是 CMPS 与其他指令不同,指令中的源操作数在前,而目标操作数在后。另外,CMPS 指令可以加重复前缀 REPE(也可

以写成 REPZ)或 REPNE(也可以写成 REPNZ),这是由于 CMPS 指令影响零标志 ZF。如果两个被比较的字节或字相等,则(ZF)＝1,否则(ZF)＝0。REPE(即 REPZ)表示当(CX)≠0,且(ZF)＝1 时继续进行比较。REPNE(即 REPNZ)表示当(CX)≠0,且(ZF)＝0 时继续进行比较。

　　如果想在两个字符串中寻找第一个不相等的字符,则应使用重复前缀 REPE 或 REPZ,当遇到第一个不相等的字符时,就停止进行比较。但此时地址已被修改,即(DS：SI)和(ES：DI)已经指向下一个字节或字地址。所以应将 SI 和 DI 进行修正,使之指向所要寻找的不相等的字符。同理,如果想要寻找两个字符串中第一个相等的字符,则应使用重复前缀 REPNE 和 REPNZ。但是也有可能将整个字符串比较完毕仍未出现规定的条件(例如两个字符相等或不相等),不过此时寄存器(CX)＝0,故可用条件转移指令 JCXZ 进行处理。

　　[例 2.7]　比较两个字符串,找出其中第一个不相等字符的地址。如果两字符串全部相同,则转到 ALLMATCH 进行处理。这两个字符串长度均为 20,首地址分别为 STRING1 和 STRING2。

```
            LEA     SI,STRING1      ;(SI)←字符串 1 首地址
            LEA     DI,STRING2      ;(DI)←字符串 2 首地址
            MOV     CX,20           ;(CX)←字符串长度
            CLD                     ;清方向标志 DF
            REPE    CMPSB           ;如相等,继续进行比较
            JCXZ    ALLMATCH        ;若(CX)＝0,跳至 ALLMATCH
            DEC     SI              ;否则(SI)-1
            DEC     DI              ;(DI)-1
            JMP     DONE            ;跳转至标号 DONE
ALLMATCH:   MOV     SI,0
            MOV     DI,0
DONE:       ⋮                      ;比较结束
```

### 3. SCAS(Scan String)

指令的基本格式和操作为:

```
SCAS    ;字节串扫描     (AL)-((ES)：(DI))
        ;字串扫描       (AX)-((ES)：(DI))
```

　　SCAS 称为字符串扫描指令,它在一个字符串中搜索特定的关键字。字符串的起始地址只能放在(ES：DI)中,不允许段超越。待搜索的关键字必须放在累加器 AL 或 AX 中。SCAS 指令将累加器的内容与字符串中的元素逐个进行比较,比较结果也反映在标志位上。SCAS 指令将影响大多数标志位,如 SF、ZF、AF、PF、CF 和 OF。如果累加器的内容与字符串中的元素相等,则比较之后(ZF)＝1,因此,指令可以加上重复前缀 REPE 或 REPNE。前缀 REPE(即 REPZ)表示当(CX)≠0,且(ZF)＝1 时继续进行扫描。REPNE(即 REPNZ)表示当(CX)≠0,且(ZF)＝0 时继续进行扫描。

　　字符串扫描的汇编指令有以下几种格式:

```
[REPE/REPNE]   SCAS   [ES:]dest_string
[REPE/REPNE]   SCASB
[REPE/REPNE]   SCASW
```

〔**例 2.8**〕　在包含 100 个字符的字符串中寻找第一个回车符 CR(其 ASCII 码为 0DH),找到后将其地址保留在(ES:DI)中,并在屏幕上显示字符 Y。如果字符串中没有回车符,则在屏幕上显示字符 N。该字符串的首地址为 STRING。

在屏幕上显示一个字符的方法(详见本书第 3 章 3.4 节 DOS 功能调用部分)是:

根据要求可编程如下:

```
        LEA     DI,STRING       ;(DI)←字符串首址
        MOV     AL,0DH          ;(AL)←回车符
        MOV     CX,100          ;(CX)←字符串长度
        CLD                     ;清标志位 DF
        REPNE   SCASB           ;如未找到,继续扫描
        JZ      MATCH           ;如找到转 MATCH
        MOV     DL,'N'          ;字符串中无回车符,则 (DL)←'N'
        JMP     DSPY            ;转到 DSPY
MATCH:  DEC     DI              ;(DI)-1
        MOV     DL,'Y'          ;(DL)←'Y'
DSPY:   MOV     AH,02           ;显示字符
        INT     21H
        ⋮                       ;搜索结束
```

### 4. LODS(Load String)

指令的基本格式和操作为:

```
LODS       ;字节串装入      (AL)←((DS):(SI))
           ;字串装入        (AX)←((DS):(SI))
```

LODS 是字符串装入指令,它将一个字符串中的字节或字逐个装入累加器 AL 或 AX。指令不影响标志位,而且一般不带重复前缀。因为将字符串的各个值重复地装入到累加器中没有什么实用意义。

字符串装入的汇编指令有以下几种形式:

```
LODS       [sreg:]src_string
LODSB
LODSW
```

〔**例 2.9**〕　内存中以 BUFFER 为首址的缓冲区内有 10 个以不压缩 BCD 码形式存放的十进制数,它们的值可能是 0~9 中的任意一个,将这些十进制数顺序显示在屏幕上。

```
        LEA   SI,BUFFER      ;(SI)←缓冲区首址
        MOV   CX,10          ;(CX)←字符串长度
        CLD                  ;清标志位 DF
        MOV   AH,02          ;(AH)←功能号
GET:    LODSB                ;取一个 BCD 码到 AL
        ADD   AL,30H         ;BCD 转换为 ASCII 码
        MOV   DL,AL          ;(DL)←字符
        INT   21H            ;显示
        DEC   CX             ;(CX)-1
        JNZ   GET            ;未完成 10 个字符则继续
          ⋮                  ;结束
```

## 5. STOS(Store String)

指令的基本格式和操作为:

```
STOS          ;字节串送存      ((ES)∶(DI))←(AL)
              ;字串送存        ((ES)∶(DI))←(AX)
```

STOS 是字符串送存指令,该指令将累加器 AL 或 AX 的值送存到字符串中的某个位置上。指令对标志位没有影响。指令若加上重复前缀 REP,则操作将一直重复进行下去,直到(CX)=0。

字符串送存的汇编指令有以下几种格式:

```
[REP]   STOS    [ES∶]dest_string
[REP]   STOSB
[REP]   STOSW
```

例如要求将字符"♯"装入以 AREA 为首址的 100 个字节中,可编程如下:

```
LEA   DI,AREA
MOV   AX,'##'
MOV   CX,50
CLD
REP   STOSW
  ⋮
```

以上程序采用了送存 50 个字而不是送存 100 个字节的方法。上述两种方法程序执行的结果是相同的,但以上程序的执行速度更快些。

[例 2.10]　一个数据块由大写或小写的英文字母、数字和各种其他符号组成,其结束符是回车符 CR(ASCII 码为 0DH),数据块的首地址为 BLOCK1。要求将数据块传送到以 BLOCK2 为首址的内存区,并将其中的所有英文小写字母(a～z)转换成相应的大写字母(A～Z),其余不变。

前面已经讨论过一个英文小写字母与相应的大写字母的 ASCII 码之间有一定的关系,例如:

```
'a'=61H        'A'=41H
'b'=62H        'B'=42H
```

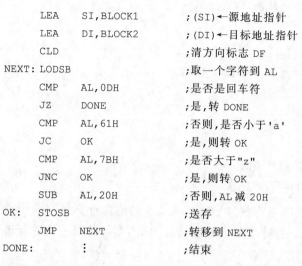

'z'=7AH　　　'Z'=5AH

即只需将小写字母的 ASCII 码减 20H,即可得到相应大写字母的 ASCII 码。根据本例要求,程序的流程图如图 2.29 所示,程序如下:

```
        LEA   SI,BLOCK1     ;(SI)←源地址指针
        LEA   DI,BLOCK2     ;(DI)←目标地址指针
        CLD                 ;清方向标志 DF
NEXT:   LODSB               ;取一个字符到 AL
        CMP   AL,0DH        ;是否是回车符
        JZ    DONE          ;是,转 DONE
        CMP   AL,61H        ;否则,是否小于'a'
        JC    OK            ;是,则转 OK
        CMP   AL,7BH        ;是否大于"z"
        JNC   OK            ;是,则转 OK
        SUB   AL,20H        ;否则,AL 减 20H
OK:     STOSB               ;送存
        JMP   NEXT          ;转移到 NEXT
DONE:       :               ;结束
```

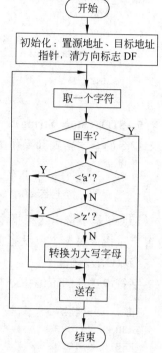

图 2.29　例 2.10 的流程图

在以上 5 条串操作指令中,有的指令有两个操作数,有的指令只有一个操作数。只有一个操作数时,有的指令是源操作数,有的指令是目标操作数。

关于串操作指令的重复前缀、操作数以及地址指针所用的寄存器等情况归纳如表 2.6 所示。

**表 2.6　串操作指令的重复前缀、操作数和地址指针寄存器**

| 指　　令 | 重复前缀 | 操　作　数 | 地址指针寄存器 |
|---|---|---|---|
| MOVS | REP | 目标,源 | ES：DI,DS：SI |
| CMPS | REPE/REPNE | 源,目标 | DS：SI,ES：DI |
| SCAS | REPE/REPNE | 目标 | ES：DI |
| LODS | 无 | 源 | DS：SI |
| STOS | REP | 目标 | ES：DI |

## 2.2.5　控制转移指令

8086 CPU 提供了大量指令用于控制程序的流程。控制转移指令(Control Transfer)包括以下 4 组:

- 转移指令。
- 循环控制指令。
- 过程调用指令。

• 中断指令。

**1. 转移指令**

转移是一种将程序控制从一处改换到另一处的最直接的方法。在 CPU 内部,段内的转移是通过将目标偏移地址传送给指令指针寄存器 IP 来实现的。而段间的转移则不仅要将目标地址的偏移地址传送到 IP,而且要将目标地址的段地址传送到代码段寄存器 CS。

转移指令包括无条件转移指令和条件转移指令。

1) 无条件转移指令 JMP(Jump)

JMP 指令的操作是无条件地将控制转移到指令中规定的目标地址。另外,目标地址可以用直接的方式给出,也可以用间接的方式给出。JMP 指令对标志位没有影响。

(1) 段内直接转移

指令格式及操作:

```
JMP  near_label    ;(IP)←(IP)+disp(16位)
```

指令的操作数是一个近标号,该标号在本段(或本组)内。指令汇编以后,计算出 JMP 指令的下一条指令到目标地址之间的 16 位相对位移量 disp。指令的操作是将指令指针寄存器 IP 的内容加上相对位移量 disp,代码段寄存器 CS 的内容不变,从而使控制转移到目标地址。相对位移量可正可负,一般情况下,它的范围在 $-32\,768 \sim +32\,767$ 之间,故需用 2 个字节表示,加上 1 个字节的操作码,这种段内直接转移指令共有 3 个字节。请看下面几条指令。

```
        ⋮
    JMP   NEXT
    AND   AL,7FH
        ⋮
NEXT: XOR   AL,7FH
        ⋮
```

其中,NEXT 是本段内的一个标号,汇编程序计算出下一条指令(即 AND AL,7FH)的地址与标号 NEXT 代表的地址之间的相对位移量,执行 JMP NEXT 指令时,将上述位移量加到 IP 上,于是执行 JMP 指令之后接着就执行 XOR AL,7FH 指令,实现了程序的转移。

(2) 段内直接短转移

指令格式及操作:

```
JMP    short_label    ;(IP)←(IP)+disp(8位)
```

段内直接短转移指令的操作数是一个短标号。此时,相对位移量 disp 的范围在 $-128 \sim +127$ 之间,只需用 1 个字节表示。段内直接短转移指令共有 2 个字节。

如果已知下一条指令到目标地址之间的相对位移量在 $-128 \sim +127$ 的范围内,则可在标号前写上运算符 SHORT,实现段内直接短转移。关于 SHORT 的说明,请参阅本书 3.2.3 节中表达式部分关于分析运算符和合成运算符的介绍。

但是,对于一个段内直接转移指令,如果相对位移量的范围在 $-128 \sim +127$ 之间,而且目标地址的标号已经定义(即标号先定义后引用,这种情况称为向后引用的标号),那么即使在标号前没有写上运算符 SHORT,汇编程序也能够自动生成一个 2 字节的短转移指令。这种情况属于隐含的短转移。如果向前引用标号(即标号先引用,后定义),则标号前应写上运算符 SHORT,否则,即使位移量的范围不超过 $-128 \sim +127$,汇编后仍会生成一个 3 字节的近转移指令。例如:

- 向后引用的标号,可不写运算符 SHORT,如:

```
target:                    ;先定义标号 target
   ⋮                        ;相对位移量不超过-128~+127
   JMP  target             ;后引用标号 target
```

- 向前引用的标号,应写明 SHORT,如:

```
   JMP  SHORT target       ;先引用标号 target
   ⋮                        ;相对位移量不超过-128~+127
target:                    ;此处定义标号 target
```

(3) 段内间接转移

指令格式及操作:

```
JMP  reg16          ;(IP)←(reg16)
JMP  mem16          ;(IP)←(mem16)
```

指令的操作数是一个 16 位的寄存器或存储器地址。存储器可用各种寻址方式。指令的操作是用指定的寄存器或存储器中的内容作为目标的偏移地址取代原来 IP 的内容,以实现程序的转移。由于是段内转移,故 CS 寄存器的内容不变。下面是几条段内间接转移指令的例子。

```
JMP  AX
JMP  SI
JMP  TABEL[BX]
JMP  ALPHA_WORD
JMP  WORD PTR[BP][DI]
```

上面前两条指令的操作数是 16 位寄存器。第 3、4 条指令的操作数应是已被定义成 16 位的存储器。第 5 条指令利用运算符 PTR 将存储器操作数定义成为 WORD(字,即 16 位)。关于 PTR 的说明请参阅本书 3.2.3 节中表达式部分关于分析运算符和合成运算符的介绍。

(4) 段间直接转移

指令格式及操作:

```
JMP  far_label       ;(IP)←OFFSET far_label
                     ;(CS)←SEG far_label
```

指令的操作数是一个远标号,该标号在另一个代码段内。指令的操作是将标号的偏移地址取代指令指针寄存器 IP 的内容,同时将标号的段地址取代段寄存器 CS 的内容,结果使控制转移到另一代码段内指定的标号处。例如:

```
JMP   LABEL_DECLARED_FAR
JMP   FAR PTR LABEL_NAME
```

上面第一条指令中的 LABEL_DECLARED_FAR 应是一个在另外的代码段内已定义的远标号。第二条指令利用运算符 PTR 将标号 LABEL_NAME 的属性指定为 FAR。

(5) 段间间接转移

指令格式及操作:

```
JMP   mem32              ;(IP)←(mem32)
                         ;(CS)←(mem32+2)
```

指令的操作数是一个 32 位的存储器地址,指令的操作是将存储器的前 2 个字节送到 IP 寄存器,存储器的后 2 个字节送到 CS 寄存器,以实现到另一个代码段的转移。

需要注意一点,段间的间接转移指令的操作数不能是寄存器。

以下是段间间接转移指令的例子。

```
JMP   VAR_DOUBLEWORD
JMP   DWORD PTR[BP][DI]
```

上面第一条指令中,VAR_DOUBLEWORD 应是一个已经定义成 32 位的存储器变量(例如可用数据定义伪操作命令 DD 定义)。第二条指令中,利用运算符 PTR 将存储器操作数的类型定义成为 DWORD(双字,即 32 位)。

2) 条件转移指令 Jcc

指令格式为:

```
Jcc   short_label
```

在汇编语言程序设计中,常利用条件转移指令来实现分支程序。指令助记符中的 cc 表示条件。这种指令的执行包括两个过程。第一步,测试规定的条件。第二步,如果条件满足,则转移到目标地址;否则,继续顺序执行。

条件转移指令也只有一个操作数,用以指明转移的目标地址。但是它与无条件转移指令 JMP 不同,条件转移指令的操作数必须是一个短标号,也就是说,所有的条件转移指令都是 2 字节指令,转移指令的下一条指令到目标地址之间的距离必须在 $-128 \sim +127$ 的范围内。如果超出这个范围,将发生错误。汇编程序计算出下一条指令到短标号之间的位移量 disp(8 位),如果指令规定的条件满足,则将这个位移量加到 IP 寄存器上,而 (IP)←(IP)+disp 实现程序的转移。

绝大多数条件转移指令(除 JCXZ 指令外)将标志位的状态作为测试的条件。因此,首先应执行影响有关的标志位状态的指令,然后才能用条件转移指令测试这些标志,以确定程序是否转移。CMP 和 TEST 指令常常与条件转移指令配合使用,因为这两条指令不改变目标操作数的内容,但可以影响标志位。其他如加法、减法及逻辑运算指令等也影响标志位的状态。

8086 CPU 的条件转移指令非常丰富,不仅可以测试一个标志位的状态,而且可以综合测试几个标志位的状态;不仅可以测试无符号数的高低,而且可以测试带符号数的大小等,编程时使用十分灵活、方便。下面将所有的条件转移指令的名称、助记符及转移条件列于表 2.7 中。

表 2.7 条件转移指令

| 指 令 名 称 | 助记符 | 转 移 条 件 | 备 注 |
|---|---|---|---|
| 等于/零转移 | JE/JZ | (ZF)=1 | |
| 不等于/非零转移 | JNE/JNZ | (ZF)=0 | |
| 负转移 | JS | (SF)=1 | |
| 正转移 | JNS | (SF)=0 | |
| 偶转移 | JP/JPE | (PF)=1 | |
| 奇转移 | JNP/JPO | (PF)=0 | |
| 溢出转移 | JO | (OF)=1 | |
| 不溢出转移 | JNO | (OF)=0 | |
| 进位转移 | JC | (CF)=1 | |
| 无进位转移 | JNC | (CF)=0 | |
| 低于/不高于且不等于转移 | JB/JNAE | (CF)=1 | 无符号数 |
| 高于或等于/不低于转移 | JAE/JNB | (CF)=0 | 无符号数 |
| 高于/不低于且不等于转移 | JA/JNBE | (CF)=0 且 (ZF)=0 | 无符号数 |
| 低于或等于/不高于转移 | JBE/JNA | (CF)=1 或 (ZF)=1 | 无符号数 |
| 大于/不小于且不等于转移 | JG/JNLE | (SF)=(OF) 且 (ZF)=0 | 带符号数 |
| 大于或等于/不小于转移 | JGE/JNL | (SF)=(OF) | 带符号数 |
| 小于/不大于且不等于转移 | JL/JNGE | (SF)≠(OF) 且 (ZF)=0 | 带符号数 |
| 小于或等于/不大于转移 | JLE/JNG | (SF)≠(OF) 或 (ZF)=1 | 带符号数 |
| CX 等于零转移 | JCXZ | (CX)=0 | |

表 2.7 中同一行内用斜杠隔开的几个助记符实质上代表同一条指令的几种不同的汇编表示方法。

下面再来看几个应用条件转移指令的程序例子。

〔例 2.11〕 在内存的数据段中存放了若干个 8 位带符号数,数据块的长度为 COUNT(不超过 255),首地址为 TABLE,试统计其中正元素、负元素及零元素的个数,并分别将个数存入 PLUS、MINUS 和 ZERO 单元。

为了统计正元素、负元素和零元素的个数,可先将 PLUS、MINUS 和 ZERO 三个单元清零,然后将数据块中的带符号数逐个放入 AL 寄存器并使其影响标志位,再利用前面介绍的 JS、JZ 等条件转移指令测试该数是一个负数、零还是正数,然后分别在相应的单元中进行计数。可编程如下:

```
          XOR     AL,AL           ;(AL)←0
          MOV     PLUS,AL         ;清 PLUS 单元
          MOV     MINUS,AL        ;清 MINUS 单元
          MOV     ZERO,AL         ;清 ZERO 单元
          LEA     SI,TABLE        ;(SI)←数据块首址
          MOV     CX,COUNT        ;(CX)←数据块长度
          CLD                     ;清标志位 DF
  CHECK:  LODSB                   ;取一个数据到 AL
          OR      AL,AL           ;使数据影响标志位
          JS      X1              ;如为负,转 X1
          JZ      X2              ;如为零,转 X2
          INC     PLUS            ;否则为正,PLUS 单元加 1
          JMP     NEXT
  X1:     INC     MINUS           ;MINUS 单元加 1
          JMP     NEXT
  X2:     INC     ZERO            ;ZERO 单元加 1
  NEXT:   LOOP    CHECK           ;CX 减 1,如不为零,则转 CHECK
            ⋮                     ;如 (CX)=0,则统计结束
```

以上程序中的 LOOP CHECK 指令是一条循环控制指令,它的操作是将 CX 寄存器的内容减 1,如结果不等于零,则转移到短标号 CHECK。后面很快就要讨论这条指令。

[**例 2.12**]　在以 DATA 为首址的内存数据段中,存放了 100 个 16 位带符号数,试将其中最大和最小的带符号数找出来,分别存放到以 MAX 和 MIN 为首地址的内存单元中。

为了寻找最大和最小的元素,可先取出数据块中的一个数据作为标准,暂且将它同时存放到 MAX 和 MIN 单元中,然后将数据块中的其他数据逐个分别与 MAX 和 MIN 中的数相比较,凡大于 MAX 者,取代原来 MAX 中的内容;凡小于 MIN 者,取代原来 MIN 中的内容,最后即可得到数据块中最大和最小的带符号数。

必须注意,比较带符号数的大小时,应该采用 JG 和 JL 等条件转移指令,根据要求可编程如下:

```
            LEA     SI,DATA         ;(SI)←数据块首址
            MOV     CX,100          ;(CX)←数据块长度
            CLD                     ;清方向标志 DF
            LODSW                   ;取一个 16 位带符号数到 AX
            MOV     MAX,AX          ;送 MAX 单元
            MOV     MIN,AX          ;送 MIN 单元
            DEC     CX              ;(CX)-1
  NEXT:     LODSW                   ;取下一个 16 位带符号数
            CMP     AX,MAX          ;与 MAX 单元内容比较
            JG      GREATER         ;大于 MAX,则转 GREATER
            CMP     AX,MIN          ;否则,与 MIN 单元内容比较
            JL      LESS            ;小于 MIN,则转 LESS
            JMP     GOON            ;否则,转 GOON
  GREATER:  MOV     MAX,AX          ;(MAX)←(AX)
            JMP     GOON            ;转 GOON
  LESS:     MOV     MIN,AX          ;(MIN)←(AX)
```

```
GOON:    LOOP    NEXT              ;CX 减 1,若不等于零,转 NEXT
          ⋮                        ;比较结束
```

### 2. 循环控制指令

8086 CPU 中专门设计了几条循环控制指令,用于使一些程序段反复执行,形成循环程序。循环控制指令有以下几条。

1) LOOP

指令格式:

```
LOOP    short_label
```

LOOP 指令规定将 CX 寄存器作为计数器,指令的操作是先将 CX 的内容减 1,如结果不等于零,则转到指令中规定的短标号处。因此,在循环程序开始前,应将循环次数送 CX 寄存器。指令的操作数只能是一个短标号,即跳转距离不能超过 $-128 \sim +127$ 的范围。LOOP 指令对标志位没有影响。LOOP 指令的应用可参阅例 2.11 和例 2.12。

2) LOOPE/LOOPZ(Loop if equal/Loop if zero)

指令格式:

```
LOOPE/LOOPZ    short_label
```

本指令的助记符有两种表示方法,为 LOOPE 或 LOOPZ,指令的操作也是先将 CX 寄存器的内容减 1,如结果不为零,且零标志(ZF)=1,则转移到指定的短标号。LOOPE/LOOPZ 指令对标志位也没有影响。

这条指令是有条件地形成循环,即当规定的循环次数尚未完成时,还必须满足"相等"或者"等于零"的条件,才能继续循环。

[例 2.13] 比较两组输入端口的数据是否一致,其中一组端口的首址为 MAIN_PORT;另一组端口的首址为 REDUNDANT_PORT。两组端口的数目均为 NUMBER。

```
        MOV    DX,MAIN_PORT         ;(DX)←主端口地址指针
        MOV    BX,REDUNDANT_PORT    ;(BX)←冗余端口地址指针
        MOV    CX,NUMBER            ;(CX)←端口数
TOP:    IN     AX,DX                ;输入主端口数据到 AX
        XCHG   AX,BP                ;主端口数据暂存 BP
        INC    DX                   ;主端口地址指针加 1
        XCHG   BX,DX                ;冗余端口地址送 DX
        IN     AX,DX                ;输入冗余端口数据到 AX
        INC    DX                   ;冗余端口地址指针加 1
        XCHG   BX,DX                ;冗余端口地址送回 BX
        CMP    AX,BP                ;比较两个端口的数据
        LOOPE  TOP                  ;如两端口数据相等且(CX)-1≠0,则
                                    ;转 TOP
        JNZ    PORT_DISPUTE         ;如两端口数据不等,转 PORT_DISPUTE
          ⋮
PORT_DISPUTE:
          ⋮
```

3) LOOPNE/LOOPNZ(Loop if not equal/Loop if not zero)

指令格式：

```
LOOPNE/LOOPNZ    short_label
```

本指令同样也有两种汇编表示形式。指令的操作是将 CX 寄存器的内容减 1，如结果不为零，且零标志(ZF)＝0(表示"不相等"或"不等于零")，则转移到指定的短标号。这条指令对标志位也没有影响。

**3. 过程调用指令**

如果有一些程序段需要在不同的地方多次反复地出现，则可以将这些程序段设计成为过程(相当于子程序)，每次需要时进行调用。过程结束后，再返回原来调用的地方。采用这种方法不仅可以使源程序的总长度大大缩短，而且有利于实现模块化的程序设计，使程序的编制、阅读和修改都比较方便。

被调用的过程可以在本段内(近过程)，也可以在其他段(远过程)。被调用的过程地址可以用直接的方式给出，也可用间接的方式给出。过程调用指令和返回指令对标志位都没有影响。

1) CALL(Call a procedure)

(1) 段内直接调用

指令的格式及操作为：

```
CALL  near_proc    ;(SP)←(SP)-2,   ((SP)+1:(SP))←(IP)
                   ;(IP)←(IP)+disp
```

指令的操作数是一个近过程，该过程在本段内。指令汇编以后，得到 CALL 的下一条指令与被调用的过程入口地址之间的 16 位相对位移量 disp。指令的操作是将指令指针 IP 推入堆栈，然后将相对位移量 disp 加到 IP 上，使控制转到调用的过程。相对位移量的范围为 $-32\,768 \sim +32\,767$，占 2 个字节，段内直接调用指令共有 3 个字节。

(2) 段内间接调用

指令的格式及操作为：

```
CALL  reg16/mem16 ;(SP)←(SP)-2,   ((SP)+1:(SP))←(IP)
                  ;(IP)←(reg16)/(mem16)
```

指令的操作数是一个 16 位的寄存器或存储器，其中的内容是一个近过程的入口地址。本指令将 IP 寄存器推入堆栈，然后将寄存器或存储器的内容传送到 IP。

(3) 段间直接调用

指令的格式及操作为：

```
CALL    far_proc  ;(SP)←(SP)- 2,    ((SP)+1:(SP))←(CS)
                  ;                 (CS)←SEG far_proc
                  (SP)←(SP)-2,      ((SP)+1:(SP))←(IP)
                  ;                 (IP)←OFFSET far_proc
```

指令的操作数是一个远过程，该过程在另外的代码段内。段间直接调用指令先将 CS

中的段地址推入堆栈,并将远过程所在的段值 SEG far_proc 送 CS 寄存器;再将 IP 中的偏移地址推入堆栈,然后将远过程的偏移地址 OFFSET far_proc 送 IP 寄存器。

(4) 段间间接调用

指令的格式及操作为:

```
CALL   mem32    ;(SP)←(SP)-2,    ((SP)+1：(SP))←(CS)
               ;                 (CS)←(mem32+2)
               ;(SP)←(SP)-2,    ((SP)+1：(SP))←(IP)
               ;                 (IP)←(mem32)
```

指令的操作数是一个 32 位的存储器地址,指令的操作是先将 CS 寄存器推入堆栈,并将存储器的后两个字节送 CS,再将 IP 寄存器推入堆栈,然后将存储器的前两个字节送 IP,于是控制转到另一个代码段的远过程。

2) RET(Return from procedure)

指令格式及操作如下所示。

(1) 从近过程返回

```
RET                  ;(IP)←((SP)+1：(SP)),        (SP)←(SP)+2
RET pop_value        ;(IP)←((SP)+1：(SP)),        (SP)←(SP)+2
                     ;(SP)←(SP)+pop_value
```

(2) 从远过程返回

```
RET                  ;(IP)←((SP)+1：(SP)),        (SP)←(SP)+2
                     ;(CS)←((SP)+1：(SP)),        (SP)←(SP)+2
RET pop_value        ;(IP)←((SP)+1：(SP)),        (SP)←(SP)+2
                     ;(CS)←((SP)+1：(SP)),        (SP)←(SP)+2
                     ;(SP)←(SP)+pop_value
```

过程体中一般总是包含返回指令 RET,它将堆栈中的断点弹出,使程序的控制返回到原来调用过程的地方。通常,RET 指令的类型是隐含的,它自动与过程定义时的类型匹配。如为近过程,返回时将栈顶的字弹出到 IP 寄存器;如为远过程,返回时先从栈顶弹出一个字到 IP 寄存器,接着再弹出一个字到 CS 寄存器。但是,当采用间接调用时,必须注意保证 CALL 指令的类型与过程中 RET 指令的类型匹配,以免发生错误。例如,CALL WORD PTR[BX]只能调用一个近过程,而 CALL DWORD PTR[BX]能够调用一个远过程。

此外,RET 指令还允许带一个弹出值(pop_value),这是一个范围为 0~64KB 的立即数,通常是偶数。弹出值表示返回时从堆栈中舍弃的字节数。例如 RET 4,返回时舍弃堆栈中的 4 个字节。这些字节一般是调用前通过堆栈向过程传递的参数。

**4. 中断指令**

8086 CPU 可以在程序中安排一条中断指令来引起一个中断过程,这种中断称为软件中断。关于中断的详细情况将在本书第 5 章进行介绍。

8086 CPU 共有三条中断指令。

1) INT(Interrupt)

指令的格式及操作为:

```
INT  n        ;(SP)←(SP)-2,    ((SP)+1：(SP))←(FLAGS)
              ;                (IF)←0,   (TF)←0
              ;(SP)←(SP)-2,    ((SP)+1：(SP))←(CS)
              ;                (CS)←(n×4+2)
              ;(SP)←(SP-2),    ((SP)+1：(SP))←(IP)
              ;                (IP)←(n×4)
```

INT n 指令中的常数 n 称为中断类型号,其值在 $0 \sim 255$ 之间。执行 INT n 指令时,首先将标志寄存器 FLAGS 推入堆栈,其次清中断标志 IF 和跟踪标志 TF,再将 CS 寄存器推入堆栈,然后将中断类型号 n 乘 4 得到中断矢量的地址,中断矢量的第二个字送 CS 寄存器,最后将 IP 寄存器推入堆栈,并将中断矢量的第一个字送 IP,于是转到相应的中断例行服务程序。INT n 指令除了将 IF 和 TF 清零外,对其他标志位没有影响。

2) INTO(Interrupt if Overflow)

INTO 称为溢出中断指令。指令助记符后面没有操作数。这条指令检测溢出标志 OF,如果(OF)=1,则启动一个类似于 INT n 的中断过程,否则没有操作。

当发生中断时,INTO 相当于中断类型号 $n = 4$,即中断矢量为 $4 \times 4 = 16 = 10H$。此时指令的操作为:将标志寄存器推入堆栈;清除 IF 和 TF;将 CS 推入堆栈;(CS)←(12H);将 IP 推入堆栈,(IP)←(10H)。

3) IRET(Interrupt Return)

指令的格式及操作为:

```
IRET      ;(IP)←((SP)+1：(SP)),    (SP)←(SP)+2
          ;(CS)←((SP)+1：(SP)),    (SP)←(SP)+2
          ;(FLAGS)←((SP)+1：(SP)),  (SP)←(SP)+2
```

IRET 是一条中断返回指令,汇编指令后面没有操作数。中断服务程序的最后一条指令通常是 IRET。IRET 指令将推入堆栈的段地址和偏移地址弹出,使控制返回到原来发生中断的地方,同时恢复标志寄存器的内容。指令将影响所有的标志位。

## 2.2.6　处理器控制指令

这一类指令用于对 CPU 进行控制,例如对 CPU 中某些标志位的状态进行操作,以及使 CPU 暂停、等待等。

### 1. 标志位操作

1) CLC(Clear Carry flag)

清进位标志。指令的操作为(CF)←0。当使用 ADC 或 SBB 指令实现多字节加法或减法运算时,常常在循环程序之前用 CLC 指令清除进位标志。否则,如果 CF 的内容是一个不可预知的值,则在第一次循环中执行 ADC 或 SBB 指令时,可能产生不正确的结果。

2) STC(Set Carry flag)

置进位标志。指令的操作为(CF)←1。

3) CMC(Complement Carry flag)

对进位标志求反。指令的操作为$(CF) \leftarrow \overline{(CF)}$。

4) CLD(Clear Direction flag)

清方向标志。指令的操作为$(DF) \leftarrow 0$,本指令使串操作时 SI 和 DI 寄存器中的地址指针自动增量。

5) STD(Set Direction flag)

置方向标志。指令的操作为$(DF) \leftarrow 1$。本指令与 CLD 指令相反,使串操作时 SI 和 DI 寄存器中的地址指针自动减量。

6) CLI(Clear Interrupt flag)

清中断允许标志。指令的操作为$(IF) \leftarrow 0$。本指令使 8086 CPU 禁止引到 INTR 线上的外部可屏蔽中断请求。

7) STI

STI(Set Interrupt enable flag)是置中断允许标志。指令的操作为$(IF) \leftarrow 1$。在执行这条指令后,CPU 将允许外部的可屏蔽中断请求。

以上指令的汇编形式均无操作数。这些指令仅对有关标志位执行操作,而对其他标志位则没有影响。

**2. NOP**

这是一条空操作指令。执行 NOP(No Operation)指令时不进行任何操作,但占用 3 个时钟周期,然后继续执行下一条指令。NOP 指令对标志位没有影响,指令没有操作数。

**3. HLT**

执行 HLT(Halt)指令后,CPU 进入暂停状态。外部中断(当$(IF) = 1$时的可屏蔽中断请求 INTR,或非屏蔽中断请求 NMI)或复位信号 RESET 可使 CPU 退出暂停状态。

HLT 指令对标志位没有影响,指令没有操作数。

**4. WAIT**

如果 8086 CPU 的$\overline{\text{TEST}}$引脚上的信号无效(即高电平),则 WAIT 指令使 CPU 进入等待状态。一个被允许的外部中断或$\overline{\text{TEST}}$信号有效,可使 CPU 退出等待状态。

在允许中断的情况下,一个外部中断请求将使 CPU 离开等待状态,转向中断服务程序。此时被推入堆栈进行保护的断点地址即是 WAIT(Wait while $\overline{\text{TEST}}$ pin not asserted)指令的地址,因此从中断返回后又执行 WAIT 指令,CPU 再次进入等待状态。

如果$\overline{\text{TEST}}$信号变低(有效),则 CPU 不再处于等待状态,开始执行下面的指令。但是,在执行完下一条指令之前,不允许有外部中断。

本指令对标志位没有影响,指令没有操作数。WAIT 指令的用途是使 CPU 本身与外部的硬件同步工作。

**5. ESC**

ESC(Escape)指令格式:

```
ESC ext_op,src
```

ESC 指令使其他处理器使用 8086 的寻址方式,并从 8086 CPU 的指令队列中取得指令。以上指令格式中的 ext_op 是其他处理器的一个操作码(外操作码),src 是一个存储器操作数。执行 ESC 指令时,8086 CPU 访问一个存储器操作数,并将其放在数据总线上,供其他处理器使用。此外没有其他操作。例如,协处理器 8087 的所有指令机器码的高五位都是 11011,而 8086 的 ESC 指令机器码的第一个字节恰是"11011×××",因此,对于这样的指令,8086 CPU 将其视为 ESC 指令,它将存储器操作数置于总线上,然后由 8087 来执行该指令,并使用总线上的操作数。

ESC 指令对标志位没有影响。

**6. LOCK**

LOCK(Lock bus)是一个特殊的可以放在任何指令前面的单字节前缀。这个指令前缀迫使 8086 CPU 的总线锁定信号线 $\overline{\text{LOCK}}$ 维持低电平(有效),直到执行完这一条指令。外部硬件可接收这个 $\overline{\text{LOCK}}$ 信号。在其有效期间,禁止其他处理器对总线进行访问。在共享资源的多处理器系统中,必须提供一些手段对这些资源的存取进行控制,指令前缀 LOCK 就是一种手段。

关于 8086 指令系统的详细说明请参阅本书附录 2。

## 2.3　80486 扩充及增加的指令

本章 2.2 节介绍了 8086 CPU 的指令系统。随后逐步发展的 80X86 系列,包括 80286、80386、80486 以及 Pentium 等微处理器,它们的指令系统兼容了原来 8086 的全部指令,并在此基础上将其中有些指令的功能进行扩充,另外,又增加了若干新的指令。

### 2.3.1　80486 扩充功能的指令

**1. 总体功能的扩充**

在分别介绍具体的扩充功能的指令之前,首先从总体上来说明 80486 对指令功能的扩充。这种功能的扩充不是仅仅针对个别的指令,而是涉及指令系统中大量的指令。主要有以下几方面。

1) 32 位操作

由于 80X86 系列后来发展的各种高性能微处理器如 80386、80486 和 Pentium 等,内部寄存器均为 32 位,因此,对于 80386 以后的指令,除了与 8086 一样可以进行 8 位和 16 位操作以外,还可以进行 32 位操作,例如:

```
MOV  ECX,0FFFF9100H    ;32 位常数传送
ADD  EAX,ESI           ;32 位加法运算
MOVSD                  ;32 位(双字)串传送
```

2) 寻址方式的扩充

80486 CPU 具有 32 位通用寄存器,在其指令系统中,除了 8086 的所有寻址方式(见本章 2.1 节)外,又扩充了几种新的寻址方式,主要有以下两种。

　　(1) 寄存器间接寻址

　　在 8086 中,只有 4 个寄存器可以作为间址寄存器,即 SI、DI、BX 和 BP,而在 80486 中,所有的 32 位通用寄存器均可用于间接寻址。例如:

```
MOV  BX,[EAX]
MOV  [EDX],AX
```

　　(2) 基址寻址和变址寻址

　　在 80486 中,所有的 32 位通用寄存器均可作为基址寄存器;除 ESP 以外所有的 32 位通用寄存器都可以用于变址寻址。另外,变址寻址时,允许变址寄存器乘一个系数(1、2、4、8),这样,对于访问字节型、字型、双字型以及四字型的数组非常方便。例如:

```
MOV  DX,[SI * 2]
MOV  [EDI * 4],EBX
```

　　3) 可同时使用 4 个数据段寄存器

　　在 80486 CPU 中有 4 个数据段寄存器 DS、ES、FS 和 GS,因此在指令中有时也可加上段超越前缀"FS:"或"GS:"。例如:

```
MOV  FS:[SI+5],AX
ADD  ECX,GS:BLOCK[BX]
```

　　**2. 具体指令**

　　下面按照指令的类别,分别介绍扩充功能的指令。

　　1) 数据传送指令

```
PUSH  src
```

　　这是推入堆栈指令。在 8086 指令系统中,PUSH 指令的源操作数 src 可以有三种情况:寄存器、段寄存器和存储器。而在 80486 指令系统中,除了以上三种情况外,PUSH 指令的源操作数还可以是一个 16 位的立即数,该立即数的取值范围为 0～65 535,或 −32 768～+32 767。也就是说,80486 指令允许将一个 16 位的立即数推入堆栈。例如:

```
PUSH  0F100H
PUSH  5600
```

　　2) 算术运算指令

　　在 8086 指令系统中,带符号数乘法指令 IMUL 是累加器型的乘法运算指令,它的格式为:

```
IMUL  src
```

　　此时,指令中只有一个操作数 src,而另一个操作数隐含在累加器 AL 和 AX 中。

　　80486 扩充了带符号数乘法指令的功能,使之成为通用寄存器型的乘法指令,而且,指令中的操作数,不仅可以有一个,还扩充到两个或三个操作数。在 80486 中,IMUL 指令可以有以下三种格式和操作:

（1）IMUL　src

指令中只有一个源操作数 src,它可以是 8 位、16 位、32 位寄存器或存储器,另一个隐含的目标操作数必须是累加器,而且得到的乘积为被乘数或乘数的双倍字长。

（2）IMUL　dest,src　;(dest)←(dest)*(src)

指令有两个操作数,其中目标操作数 dest 必须是 16 位或 32 位的寄存器,源操作数 src 可以是 8 位或 16 位的常数,也可以是 16 位、32 位的寄存器或存储器。在后一种情况下,源操作数和目标操作数的位长必须一致。

（3）IMUL　dest,src1,src2　;(dest)←(src1)*(src2)

指令有三个操作数,其中目标操作数 dest 必须是 16 位或 32 位的寄存器;源操作数 src1 可以是 16 位、32 位的寄存器或存储器,其位长必须与目标操作数一致;另一个源操作数 src2 应是 8 位或 16 位的常数。

在后面两种格式中,如果乘积超出目标寄存器的位长,则超出的高位部分丢掉,并将标志位 CF 和 OF 置 1。

3）移位和循环移位指令

在 8086 指令系统中,有 4 条移位指令和 4 条循环移位指令,可以将一个 8 位或 16 位的寄存器或存储器操作数进行移位或循环移位,移位次数可以是一次或多次,当要求移位多次时,必须用 CL 寄存器来指定移位次数。以逻辑左移指令为例,可以有以下两种格式:

```
SHL    dest,1      ;逻辑左移 1 次
SHL    dest,CL     ;逻辑左移多次,次数由 CL 指定
```

80486 扩充了移位和循环移位指令的功能,除了上述格式外,还允许用一个常数来指定移位或循环移位的次数,指令的格式为:

```
SHL/SAL/SHR/SAR dest,count    ;逻辑左移/算术左移/逻辑右移/算术右移 count 次
ROL/ROR/RCL/RCR dest,count    ;循环左移/循环右移/带进位循环左移/带进位循环
                              ;右移 count 次
```

以上指令中,目标操作数为 8 位、16 位或 32 位的寄存器或存储器操作数,常数 count 的取值范围为 1～31 之间。

4）条件转移指令

```
Jcc label
```

在 8086 指令系统中,条件转移指令的操作数 label 必须是一个短标号 short_label,即偏移量只能在 -128～+127 范围之内。80486 扩充了条件转移指令的功能,不仅可以转移到一个短标号,而且也可以实现 32 位的长偏移量的条件转移。

## 2.3.2　80486 增加的指令

### 1. 数据传送指令
1）数据扩展并传送指令

```
MOVSX dest,src
```

```
MOVZX   dest,src
```

这两条指令均将源操作数 src 的位数扩展为原来的两倍,然后传送到目标操作数 dest。例如,可以将字节扩展为字或将字扩展为双字。其中,dest 必须是寄存器,src 可以是寄存器或存储器,而且 dest 的位数应是 src 的两倍。

MOVSX 称为符号扩展传送指令,它将源操作数的符号位扩展后传送到目标操作数。如 src 为正数,则高位扩展相应位的 0;如 src 为负数,则高位扩展相应位的 1,然后再传送到 dest。

MOVZX 称为零扩展传送指令,无论 src 是正数还是负数,均将高位扩展相应位的 0,然后传送到 dest。例如:

```
MOV   DX,0F000H    ;DX 中为负数
MOVSX EAX,DX       ;(EAX)=FFFFF000H
MOVZX EAX,DX       ;(EAX)=0000F000H
```

2) 堆栈操作指令

(1) 16 位寄存器推入/弹出堆栈指令

```
PUSHA
POPA
```

PUSHA 指令将所有的 16 位通用寄存器,即 AX、CX、DX、BX、SP、BP、SI 和 DI 的内容顺序推入堆栈。

POPA 指令将当前栈顶的内容,按照与 PUSHA 指令相反的顺序,即 DI、SI、BP、SP、BX、DX、CX 和 AX 弹出到各通用寄存器。

(2) 32 位标志寄存器推入/弹出堆栈指令

```
PUSHFD
POPFD
```

在 8086 指令系统中已有两条指令分别将标志寄存器推入堆栈和弹出堆栈,这就是 PUSHF 和 POPF 指令。而在 80486 CPU 中,由于标志寄存器 EFLAGS 扩充到 32 位,因而增加了两条指令,分别将 32 位标志寄存器推入堆栈和弹出堆栈。PUSHFD 指令将 32 位标志寄存器推入堆栈。POPFD 指令将栈顶内容弹出到 32 位的标志寄存器。

在 80486 CPU 中,原来的 PUSHF 和 POPF 指令将标志寄存器的低 16 位推入堆栈或弹出堆栈。

3) 远地址指针传送指令

8086 CPU 原来有两条远地址指针传送指令 LDS 和 LES,80486 增加了三条远地址指针传送指令,它们分别是:

```
LFS   dest,src
LGS   dest,src
LSS   dest,src
```

这三条指令与 LDS 和 LES 指令类似,传送一个远地址指针,包括一个偏移地址和一个段

地址。但在 80486 中,偏移地址可以是 16 位或 32 位,因此,以上指令中的目标操作数 dest 可以是 16 位或 32 位的寄存器,源操作数 src 则是 32 位(4 字节)或 48 位(6 字节)的存储器。这类指令将前面 2 个或 4 个字节的存储器内容作为偏移地址传送给目标寄存器;后面 2 个字节的存储器内容作为段地址传送给指定的段寄存器 FS,GS 或 SS。例如:

```
TABLE  DD TABLE     ;定义变量 TABLE 的类型为双字(4 字节)
DATA   DF DATA1     ;定义变量 DATA 的类型为远字(6 字节)
LFS  SI,TABLE       ;2 字节偏移地址送 SI,2 字节段地址送 FS
LGS  ESI,DATA       ;4 字节偏移地址送 ESI,2 字节段地址送 GS
```

4) 字节顺序变反指令

```
BSWAP  reg32
```

BSWAP 指令将一个 32 位寄存器中的第一字节与第四字节交换;第二字节与第三字节交换。

**2. 算术运算指令**

1) 交换及加法指令

```
XADD  dest,src      ;Temp←(dest)+(src);(src)←(dest);
                    ;(dest)←Temp
```

执行 XADD 指令后,目标操作数的内容成为原来的目标操作数和源操作数相加的结果,而源操作数的内容为原来的目标操作数。

2) 比较与交换指令

```
CMPXCHG  dest,src   ;(acc)-(dest),
                    ;若相等,则(ZF)←1,(dest)←(src),
                    ;否则,(ZF)←0,(acc)←(dest)
```

CMPXCHG 指令首先将累加器的内容和目标操作数进行比较,如果二者相等,将源操作数的内容送目标操作数,否则将目标操作数的内容送累加器。同时比较的结果将反映在标志位 ZF。

3) 转换指令

在 8086 指令系统中,已经有两条转换指令用于扩展带符号数的符号位,这就是 CBW (字节扩展为字)和 CWD(字扩展为双字)指令。在 80486 中,又增加了以下两条符号位扩展指令:

(1) CWDE

CWDE 指令与 CWD 指令类似,也是将一个字(16 位)扩展为双字(32 位),但二者的区别在于,CWD 是将 AX 中带符号数的符号位扩展后送到 DX 寄存器;而 CWDE 则是将 AX 的符号位扩展后送到 EAX 寄存器的高 16 位。

(2) CDQ

CDQ 指令将 EAX 寄存器中的双字(32 位)扩展成为 4 字(64 位),扩展以后的符号位送 EDX 寄存器。

CWDE 和 CDQ 指令与 CBW 和 CWD 一样,对标志位没有影响。

**3. 移位指令**

8086 CPU 的移位指令只能对 8 位或 16 位的寄存器或存储器进行移位操作,而 80486 的双精度移位指令可以对 32 位或 64 位的寄存器或存储器进行左移或右移操作。

共有两条双精度移位指令:双精度左移指令 SHLD 和双精度右移指令 SHRD,这两条指令均有以下两种格式:

```
SHLD/SHRD    dest1,dest2,count
SHLD/SHRD    dest1,dest2,CL
```

其中操作数 dest1 可以是 16 位或 32 位的寄存器或存储器,但 dest2 必须是 16 位或 32 位的寄存器,而且位长必须与 dest1 一致。以上第一种格式中 count 是一个常数,取值范围在 1~31 之间,表示左移或右移的位数。在第二种格式中,移位的位数由 CL 寄存器的内容决定。

SHLD 指令的操作为,将 dest1:dest2 的内容左移。dest1 左移后空出的低位部分由 dest2 高位部分填补,dest1 移出的高位移至进位标志 CF。dest2 的内容保持不变。

SHRD 指令的操作为,将 dest1:dest2 的内容右移。dest1 右移后空出的高位部分由 dest2 的低位部分填补,dest1 移出的低位移至进位标志 CF。dest2 的内容保持不变。例如:

```
SHRD   WORD PTR[SI+BX],AX,8
SHLD   EAX,EDX,CL
```

若移位之前,(EAX)=0123467H,(EDX)=89ABCDEFH,(CL)=10H。则执行 SHLD EAX,EDX,CL 指令后,(EAX)=456789ABH,(EDX)=89ABCDEFH,(CF)=1。

**4. 串操作指令**

80486 增加了两种串操作指令:串输入指令 INS 和串输出指令 OUTS。

1) 串输入指令 INS

串输入指令可以有以下几种格式:

```
[REP]INS[ES:]dest_string,DX
[REP]INSB
[REP]INSW
```

INS 指令从 DX 寄存器指定的端口输入一个字节串或字串,放在用 ES:DI 寻址的内存区域。显然,端口地址为 16 位,故最多可寻址 65 535 个端口。

2) 串输出指令 OUTS

串输出指令的格式有以下几种:

```
[REP] OUTS   DX,[sreg:]src_string
[REP] OUTSB
[REP] OUTSW
```

OUTS 指令将 DS:SI 寻址的源字节串或字串输出到 DX 寄存器指定的端口。源串

隐含为数据段(DS),但也允许段超越。例如:

```
CLD
LEA SI,WORD PTR DATA
MOV CX,10
MOV DX,PORT_TWO
REP OUTS DX,SS：DATA
```

以上几条指令将内存中堆栈段以 DATA 为首址的包含有 10 个字的字串输出到端口地址为 PORT_TWO 的外设端口。

**5. 条件字节置 1 指令**

```
SETcc  dest
```

指令助记符中的 cc 表示条件,与条件转移指令 Jcc 中的条件 cc 相同,通常以一个或多个标志位的状态作为条件。目标操作数 dest 只能是 8 位的寄存器或存储器。如果满足本指令测试条件 cc,则(dest)=1;否则(dest)=0。例如:

```
SETZ   AL              ;若(ZF)=1,则(AL)=1;否则(AL)=0
SETNC  BYTE PTR[DI+10] ;若(CF)=0,则((DI)+10)=1;否则,((DI)+10)=0
SETG   BL              ;若(SF)=(OF)且(ZF)=0,则(BL)=1;否则(BL)=0
```

**6. 位操作指令**

80486 的位操作指令可分为两大类:位测试指令和位扫描指令。

1) 位测试指令

这一类指令可以测试寄存器或存储器中某一个特定的二进制位(bit)的状态。其中有一些指令还可以改变该位的状态。位测试指令共有 4 条。

```
BT    位测试
BTC   位测试并求反
BTR   位测试并置 0
BTS   位测试并置 1
```

这 4 条指令均有以下两种格式:

```
BT/BTC/BTR/BTS    dest,count
BT/BTC/BTR/BTS    dest,reg
```

其中目标操作数 dest 可以是 16 位或 32 位的寄存器或存储器。以上第一种格式中的 count 是一个常数,取值范围为 1~31 之间,表示被测试的位的序号。在第二种格式中,被测试位的序号由一个寄存器 reg 的内容决定。寄存器的位长必须与目标操作数的位长一致。

以上 4 条指令均测试目标操作数 dest 中由常数 count 或寄存器 reg 的内容所指定的某个二进制位的状态,测试结果送到进位标志 CF。BT 指令只进行位测试,不改变该位状态,BTC 指令同时将该位求反;BTR 指令同时将该位置 0;BTS 指令同时将该位置 1。例如:

```
BT    AX,CX
BTC   EBX,15
BTR   WORD PTR[BX-3],7
BTS   DWORD PTR[DI+10],ECX
```

2）位扫描指令

位扫描指令有以下两条：

```
BSF   dest,src
BSR   dest,src
```

其中源操作数 src 可以是一个 16 位或 32 位的寄存器或存储器,目标操作数 dest 则是 16 位或 32 位的寄存器,且位长应与源操作数一致。

这两条指令的操作为：对源操作数进行扫描,将扫描得到的第一个为 1 的位的序号送到目标操作数。如果源操作数的内容全为 0,则零标志(ZF)＝1,此时目标操作数中的内容无意义;否则(ZF)＝0。

BSF 指令从最低位开始逐位向前扫描;而 BSR 指令则相反,从最高位开始逐位向后扫描。例如：

```
BSF   CX,AX
BSR   EBX,DWORD PTR[SI+BX]
```

假设源操作数 AX＝0100 0011 0000 1000B,如果执行上面一条指令 BSF CX,AX,由于从最低位开始向前扫描,扫描得到的第一个 1 在第 3 位,因此将 3 送至目标寄存器 CX。但若执行指令 BSR CX,AX,则从最高位开始向后扫描,此时扫描得到的第一个 1 在第 14 位,因此将 14 送至目标寄存器 CX。

**7. 高级语言支持指令**

1）检查边界指令

指令格式为：

```
BOUND reg16,mem16
```

BOUND 指令有两个操作数,一个 16 位通用寄存器和一个 16 位存储器地址。此指令的操作是检查寄存器给出的有符号数是否在存储器给出的边界范围之内,即检查寄存器的内容是否满足以下关系：

$$(mem16) \leqslant (reg16) \leqslant ((mem16)+2)$$

如果不满足,则产生中断 5。

通常在存储器中存放数组的最小下标值和最大下标值,用 BOUND 指令检查寄存器中的被测下标是否在规定的数组边界范围之内。例如：

```
ARRAY  DW 0000H,0063H
NUMB   DW 0019H
       ⋮
MOV  BX,NUMB
```

```
BOUND   BX,ARRAY
```

以上指令表示,地址为 ARRAY 的存储器中先后存放着数组的最小下标 0 以及最大下标 63H(即 99),故此数组共有 100 个元素。BOUND 指令检查寄存器 BX 中的被测下标值是否在规定的下标边界范围之内。

2) 设置堆栈空间指令

指令格式:

```
ENTER   data16,data8
```

ENTER 指令为高级语言正在执行的过程设置一个堆栈空间。指令助记符后面的第一个操作数 data16 是一个 16 位常数(取值为 0~FFFFH),表示堆栈空间的字节数;第二个操作数 data8 是一个 8 位常数(取值为 0~FFH),表示允许过程嵌套的层数。例如,ENTER 200,8 即设置的堆栈空间为 200 字节,允许过程嵌套 8 层。

3) 释放堆栈空间指令

指令格式:

```
LEAVE
```

LEAVE 指令的功能是释放上述 ENTER 指令所设置的堆栈空间。

**8. 保护方式指令**

80486 微处理器允许有不同的工作方式:实地址方式、保护虚地址方式和虚拟 8086 方式。在保护方式下,需要设置一些表格和寄存器,如全局描述子表、局部描述子表、中断描述子表、24 位基址寄存器、16 位限长寄存器、任务寄存器以及机器状态字寄存器等。保护方式指令主要用于设置或保存这些表格和寄存器。下面简单说明保护方式指令的功能。

```
ARPL   dest,src        调整特权级。
CLTS                   清除任务切换子表。
LAR   dest,src         设置访问权。
LGDT   src             设置全局描述子表。
LIDT   src             设置中断描述子表。
LLDT   src             设置局部描述子表。
LMSW   src             设置机器状态字寄存器。
LSL   dest,src         设置段的限长寄存器。
LTR   src              设置任务寄存器。
SGDT   dest            保存全局描述子表。
SIDT   dest            保存中断描述子表。
SLDT   dest            保存局部描述子表。
SMSW   dest            保存机器状态字。
STR   dest             保存任务寄存器。
VERR   src             带校验读。
VERW   src             带校验写。
```

**9. 高速缓冲器管理指令**

```
INVD                   使高速缓冲器无效。
```

INVLPG　dest　使转换后备缓冲器 TLB 入口无效。

WBINVD　　　　　写回并使高速缓冲器无效。

保护方式指令和高速缓冲器管理指令一般由系统程序员使用,而应用程序员通常不需要使用这些指令。因此,保护方式指令和高速缓冲器管理指令通常称为系统指令。

以上扼要地介绍了 80486 对指令功能的扩充和增加的指令,如欲了解这些指令的详细内容,请参阅有关文献或手册。

# 习　题　2

**题 2-1**　试分别说明以下各指令的源操作数属于何种寻址方式。

```
1. MOV  AX,[BP]
2. MOV  DS,AX
3. MOV  DI,0FF00H
4. MOV  BX,[2100H]
5. MOV  CX,[SI+5]
6. MOV  AX,TABLE[BP][DI]
7. MOV  DX,COUNT[BX]
```

**题 2-2**　已知有关寄存器中的内容为,(DS)＝0F100H,(SS)＝0A100H,(SI)＝1000H,(DI)＝2000H,(BX)＝3000H,(BP)＝4000H。偏移量 TABLE＝0AH,COUNT＝0BH。说明题 2-1 中第 1 小题和第 4～7 小题指令源操作数的物理地址。

**题 2-3**　某一个存储单元的段地址为 ABCDH,偏移地址为 ABCDH,试说明其物理地址是什么;而另一个存储单元的物理地址为 F1000H,偏移地址为 FFF0H,试说明其段地址是什么。

**题 2-4**　试分别采用三种不同寻址方式的指令将偏移地址为 5000H 的存储单元的一个字传送到 6000H 单元,要求源操作数和目标操作数分别采用以下寻址方式:

1. 直接寻址

2. 寄存器间址

3. 变址寻址

**题 2-5**　说明以下 8086 指令是否正确,如果不正确,简述理由。

```
1. MOV  AL,SI
2. MOV  [1001H],[1000H]
3. MOV  DS,2000H
4. MOV  CS,AX
5. PUSH 5000H
6. POP  DL
7. IN   AX,1234H
8. XCHG BX,0F000H
```

**题 2-6**　阅读以下程序段,说明其运行结果:

1.

```
MOV    DX,0F100H
MOV    DH,[DX]
MOV    AH,[DX]
```

初值：(F100H)='A'

　　　　(4100H)='B'

结果：(AH)=_____H。

2.

```
MOV    SI,2100H
MOV    [2800H],SI
MOV    SP,2800H
POP    DI
```

结果：(DI)=_____,(SP)=_____。

3.

```
MOV    SI,2000H
MOV    DI,3000H
MOV    SP,0FF00H
PUSH   SI
PUSH   DI
XCHG   SI,DI
MOV    AL,[SI]
MOV    BL,[DI]
POP    SI
POP    DI
```

初值：(2000H)='1',　　　　　　　　　(3000H)='a'

结果：(SI)=_____H,　　　(DI)=_____H,

　　　(AL)=_____H,　　　(BL)=_____H,

　　　(SP)=_____H。

**题 2-7**　试用 8086 指令编写程序段,分别实现以下要求：

1. 将 AL 和 BL 寄存器的内容互换。

2. 将 1000H 和 1001H 内存单元中的字节互换。

3. 将 2000H 和 2100H 内存单元中的字互换。

**题 2-8**　将首地址为 3000H 的 100 个存储单元的内容传送到首地址为 3100H 的内存区,要求分别使用以下指令：

1. 一般传送指令 MOV。

2. 串操作指令 MOVS,但不加重复前缀 REP。

3. 加重复前缀的串操作指令 REP MOVS。

**题 2-9**　说明以下 8086 指令是否正确,如果不正确,简述理由。

1. ADD　　BL,0F100H

```
2. SUB    ES,20H
3. AND    0FH,AL
4. CMP    [SI],[DI]
5. INC    2000H
6. MUL    BL,CL
7. DIV    08H
8. SAL    AX,5
```

**题 2-10** 已知寄存器 AL 和 BL 的内容分别如下,试分析执行 ADD AL,BL 指令后,寄存器 AL 以及标志位 CF、ZF、SF、AF、OF 和 PF 的内容。

1. (AL)=45H,(BL)=31H

2. (AL)=7AH,(BL)=56H

3. (AL)=F2H,(BL)=8DH

4. (AL)=B1H,(BL)=F8H

5. (AL)=37H,(BL)=C9H

**题 2-11** 已知寄存器 AL 和 BL 的内容分别如下,试分析执行 SUB AL,BL 指令后,寄存器 AL 以及标志位 CF、ZF、SF、AF、OF 和 PF 的内容。

1. (AL)=96H,(BL)=42H

2. (AL)=27H,(BL)=38H

3. (AL)=6CH,(BL)=A1H

4. (AL)=B4H,(BL)=E7H

5. (AL)=1DH,(BL)=E5H

**题 2-12** 阅读以下程序段:

```
MOV    SI,4000H
MOV    DI,4100H
MOV    AL,[SI]
ADD    AL,[DI]
DAA
MOV    [DI],AL
MOV    AL,[SI+1]
ADC    AL,[DI+1]
DAA
MOV    [DI+1],AL
```

1. 根据给定的初值,说明运行结果。

初值: (4000H)=63H,            (4001H)=54H

(4100H)=88H,            (4101H)=29H

结果: (4100H)=_____,      (4101H)=_____。

2. 在以上程序段中,当执行 ADD AL,[DI] 指令后,但尚未执行 DAA 指令时,有关寄存器和标志位的内容为:

(AL)=_____,(CF)=_____,(ZF)=_____,

(SF)=_____,(AF)=_____,(OF)=_____,

$(PF) =$ ＿＿＿＿＿＿＿。

3. 在以上程序段中,当第一次执行 DAA 指令后,有关寄存器和标志位的内容为:

$(AL) =$ ＿＿＿＿＿＿＿,$(CF) =$ ＿＿＿＿＿＿＿,$(ZF) =$ ＿＿＿＿＿＿＿,

$(SF) =$ ＿＿＿＿＿＿＿,$(AF) =$ ＿＿＿＿＿＿＿,$(OF) =$ ＿＿＿＿＿＿＿,

$(PF) =$ ＿＿＿＿＿＿＿。

4. 如果在以上程序段中去掉两条 DAA 指令,但初值不变,则运行结果为:

$(4100H) =$ ＿＿＿＿＿＿＿,　　　　$(4101H) =$ ＿＿＿＿＿＿＿。

**题 2-13**　阅读以下程序段:

```
START:      LEA     BX,TABLE
            MOV     CL,[BX]
LOOPER:     INC     BX
            MOV     AL,[BX]
            CMP     AL,0AH
            JNC     X1
            ADD     AL,30H
            JMP     NEXT
X1:         ADD     AL,37H
NEXT:       MOV     [BX],AL
            DEC     CL
            JNZ     LOOPER
```

1. 假设从地址 TABLE 开始,10 个存储单元的内容依次为:

05H,01H,09H,0CH,00H,0FH,03H,0BH,08H,0AH

依次写出运行以上程序段后,从地址 TABLE 开始的 10 个存储单元的内容。

2. 简单扼要说明以上程序段的功能。

**题 2-14**　用一条或几条 8086 指令实现以下要求:

1. 将 AL 寄存器清零,但进位标志 CF 不变。

2. 将 AL 寄存器和进位标志 CF 同时清零。

3. 将进位标志 CF 清零,但 AL 寄存器内容不变。

4. 将 AL 寄存器中内容的第 0、2、4、6 位取反,其余位不变。

5. 将 AL 寄存器中内容的高 4 位清零,低 4 位保留。

6. 将 AL 寄存器中的带符号数(以补码形式存放)取绝对值后存入 BL 寄存器。

7. 统计 AX 寄存器的内容中 1 的个数,将统计结果存入 CL 寄存器。

8. 两个不压缩的 BCD 码分别存放在 3000H 和 3001H 单元的低 4 位,高 4 位均为零。试将两个不压缩的 BCD 码组合成为一个压缩的 BCD 码,前者放在低 4 位,后者放在高 4 位,存放到 3002H 单元。例如:

初值为:$(3000H) = 07H$,　　　$(3001H) = 05H$

要求结果为:$(3002H) = 57H$

9. 将 4000H 和 4001H 单元中的两个 ASCII 码分别转换为相应的十六进制数,然后共同存放到 4002H 单元,前者放在低 4 位,后者放在高 4 位。例如:

初值为:$(4000H) = 42H = $'B',　　　$(4001H) = 36H = $'6'

要求结果为:$(4002H) = 6BH$

10. 将 BL 寄存器中的无符号数乘 128,高位放在 BH 寄存器,低位放在 BL 寄存器。要求执行速度尽量快。

11. 将 CL 寄存器中的带符号数乘 16,高位放在 CH 寄存器,低位放在 CL 寄存器。要求执行速度尽量快。

12. 一个 4 位十进制数以压缩 BCD 码形式存放在偏移地址为 DATA 和 DATA+1 的内存单元中,DATA 单元存放个位和十位,DATA+1 单元存放百位和千位。要求将其转换为相应的 ASCII 码,存放到以 BUFF 为首地址的 4 个内存单元。例如:

初值为:(DATA)=47H,　　　　(DATA+1)=92H

要求结果为:(BUFF)='7',　　　　(BUFF+1)='4'

　　　　　　　(BUFF+2)='2',　　　　(BUFF+3)='9'

**题 2-15**　假设 AL 寄存器的内容为 FEH,BL 寄存器的内容为 04H,试问:

1. 执行 MUL BL 指令后,AX 寄存器的内容是什么? 标志位 OF 和 CF 的值是什么?

2. 执行 IMUL BL 指令后,AX 寄存器的内容是什么? 标志位 OF 和 CF 的值是什么?

**题 2-16**　假设 AX 寄存器的内容为 0101H,BL 寄存器的内容为 0AH,试问执行 DIV BL 指令后,AL 寄存器的内容是什么? AH 寄存器的内容是什么?

**题 2-17**　假设 AX 寄存器的内容为 FFF5H,BL 寄存器的内容为 FEH,试问执行 IDIV BL 指令后,AL 寄存器的内容是什么? AH 寄存器的内容是什么?

**题 2-18**　已知被减数和减数均为包括 6 个字节的十六进制数,分别存放在首地址为 DATA1 和 DATA2 的内存区,低位在前,高位在后。试用 8086 指令编写减法的程序段,要求相减以后得到的结果存放在首地址为 DATA3 的内存区。

**题 2-19**　如果题 2-18 中的被减数和减数均为包括 6 个字节的压缩 BCD 码(相当于 12 位十进制数),试重新编写减法的程序段。

**题 2-20**　有一个数据块中存放了若干 8 位无符号数,数据块的长度存放在 BLOCK 单元,数据块本身从 BLOCK+1 单元开始存放,编写程序段找出数据块中最大的无符号数,存放到 MAX 单元。

**题 2-21**　以 BUFFER 为首地址的内存区存放了 100 个 16 位带符号数,编写程序段比较它们的大小,找出其中最小的带符号数,存入 MIN 和 MIN+1 单元。

**题 2-22**　两个字符串的长度均为 100,首地址分别为 STRING1 和 STRING2,比较两个字符串是否完全相同,如果相同,将 BL 寄存器置为 00H;如果不完全相同,将 BL 寄存器置为 FFH,并将第一个字符串中的第一个不相同字符的地址放在 SI 寄存器中。

**题 2-23**　一个数据块的首地址为 DATA,结束符为'$',编写程序段统计数据块中分别等于正值、负值和零的数据个数,分别存入 PLUS、MINUS 和 ZERO 单元。

**题 2-24**　分别采用 8086 指令和 80486 指令实现以下要求:

1. 将立即数 1001H 推入堆栈。

2. 将 AX 寄存器中的内容带进位循环左移 5 次。

3. 将 BX 寄存器中的带符号数与立即数 0BH 相乘,所得乘积放在 CX 寄存器中(假设乘积不超过 16 位二进制数)。

**题 2-25**　分别采用 8086 指令和 80486 指令实现以下要求:将 BL 寄存器中的带符号数扩展成为 16 位,再传送到 CX 寄存器。

# 第 3 章

## 汇编语言程序设计

一般来说,可以选择三种不同层次的计算机语言来编写程序,这就是机器语言、汇编语言和高级语言。

在机器语言(Machine Language)中,用二进制数表示指令和数据,它的缺点是不直观,不易理解和记忆,因此编写、阅读和修改机器语言程序都比较繁琐。但是,机器语言程序是计算机唯一能够直接理解和执行的程序,具有执行速度快,占用内存少等优点。

汇编语言(Assembly Language)弥补了机器语言的不足,它用助记符来书写指令,地址、数据也可用符号表示,与机器语言程序相比,编写、阅读和修改都比较方便,不易出错。它的执行速度和机器语言程序差不多。但计算机只能辨认和执行机器语言,因此,用汇编语言编写的源程序必须"翻译"成机器语言目标程序(或称目标代码)才能执行,这种翻译过程称为汇编(Assemble)。目前常常利用计算机配备的系统软件自动完成汇编工作,这种软件称为汇编程序(Assembler)。

一般来说,有两种汇编程序,一种通常称为小汇编(ASM),另一种称为宏汇编(MASM)。后者的功能更强,但占用更多的内存容量。MASM 对 ASM 是兼容的。汇编语言源程序被汇编成为机器代码时,与 CPU 指令一一对应。另外,汇编语言和机器语言一样,都是面向具体机器的语言,也就是说,不同的 CPU 具有不同的汇编语言,互相之间不能通用。

高级语言(High Level Language)不针对某个具体的计算机,通用性强。用高级语言编程不需了解计算机内部的结构和原理,对于非计算机专业的人员比较容易掌握。高级语言程序易读、易编,相对比较简短,广泛应用于科学计算和事务处理中。常用的高级语言有 C 语言、BASIC、Fortran 等。但是高级语言编写的源程序同样必须"翻译"成为机器语言后,计算机才能执行,所用的系统软件称为编译程序或解释程序。通常,编译程序或解释程序比汇编程序复杂得多,需要占用更多的内存,编译或解释的过程也要花费更多的时间。

综上所述,三种语言各有利弊,究竟采用哪种,应视具体情况而定。随着计算机技术的发展,目前,直接使用机器语言编程的情况已不多见。在许多微型计算机系统中,尤其在一些对程序执行速度要求较高而内存容量又有限的场合,例如在某些实时系统中,常常采用汇编语言编程。虽然使用高级语言能够使软件开发的时间缩短,开发过程加快,但是高级语言不便于直接访问硬件,充分发挥硬件电路的性能;而且,高级语言通过编译以后得到的目标代码相对比较冗长。使用汇编语言在开始编程和调试阶段当然要花费较多的时间,但是与等效的高级语言相比,执行速度快得多,占用内存也少得多。为了扬长避短,有时在一个程序中采用混合编程的方法,对执行速度或实时性要求较高的部分用汇编语言编写,而其余部分则可用高级语言编写。

# 3.1　汇编语言源程序的格式

在第 2 章介绍指令系统时,曾经列出若干程序举例,但是,这些只是局部的程序段,并不是完整的汇编语言源程序,下面举出一个比较简单,但比较完整的汇编语言源程序。例如,在例 2.2 中要求将两个 5 字节的十六进制数相加,可以编写出以下汇编语言源程序。

[**例 3.1**]　汇编语言源程序的例子。

```
DATA      SEGMENT                      ;定义数据段
DATA1     DB 0F8H,60H,0ACH,74H,3BH     ;被加数
DATA2     DB 0C1H,36H,9EH,0D5H,20H     ;加数
DATA      ENDS                         ;数据段结束
CODE      SEGMENT                      ;定义代码段
          ASSUME CS: CODE,DS: DATA
START:    MOV AX,DATA
          MOV DS,AX                    ;初始化 DS
          MOV CX,5                     ;循环次数送 CX
          MOV SI,0                     ;置 SI 初值为零
          CLC                          ;清 CF 标志
LOOPER:   MOV AL,DATA2[SI]             ;取一个字节加数
          ADC DATA1[SI],AL             ;与被加数相加
          INC SI                       ;SI 加 1
          DEC CX                       ;CX 减 1
          JNZ LOOPER                   ;若不等于零,转 LOOPER
          MOV AH,4CH
          INT 21H                      ;返回 DOS
CODE      ENDS                         ;代码段结束
          END START                    ;源程序结束
```

在以上的汇编语言源程序举例中,在完成了 5 个字节的十六进制数加法之后,用以下两条指令结束:

```
MOV     AH,4CH
INT     21H
```

这两条指令表示一种功能号为 4CH 的 DOS 系统功能调用,它的作用是结束正在运行的程序,返回 DOS。在汇编语言程序中,这是一种经常采用的结束程序的方式。关于 DOS 系统功能调用,将在本章 3.4 节进行介绍。

由上面的例子可以看出,汇编语言源程序的结构是分段结构的形式。一个汇编语言源程序由若干个段(Segment)组成,每个段以 SEGMENT 语句开始,以 ENDS 语句结束。

整个源程序的结尾是 END 语句。

这里所说的汇编语言源程序中的段与前面讨论过的 CPU 管理的存储器的段相比，既有联系，又在概念上有所区别。我们已经知道，微处理器对存储器的管理是分段的，因而，在汇编语言程序中也要求分段组织指令、数据和堆栈等，以便将源程序汇编成为目标程序后，可以分别装入存储器的相应段中。但是，以 8086 CPU 为例，它有 4 个段寄存器（DS、ES、SS 和 CS），因此 CPU 对存储器按照 4 个物理段进行管理，即数据段、附加段、堆栈段和代码段。任何时候，8086 CPU 最多只能访问 4 个物理段。而在汇编语言源程序中，设置段的自由度比较大，例如一个源程序中可以有多个数据段或多个代码段等。一般来说，汇编语言源程序中段的数目可以根据实际需要而定。为了与 CPU 管理的存储器物理段相区别，我们将汇编语言源程序中的段称为逻辑段。在不致发生混淆的地方，有时简称为段。

在上面的简单源程序中只有两个逻辑段，一个逻辑段的名字是 DATA，其中存放着与程序有关的数据；另一个逻辑段的名字是 CODE，其中包含着程序的指令。每个段内均有若干行语句（Statement），因此，总的来说，一个汇编语言源程序是由一行一行的语句组成的。下面先来讨论汇编语言语句的组成。

## 3.2　汇编语言语句的组成

汇编语言源程序中的语句主要有以下两种类型：

- 指令性语句。
- 指示性语句。

指令性语句主要由 CPU 指令组成；指示性语句又称伪操作语句，主要由伪操作指令组成。

一般情况下，汇编语言的语句可以有 1～4 个组成部分，如下所示：

[名字]　操作码/伪操作　[操作数]　[;注释]

其中带方括号的部分表示任选项，即可以有，也可以没有。例如，例 3.1 中有如下语句：

```
LOOPER:    MOV    AL,DATA2[SI]              ;取一个字节加数
DATA1      DB     0F8H,60H,0ACH,74H,3BH     ;被加数
```

以上第一条语句是指令性语句，其中的 MOV 是 CPU 指令的操作码助记符；第二条语句是指示性语句，其中的 DB 是伪操作。下面对汇编语言语句中的各个组成部分进行讨论。

### 3.2.1　名字

汇编语言语句的第一个组成部分是名字（Name）。在指令性语句中，这个名字可以是一个标号。指令性语句中的标号实质上是指令的符号地址。并非每条指令性语句都必须有标号，但如果一条指令前面有一个标号，则程序中其他地方就可以引用这个标号，例如可以转移到该标号处。在例 3.1 中，START、LOOPER 就是标号。标号后面通常有一个

冒号。

标号有三种属性：段、偏移量和类型。

标号的段属性是定义标号的程序段的段地址，当程序中引用一个标号时，该标号的段应在 CS 寄存器中。

标号的偏移量表示标号所在段的起始地址到定义该标号的地址之间的字节数。偏移量是一个 16 位的无符号数。

标号的类型有两种：NEAR 和 FAR。前一种标号可以在段内被引用，地址指针为两个字节；后一种标号可以在其他段中被引用，地址指针为 4 个字节。如果定义一个标号时后跟冒号，则汇编程序确认其类型为 NEAR。

指示性语句中的名字可以是变量名、段名、过程名等。与指令性语句中的标号不同，这些指示性语句中的名字并不总是任选的，有些伪操作规定前面必须有名字，有些伪操作则不允许有名字，也有一些伪操作的名字是任选的。即不同的伪操作对于是否有名字有不同的规定。伪操作语句的名字后面通常不跟冒号，这是它和标号的一个明显区别。

很多情况下指示性语句中的名字是变量名，变量名代表存储器中一个数据区的名字，例如，例 3.1 中的 DATA1、DATA2 就是变量名。

变量也有三种属性：段、偏移量和类型。

变量的段属性是变量所代表的数据区所在段的段地址，由于数据区一般在存储器的数据段中，因此变量的段值常常放在 DS 或 ES 寄存器中。

变量的偏移量是该变量所在段的起始地址与变量的地址之间的字节数。

变量的类型有 BYTE(字节)、WORD(字)、DWORD(双字)、QWORD(四字)和 TBYTE(10 个字节)等，表示数据区中存取操作对象的大小。

### 3.2.2  助记符和伪操作

汇编语言语句中的第二个组成部分是助记符(Memonic)或伪操作(Pseudo Operation)。

指令性语句中的第二部分是 CPU 指令的助记符，例如 MOV，ADC 等。CPU 指令的助记符已在第 2 章进行了介绍。

例 3.1 的指示性语句中的 DB、SEGMENT、ENDS、ASSUME、END 等都是伪操作命令，而不是 CPU 指令的助记符。它们在程序中的作用是定义变量的类型、定义段以及命令汇编程序结束汇编等，这些操作都是由汇编程序完成的。关于伪操作的作用和使用方法，将在 3.3 节进行讨论。

### 3.2.3  操作数

汇编语言语句中的第三个组成部分是操作数(Operand)。对于 CPU 指令，可能有 1 个、2 个或 3 个操作数，也可能无操作数，而伪操作可能有更多个操作数。当操作数不止一个时，互相之间应该用逗号隔开。

可以作为操作数的有常数、寄存器、标号、变量和表达式等。

**1. 常数**

汇编程序中的常数(Constant)可以采用不同的数制和不同的表示方法,为了避免混淆,在表示形式上应该互相有所区别。

- 十进制数。如 99D 或 99,后面加一个字母 D(Decimal),或者什么也不加。
- 二进制。如 10101001B,后面加一个字母 B(Binary)。
- 十六进制数。如 64H,0F800H,后面加一个字母 H(Hexadecimal),而且,当最高位十六进制数字不是 0~9 时,前面要再加一个数字 0。
- 八进制数。例如 174Q,后面加一个字母 O 或 Q(Octal)。
- ASCII 常数。例如'A'、'8'等。应将字符放在单引号中。
- 十进制科学表示法。例如 8.75E-4。
- 十六进制实数。例如 10A4FE87R,后面加一个字母 R,而且,其中十六进制数字的总位数必须等于 8、16 或 20。但若最高位不是 0~9,前面也要再加一个数字 0,此时总位数必须是 9、17 或 21。

**2. 寄存器**

8086 CPU 的寄存器(Register)可以作为指令的操作数。8086 CPU 的寄存器如下。

- 8 位寄存器:AH、AL、BH、BL、CH、CL、DH、DL。
- 16 位寄存器:AX、BX、CX、DX、SI、DI、BP、SP、DS、ES、SS、CS。

**3. 标号**

由于标号(Label)代表一条指令的符号地址,因此可以作为转移(无条件转移或条件转移)、过程调用 CALL 以及循环控制 LOOP 等指令的操作数。

**4. 变量**

因为变量(Variable)是存储器中某个数据区的名字,因此在指令中可以作为存储器操作数。

**5. 表达式**

汇编语言语句中的表达式(Expression),按其性质可分为两种:数值表达式和地址表达式。数值表达式产生一个数值结果,只有大小,没有属性。地址表达式的结果不是一个单纯的数值,而是一个表示存储器地址的变量或标号,它有三种属性:段、偏移量和类型。

表达式中常用的运算符有以下几种:

1) 算术运算符

常用的算术运算符有+(加),-(减),*(乘),/(除)和 MOD(模除,即两个整数相除后取余数)等。

以上算术运算符可用于数值表达式,运算结果是一个数值。在地址表达式中通常只使用其中的+和-(加和减)两种运算符。

2) 逻辑运算符

逻辑运算符有 AND(逻辑"与")、OR(逻辑"或")、XOR(逻辑"异或")和 NOT(逻辑"非")。

逻辑运算符只用于数值表达式中对数值进行按位逻辑运算中,并得到一个数值结果。对地址进行逻辑运算是没有意义的。

不要把逻辑运算符 AND、OR、XOR 和 NOT 等与同样名称的 CPU 指令相混淆。逻辑运算符可对整常数进行按位逻辑运算,这种运算由汇编程序在汇编时进行。而逻辑指令的操作数可以是寄存器、存储器或立即数(参阅第 2 章指令系统部分),指令的操作在程序运行时由 CPU 执行。汇编程序根据上下文能够将逻辑指令和逻辑运算符区分开来。例如:

```
AND     AL,01011010B
MOV     AL,01011010B AND 11110000B
```

上面第一条指令中的 AND 是指令助记符,而第二条指令的源操作数是一个表达式,其中的 AND 是逻辑运算符。

3) 关系运算符

关系运算符有 EQ(等于),NE(不等),LT(小于),GT(大于),LE(小于或等于),GE(大于或等于)等。

参与关系运算的必须是两个数值,或同一段中的两个存储单元地址,但运算结果只可能是以下两个特定的数值之一:当关系不成立(假)时,结果为 0;当关系成立(真)时,结果为 −1。例如:

```
MOV    AX,4 EQ 3      ;关系不成立,故 (AX)←0
MOV    AX,4 NE 3      ;关系成立,故 (AX)←0FFFFH,即(4X)←−1
```

4) 分析运算符和合成运算符

分析运算符用以分析一个存储器操作数的属性,如段、偏移量或类型等。合成运算符则可以规定存储器操作数的某个属性,例如类型。

分析运算符有 OFFSET、SEG、TYPE、SIZE 和 LENGTH 等;合成运算符有 PTR、THIS、SHORT 等。

(1) OFFSET

利用运算符 OFFSET 可以得到一个标号或变量的偏移地址,例如:

```
MOV    SI,OFFSET   DATA1
```

这条指令与下面的指令效果相同,均将变量 DATA1 的偏移地址送 SI 寄存器。

```
LEA    SI,DATA1
```

(2) SEG

利用运算符 SEG 可以得到一个标号或变量的段值,例如,下面两条指令的执行结果是将变量 ARRAY 的段地址送 DS 寄存器。

```
MOV    AX,SEG   ARRAY
MOV    DS,AX
```

(3) TYPE

运算符 TYPE 的运算结果是一个数值,这个数值与存储器操作数类型属性的对应关系如表 3.1 所示。

**表 3.1  TYPE 返回值与类型的关系**

| TYPE 返回值 | 存储器操作数的类型 | TYPE 返回值 | 存储器操作数的类型 |
|---|---|---|---|
| 1 | BYTE | −1 | NEAR |
| 2 | WORD | −2 | FAR |
| 4 | DWORD | | |

下面是使用 TYPE 运算符的语句例子:

```
VAR     DW      ?                    ;变量 VAR 的类型为字
ARRAY   DD      10 DUP(?)            ;变量 ARRAY 的类型为双字
STR     DB      'This is a test'     ;变量 STR 的类型为字节
        ⋮
        MOV     AX,TYPE VAR          ;(AX)←2
        MOV     BX,TYPE ARRAY        ;(BX)←4
        MOV     CX,TYPE STR          ;(CX)←1
        ⋮
```

程序中的伪操作命令 DW、DD、DB 等将在本章 3.3 节介绍。

(4) LENGTH

如果一个变量已用重复操作符 DUP 说明其变量的个数,则利用 LENGTH 运算符可得到这个变量的个数。如果未用 DUP 说明,则得到的结果总是 1。

例如,在上面的例子中已经用"10 DUP(?)"说明变量 ARRAY 的个数,则 LENGTH ARRAY 的结果为 10。

(5) SIZE

如果一个变量已用重复操作符 DUP 说明,则利用 SIZE 运算符可得到分配给该变量的字节总数。如果未用 DUP 说明,则得到的结果是 TYPE 运算的结果。

例如,上面例子中变量 ARRAY 的个数为 10,类型为 DWORD(双字),因此 SIZE ARRAY 的结果为 $10×4=40$,由此可知,SIZE 的运算结果等于 LENGTH 的运算结果乘 TYPE 的运算结果。

(6) PTR

PTR 是一个合成运算符,可用以指定存储器操作数的类型,例如:

```
INC  BYTE  PTR[BX][SI]
```

指令中利用 PTR 运算符明确规定存储器操作数的类型是 BYTE(字节),因此,本指令将一个 8 位存储器的内容加 1。

利用 PTR 运算符还可以建立一个新的存储器操作数,它与原来的同名操作数具有相同的段和偏移量,但可以有不同的类型。不过这个新类型只在当前语句中有效。例如:

```
STUFF   DD      ?                        ;STUFF 定义为双字类型变量
        ⋮
        MOV     BX,WORD PTR STUFF        ;从 STUFF 中取一个字到 BX
```

⋮

### (7) THIS

运算符 THIS 也可以指定存储器操作数的类型。使用 THIS 运算符可以使标号或变量的类型具有灵活性。例如要求对同一个数据区,既可以字节作为单位,又可以字作为单位进行存取,则可用以下语句:

```
AREAW    EQU    THIS    WORD
AREAB    DB     100     DUP(?)
```

上面 AREAW 和 AREAB 实际上代表同一个数据区,其中共有 100 个字节,但 AREAW 的类型为 WORD,而 AREAB 的类型为 BYTE。

### (8) SHORT

运算符 SHORT 指定一个标号的类型为 SHORT(短标号),即标号到引用标号的指令间的距离在 $-128 \sim +127$ 个字节的范围内。短标号可以被用于无条件转移和条件转移指令中。使用短标号的指令比使用默认的近标号的指令少一个字节。

### 5) 其他运算符

### (1) 方括号[ ]

例如,间址寻址指令的存储器操作数要在寄存器名 BX、BP、SI 或 DI 外面加上方括号,以表示存储器地址。又如,变址寻址指令的存储器操作数既要用算术运算符(加或减)将 SI 或 DI 与一个位移量(disp)作运算,又要在外面加上方括号来表示存储器地址。下面是间址寻址和变址寻址指令的例子:

```
MOV    CL,[BX]
MOV    AL,[SI+5]
```

### (2) 段超越运算符":"

运算符":"(冒号)跟在段寄存器名(DS、ES、SS 或 CS)之后表示段超越,用以给一个存储器操作数指定一个段属性,而不管其原来隐含的段是什么。例如:

```
MOV    AX,ES:[DI]
```

### (3) HIGH 和 LOW

运算符 HIGH 和 LOW 分别用来得到一个数值或地址表达式的高位和低位字节。例如:

```
STUFF    EQU    0ABCDH
         MOV    AH,HIGH  STUFF        ;(AH)←0ABH
         MOV    AL,LOW   STUFF        ;(AL)←0CDH
```

以上介绍了表达式中使用的各种运算符。如果一个表达式中同时具有多个运算符,则按照以下规则进行运算:

- 优先级高的先运算;优先级低的后运算。
- 优先级相同时按表达式中从左到右的顺序运算。

- 圆括号内的运算总是在其任何相邻的运算之前进行。

各种运算符的优先级顺序如表 3.2 所示。表中同一行中的运算符具有同等的优先级。

**表 3.2 运算符的优先级**

| 优先级 | 运 算 符 | 优先级 | 运 算 符 |
|---|---|---|---|
| (高) | | 8 | +,-(二元运算符) |
| 1 | LENGTH,SIZE,WIDTH,MASK,( ),[ ],⟨ ⟩ | 9 | EQ,NE,LT,LE,GT,GE |
| 2 | ·(结构变量名后面的运算符) | 10 | NOT |
| 3 | :(段超越运算符) | 11 | AND |
| 4 | PTR,OFFSET,SEG,TYPE,THIS | 12 | OR,XOR |
| 5 | HIGH,LOW | 13 | SHORT |
| 6 | +,-(一元运算符) | (低) | |
| 7 | *,/,MOD,SHL,SHR | | |

### 3.2.4 注释

汇编语言语句的最后一个组成部分是注释(Comment)。对于一个汇编语言语句来说,注释部分并不是必要的,但是加上适当的注释以后,可以增加源程序的可读性。一个较长的实用程序,如果从头至尾没有任何注释,可能很难读懂。因此最好在重要的程序段前面以及关键的语句处加上简明扼要的注释。

注释前面要求加上分号(;)。如果注释的内容较多,超过一行,则换行以后前面还要加上分号。注释也可以从一行的最前面开始。

汇编程序对于注释不予理会,即注释对汇编后产生的目标程序没有任何影响。

## 3.3 伪操作命令

指示性语句中的伪操作命令,无论从表示形式或其在语句中所处的位置来看,都与 CPU 指令相似,因此也称为伪指令。但两者之间又有着重要的区别。首先,CPU 指令是给 CPU 的命令,在程序运行时由 CPU 执行,每条指令对应 CPU 的一种特定的操作,例如传送、进行加法运算等;而伪操作命令是给汇编程序的命令,在汇编过程中由汇编程序进行处理,例如定义数据、分配存储区、定义段以及定义过程等。其次,汇编以后,每条 CPU 指令产生一一对应的目标代码;而伪操作则不产生与之相应的目标代码。

宏汇编程序 MASM 提供了大约几十种伪操作,其中有一些伪操作命令小汇编 ASM 不能支持,例如宏处理伪操作等。根据伪操作的功能,大致可以分为以下几类:

- 处理器方式伪操作。
- 数据定义伪操作。
- 符号定义伪操作。

- 段定义伪操作。
- 过程定义伪操作。
- 模块定义与连接伪操作。
- 宏处理伪操作。
- 条件伪操作。

此外还有列表等其他伪操作。在本教材中,不可能对所有的伪操作逐一进行详细的说明,本节主要介绍一些基本的、常用的伪操作命令。

### 3.3.1 处理器方式伪操作

对于 80X86 系列的 CPU 来说,其中高一级 CPU 的指令系统总是兼容了下一级 CPU 的全部指令,并在此基础上又扩充和增加了一些指令。因此,编写源程序时应该通知汇编程序,所编写的汇编语言源程序使用的是何种 CPU 的指令系统。处理器方式伪操作用以设置 CPU 的方式。

处理器方式伪操作的格式是在处理器名称前面加一个点。常用的有以下几种:

.8086:通知汇编程序只汇编 8086 CPU 的指令系统。此时若在源程序中出现 80286 及以上 CPU 的指令,则将提示出错。

.286 和.286C:告诉汇编程序汇编 80286 非保护方式(即实地址方式)的指令。

.286P:设置 80286 的保护方式,此时可以接收所有 80286 的指令,包括保护方式和非保护方式的指令。设置保护方式的伪操作通常由系统程序员在初始化和管理保护方式时使用。

.386 和.386C:告诉汇编程序汇编非保护方式的 80386 指令。

.386P:设置 80386 的保护方式,即汇编所有 80386 的指令。

.486 和.486C:告诉汇编程序汇编非保护方式的 80486 指令。

.486P:设置 80486 的保护方式,即汇编所有 80486 的指令。

.586 和.586C:告诉汇编程序汇编非保护方式的 Pentium 指令。

.586P:设置 Pentium 的保护方式。

这些伪操作都支持同级协处理器的指令。例如.8086 支持 8087 的指令;.486 支持 80487 的指令等。

一般情况下,处理器方式伪操作置于整个汇编语言源程序的开头,用以设定源程序的指令系统。但是,也可以在源程序的各个部分使用不同的处理器方式伪操作。但是,处理器方式伪操作应该放在源程序的各个逻辑段之外,而不可在一个逻辑段内部改用其他处理器方式。如果不写任何处理器方式伪操作,则汇编程序默认为是.8086 方式。

### 3.3.2 数据定义伪操作

数据定义伪操作的用途是定义一个变量的类型,给存储器赋初值,或者仅仅给变量分配存储单元,而不赋予特定的值。

常用的数据定义伪操作有 DB、DW、DD、DQ 和 DT 等。

数据定义伪操作的一般格式为:

[变量名]　伪操作　操作数 [,操作数…]

方括号中的变量名为任选项,可以有,也可以没有。变量名后面不跟冒号。伪操作后面的操作数可以不止一个。如有多个操作数,相互之间应该用逗号分开。

**1. DB（Define Byte）**

定义变量的类型为 BYTE,给变量分配字节或字节串。DB 伪操作后面的操作数每个占 1 个字节。

**2. DW（Ddfine Word）**

定义变量的类型为 WORD。DW 伪操作后面的操作数每个占 1 个字,即 2 个字节。在内存中存放时,低位字节在前,高位字节在后。

**3. DD（Define Double Word）**

定义变量的类型为 DWORD。DD 后面的操作数每个占 2 个字,即 4 个字节。在内存中存放时,低位字在前,高位字在后。

**4. DQ（Define Quadword）**

定义变量的类型为 QWORD。DQ 伪操作后面的操作数每个占 4 个字,即 8 个字节。在内存中存放时,低位双字在前,高位双字在后。

**5. DT（Define Tenbytes）**

定义变量的类型为 TBYTE。DT 伪操作后面的操作数每个为 10 个字节的压缩 BCD 数。

数据定义伪操作后面的操作数可以是常数、表达式或字符串,但每项操作数的值不能超过由伪操作所定义的数据类型限定的范围。例如,DB 伪操作定义数据的类型为字节,则其范围为无符号数:0～255。带符号数:−128～+127 等。字符串必须放在单引号中。另外,超过两个字符的字符串只能用于 DB 伪操作。请看下列语句。

```
DATA    DB   100,0FFH                      ;存入 64H,FFH
EXPR    DB   2 * 3+7                        ;存入 0DH
STR     DB   'WELCOME!'                     ;存入 8 个字符
AB      DB   'AB'                           ;存入 41H,42H
BA      DW   'AB'                           ;存入 42H,41H
ABDD    DD   'AB'                           ;存入 42H,41H,00,00
OFFAB   DW   AB                             ;存入变量 AB 的偏移地址
ADRS    DW   TABLE,TABLE+5,TABLE+10         ;存入 3 个偏移地址
TOTAL   DD   TABLE                          ;先存 TABLE 的偏移地址,再存段地址
NUM     DQ   0011223344556677H             ;存入 77H,66H,55H,44H,33H,22H,
                                           ;11H,00H
DECML   DT   1234567890H                    ;存入 90H,78H,56H,34H,12H,00,
                                           ;00,00,00,00
HEXTAB  DB   01,02,03,04,05,06,07,08,09
        DB   0AH,0BH,0CH,0DH,0EH,0FH
```

以上第一句和第二句中,分别将常数和表达式的值赋予一个变量。第三句的操作数是包含 8 个字符的字符串(只有 DB 伪操作才能用)。在第四、五、六句中,注意伪操作

DB、DW 和 DD 的区别,虽然操作数均为'AB'两个字符,但存入变量的内容各不相同。第七句的操作数是变量 AB,而不是字符串,此句将 AB 的 16 位偏移地址存入变量 OFFAB。第八句存入三个等距的偏移地址,共占 6 个字节。第九句中的 DD 伪操作将变量 TABLE 的偏移地址和段地址顺序存入变量 TOTAL,共占 2 个字。第十句将 4 个字存入变量 NUM。第十一句将一个 10 字节的压缩 BCD 数赋予变量 DECML,其中高位的 5 个字节均为 00。最后两句将一张十六进制表存到变量 HEXTAB。

除了常数、表达式和字符串外,问号"?"也可以作为数据定义伪操作的操作数,此时仅给变量保留相应的存储单元,而不赋予变量某个确定的初值。

当同样的操作数重复多次时,可用重复操作符 DUP 表示,其形式为:

n DUP (初值 [,初值…])

圆括号中为重复的内容,n 为重复次数。如果用"n DUP(?)"作为数据定义伪操作的唯一操作数,则汇编程序产生一个相应的数据区,但不赋任何初值。重复操作符 DUP 可以嵌套。下面是用问号或 DUP 表示操作数的几个例子。

```
FILLER      DB      ?
SUM         DW      ?
            DB      ?,?,?
BUFFER      DB      10 DUP(?)
ZERO        DW      30 DUP(0)
MASK        DB      5 DUP('OK! ')
ARRAY       DB      100 DUP (3 DUP (8),6)
```

其中第一、二句分别给字节变量 FILLER 和字变量 SUM 分配存储单元,但不赋予特定的值。第三句给一个没有名称的字节变量赋予三个不确定的值。第四句给变量 BUFFER 分配 10 个字节的存储空间,但不赋任何初值。第五句给变量 ZERO 分配一个数据区,共 30 个字(即 60 个字节),每个字的内容均为零。第六句定义一个数据区,其中有 5 个重复的字符串'OK! ',共占 15 个字节。最后一句将变量 ARRAY 定义为一个数据区,其中包含重复 100 次的内容 8,8,8,6,共占 400 个字节。

下面列出几个错误的数据定义伪操作语句。

```
ERR1:   DW      99          ;变量名后有冒号
ERR2    DB      25 * 60     ;DB 的操作数超过 255
ERR3    DD      'ABCD'      ;DD 的操作数是超过 2 个字符的字符串
```

除了上面讨论的 DB、DW、DD、DQ 和 DT 等几种基本的数据定义伪操作外,宏汇编程序 MASM 还允许用户使用 RECORD(记录)和 STRUC(结构)两种伪操作,自行定义较复杂的数据类型。限于篇幅,此处不再赘述。

### 3.3.3 符号定义伪操作

符号定义伪操作的用途是给一个符号重新命名,或定义新的类型属性等。上述符号包括汇编语言中所用的变量名、标号名、过程名、记录名、寄存器名以及指令助记符等。

常用的符号定义伪操作有 EQU、=（等号）和 LABEL。

**1. EQU**

格式：

名字　EQU　表达式

EQU 伪操作将表达式的值赋予一个名字。以后可用这个名字来代替上述表达式。格式中的表达式可以是一个常数、符号、数值表达式或地址表达式等。

如果源程序中需要多次引用某一表达式，则可利用 EQU 伪操作给其赋一个名字，以代替程序中的表达式，从而使程序更加简洁，便于阅读。将来如欲改变表达式的值，也只须修改一处，而不必修改多处，使程序易于维护。例如：

```
COLUMN        EQU      80
ROW           EQU      25
SCREENFUL     EQU      COLUMN * ROW
              ⋮
BUFFER        DW       SCREENFUL
              ⋮
              MOV      CX,COLUMN
              MOV      BX,ROW
              ⋮
```

需要注意一个问题，EQU 伪操作不允许对同一个符号重复定义。

**2. =（等号）**

格式如下：

名字=表达式

"="（等号）伪操作的功能与 EQU 伪操作基本相同，主要区别在于它可以对同一个名字重复定义。例如：

```
COUNT =10
    MOV   CX,COUNT          ;(CX)←10
    ⋮
COUNT=COUNT-1
    MOV   BX,COUNT          ;(BX)←9
    ⋮
```

**3. LABEL**

LABEL 伪操作的用途是定义标号或变量的类型。格式如下：

名字　LABEL　类型

变量的类型可以是 BYTE、WORD、DWORD 等。标号的类型可以是 NEAR 或 FAR。

利用 LABEL 伪操作可以使同一个数据区兼有 BYTE 和 WORD 两种属性，这样，在

以后的程序中可根据不同的需要分别以字节为单位,或以字为单位存取其中的数据。例如:

```
AREAW    LABEL    WORD            ;变量 AREAW 类型为 WORD
AREAB    DB       100  DUP(?)     ;变量 AREAB 类型为 BYTE
           ⋮
         MOV      AREAW,AX        ;AX 送第 1、第 2 字节中
           ⋮
         MOV      AREAB[49],AL    ;AL 送第 50 字节中
```

LABEL 伪操作也可以将一个属性已经定义为 NEAR,或者后面跟有冒号(隐含属性为 NEAR)的标号再定义为 FAR。例如:

```
AGAINF    LABEL    FAR     ;定义标号 AGAINF 的属性为 FAR
AGAIN:    PUSH     AX      ;标号 AGAIN 的属性为 NEAR
```

上面的过程既可以用标号 AGAIN 在本段内被调用,也可以利用标号 AGAINF 在其他段被调用。

### 3.3.4　段定义伪操作

前面已经介绍过,汇编语言源程序的结构是分段的形式,一个汇编语言源程序由若干个逻辑段组成,所有的指令、变量等都分别存放在各个逻辑段内。

段定义伪操作的用途是在汇编语言源程序中定义逻辑段。常用的段定义伪操作有 SEGMENT、ENDS 和 ASSUME 等。

#### 1. SEGMENT/ENDS

格式:

```
段名  SEGMENT  [定位类型]  [组合类型]  ['类别']
        ⋮
段名  ENDS
```

SEGMENT 伪操作用于定义一个逻辑段,给逻辑段赋予一个段名,并以后面的任选项(定位类型、组合类型、'类别')规定该逻辑段的其他特性。SEGMENT 伪操作位于一个逻辑段的开始部分,而 ENDS 伪操作则表示一个逻辑段的结束。在汇编语言源程序中,这两个伪操作总是成对出现,两者前面的段名必须一致。两个语句之间的部分即是该逻辑段的内容。例如,对于代码段,其中主要有 CPU 指令及其他伪操作;对于数据段和附加段,主要有定义数据区的伪操作等。一个源程序中不同逻辑段的段名可以各不相同,但也允许相同。

SEGMENT 伪操作后面还有三个任选项:定位类型、组合类型和类别。在上面的格式中,它们都放在方括号内,表示可有可无。如果有,三者的顺序必须符合格式中的规定。这些任选项是给汇编程序和连接程序(LINK)的命令。

我们已经知道,汇编程序 MASM 或 ASM 可将源程序汇编成二进制的目标程序(.OBJ)。但是,由于目标程序中的地址是浮动的,因此必须通过连接程序 LINK 进行连

接,将地址最终确定下来才能得到可执行的程序(.EXE)。所谓"浮动"地址的含义,是指对源程序进行汇编时,每个逻辑段的开始地址均先设置为零,因而汇编以后一个逻辑段中所有指令、数据等的偏移地址实际上只是相对于本段开始处的偏移量。将来装入内存时,每个段将被安排从某一个实际的存储器物理地址开始,则该段内的所有指令或数据等的地址也将据此进行浮动,因此,源程序汇编以后所得到的未经连接的目标程序,其中的地址是浮动的。

SEGMENT 伪指令后面的任选项告诉汇编程序和连接程序如何确定段的边界,以及如何组合几个不同的段等。下面分别进行讨论。

1) 定位类型(Align)

定位类型任选项告诉汇编程序如何确定逻辑段的边界在存储器中的位置。定位类型共有以下 4 种。

(1) PARA

表示逻辑段从一个节(Paragraph)的边界开始。通常 16 个字节称为一个节,故本段的开始地址(16 进制)应为××××0H。如果省略定位类型任选项,则默认为 PARA。

(2) BYTE

表示逻辑段从字节的边界开始,即可以从任何地址开始。此时本段的起始地址紧接在前一个段的后面。

(3) WORD

表示逻辑段从字的边界开始。2 个字节为 1 个字,此时本段的起始地址必须是偶数。

(4) PAGE

表示逻辑段从页的边界开始。通常 256 个字节称为一页,故本段的起始地址(16 进制)应为×××00H。

2) 组合类型(Combine)

SEGMENT 伪操作的第二个任选项是组合类型,它告诉汇编程序,当装入存储器时各个逻辑段如何进行组合。组合类型共有以下 6 种。

(1) 不组合

如果 SEGMENT 伪操作的组合类型任选项缺省,则汇编程序认为这个逻辑段是不组合的。也就是说,不同程序中的逻辑段,即使具有相同的段名,也分别作为不同的逻辑段装入内存,不进行组合。

但是,对于组合类型任选项缺省的同名逻辑段,如果属于同一个程序模块,则被集中成为一个逻辑段。

(2) PUBLIC

连接时,对于不同程序模块中的逻辑段,只要具有相同的段名,就把这些段集中成为一个逻辑段装入内存。

(3) STACK

组合类型为 STACK 时,其含义与 PUBLIC 基本一样,即不同程序中的逻辑段,如果段名相同,则集中成为一个逻辑段。不过,组合类型 STACK 仅限于作为堆栈区域的逻辑段使用。顺便提一下,在执行程序(.EXE)中,堆栈指针 SP 设置在这个集中以后的堆栈段的(最终地址＋1)处。

(4) COMMON

连接时,对于不同程序中的逻辑段,如果具有相同的段名,则都从同一个地址开始装入,因而各个逻辑段将发生重叠。最后,连接以后的段的长度等于原来最长的逻辑段的长度。重叠部分的内容是最后一个逻辑段的内容。

(5) MEMORY

表示当几个逻辑段连接时,本逻辑段定位在地址最高的地方。如果被连接的逻辑段中有多个段的组合类型都是 MEMORY,则汇编程序只将首先遇到的段作为 MEMORY 段,而其余的段均当作 COMMON 段处理。

(6) AT 表达式

这种组合类型表示本逻辑段根据表达式求值的结果定位段地址。例如 AT 8A00H,表示本段的段地址为 8A00H,即本段从存储器的物理地址 8A000H 开始装入。

3) 类别('Class')

SEGMENT 伪操作的第三个任选项是类别,类别名必须放在单引号内。类别的作用是在连接时决定各逻辑段的装入顺序。当几个程序模块进行连接时,其中具有相同类别名的逻辑段被装入连续的内存区,类别名相同的逻辑段,按出现的先后顺序排列。没有类别名的逻辑段,与其他无类别名的逻辑段一起连续装入内存。

**2. ASSUME**

格式如下:

```
ASSUME  段寄存器名:段名[,段寄存器名:段名[,…]]
```

对于 8086 CPU 而言,以上格式中的段寄存器名可以是 CS、DS、DS 或 SS。段名可以是曾用 SEGMENT 伪操作定义过的某一个段名或者组名,以及在一个标号或变量前面加上分析运算符 SEG 所构成的表达式,还可以是关键字 NOTHING。

ASSUME 伪操作告诉汇编程序,将某一个段寄存器设置为某一个逻辑段的段址,即明确指出源程序中的逻辑段与物理段之间的关系。当汇编程序汇编一个逻辑段时,即可利用相应的段寄存器寻址该逻辑段中的指令或数据。关键字 NOTHING 表示取消前面用 ASSUME 伪操作对这个段寄存器的设置。

在一个源程序中,ASSUME 伪操作应该放在可执行程序开始位置的前面。还需指出一点,ASSUME 伪操作只是通知汇编程序有关段寄存器与逻辑段的关系,但是,并没有给段寄存器赋予实际的初值。后一项工作必须通过 CPU 指令(MOV 指令)来完成。其中代码段寄存器 CS 不要求用户赋初值。例如,

```
CODE    SEGMENT
        ASSUME CS: CODE,DS: DATA1,SS: STACK
        MOV             AX,DATA1
        MOV             DA,AX
        MOV             AX,STACK
        MOV             SS,AX
           ⋮
```

```
CODE    ENDS
```

以上讨论的是完整的段定义方法。MASM 5.0 版本提供了一种新的简化的段定义方法。使用简化的段定义伪操作将使汇编语言源程序的设计更加简单方便。如果要求所编写的汇编语言程序与 Microsoft 高级语言程序连接,则简化的段定义伪操作可以保证用户模块的兼容性。当然,完整的段定义方法能够更彻底地对段进行控制。但是,大多数情况下简化的段定义是适用的。

下面是一个采用 MASM 5.0 简化段定义的例子。

```
                DOSSEG                  ;采用 DOS 的段排列约定
                ·MODEL SMALL            ;定义存储模型为 SMALL
                ·STACK 100H             ;堆栈段,大小为 256 字节
                ·DATA                   ;近数据段
IVAR            DB  5
IARRAY          DW  50 DUP(5)
SIRING          DB  'This is a string'
                   ⋮
                ·CODE                   ;代码段
START:          MOV  AX,DGROUP
                MOV  DS,AX
                EXTRN  XPOC: NEAR
                CALL  XPOC
                   ⋮
                END  START              ;源程序结束
```

由于篇幅所限,不能对简化的段定义伪操作进行详尽的介绍。如果读者有兴趣的话,可自行查阅有关资料。

### 3.3.5  过程定义伪操作

过程定义伪操作命令为 PROC/ENDP,格式如下:

```
过程名   PROC  [NEAR/FAR]
            ⋮
         RET
            ⋮
过程名   ENDP
```

其中 PROC 伪操作定义一个过程,赋予过程一个名字,并指出该过程的类型属性为 NEAR 或 FAR。如果没有特别指明类型,则认为过程的类型是 NEAR。伪操作 ENDP 标志过程定义结束。上述两个伪操作前面的过程名必须一致。

当一个程序块被定义为过程后,程序中其他地方就可以用 CALL 指令调用这个过程,或用转移指令转向一个过程,另外也可以顺序执行。调用一个过程的格式为:

```
CALL  过程名
```

过程名实质上是过程入口的符号地址,它和标号一样,也有三种属性:段、偏移量和类型。过程的类型属性可以是 NEAR 或 FAR。类型为 NEAR 的过程可以在段内被调用;类型为 FAR 的过程还可以被其他段调用。

一般来说,被定义为过程的程序块中应该有返回指令 RET,但不一定是最后一条指令,也可以有不止一条 RET 指令。执行 RET 指令后,控制返回到原来调用指令的下一条指令。

过程的定义和调用均可嵌套。例如:

```
NAME1    PROC    FAR
           ⋮
         CALL    NAME2
           ⋮
         RET
NAME2    PROC    NEAR
           ⋮
         RET
NAME2    ENDP
NAME1    ENDP
```

上面过程 NAME1 的定义中包含着另一个过程 NAME2 的定义。NAME1 本身是一个可以被调用的过程,而它也可以再调用其他的过程。

### 3.3.6 模块定义与连接伪操作

在编写规模比较大的汇编语言程序时,可以将整个程序划分成为几个独立的源程序(或称模块),然后将各个模块分别进行汇编,生成各自的目标程序,最后将它们连接成为一个完整的可执行程序。各个模块之间可以相互进行符号访问。也就是说,在一个模块中定义的符号可以被另一个模块引用。通常称这类符号为外部符号,而将那些在一个模块中定义,只在同一模块中引用的符号称为局部符号。

为了进行连接以及在这些将要连接在一起的模块之间实现相互的符号访问,以便进行变量传送,常常使用以下几个伪操作:NAME、END、PUBLIC 和 EXTRN。

**1. NAME**

NAME 伪操作用于给源文件汇编以后得到的目标程序指定一个模块名,连接时需要使用这个目标程序的模块名。其格式为:

```
NAME    模块名
```

NAME 的前面不允许再加上标号。

**2. END**

END 伪操作表示源程序到此结束,指示汇编程序停止汇编,对于 END 后面的语句可以不予理会。格式为:

```
END    [标号]
```

END 伪操作后面的标号表示程序执行的开始地址。END 伪指令将标号的段值和偏移地址分别提供给 CS 和 IP 寄存器。方括号中的标号是任选项。如果有多个模块连接在一起,则只有主模块的 END 语句使用标号。

**3. PUBLIC**

PUBLIC 伪指令说明本模块中的某些符号是公共的,即这些符号可以提供给将被连接在一起的其他模块使用。格式为:

```
PUBLIC   符号[,…]
```

其中的符号可以是本模块中定义的变量、标号或数值的名字,包括用 PROC 伪操作定义的过程名等。PUBLIC 伪操作可以安排在源程序的任何地方。

**4. EXTRN**

EXTRN 伪操作说明本模块中所用的某些符号是外部的,即这些符号在将被连接在一起的其他模块中定义(在定义这些符号的模块中还必须用 PUBLIC 伪操作说明)。格式为:

```
EXTRN   名字:类型[,…]
```

其中的名字必须是其他模块中定义的符号,上述格式中的类型必须与定义这些符号的模块中的类型说明一致。如为变量,类型可以是 BYTE、WORD 或 DWORD 等;如为标号和过程,类型可以是 NEAR 或 FAR;如果是数值,类型可以是 ABS 等。

例如,某个主模块需调用一个过程 SBRT,并引用变量 ALPHA 和 BETA,而上述过程和变量在另外两个子模块中定义,则主模块中应使用 EXTRN 伪操作将有关过程和变量说明为外部的;而在相应的子模块中用 PUBLIC 伪操作将它们说明为公共的。同时,由于被调用的过程与调用它的主程序不在同一段中,因此过程的类型应该定义为 FAR。

### 3.3.7　宏处理伪操作

如果在源程序中需要多次使用同一个程序段,可以将这个程序段定义为一个宏指令,每次需要时,即可简单地用宏指令名来代替(称为宏调用),从而避免了重复书写,使源程序更加简洁、易读。

当然,利用子程序(过程)也能将某些需要多次使用的指令编写成一个程序段,并将其定义为过程,然后在需要的地方调用这个过程,从而使源程序的结构易于实现模块化,增加源程序的可读性。但是,这两种方法之间还是存在差别的。首先,宏处理伪操作由宏汇编程序 MASM 在汇编过程中进行处理,在每个宏调用处,将相应的宏定义体插入;而调用指令 CALL 和返回指令 RET 则是 CPU 指令,执行 CALL 指令时,CPU 使程序的控制转移到子程序的入口地址。其次,宏指令简化了源程序,但不能简化目标程序,汇编以后,在宏定义处不产生机器代码,但在每个宏调用处,通过宏扩展,重复程序段的机器代码仍然出现多次,因此并不节省内存单元;对于子程序来说,在目标程序中,定义子程序的地方将产生相应的机器代码,但每次调用时只需用 CALL 指令,不再重复出现子程序的机器代码,一般来说可以节省内存容量。最后,从执行时间来看,调用子程序和从子程序返回需要保护断点、恢复断点等等,都将额外占用 CPU 的时间,而宏指令则不需要,因此相对来说执行速度较快。此外,宏指令更加接近高级语言,而且传递参数更加方便。

Microsoft 宏汇编程序 MASM 提供了丰富的宏处理伪操作命令,但是小汇编 ASM 不具备宏处理功能。下面讨论几种常用的宏处理伪操作。

### 1. MACRO/ENDM

格式如下:

```
宏指令名    MACRO
           ⋮ }(宏定义体)
           ENDM
```

MACRO 伪操作是宏定义符,它将一个宏指令名定义为宏定义体中包含的程序段。ENDM 表示宏定义结束,前面不要加上宏指令名。进行一次宏定义,以后就可以多次用宏指令名进行宏调用了。但是必须先定义,后调用。

汇编时,对每个宏指令名,MASM 自动用相应宏定义体中的程序段代替,这个过程称为宏扩展。总之,使用宏的过程共有三步:首先进行宏定义;然后可以进行宏调用;最后,汇编时由 MASM 进行宏扩展。

宏定义允许嵌套,即宏定义体中可以包含另一个宏定义,而且宏定义体中也可以有宏调用,但是也必须先定义后调用。

宏定义伪操作允许带参数,此时所定义的宏指令具有较强的通用性。带参数的宏定义格式如下所示:

```
宏指令名    MACRO   参数 [,…]
           ⋮ }(宏定义体)
           ENDM
```

以上宏定义中的参数称为形式参数(dummy parameter)或称哑元。当形式参数不止一个时,互相之间要用逗号分开。以后宏调用时,应在宏指令名后面写上相应的实际参数(actual parameter)或称实元。一般情况下,实际参数与形式参数的个数和顺序均为一一对应。但是,汇编程序允许两者的个数不等。当实际参数多于形式参数时,多余的实际参数被忽略;当形式参数多于实际参数时,认为多余的形式参数为空。

　[例 3.2]　试编写一个宏定义,可将任意两个 8 位寄存器或存储单元中的压缩 BCD 数相加,并将结果存回第一个寄存器或存储单元。可编程如下:

```
DECADD     MACRO  OPR1,OPR2
           MOV  AL,OPR1
           ADD  AL,OPR2
           DAA
           MOV  OPR1,AL
           ENDM
```

假设有以下宏调用:

```
DECADD     DL,BUFFER
           ⋮
```

```
DECADD     AREA1,AREA2
```

则汇编时进行宏扩展,得到以下指令的机器码:

```
   DECADD     DL,BUFFER
+  MOV        AL,DL
+  ADD        AL,BUFFER
+  DAA
+  MOV        DL,AL
   ⋮
   DECADD     AREA1,AREA2
+  MOV        AL,AREA1
+  ADD        AL,AREA2
+  DAA
+  MOV        AREA1,AL
```

宏扩展后,原来宏定义体中的指令前面加上了符号"+",以示区别(有的更高的汇编程序版本在宏扩展后得到的指令前面加上符号1)。

宏定义中的形式参数不仅可以是指令的操作数,而且可以是指令的操作码,甚至可以是操作码或操作数的一部分,此时在宏定义体中必须用宏操作符"&"将形式参数和其他字符分隔开。宏扩展时,"&"前后的实际参数和其他字符紧接在一起,而符号"&"不再出现。

[**例 3.3**]　有如下宏定义:

```
STRMOV  MACRO  SOUR,DEST,COUNT,LEN
        MOV    SI,OFFSET ⌴SOUR
        MOV    DI,OFFSET ⌴DEST
        MOV    CX,COUNT
        CLD
        REP    MOVS&LEN
        ENDM
```

假设进行以下宏调用:

```
STRMOV  BUFFER1,BUFFER2,100,B
   ⋮
STRMOV  ABC,XYZ,20,W
```

前者从 BUFFER1 向 BUFFER2 传送 100 个字节,后者从 ABC 向 XYZ 传送 20 个字。

**2. PURGE**

伪操作 PURGE 的用途是取消已有的宏定义。格式如下:

```
PURGE   宏指令名 [,…]
```

宏汇编程序 MASM 允许所定义的宏指令名与 CPU 指令的助记符或伪操作的名字相同,此时,MASM 优先考虑宏指令的定义,而与宏指令同名的指令助记符或伪操作原来的含义失效。当用 PURGE 伪操作取消上述宏指令的定义后,即可恢复这些 CPU 指令或伪操作原来的含义。另外,如欲对一个宏指令名重新定义,则必须先用 PURGE 伪操作取消以前的定义,然后再重新定义。

### 3. LOCAL

伪操作 LOCAL 的作用是向宏汇编程序 MASM 指出宏定义体中的局部标号。利用这个伪操作将允许在宏定义体内使用标号。如果没有 LOCAL 伪操作,则当多次调用一个使用标号的宏定义时,通过宏扩展,宏定义体中的同一个标号将在程序中多处出现,从而产生标号多重定义的错误。

LOCAL 伪操作只能用在宏定义体内,而且必须位于宏定义中其他所有语句(包括注释)之前。它的格式为:

```
LOCAL   局部标号[,…]
```

如有多个局部标号,互相之间应该用逗号隔开。汇编以后,MASM 在每一次宏扩展中自动将一个新的标号代替原来的局部标号。新标号的形式为??0000 至??FFFF。在源程序中其他地方,应该避免使用这种形式的符号。

[**例 3.4**]　源程序中多次需要将不同寄存器中的十六进制数转换为相应的 ASCII 码时,则可定义以下宏指令:

```
HEXTOASC    MACRO    REG
            LOCAL    NUME
            CMP      REG,0AH
            JC       NUME
            ADD      REG,07
NUME:       ADD      REG,30H
            ENDM
```

其中 NUME 是一个局部标号。如果有以下宏调用:

```
HEXTOASC    AL
   ⋮
HEXTOASC    BL
```

则宏扩展后成为:

```
    HEXTOASC AL
+           CMP    AL,0AH
+           JC     ??0000
+           ADD    AL,07
+   ??0000: ADD    AL,30H
       ⋮
    HEXTOASC BL
+           CMP    BL,0AH
+           JC     ??0001
+           ADD    BL,07
```

```
+  ??0001:  ADD  BL,30H
```

**4. REPT/ENDM**

REPT 称为重复汇编伪操作,其格式为:

```
REPT  表达式
   ⋮ }(语句组)
ENDM
```

这个伪操作命令汇编程序重复生成 REPT 和 ENDM 之间的语句组,重复次数由 REPT 后面的表达式决定。REPT 与 MACRO 不同,不需要进行宏定义,因而也不可宏调用。请看下面的一个例子。

[例 3.5]

```
X = 0
 REPT 26
 DB 'A'+X
X = X+1
 ENDM
```

汇编以后得到 26 个数据定义语句。

```
+ DB 'A'
+ DB 'B'
  ⋮
+ DB 'Z'
```

**5. IRP/ENDM**

IRP 伪操作的格式如下:

```
IRP   参数,〈自变量 [,…]〉
      ⋮ }(语句组)
ENDM
```

IRP 伪操作的作用与 REPT 类似,也用于重复生成规定的语句组,但规定重复次数的方式不同。对于 IRP 伪操作,重复次数由上述格式中自变量的个数决定。自变量必须置于尖括号中,各个自变量之间用逗号分开。IRP 伪操作后面还有一个参数,这个参数实际上也是一个形式参数。MASM 在每一次重复生成语句时,顺序用尖括号中的自变量替代语句组中的参数。

[例 3.6]

```
IRP   X,〈0,1,2,3,4,5,6,7,8,9〉
DB    5DUP(X)
ENDM
```

汇编以后得到如下 10 个 DB 语句:

```
+  DB  5DUP(0)
```

```
+    DB   5DUP(1)
         ⋮
+    DB   5DUP(9)
```

### 6. IRPC/ENDM

IRPC 伪操作的格式如下：

```
IRPC   参数,字符串
  ⋮  }(语句组)
ENDM
```

IRPC 伪操作与 IRP 很相似,区别仅在于自变量必须是一个字符串,字符串中包含的字符个数决定了重复次数。在每一次重复时,用串中的字符依次替代语句组中的参数。

[例3.7]

```
IRPC   LETTER,ABCDEFGHIJKLMNOPQRSTUVEXYZ
DB     '&LETTER'
DB     '&LETTER'+20H
DB     '&LETTER'-40H
ENDM
```

汇编以后产生 26 组语句,每组包括三个 DB 伪操作,其内容分别是 26 个英文字母的大写、小写的 ASCII 码,以及该字母在字母表中的序号,如下所示：

```
+    DB   'A'
+    DB   'a'
+    DB   1
+    DB   'B'
+    DB   'b'
+    DB   2
         ⋮
+    DB   'Z'
+    DB   'z'
+    DB   26
```

### 3.3.8 条件伪操作

宏汇编程序 MASM 提供了条件汇编的功能,即在汇编过程中,测试某一特定的条件,只当条件为真时,才对源程序中的一组语句进行汇编。

要注意条件伪操作与条件转移指令的区别。前者是给汇编程序的命令,在汇编过程中测试条件;后者是给 CPU 的命令,在执行过程中测试条件。

条件伪操作的一般格式如下：

```
IF   条件
  ⋮  (语句组1)
[ELSE]
```

```
        ⋮    〔(语句组 2)〕
    ENDIF
```

以上格式中方括号内的 ELSE 伪操作和随后的语句组 2 是任选项,可有可无。当有此任选项时,表示如果条件为真,则汇编语句组 1;否则汇编语句组 2。对于每个 IF 语句,只允许有一个 ELSE 伪操作。ENDIF 伪操作表示结束条件汇编。

根据测试条件的不同,共有以下五组条件伪操作,每组包括两个,两者的条件正好相反。

### 1. IF 表达式、IFE 表达式

IF 和 IFE 伪操作的后面总是跟着一个表达式,这两个伪操作测试表达式的值,当表达式的值不等于零时,IF 伪操作的条件为真,对规定的语句组进行汇编;当表达式的值等于零时,IFE 伪操作的条件为真,进行汇编。表达式的值必须是一个常数。

### 2. IF1、IF2

汇编程序把源程序汇编成目标程序的过程中,需要对源程序进行两遍扫描。以上两条伪指令测试当前是第几遍扫描。如为第 1 遍扫描,IF1 伪指令的条件为真;如为第 2 遍扫描,IF2 伪指令的条件为真。

### 3. IFDEF 符号、IFNDEF 符号

以上两个伪操作测试某个符号是否已被定义。当符号是一个已经定义的标号、变量或名字,或者已用 EXTRN 伪操作说明其为外部符号时,IFDEF 伪操作的条件为真;如果符号未经定义,则 IFNDEF 伪操作的条件为真。

### 4. IFB〈自变量〉、IFNB〈自变量〉

IFB 和 IFNB 伪操作用来测试是否将一个实际参数传递给宏定义中一个指定的形式参数。当实际参数的个数少于形式参数时,认为多余的形式参数为空。在上面两条伪操作中,如果自变量为空,IFB 的条件为真;如果自变量不为空,则 IFNB 的条件为真。这两个条件伪操作后面的自变量必须放在尖括号内。

### 5. IFIDN〈自变量 1〉,〈自变量 2〉、IFDIF〈自变量 1〉,〈自变量 2〉

上述两个伪操作测试两个字符串是否相同。当两个字符串相同时,IFIDN 伪操作的条件为真;当两个字符串不同时,IFDIF 伪操作的条件为真。伪操作后面的两个自变量均应分别置于尖括号内,且两者之间要用逗号分开。

条件伪操作允许嵌套。在实用程序中,条件伪操作常常和宏指令结合起来使用。当然也可以单独使用。下面请看几个例子。

〔例 3.8〕　定义一个宏指令,将任一寄存器或存储器中的内容循环左移或循环右移规定的次数。

在 8086 的指令系统中,如果要求循环移动多次,应将移动次数预先放在 CL 寄存器中;但若只要求循环移动 1 次,则可直接在指令中表示 1 次,而不必借助 CL 寄存器,这样,指令执行的速度更快。可以用条件汇编分别产生不同的循环移位指令。

```
ROTATE    MACRO  OPRD, DIRE,COUNT
          IF     COUNT EQ 1
          RO&DIRE OPRD,1
```

```
          ELSE
          MOV   CL,COUNT
          RO&DIRE   OPRD,CL
          ENDIF
          ENDM
```

假设要求将 TABLE[BX]单元的内容循环左移 1 次;将 AX 寄存器的内容循环右移 4 次,则可分别进行以下宏调用:

```
ROTATE    TABLE[BX],L,1
ROTATE    AX,R,4
```

宏扩展以后得到:

```
    ROTATE  TABLE[BX],L,1
+        ROL   TABLE[BX],1
    ROTATE  AX,R,4
+        MOV   CL,4
+        ROR   AX,CL
```

**[例 3.9]** 要求将任何寄存器或存储单元中的两个 8 位带符号数进行除法运算。

已经知道在 8086 的指令系统中,当字节除法时,指令 IDIV 的一个操作数(被除数)必须在累加器 AX 中,而且只能用一个 16 位数除以一个 8 位数。因此,如果被除数只有 8 位,而且可能不在累加器 AL 中,则应先传送到 AL,并将带符号的被除数扩展为 16 位,再进行除法运算。可利用宏指令和条件伪操作 IFDIF 实现以上要求。

```
IDIV8  MACRO    DIVIDEND,DIVIDER
       IFDIF    <DIVIDEND>,<AL>
       MOV      AL,DIVIDEND
       ENDIF
       CBW
       IDIV     DIVIDER
       ENDM
```

例如,分别有以下两个宏调用:

```
IDIV8    AL,XX
   ⋮
IDIV8    ALPHA,BL
```

宏扩展后得到:

```
    IDIV8   AL,XX
+        CBW
+        IDIV XX
   ⋮
    IDIV8   ALPHA,BL
+        MOV AL,ALPHA
```

```
+           CBW
+           IDIV BL
```

## 3.4 DOS 和 BIOS 调用

### 3.4.1 概述

　　DOS(Disk Operation System)和 BIOS(Basic Input and Output System)为用户提供了两组系统服务程序。用户程序可以调用这些系统服务程序。但在调用时应注意：第一，不用 CALL 命令；第二，不用这些系统服务程序的名称，而采用软中断指令 INT n；第三，用户程序也不必与这些服务程序的代码连接。因此，使用 DOS 和 BIOS 调用编写的程序简单、清晰，可读性好而且代码紧凑，调试方便。

　　BIOS 是 IBM PC 及 PC/XT 的基本 I/O 系统。包括系统测试程序、初始化引导程序、一部分中断矢量装入程序及外部设备的服务程序。由于这些程序固化在 ROM 中，只要机器通电，用户便可以调用它们。

　　DOS 是 IBM PC 及 PC/XT 的操作系统，负责管理系统的所有资源，协调微机的操作，其中包括大量的可供用户调用的服务程序，完成设备的管理及磁盘文件的管理。

#### 1. DOS 简介

　　MS-DOS 1.0 是美国 Microsoft 公司于 1981 年 7 月推出的，同年秋季被 IBM 公司选作基本操作系统，称为 IBM PC-DOS。MS-DOS 发展很快，现已推出数个版本。

#### 2. 用户与 DOS 的关系

　　用户与 DOS 的关系如图 3.1 所示。DOS 的三个模块（虚线框内）之间只可单向调用，如图 3.1 中箭头所示。

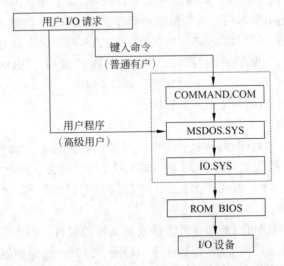

图 3.1　用户与 DOS 之间的关系

　　用户可通过两种途径使用 DOS 的功能。第一个途径是普通用户从键盘输入命令，

DOS 的 COMMAND.COM 模块接收、识别、处理键入的命令。第二个途径是高级用户通过用户程序去调用 DOS 和 BIOS 中的服务程序,高级用户需要对操作系统有较深入的了解。

**3. 用户程序控制 PC 机硬件的方式**

一般来说,用户程序通过 4 种方式控制 PC 机的硬件,如图 3.2 所示。

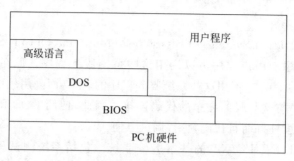

图 3.2  控制 PC 机硬件的 4 种方式

1) 使用高级语言提供的功能控制硬件

高级语言一般提供一些 I/O 语句,使用方便,但高级语言的 I/O 语句较少,执行速度慢。

2) 使用 DOS 提供的程序控制硬件

DOS 为用户提供的 I/O 程序有近百种,而且是在较高层次上提供的,不需要用户对硬件有太多的了解。使用 DOS 调用的程序可移植性好,I/O 功能多,编程简单,调试方便,缺点是执行效率较低。

3) 使用 BIOS 提供的程序控制硬件

BIOS 在较低层次上为用户提供了一组 I/O 程序,要求用户对微型计算机的硬件有相当的了解,当然,还不要求用户直接控制外部设备。BIOS 驻留在 ROM 中,独立于任何操作系统。这使得使用了 BIOS 调用的汇编、C、PASCAL 语言程序的可移植性差。因此,若 DOS 和 BIOS 提供的功能相同,用户应选用 DOS 调用。BIOS 调用的运行效率较高,因此在要求速度的场合下,可以优先考虑 BIOS 调用。而且,BIOS 的一部分功能(如 CRT 的控制)是 DOS 功能调用所不具备的。

4) 直接访问硬件

这种方法是直接访问硬件,这就要求用户对外设非常熟悉。此种方式只用于两种情况:为了获得高效率或为了获得 DOS 和 BIOS 不支持的功能。显然,直接访问硬件的程序可移植性很差,在一个厂商生产的机器上可以运行的程序在另一个厂商生产的兼容机上可能无法运行。

综上所述,用户程序可以通过 4 种方法控制系统的硬件,选用何种方法,需要根据程序设计人员的水平及程序的要求,包括程序的功能、可移植性、编程的复杂性、目标代码的长度及程序执行的效率等因素决定。DOS 和 BIOS 调用可以用于多种语言,本节只介绍汇编语言调用 DOS 和 BIOS 的方法。

### 3.4.2 DOS 软中断及系统功能调用

8086/8088 指令系统中,有一种软中断指令 INT n。每执行一条软中断指令,就调用一个相应的中断服务程序。当 n=5H～1FH 时,调用 BIOS 中的服务程序,当 n=20H～3FH 时,调用 DOS 中的服务程序。其中,INT 21H 是一个具有多种功能的服务程序,一般称为 DOS 系统功能调用。

**1. DOS 软中断(INT 20H～INT 27H)**

DOS 软中断功能、入口及出口参数如表 3.3 所示。表中的入口参数是指在执行软中断指令前有关寄存器必须设置的值,出口参数记录的是执行软中断以后的结果及特征,以供用户分析使用。

表 3.3 DOS 软中断

| 软中断 | 功 能 | 入口参数 | 出口参数 |
|---|---|---|---|
| INT 20H | 程序正常退出 | | |
| INT 21H | 系统功能调用 | AH=功能号<br>功能调用相应的入口参数 | 功能调用相应的出口参数 |
| INT 22H | 结束退出 | | |
| INT 23H | Ctrl+Break 退出 | | |
| INT 24H | 出错退出 | | |
| INT 25H | 读盘 | CX=读入扇区数<br>DX=起始逻辑扇区号<br>DS:BX=缓冲区地址<br>AL=盘号 | CF=1 出错 |
| INT 26H | 写盘 | CX=写盘扇区数<br>DX=起始逻辑扇区号<br>DS:BX=缓冲区地址<br>AL=盘号 | CF=1 出错 |
| INT 27H | 驻留退出 | | |
| INT 28H～INT 2FH | DOS 专用 | | |

DOS 中断的使用方法是:首先按照 DOS 中断的规定,输入入口参数,然后执行 INT 指令,最后分析出口参数,如下所示。

设置入口参数 ⟶ 执行 INT n ⟶ 分析出口参数

表 3.3 中 INT 22H、INT 23H 和 INT 24H 用户不能直接调用。例如 INT 23H,只有同时按下 Ctrl 和 Break 键时才形成 DOS 的 23H 号调用,其功能是:中止正在运行的程序,返回操作系统。

INT 25H 绝对读盘,INT 26H 绝对写盘,这两条软中断的调用需要用户熟知磁盘结构,准确指出读/写的扇区号、扇区数、磁盘驱动器号,还需要知道与磁盘交换信息的内存缓冲区的首地址。因此这种读/写磁盘的方式较落后,除特殊用途外,基本上已不采用。常用的磁盘读/写的方法将在系统功能调用中介绍。

INT 20H 是两字节指令,它的作用是中止正在运行的程序,返回操作系统。这种中止程序的方法只适用于.COM 文件,而不适用于.EXE 文件。

INT 27H 指令的作用是中止正在运行的程序,返回操作系统。被中止的程序驻留在内存中作为 DOS 的一部分,它不会被其他程序覆盖。在其他用户程序中,可以利用软中断来调用这个驻留的程序。

**2. DOS 系统功能调用(INT 21H)**

系统功能调用 INT 21H 是一个具有近 90 个子功能的中断服务程序,这些子功能的编号称为功能号。INT 21H 的功能大致可以分为 4 个方面,即设备管理、目录管理、文件管理和其他。

设备管理主要包括键盘输入、显示器输出、打印机输出、串行设备输入输出、初始化磁盘、选择当前磁盘、取剩余磁盘空间等。

目录管理主要包括查找目录项、查找文件、置/取文件属性、文件改名等。

文件管理主要包括打开、关闭、读/写、删除文件等,这是 DOS 提供给用户的最重要的系统功能调用。文件管理有两种方法:一种是传统管理方法(功能号小于 24H),这与 8 位机的 CP/M 操作系统兼容;另一种是扩充的文件管理方法(功能号大于 3CH),这是 MS-DOS 独有的。

其他功能有中止程序、置/取中断矢量、分配内存、置/取日期及时间等。

系统功能调用(INT 21H)的使用方法如下:

$$\boxed{\text{置功能号 n(AH)}} \longrightarrow \boxed{\text{置入口参数}} \longrightarrow \boxed{\text{执行 INT 21H}} \longrightarrow \boxed{\text{分析出口参数}}$$

下面介绍 INT 21H 的主要功能。

1) 键盘输入

IBM PC 及 PC/XT 键盘上的按键分为三种类型:

第一类是字符键,如字母、数字、字符等。按下此类键,即可输入此键相应的编码。

第二类是功能键,如 Backspace、Home、End、Delete、PageUp、PageDoun、F1～F10 键等。按下此类键,可以产生一个动作。例如,按下 Backspace 键可以使光标向左移动一个位置。

第三类是组合键及双态键,如 Shift、Alt、Ctrl、Insert、NumLock、CapsLock、ScrollLock 等。使用这些键能改变其他键所产生的字符码。

键盘上的每一个键都有其相应的扫描码与字符码。

键的扫描码用一个字节表示。低 7 位是扫描码的数字编码 01～83,即 01H～83H,最高位 bit7 表示键的状态,当某键按下时,扫描码的 bit7=0,称为通码,当此键放开时,扫描码的 bit7=1,称为断码。通码和断码的值相差 80H。IBM PC 及 PC/XT 的扫描码见附录 6。

键的字符码是键的 ASCII 码或扩充码,见附录 1 及附录 7。

DOS 系统功能调用中的功能 1,7,8,A,B,C 等都与键盘有关,包括单字符输入、字符串输入、键盘状态检验等,详见附录 4。

(1) 检查键盘状态

DOS 系统功能调用的 0BH 号功能可以检查是否有字符输入。如果有键按下使 AL=FFH;否则 AL=00H。这个调用十分有用。例如有时要求程序保持运行状态,而不是无限期等待键盘输入,但又要靠用户按任意一键使程序结束或退出循环时,则必须使用 0BH 号调用。例如:

```
LOOP:
    ⋮
    MOV AH,0BH
    INT 21H          ;检查键盘状态
    INC AL
    JNE LOOP         ;无键入字符,则循环
    RET              ;有键入字符,则停止循环返回
```

(2) 单字符输入

功能 1,7,8 都可以直接接收输入的字符。程序中常常利用这些功能,回答程序中的提示信息,或选择菜单中的可选项以执行不同的程序段。用户还可以利用功能 7,8 不回显的特性,输入需要保密的信息。例如:

```
MAIN:
     ⋮
KEY: MOV  AH,1     ;等待输入字符,当按下键后
     INT  21H      ;AL=字符
     CMP  AL,'Y'
     JE   YES      ;输入字符'Y',转至 YES 语句处
     CMP  AL,'N'
     JE   NOT      ;输入字符'N',转至 NOT 语句处
     JMP  KEY      ;输入其他字符,转至 KEY 语句处,继续等待输入字符
YES:
     ⋮
NOT:
     ⋮
```

(3) 输入字符串

用户程序经常需要从键盘上接收一串字符。0AH 号功能可以接收输入的字符串并将其存入内存中用户定义的缓冲区。缓冲区结构如图 3.3 所示。缓冲区第一字节为用户定义的最大输入字符数,若用户输入的字符数(包括回车符)大于此数,则机器铃响,且光标不再右移,直到输入回车符为止。缓冲区第二字节为实际输入的字符数(不包括回车符),由 DOS 自动填入。从第三字节开始存放输入的字符。显然,缓冲区的大小等于最大字符数加 2。例如编写下面一段程序,并输入字符串'HELLO',则缓冲区的内容如图 3.3 所示。

| BUFSIZE | 25 |
|---|---|
| ACTCHAR | 5 |
| CHARTEXT5 | 'H' |
| | 'E' |
| | 'L' |
| | 'L' |
| | 'O' |
| | 0D |

图 3.3　用户定义的输入字符串的缓冲区

```
DATA        SEGMENT
BUFSIZE     DB  25
ACTCHAR     DB  ?
CHARTEXT    DB  25  DUP(?)
            DB  '$'
            ⋮
CODE        SEGMENT
            ⋮
            MOV DX,OFFSET BUFSIZE; DS：DX 指向缓冲区首址
            MOV AH,0AH
            INT  21H                ;输入字符串
            ⋮
```

2) 显示器(CRT)输出

功能 2,6,9 是关于 CRT 的系统功能调用。其中,显示单个字符的功能 2、6 与 BIOS 调用类似,此处不作介绍。显示字符串的功能 9 是 DOS 调用独有的,可以在用户程序运行过程之中,在 CRT 上向用户提示下一步操作的内容。

使用功能调用 9 需要注意两点:第一,被显示的字符串必须以"$"为结束符;第二,当显示由功能 0AH 输入的字符串时,DS：DX 应指向用户定义的缓冲区的第三字节,即输入的第一个字符的存储单元。例如:

```
DATA        SEGMENT
BUFSIZE     DB  50
ACTCHAR     DB  ?
CHARTEXT    DB  50  DUP(20H)
            DB  '$'
            ⋮
DATA        ENDS
CODE        SEGMENT
            ⋮
            MOV DX,OFFSET BUFSIZE
            MOV AH,0AH
            INT 21H                 ;输入字符串,放入缓冲区
            ⋮
            MOV DX,OFFSET CHARTEXT
            MOV AH,09H
            INT 21H                 ;显示输入的字符串
```

3) 打印机输出

关于打印机操作的系统功能调用只有一种,即打印一个字符的功能 5。利用此功能还可以改变打印机的打印方式。下面一段程序将 EPSON-80 打印机设置为"加重打印"方式。

```
DATA    SEGMENT
```

```
STR      DB      1BH,45H          ;"加重打印"的控制码
         ⋮
CODE     SEGMENT
         ⋮
         MOV     CX,2
         MOV     AH,5
         LEA     BX,STR
PRINT:   MOV     DL,[BX]
         INT     21H
         INC     BX
         LOOP    PRINT
```

这段程序既可以放在用户程序中,也可以作为一个独立的文件,经汇编、连接后单独运行。若要取消加重打印方式,或设置其他方式,编写与之类似的程序段即可,相应的控制码请查阅打印机手册。

4) 磁盘文件管理

DOS 将磁盘划分为磁道、扇区,每个磁道的每个扇区存放 512 个字节的信息。用户信息以文件的形式存于磁盘上。一个文件分为若干数据块,一个数据块包含 128 个记录,而一个记录包含一个或若干个字节。

磁盘是微型计算机的外存储器,对磁盘的读/写是微型计算机系统经常要进行的操作。IBM PC 及 PC/XT 的 BIOS 调用、DOS 软中断及系统功能调用都提供了磁盘文件管理的功能。

BIOS 调用(INT 13H)是个底层功能。在读/写操作前要求用户指明读/写磁头号、磁道号、扇区号,而且读/写的全部扇区必须在同一磁道内。显然,只有用户对磁盘非常了解才能使用这个功能。

DOS 软中断(INT 25H 及 26H)进行的磁盘操作也是底层操作,用户需要指明读/写的逻辑扇区号。

系统功能调用(INT 21H)为用户提供传统和扩充的两套文件管理的功能,尤其后者可以使用户很方便地进行磁盘的读/写操作。下面分别介绍。

(1) 传统文件管理(INT 21H)

INT 21H 的 0FH～24H 号功能是 DOS 1.0 为用户提供的传统的文件管理方法,其中包括文件的建立和删除、打开和关闭、读和写以及其他操作。

文件读/写的方式有三种。顺序存取方式每次读/写当前块的当前记录;随机存取方式每次读/写一个任意指定的记录;随机块存取方式可以从指定的记录开始,一次读/写若干记录。上述三种传统的文件管理方法在读/写磁盘文件前,用户都要提供文件所在的驱动器号、文件名、块号、记录号、一次读/写的记录数等信息。因此,只有用户对磁盘结构、文件结构很了解,才能正确使用这些功能。自 DOS 2.0 为用户提供了极为方便的扩充文件管理方法后,传统方法已不常用,如有需要者,可参考有关文献。

(2) 扩充文件管理方法(INT 21H)

INT 21H 的 39H～62H 号功能是扩充的文件管理方法,包括文件的建立与删除、打

开与关闭、读与写以及其他的文件操作。

DOS 2.0 比 DOS 1.* 增加了硬盘树形目录管理功能,当用扩充文件管理方法打开或建立文件时,DOS 就给这个文件分配一个用十六位二进制数表示的文件代号。以后对该文件进行读/写时,DOS 就用这个代号去查找相应的文件,完全可以"忘记"文件的路径名。因此,在读/写操作期间,要注意保存这个文件代号;否则,丢失文件代号就等于丢失文件。显然这种文件管理的办法对用户来说是非常方便的,因为它既不需要文件记录的概念,更不需要用户了解磁盘存放文件的磁道和扇区。

扩充的文件管理方法又称为文件代号式文件管理方法。用这种方法读/写文件既可以顺序读/写,又可以随机读/写。这是因为当打开文件后,DOS 为其管理一个读/写指针,读/写指针永远指向下一次要存取的字节,这个指针可以移动到文件的任何位置,这就满足了随机读/写的要求。

扩充文件管理的各种操作不成功时,返回的错误代码相同,这给用户的编程带来了方便,错误返回代码如表 3.4 所示。

表 3.4  磁盘操作错误返回代码

| 代码 | 错　　误 | 代码 | 错　　误 |
|---|---|---|---|
| 1 | 非法功能号 | 10 | 非法环境 |
| 2 | 文件未找到 | 11 | 非法格式 |
| 3 | 路径未找到 | 12 | 非法存取代码 |
| 4 | 同时打开的文件太多 | 13 | 非法数据 |
| 5 | 拒绝存取 | 14 | (未用) |
| 6 | 非法文件代号 | 15 | 非法指定设备 |
| 7 | 内存控制库被破坏 | 16 | 试图删除当前目录 |
| 8 | 内存不够 | 17 | 设备不一致 |
| 9 | 非法存储库地址 | 18 | 已没有文件 |

使用扩充文件管理方法管理文件时,文件需要用一个 ASCIIZ 串来说明。ASCIIZ 串由文件路径名和一个字节数字 0 表示。路径名最多允许 63 个字符,字节 0 表示 ASCIIZ 串的结束。例如:

```
PATHNAME1    DB  'B：TT.ASM',0
PATHNAME2    DB  'C：\OTILTY\PCTOOLS\PCSHEAL.EXE',0
```

这两条伪指令语句定义了文件 TT.ASM 和 PCSHEAL.EXE 的 ASCIIZ 串。

文件读写操作的第一步是建立(新文件)或打开(旧文件)文件。在建立文件时还可以指明文件的属性。在文件操作过程中,同时打开的文件个数不允许超过 5 个。第二步是读写文件,最后一步是关闭文件。

一个文件可以同时有几种属性。例如,IBMIO.COM 和 IBMDOS.COM 既是可读的、系统的文件又是隐文件,它们的属性字节为 00000111=07H。

值得注意的是：文件的读操作是将磁盘文件的内容读到内存中用户设置的数据缓冲区，而文件的写操作是将内存缓冲区中的内容写到磁盘文件中。因此，在读/写操作前一定要在内存中开辟相应的数据缓冲区。

下面以一个文件复制的例子来说明扩充文件管理功能的使用方法。

［例 3.10］ 用文件代号法功能实现文件复制。

程序清单：

```
DATA    SEGMENT
SFILE   DB    64
        DB    ?
        DB    64 DUP(20H)              ;存放源文件路径名
DFILE   DB    64
        DB    ?
        DB    64 DUP(20H)              ;存放目标文件路径名
ASK1    DB    0AH,0DH,'PLEASE INPUT SOURCE FILE NAME: $'
ASK2    DB    0AH,0DH,'PLEASE INPUT DEST FILE NAME: $'
NOTE    DB    0AH,0DH,'PLEASE INSERT DISKETTES AND STRIKE
        DB    ANY KEY '
        DB    'WHEN READY$'
ER1     DB    'CREATE ERROR $'
ER2     DB    'OPEN ERROR $'
ER3     DB    'READ ERROR$'
ER4     DB    'WRITE ERROR$'
ER5     DB    'CLOSE SOURCE FILE ERROR'
ER6     DB    'CLOSE DEST FILE ERROR'
BUFR    DW    ?                        ;存放文件标记
DATA    ENDS
STACK   SEGMENT PARA STACK'BTACK'
        DB   50 DUP('$')
STACK   ENDS
CODE    SEGMENT
        ASSUME CS：CODE,DS：DATA,ES：DATA,SS：STACK
START   PROC FAR
        PUSH DS
        SUB  AX,AX
        PUSH AX
        MOV  AX,DATA
        MOV  DS,AX
        MOV  ES,AX
        LEA  DX,ASK1                   ;提示及输入源文件路径名
        CALL DISPLY
        MOV  DX,OFFSET SFILE
        CALL INPUT
        MOV  CL,SFILE+1
```

```
            XOR   CH,CH
            MOV   SI,CX
            MOV   [SI+SFILE+2],0      ;在源文件路径名后加 00H 字节,形
                                      ;成源文件 ASCIIZ 串
            LEA   DX,ASK2             ;提示及输入目标文件路径名
            CALL DISPLY
            LEA   DX,DFILE
            CALL INPUT
            MOV   CL,DFILE+1
            XOR   CH,CH
            MOV   SI,CX
            MOV   [SI+DFILE+2],0      ;在目标文件路径名后加 00H 字节,
                                      ;形成目标文件的 ASCIIZ 串
            LEA   DX,NOTE             ;提示插入源文件盘及目标文件盘
            CALL DISPLY
            MOV   AH,7
            INT   21H                 ;等待输入,按任意键后开始文件复制过程
            CALL COPY
            RET
START       ENDP
DISPLY      PROC                      ;显示字符串子程序
            MOV   AH,9
            INT   21H
            RET
DISPLY      ENDP
INPUT       PROC                      ;输入字符串子程序
            MOV   AH,0AH
            INT   21H
            RET
INPUT       ENDP
COPY        PROC NEAR
            MOV   AH,3CH               ;建立目标文件,出口参数 AX=0005
                                      ;为目标文件的文件代号
            LEA   DX,DFILE+2
            MOV   CX,0020H
            INT   21H
            LEA   DX,ER1
            MOV   BX,AX
            JC    ERR                  ;CF=1:建立目标文件错,转至 ERR
            MOV   BUFR,AX
            MOV   AH,3DH               ;打开源文件,出口参数 AX=0006
                                      ;为源文件的文件代号
            MOV   AL,0
            LEA   DX,SFILE+2
```

```
          INT   21H
          LEA   DX,ER2
          MOV   BX,AX              ;CF=1:打开源文件错,转至 ERR
          JC    ERR
RW:       MOV   CX,0010H           ;读源文件。每次读 16 字节,读到数据
                                   ;段中以 SFILE+2 开始的 16 个单元中
          MOV   AH,3FH
          LEA   DX,SFILE+2
          INT   21H
          LEA   DX,ER3
          JC    ERR
          OR    AX,AX
          JE    EXIT
          MOV   AH,40H             ;写目标文件,每次将数据段中以
                                   ;SFILE+2 开始的 16 单元的内容写
                                   ;至目标文件
          LEA   DX,SFILE+2
          XCHG  BUFR,BX
          INT   21H
          LEA   DX,ER4
          JC    ERR
          XCHG  BUFR,BX
          JMP   RW
EXIT:     MOV   AH,3EH
          INT   21H               ;正常结束,关闭源文件
          LEA   DX,ER5
          JC    ERR
          XCHG  BUFR,BX
          MOV   AH,3EH
          INT   21H               ;关闭目标文件
          LEA   DX,FR6
          JC    ERR
          RET
ERR:      MOV   AH,3EH             ;出现错误时,关闭文件,显示出错信息
          INT   21H
          XCHG  BUFR,BX
          MOV   AH,3EH
          INT   21H
          CALL  DISPLY
          RET
COPY      ENDP
CODE      ENDS
          END   START
```

综上所述,用文件代号法进行文件管理给用户的文件读/写等操作带来极大的方便,

而这种方法还可用于用字符型输入/输出设备的管理。

DOS 2.0 为常用的字符输入/输出设备赋予了相应的自动打开的文件代号。

- 0——标准输入设备,通常指键盘。
- 1——标准输出设备,通常是显示器。
- 2——标准错误输出设备,总是显示器。
- 3——辅助设备,一般为通信设备。
- 4——标准打印机(0# 打印机)。
- 5 号以后赋给用户文件。

用户可以将上述 5 种输入/输出设备当作文件,对这些文件的读/写就是对这些设备的输入输出,这使用户获得了一种完全脱离硬件的输入/输出方法,而且使用简单,用前不必打开,用后不必关闭。例如,下面一段程序在屏幕上显示"HOW ARE YOU?"。

```
DATA    SEGMENT
MSG     DB    'HOW ARE YOU?'
        ⋮
CODE    SEGMENT
        ⋮
        MOV AX,SEG MSG
        MOV DS,AX
        MOV BX,1              ;显示器的文件代号为 1
        MOV CX,12             ;要求写的字符串长度
        MOV AH,40H            ;写文件功能,实为将数据输出到显示器上
        MOV DX,OFFSET MSG
        INT 21H              ;返回参数 AX=实际写的字符数且 AX 应与 CX 值相同
        ⋮
```

### 3.4.3  BIOS 调用

BIOS 是固化在 ROM 中的一组 I/O 服务程序,除系统测试程序,初始化引导程序及部分中断矢量装入程序外,还为用户提供了常用设备的输入输出程序,如键盘输入、打印机及显示器输出等。

BIOS 的调用方法与 DOS 调用类似,过程如下:

置功能号 n(AH) ⟶ 置入口参数 ⟶ 执行 INT n ⟶ 分析出口参数

下面分别介绍 BIOS 的常用功能。

**1. 键盘输入**

键盘输入(INT 16H)的主要功能有三个——功能 0,1,2。功能 0、1 与 DOS 调用的功能类似,但比 DOS 给出的信息多。尤其功能 0,调用一次可同时获得字符的 ASCII 码及扩充码,而 DOS 调用只提供 ASCII 码。下面一段程序的功能是:按下 F1 键和 F2 键,分别执行两段不同程序,按其他键转至错误处理。

```
        MOV AH,0
```

```
        INT 16H                 ;输入字符
        CMP AL,0
        JNE ERROR               ;若为字符键,转 ERROR
        CMP AH,3BH              ;F1 键码为 3BH
        JE TT1                  ;若为 F1 键,转 TT1
        CMP AH,3CH              ;F2 键码为 3CH
        JE TT2                  ;若为 F2 键,转 TT2
        JMP ERROR
   TT1:                         ;按 F1 键功能段
        ⋮
   TT2:                         ;按 F2 键功能段
        ⋮
   ERROR:                       ;错误处理
        ⋮
```

在内存 0040：0017 中记录了双态键和组合键的状态,该字节称为键盘状态字节 KB_FLAG,其中,高 4 位 $D_7 \sim D_4$ 依次表示键 Insert、CapsLock、NumLock、ScrollLock 是 ON($=1$)还是 OFF($=0$),低 4 位 $D_3 \sim D_0$ 依次表示键 Alt、Ctrl、Shift 是否按动,若按动,则置 1。

INT 16H 的功能 2 可以查看上述 8 个键的状态,有关程序段如下:

```
        MOV AH,2
        INT 16H                 ;取键盘状态送入 AL 中
        TEST AL,10000000B       ;测试键盘状态字节第 7 位
        JE INS_OFF              ;如果是 0,则转至 INS 处于 OFF 的程序段
        ⋮
   INS_OFF:
        ⋮
```

用户通过程序改变键盘状态字节的内容,等效于输入了对应的键,下面 4 句汇编语句使 Insert 键置于 ON 状态。

```
   MOV    AX,0
   MOV    ES,AX
   MOV    AL,10000000B
   OR     ES：[417H],AL
```

### 2. 打印机输出

关于打印机的 DOS 调用只有一种,而 BIOS 调用(INT 17H)却有三种且用法简单,此处不再举例,三种功能都可以返回打印机状态,各位含义如下:

* $D_7 = 1$ 表示打印机忙。即打印机正在接收数据,或打印机正在打印,或打印机未联机。
* $D_6 = 1$ 表示打印机已接收数据并发出了应答信号,即通知 CPU 可以送下一个数据。
* $D_5 = 1$ 表示打印纸已用完。

- $D_4 = 1$ 表示打印机已联机。
- $D_3 = 1$ 表示打印机出错。当打印机未接电源,未联机或未装纸等错误出现时,该位置 1。
- $D_2 \sim D_1$ 未用。
- $D_0 = 1$ 表示打印机超时错。即打印机发出的忙信号时间过长,CPU 不能再给它送数据。

**3. 时间中断**

IBM PC 及 PC/XT 内部有一个 18.2Hz 的信号源,CPU 每接收一个脉冲,就使 BIOS 数据中的 0040:006C～0040:006F 的 4 个单元的内容加 1,这 4 个单元的内容称为"日历计数"。午夜零点,日历计数为 0,午夜 24 点时日历计数回零且使翻转单元(470H)置 1,表示自计算机通电以来过了一天。由此可见,一天中的任意时刻都可由日历计数推算出来。

日历计数的读取和设置由 INT 1AH 的功能 0 和 1 完成,在计算程序的执行时间、延时操作及定时操作时经常被使用。

日期(年、月、日)的读取和设置由 INT 21H 的功能 2AH、2BH 完成,时间(时分秒)的读取和设置由 INT 21H 的功能 2CH、2DH 来实现,此处不详述。

下面一段程序的功能是利用 INT 1AH 使 CPU 完成定时操作。程序的要求是每隔 10 秒,CPU 执行一次数据采集及处理过程,除此之外,不做其他事情。延时 10 秒,日历计数增加 $18.2 \times 10 = 182$(秒)。

```
START:    MOV   AH,0
          INT   1AH          ;取日历计数存于 CX:DX
          MOV   BX,182
          ADD   BX,DX        ;BX 为延时结束时的日历计数值
LOOP1:    INT   1AH          ;循环检测延时时间
          CMP   DX,BX
          JNZ   LOOP1        ;延时未到,返回,继续延时等待
D_CO:                        ;延时时间到,执行数据采集与处理程序段
            ⋮
          JMP   START
```

**4. 伪中断**

伪中断(INT 1CH)包含在 IBM PC 及 PC/XT BIOS 定时器中断 INT 8H 的服务程序中,称为伪中断,也称为 INT 8H 的扩展功能。INT 1CH 的唯一功能是立即返回 INT 8H。由于 INT 8H 被 CPU 每秒执行 18.2 次,故 INT 1CH 每秒也被执行 18.2 次。用户利用 INT 1CH 定时执行的特点,改变 INT 1CH 的中断矢量,使之指向用户编写的定时操作程序,即可使 CPU 在运行主程序过程中定时完成指定的操作,如图 3.4 所示。

［**例 3.11**］ CPU 在执行主程序的过程中,每隔 10 秒进行一次显示的操作。

```
MYDATA      SEGMENT
SECOND      DW        182
```

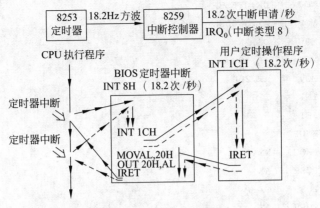

图 3.4　BIOS 定时器中断及伪中断(INT 1CH)

```
DISPLYCOUNT  DW        ?
MYDATA       ENDS

MYCODE       SEGMENT
             ASSUME CS：MYCODE,DS：MYDATA
MAIN         PROC      FAR
START:       PUSH      DS
             MOV       AX,0
             PUSH      AX
             MOV       AX,MYDATA
             MOV       DS,AX            ;改变伪中断向量
             PUSH      DS
             MOV       AX,SEG USER      ;取用户程序段地址
             MOV       DS,AX
             MOV       DX,OFFSET USER   ;取用户程序偏移地址
             MOV       AL,1CH           ;被改变的类型号
             MOV       AH,25H           ;改变中断矢量 DOS 功能
             INT       21H
             POP       DS
             MOV       AX,SECOND        ;AX 为延时 10 秒对应的日历计数
             MOV       BX,AX
             MOV       AH,0
             INT       1AH              ;DX 为当前日历计数
             MOV       AX,BX
             ADD       AX,DX            ;下一次延时到时的日历计数
             MOV       DISPLYCOUNT,AX   ;存入 DISPL YCOUNT 单元之中
             ⋮                          ;在程序执行过程中,每秒钟产生
                                        ;18.2 次定时中断(INT 8H)及"伪"
                                        ;中断(INT 1CH)
                                        ;程序结束前,恢复原 1CH 中断矢量
```

```
                MOV     DX,0FF53H
                MOV     AX,0F000H
                MOV     DS,AX
                MOV     AL,1CH
                MOV     AH,25H
                INT     21H
                RET
MAIN            ENDP
USER            PROC    NEAR
                PUSH    AX
                PUSH    CX
                PUSH    DX
                MOV     AH,0            ;取日历计数,低字节在 DX 中
                INT     1AH
                MOV     CX,DISPLYCOUNT  ;取延时后的计数送入 CX
                CMP     DX,CX           ;与当前日历计数比较
                JNZ     RETUNT          ;若不等(延时未到) 则立即返回
DISPLY:         ADD     DX,182          ;延时到,执行显示操作
                MOV     DISPLYCOUNT,DX  ;下次延时到时的日历计数值存入
                 ⋮                      ;DIXPL YCOUNT 单元中
                                        ;执行显示操作
RETUNT:         POP     DX
                POP     CX
                POP     AX
                IRET
USER            ENDP
MYCODE          ENDS
                END     START
```

在 INT 1CH 的中断服务程序中不需要写中断结束指令(MOV AL,20H 及 OUT 20H,AL),因为它不是硬件引起的中断。

**5. 显示器输出**

显示器是微型计算机系统重要的输出设备。显示器与微型计算机之间的接口电路又称作显示器适配器、显示卡。显示卡的种类很多,有 MDA 卡、HGC 卡、CGA 卡、EGA 卡、VGA 卡等。IBM PC 及 PC/XT 单色显示器使用单色显示器适配器(Monochrome Display Adapter,MDA)卡,它不支持图形方式,只支持 80 列、25 行的文本方式。文本方式又称为字符方式、字符/数字方式。IBM PC 及 PC/XT 彩色显示器使用彩色/图形适配器(Color Graphics Adapter,CGA)卡,支持文本及图形两种方式且有单色、彩色两种显示。

有关显示输出的 DOS 功能调用不多,而 BIOS 调用(INT 10H)的功能很强,主要包括设置显示方式,设置光标大小和位置,设置调色板号,显示字符,显示图形等,下面做简单介绍。

（1）显示方式的设置

INT 10H 的 0H 功能用来设置显示方式，详见附录 5。方式 0～6 是 CGA 卡的工作方式，其中 0～3 是文本方式，4～6 是图形方式。方式 7 是 MDA 卡的唯一工作方式。

文本方式在屏幕上显示字符，字符在屏幕上的位置用行、列坐标表示。80×25 文本方式下，行号为 0～24，列号为 0～79。屏幕左上角为第 0 行、第 0 列。

图形方式下，在屏幕上可以显示"点"，点也称为像素、像元。像素在屏幕上的位置也用行列坐标值表示。在分辨率为 320×200 像素的图形方式下，行号为 0～199，列号为 0～319。

（2）清屏

程序在显示字符及图形前，一般要进行清屏。清屏的方法有多种，下面介绍利用屏幕上卷（AH＝6）功能进行清屏的程序 CLEAR：

```
CLEAR  PROC
       MOV AH,6      ;屏幕上卷功能号
       MOV AL,0      ;AL=0 时,为清屏
       MOV CH,0      ;CH:屏幕左上角坐标的行号
       MOV CL,0      ;CL:屏幕左上角坐标的列号
       MOV DH,24     ;DH:屏幕右下角坐标的行号
       MOV DL,79     ;DL:屏幕右下角坐标的列号
       MOV BH,7      ;上卷行属性正常(即黑底白字)
       INT 10H
CLEAR  ENDP
```

（3）光标的设置

IBM PC 及 PC/XT 单色显示器上每个字符由 7×9 点阵组成，字符框为 9×14。彩色显示器字符点阵为 5×7，字符框为 8×8。光标的宽度为一个字符的宽度，长度最大可充满字符框。

INT 10H 的 01H 功能是设置光标的大小和状态。光标起始行值放在 CH 的低 4 位，结束行值放在 CL 的低 4 位。CH 的第 5 位表示光标的状态，当该位为 1 时，光标不显示。光标的隐含方式是宽度为 2 列的闪烁的下划线。

（4）字符的显示

若要在当前光标处显示一个字符，需要用户为 CPU 提供两个信息：被显示字符的 ASCII 码及其属性。

① 彩色显示器字符的属性。

彩色显示器的字符属性字节各位定义如图 3.5 所示。

其中，R、G、B 分别表示红绿蓝三色。闪烁和加亮位只用于前景。前景有 16 色，背景有 8 色，色值如表 3.5 所示。

图 3.5 彩色显示器字符属性

表 3.5 颜色的组合

| I | R | G | B | 颜色 | 适用范围 |
|---|---|---|---|---|---|
| 0 | 0 | 0 | 0 | 黑 | |
| 0 | 0 | 0 | 1 | 蓝 | |
| 0 | 0 | 1 | 0 | 绿 | |
| 0 | 0 | 1 | 1 | 青 | |
| 0 | 1 | 0 | 0 | 红 | 背景或前景 |
| 0 | 1 | 0 | 1 | 品红 | |
| 0 | 1 | 1 | 0 | 棕 | |
| 0 | 1 | 1 | 1 | 灰白 | |
| 1 | 0 | 0 | 0 | 灰 | |
| 1 | 0 | 0 | 1 | 浅蓝 | |
| 1 | 0 | 1 | 0 | 浅绿 | |
| 1 | 0 | 1 | 1 | 浅青 | |
| 1 | 1 | 0 | 0 | 浅红 | 前景 |
| 1 | 1 | 0 | 1 | 浅品红 | |
| 1 | 1 | 1 | 0 | 黄 | |
| 1 | 1 | 1 | 1 | 白 | |

② 彩色显示器字符的显示。

字符的显示使用 INT 10H 的 9、10 两功能。这两个功能的共同点是：都能在光标处显示一个字符，且显示后，光标不动。也就是说，当显示下一个字符前，一定要用 2 号功能将光标移至下一个字符位置。这两种功能的区别在于用 9 号功能显示的字符的属性是用户规定的，用 10 号功能显示的字符的属性是该位置上已有的属性(以前规定的)。

下面程序段功能是从屏幕(40,50)位置开始，连续显示 5 个红底闪烁的黄色"＊"。由于彩色显示器工作方式有多种，因此在设置光标，显示字符前要先设置彩色显示器的工作方式。

```
MOV  AH,2          ;设置光标位置
MOV  BH,0          ;显示页为 0
MOV  DH,40         ;行号
MOV  DL,50         ;列号
INT  10H           ;将光标设置在 (40,50)处
MOV  AH,9          ;显示字符属性及属性功能
MOV  AL,'＊'       ;欲显示"＊"
MOV  BH,0          ;页号＝0
MOV  BL,OCEH       ;属性 11001110
```

```
MOV  CX,5          ;重复显示字符的个数
INT  10H
```

③ 彩色文本方式下外边框颜色的设置。

彩色显示器工作在彩色文本方式时,屏幕分为两部分,中心为字符显示区,其余为外边框。外边框的颜色可通过 INT 10H 的 0BH 号功能设置。

```
MOV  AH,11
MOV  BH,0      ;入口参数
MOV  BL,1      ;边框色值1(蓝色)
INT  10H
```

(5) 图形的显示

CGA 卡的彩色显示器的图形方式是模式 4、5、6。方式 4 的分辨率太低,只有 160×100,图形粗糙,已不使用。方式 6 的分辨率高,是 640×200,但由于只能显示黑白两色,也不常用。因此,下面介绍中分辨率的方式 5。这种方式下,每屏可显示 320 列、200 行,共计 64 000 个像素。

① 屏幕背景色的设置。

320×200 图形方式下,屏幕背景色有 16 种,彩色值和其代表的颜色与彩色文本方式中前景所用的相同,如表 3.6 所示。背景色可由 INT 10H 的 0BH 功能来设置,入口参数为 BH＝0,BL 中放背景色值。例如:

```
MOV  AH,0BH
MOV  BH,0      ;入口参数
MOV  BL,1      ;背景色值,为蓝色
INT  10H
```

② 调色板的设置。

在 320×200 分辨率方式下,每个像素可以选取 4 种颜色,其中之一是背景色,实际上此时该点不显示,CGA 卡提供两种调色板,也就是说可提供两套颜色,两套调色板下的颜色值如表 3.6 所示。

表 3.6　CGA 卡像素颜色值表(分辨率为 320×200)

| 像素颜色值 | 0 号调色板 | 1 号调色板 | 像素颜色值 | 0 号调色板 | 1 号调色板 |
| --- | --- | --- | --- | --- | --- |
| 0 | 背景色 | 背景色 | 2 | 红 | 品红 |
| 1 | 绿 | 青 | 3 | 棕 | 白 |

调色板的设置使用 INT 10H 的 0BH 号功能实现,但此时 BH＝1,调色板编号放入 BL。例如:

```
MOV  AH,0BH
MOV  BH,01H
MOV  BL,1      ;选1号调色板
INT  10H
```

INT 10H,0BH 号功能在字符或图形方式下所完成的操作不同。当 BH＝0 时,若是图形方式,其功能为设置整个屏幕的背景色,若是字符方式,其功能为设置屏幕外边框的颜色。而当 BH＝1 时,在图形方式下,它的功能为设置调色板。

③ 图形显示。

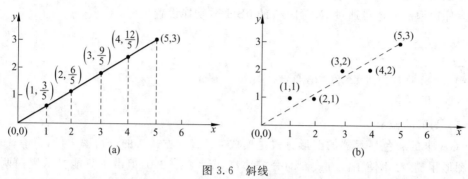

图 3.6　斜线

(a) 直角坐标系中的斜线;(b) 屏幕上的斜线(用 · 表示)

图形方式下,在屏幕上显示像素点的程序,大致可分为如下几步。

第一步：设置图形工作方式。

第二步：设置屏幕的背景色。

第三步：设置像素点的调色板。

第四步：在指定的坐标位置上显示像素点(0CH 功能)。

下面我们通过一个画斜线的例子来说明作图的基本过程。以此例为基础,可画出水平线、垂直线等较简单的图形。也可用斜线组成较复杂的图形。

要在直角坐标系中画一条$(0,0)$至$(5,3)$的直线是很简单的,线上各点的坐标值$(x,y)$可通过直线方程 $y＝ax＋b$ 来计算。由于此例中直线过坐标原点,因此 $b＝0$,该直线方程为：

$$y＝\frac{3}{5}x$$

斜线上各点坐标由它的直线方程求出,标在图 3.6(a)中。

若按图 3.6(a)所给各点的坐标值,在屏幕上显示这条斜线时,只能显示这条斜线的两个端点即$(0,0)$和$(5,3)$。这是由于斜线两端点间所有点的 $y$ 坐标都是分数值,屏幕中无一像素与之对应,这些点都不能被显示。这样,斜线也就显示不出来了。为了近似地显示出这条斜线,我们必须对图3.6(a)中各点的 $y$ 坐标值进行四舍五入,使 $y$ 取得整值,如 3/5 近似为 1,6/5 也可近似为 1 等,以便使用与斜线最靠近的像素去描述此斜线,这样在屏幕上就可出现这条用虚线近似表示的斜线,如图 3.6(b)所示。虚线为 $y＝3x/5$ 的理想斜线。在用程序完成上述坐标值的计算和近似时,要多次使用乘法指令,而乘法指令执行速度很慢。且斜率值通常又为分数(此图中斜率为 3/5),这就使计算更加复杂。因此一般不使用这种方法编写斜线显示程序。

下面介绍一种计算机工业中最常用的著名方法—— Bresenham 法,这种方法避开了复杂的分数乘法运算,巧妙地围绕一个称为误差项(Errorterm)的数进行加减法、比较等操作,便可寻找到描绘斜线的误差最小的近似像素点。从而较准确地显示出斜线。

　　[**例 3.12**]　应用 Bresenham 法画斜线。

　　程序框图如图 3.7 所示。

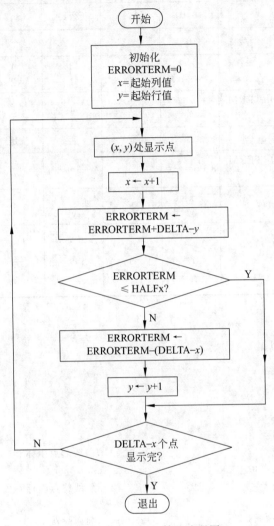

图 3.7　Bresenham 算法流程图

　　流程中(DELTA－x)为直线起始列与终止列差值,(DELTA－y)是起始行与终止行的差值,HALFx 是(DELTA－x)的一半取整,在上例中:

　　DELTA－x=5－0=5

　　DELTA－y=3－0=3

而　HALFx=(DELTA－x)/2=5/2=2

　　流程的核心问题是判断在 x 递增 1 时,y 值是否增 1,下面以表 3.7 来说明上例的计算过程。

表 3.7 (0,0)至(5,3)的斜线的 Bresenham 算法流程表

| 循环内步骤 ＼ 循环次数 | 一 | 二 | 三 | 四 | 五 | 六 |
|---|---|---|---|---|---|---|
| (x,y)处显示点 | (0,0) | (1,1) | (2,1) | (3,2) | (4,2) | (5,3) |
| ERRORTERM | 0 | −2 | 1 | −1 | 2 | |
| x←x+1 | x=1<br>y=0 | 2<br>1 | 3<br>1 | 4<br>2 | 5<br>2 | |
| ERRORTERM←ERRORTERM<br>+DELTA−y | 3 | 1 | 4 | 2 | 5 | |
| ERRORTERM≤HALFx | 否 | 是 | 否 | 是 | 否 | |
| ERRORTERM←ERRORTERM<br>−(DELTA−x) | 3−5=−2 | / | 4−5=−1 | / | 5−5=0 | |
| y←y+1? | 是 x=1<br>y=1 | 否 | 是 x=3<br>y=2 | 否 | 是 x=5<br>y=3 | |
| DELTA−x 个点显示完否?<br>{未显示完,进入循环<br>已显示完,退出 | 否 | 否 | 否 | 否 | 否 | |

程序清单:

```
DATA      SEGMENT
DELTX     DW        ?
DELTY     DW        ?
HALFY     LABEL     WORD
HALFX     DW        ?
COUNT     DW        ?
X1        DW        ?                ;斜线起点坐标(x1,y1)
Y1        DW        ?
X2        DW        ?                ;斜线终点坐标(x2,y2)
Y2        DW        ?
COLOR     DW        ?                ;斜线颜色
MSG       DB        'input x1,y1,x2,y2,color: '
          DB        '$'
DATA      ENDS
CODE      SEGMENT
MAIN      PROC      FAR
          ASSUME    CS：CODE,DS：DATA
START:    PUSH      DS
          SUB       AX,AX
          PUSH      AX
          MOV       AX,DATA
          MOV       DS,AX
```

```
                MOV     AH,0                ;置工作方式
                MOV     AL,4
                INT     10H
                MOV     AH,11               ;置图形方式下的本底色
                MOV     BH,0
                MOV     BL,8
                INT     10H
    NEWLINE:    LEA     DX,MSG              ;显示提示信息
                MOV     AH,9
                INT     21H
                CALL    DECIBIN             ;输入起点、终点、坐标及线色值
                MOV     X1,BX
                CALL    DECIBIN
                MOV     Y1,BX
                CALL    DECIBIN
                MOV     X2,BX
                CALL    DECIBIN
                MOV     Y2,BX
                CALL    DECIBIN
                MOV     COLOR,BX
                CALL    LINESUB             ;调用画线子程序
                JMP     NEWLINE             ;继续画线
                RET
    MAIN        ENDP
    LINESUB     PROC    NEAR                ;画线子程序
                MOV     AX,Y2
                SUB     AX,Y1
                MOV     SI,1
                JGE     STORY
                MOV     SI,-1
                NEG     AX
    STORY:      MOV     DELTY,AX
                MOV     AX,X2
                SUB     AX,X1
                MOV     DI,1
                JGE     STOREX
                MOV     DI,-1
                NEG     AX
    STOREX:     MOV     DELTX,AX
                MOV     AX,DELTX
                CMP     AX,DELTY
                JL      ESTEEP
                CALL    EASY
                JMP     FINISH
```

```
ESTEEP:   CALL      STEEP
FINISH:   RET
LINESUB   ENDP


EASY      PROC      NEAR
          MOV       AX,DEL TX
          SHR       AX,1
          MOV       HALFX,AX
          MOV       CX,X1
          MOV       DX,Y1
          MOV       BX,0
          MOV       AX,DEL TX
          MOV       COUNT,AX
NEWDOT:   CALL      DOTPLOT
          ADD       CX,DI
          ADD       BX,DEL TY
          CMP       BX,HALFX
          JLE       DCOUNT
          SUB       BX,DEL TX
          ADD       DX,SI
DCOUNT:   DEC       COUNT
          JGE       NEWDOT
          RET
EASY      ENDP


STEEP     PROC      NEAR
          MOV       AX,DEL TY
          SHR       AX,1
          MOV       HALFY,AX
          MOV       CX,X1
          MOV       DX,Y1
          MOV       BX,0
          MOV       AX,DEL TY
          MOV       COUNT,AX
NEWDOT2:  CALL      DOTPLOT
          ADD       DX,SI
          ADD       BX,DEL TX
          CMP       BX,HALFY
          JLE       DCOUNT2
          SUB       BX,DEL TY
          ADD       CX,DI
DCOUNT2:  DEC       COUNT
          JGE       NEWDOT2
          RET
```

```
        STEEP       ENDP

        DOTPLOT     PROC    NEAR                    ;画点子程序
                    PUSH    BX
                    PUSH    CX
                    PUSH    DX
                    PUSH    AX
                    PUSH    SI
                    PUSH    DI
                    MOV     AX,COLOR
                    MOV     AH,12
                    INT     10H
                    POP     DI
                    POP     SI
                    POP     AX
                    POP     DX
                    POP     CX
                    POP     BX
                    RET
        DOTPLOT     ENDP

        DECIBIN     PROC    NEAR                    ;十进制数变二进制数
                    MOV     BX,0
        NEWCHAR:    MOV     AH,1
                    INT     21H
                    SUB     AL,30H
                    JL      EXIT
                    CBW
                    XCHG    AX,BX
                    MOV     CX,10
                    MUL     CX
                    XCHG    AX,BX
                    ADD     BX,AX
                    JMP     NEWCHAR
        EXIT:       RET
        DECIBIN     ENDP

        CODE        ENDS
                    END     START
```

Bresenham 算法简单，在显示接近水平或接近垂直的斜线时，优点更为突出。例如当画出一条从 $(0,0)$ 至 $(20,1)$ 的斜线时，Bresenham 算法使 $x < 10$ 时，$y = 0$，而 $x \geqslant 10$ 时，$y = 1$。这就使小角度斜线的步进是对称的，读者不妨自行上机试验。

上例中，斜线的斜率小于 1，若斜率大于 1，例如 $y = 2.6x$，仍然可采用 Bresenham 算法。此时只需将 $y=2.6x$ 变为 $y=2x+0.6x$ 即可。每当 $x$ 增加 1 时，$y$ 的增量分成两部分，斜线方程右边($2x+0.6x$)的第一部分 $2x$ 是 $y$ 必然要增加的部分，而第二部分 $0.6x$ 是与上例相同的需四舍五入的部分，也就是 Bresenham 算法的部分。其他情况也可依此类推。

## 3.5　汇编语言程序设计举例

前面几节分别介绍了微型计算机的指令系统、汇编语言源程序的格式、伪操作命令以及 DOS 和 BIOS 调用，本节将举出几个综合性的实例说明以上内容的具体用法。本节举例的所有程序均已上机通过。

〔**例 3.13**〕　源数据区与目标数据区地址可能重叠的数据块传送。

我们已经知道可以采用串操作指令 MOVS 来实现数据块传送。但是，如果源数据区与目标数据区的一部分地址发生重叠，如图 3.8 所示，则应考虑从何处开始传送才能不破坏被传送的数据块。

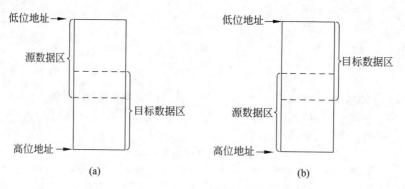

图 3.8　源数据区与目标数据区地址重叠示意图

例如在图 3.8(a)中，源数据区的起始地址低于目标数据区的起始地址，此时，若从数据块的低地址部分开始传送，则将破坏源数据区中的一部分内容。同理，在图 3.8(b)中，源数据区的起始地址高于目标数据区的起始地址，若从数据块的高地址部分开始传送，也将对数据块内容造成破坏。因此，在传送地址可能重叠的数据块之前，首先必须分别计算源数据区和目标数据区的物理地址，然后确定从何处开始传送。

在本书第 1 章中已经介绍过，为了获得存储器的 20 位物理地址，应将其段地址左移 4 位，然后再与偏移地址相加。如果源数据区的起始地址在 DS：SI 中，目标数据区的起始地址在 ES：DI 中，数据块的长度在 CX 中，则数据块传送程序的流程图如图 3.9 所示。

假设源数据块已经存放在地址 DS：SI 中，要求传送到目标地址 ES：DI。根据流程图，可编写汇编语言源程序如下：

```
CODE        SEGMENT
            ASSUME   CS：CODE
```

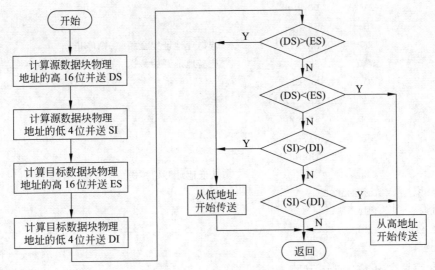

图 3.9  例 3.13 流程图

```
BLK_MOV    PROC    FAR
START:     PUSH    DS
           MOV     AX,0
           PUSH    AX
           MOV     AX,SI            ;计算源数据区物理地址的高 16 位
           SHR     AX,1
           SHR     AX,1
           SHR     AX,1
           SHR     AX,1
           MOV     DX,DS
           ADD     AX,DX
           MOV     DS,AX            ;结果送 DS
           AND     SI,0FH           ;(SI)←源数据区物理地址低 4 位
           MOV     BX,DI            ;计算目标数据区物理地址的高 16 位
           SHR     BX,1
           SHR     BX,1
           SHR     BX,1
           SHR     BX,1
           MOV     DX,ES
           ADD     BX,DX
           MOV     ES,BX            ;结果送 ES
           AND     DI,0FH           ;(DI)←目标数据区物理地址低 4 位
           CMP     AX,BX            ;比较源起始地址和目标起始地址的高 16
                                    ;位
           JA      DOWN             ;若源地址高,转移到 DOWN
           JB      UP               ;若源地址低,转移到 UP
           CMP     SI,DI            ;若二者相等,则再比较低 4 位地址
```

```
              JA        DOWN
              JB        UP
              JMP       EXIT          ;若物理地址完全相等,则停止
    UP:       STD                     ;从高地址开始传送
              MOV       AX,CX
              DEC       AX
              ADD       SI,AX
              ADD       DI,AX
              JMP       TRANS
    DOWN:     CLD                     ;从低地址开始传送
    TRANS:    REP MOVSB
    EXIT:     RET
    BLK_MOVE  ENDP
    CODE      ENDS
              END       START
```

在本节给出的几个汇编语言源程序举例中,均将程序设计成为一个远过程。由以上程序可见,在过程定义伪操作命令 PROC 后面,指定过程的类型为 FAR。DOS 可以调用这些程序。在这些远过程中,开始有三条指令:

```
    PUSH      DS
    MOV       AX,0
    PUSH      AX
```

这三条指令的作用是,将 DS 中的内容作为段地址,将 AX 寄存器中的内容 0000H 作为偏移地址,先后推入堆栈。而过程中的最后一条指令是返回指令 RET,程序结束时执行RET 指令后即返回 DOS。

如果在过程开始没有上述三条指令,则程序结束时不能简单地用返回指令 RET,而应使用功能号为 4CH 的 DOS 功能调用,即程序最后应使用以下两条指令:

```
    MOV       AH,4CH
    INT       21H
```

[**例 3.14**] 将 36 位 BCD 数转换为 ASCII 十进制数。

以 BCDBUF 为首址的内存区中存有 18 个字节的压缩 BCD 数,要求转换为相应的 36 个 ASCII 十进制数,并依次输出到 CRT 显示。BCD 数存放时,低位在前,高位在后。例如,若 BCD 缓冲器内容如图 3.10 所示,则要求 CRT 上依次显示以下 36 个数字:

1234567890…123456

如果 36 位十进制数前面有若干个 0,例如:

00042769053…

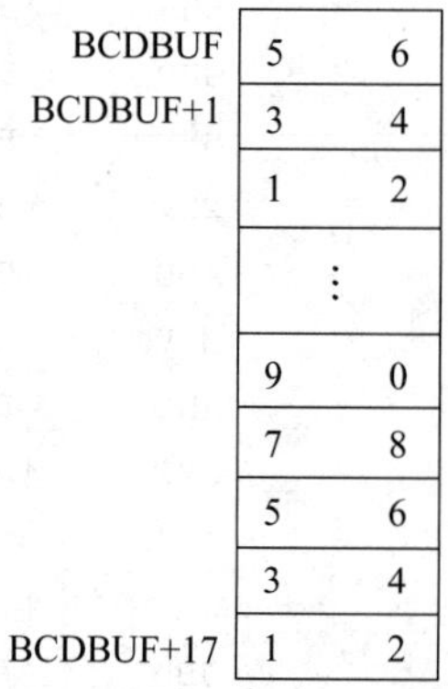

| BCDBUF | 5 | 6 |
|---|---|---|
| BCDBUF+1 | 3 | 4 |
| | 1 | 2 |
| | ⋮ | |
| | 9 | 0 |
| | 7 | 8 |
| | 5 | 6 |
| | 3 | 4 |
| BCDBUF+17 | 1 | 2 |

图 3.10　例 3.14 中 BCD 缓冲器内容

则前导的 0 可以不显示。但是,若 36 位数字全部为 0,则要求显示一个 0。

转换程序的流程图如图 3.11 所示。

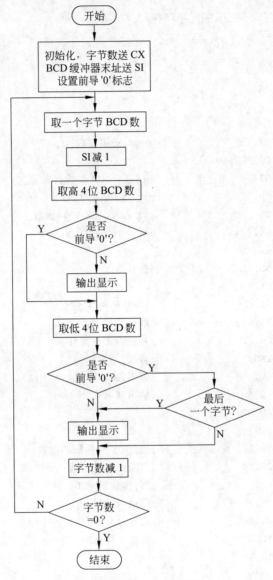

图 3.11　例 3.14 流程图

其中,输出到 CRT 显示的要求可利用功能号等于 2 的 DOS 调用来实现。汇编语言源程序如下所示:

```
DATA      SEGMENT
BCDBUF    DB      56H,34H,12H,90H,78H,56H,34H,12H
          DB      90H,78H,56H,34H,12H,90H,78H,56H,34H,12H
DATA      ENDS
STACK     SEGMENT STACK
```

```
            DB      100  DUP(?)
    STACK   ENDS
    CODE    SEGMENT
            ASSUME  CS：CODE,DS：DATA,SS：STACK
    TRANS   PROC    FAR
    START： PUSH    DS
            MOV     AX,0
            PUSH    AX
            MOV     AX,DATA
            MOV     DS,AX
            MOV     CX,18           ;(CX)←字节数
            LEA     SI,BCDBUF
            ADD     SI,17           ;(SI)←BCD 缓冲器末址
            MOV     DH,0            ;设置前导为'0'标志
    LOAD：  PUSH    CX              ;CX 入栈,保存循环次数
            MOV     AL,[SI]         ;取一个字节 BCD
            DEC     SI
            MOV     BL,AL           ;暂存 BL
            MOV     CL,4
            ROL     AL,CL           ;AL 循环左移 4 次
            AND     AL,0FH          ;取高 4 位 BCD
            OR      DH,AL           ;判是否为前导'0'
            JZ      LAST            ;若是,不显示
            ADD     AL,30H          ;否则,BCD 转换为 ASCII
            MOV     DL,AL           ;输出显示
            MOV     AH,02
            INT     21H
    LAST：  POP     CX              ;恢复 CX 中的循环次数
            CMP     CX,1            ;判断是否是最后一个字节
            JNZ     BCDL            ;否,转移到 BCDL
            MOV     DH,0FFH         ;若是,设置标志
    BCDL：  MOV     AL,BL           ;取暂存在 BL 中的一个字节
            AND     AL,0FH          ;取低 4 位 BCD
            OR      DH,AL
            JZ      GOON
            ADD     AL,30H          ;BCD 转换为 ASCII
            MOV     DL,AL           ;输出显示
            MOV     AH,02
            INT     21H
    GOON：  LOOP    LOAD
            RET
    TRANS   ENDP
    CODE    ENDS
            END     START
```

[**例 3.15**]　两个多位无符号二进制数的乘法。

由于 8086 CPU 具有 16 位二进制数的乘法指令,因此,可将多位二进制的被乘数和乘数均从低位开始,每 16 位划分为一组。例如,被乘数 A 划分为 $A_1$、$A_2$、$\cdots$、$A_n$ 共 N 个组,其中 $A_1$ 是最低 16 位被乘数。同理,乘数 B 也划分为 $B_1$、$B_2$、$\cdots$、$B_n$,共 N 组,其中 $B_1$ 是最低 16 位乘数,如图 3.12 所示。

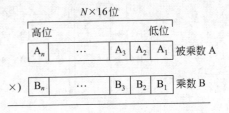

图 3.12　$N \times 16$ 位被乘数和乘数示意图

进行乘法时,从低位开始,先将最低 16 位乘数 $B_1$ 分别与各组被乘数 $A_1$、$A_2$、$\cdots$、$A_n$ 依次相乘,相应得到 N 个部分积 $A_1B_1$、$A_2B_1$、$\cdots$、$A_nB_1$。注意,当两个 16 位数 $A_1$ 和 $B_1$ 相乘时,其乘积 $A_1B_1$ 可能有 32 位,此时,$A_1B_1$ 的高 16 位应该加到较高位的部分积 $A_2B_1$ 的低 16 位上去,用这种方法将上述各项部分积逐项累加以后即可得到第 1 次部分积之和,如图 3.13(a)所示。

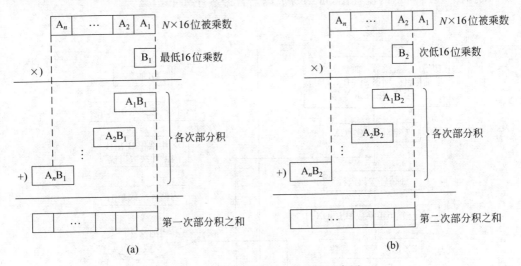

图 3.13　计算部分积之和过程示意图

然后,再将次低 16 位乘数 $B_2$ 分别与各组被乘数 $A_1$、$A_2$、$\cdots$、$A_n$ 依次相乘,用同样的方法将各项部分积逐项累加,得到第 2 次部分积之和。见图 3.13(b)。依此类推,共可得到 N 个部分积之和。将所有各次部分积之和仍用上述方法累加,最后即可得到正确的乘积。

由于将某一组乘数 $B_i$ 分别与 $A_1$、$A_2$、$\cdots$、$A_n$ 相乘,然后将每次所得到的部分积相加到最后结果上去的过程都是相同的,因此可以通过循环程序实现,称为内循环。而且不同组的乘数 $B_i$ 又重复同样的过程与 $A_1$、$A_2$、$\cdots$、$A_n$ 相乘,所以也可以利用循环,称为外循环。内循环和外循环均需 N 次。

在本例中,使用 SI 寄存器作为被乘数单元的地址指针,BX 寄存器作为乘数单元的地址指针,DI 寄存器作为乘积单元的地址指针。如果被乘数和乘数均为 $N \times 16$ 位二进制数,则二者各需 2N 个存储单元,而乘积需要 4N 个存储单元。在存储器中存放时均为低位在前,高位在后。数据占用存储单元及地址指针寄存器的情况如图 3.14 所示。

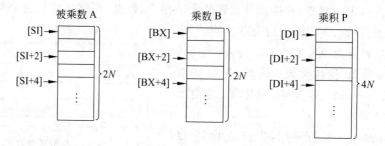

图 3.14　例 3.15 中数据占用存储单元及地址指针寄存器情况

　　程序采用双重循环结构。如果内、外循环均利用 CX 寄存器计数,则应注意随时入栈保护,以免造成计数混乱。另外,存储器中存放被乘数和乘积的单元,在循环过程中将被多次、反复地访问,为了避免出错,也应注意在适当地方将其地址指针入栈保护。

　　根据图 3.15 所示的流程图,可编写汇编语言源程序如下:

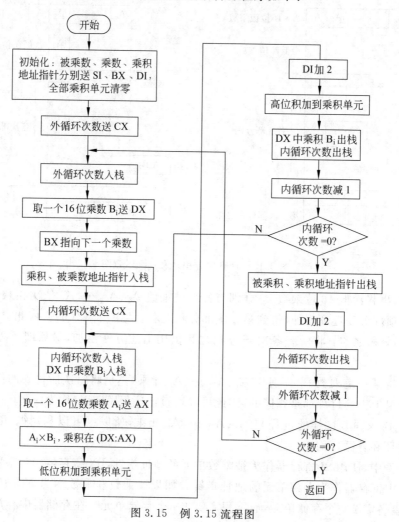

图 3.15　例 3.15 流程图

```
COUNT     EQU       3
DATA      SEGMENT
MCAND     DW        00FFH,11FFH,0011H        ;被乘数
MCATOR    DW        000AH,1000H,0040H        ;乘数
PROT      DW        6 DUP(?)                 ;乘积
DATA      ENDS
STACK     SEGMENT   STACK
          DB        100 DUP(?)
STACK     ENDS
CODE      SEGMENT
          ASSUME    CS:CODE,DS:DATA,ES:DATA,SS:STACK
MBMUL     PROC      FAR
START:    PUSH      DS
          MOV       AX,0
          PUSH      AX
          MOV       AX,DATA
          MOV       DS,AX
          MOV       ES,AX
          LEA       SI,MCAND                 ;置被乘数地址指针
          LEA       BX,MCATOR                ;置乘数地址指针
          LEA       DI,PROT                  ;置乘积地址指针
          PUSH      DI                       ;乘积地址指针入栈
          MOV       AX,0
          MOV       CX,2 * COUNT
          CLD
          REP       STOSW                    ;全部乘积单元清零
          POP       DI
          MOV       CX,COUNT
EXTER:    PUSH      CX                       ;外循环计数入栈
          MOV       DX,[BX]                  ;(DX)←取一个 16 位乘数 Bi
          INC       BX                       ;BX 指向下一个乘数
          INC       BX
          PUSH      DI                       ;乘积地址指针入栈
          PUSH      SI                       ;被乘数地址指针入栈
          MOV       CX,COUNT
INTER:    PUSH      CX                       ;内循环计数入栈
          PUSH      DX                       ;乘数 Bi 入栈
          LODSW                              ;(AX)←取一个 16 位被乘数 Ai,且
                                             ;SI+2
          MUL       DX                       ;(AX) * (DX)
          ADD       [DI],AX                  ;加低位积
          INC       DI
          INC       DI
          ADC       [DI],DX                  ;加高位积
```

```
        POP     DX                          ;恢复乘数 Bi
        POP     CX                          ;恢复内循环计数
        LOOP    INTER                       ;循环次数减 1,如≠0 转 INTER
        POP     SI                          ;恢复被乘数地址指针
        POP     DI                          ;恢复乘积地址指针
        INC     DI
        INC     DI
        POP     CX                          ;恢复外循环计数
        LOOP    EXTER                       ;外循环次数减 1,如≠0 转 EXTER
        RET                                 ;如=0,返回
MBMUL   ENDP
END     START
```

[例 3.16] 字符串查找。

假设内存中已经存有一张表,要求从键盘上输入一个字符串,然后在表中查找该字符串,如有,则在屏幕上显示"OK!";如果没有,则显示"No!";若输入字符串的长度大于表的长度,则显示"Wrong! The string is too long!"

查找可分两步进行,首先在表中搜索字符串的第一个字符;如有,再比较字符串的其他字符是否一致。

在屏幕上显示一个字符串可利用功能号为 09 的 DOS 调用;从键盘上接收一个字符串可利用 0AH 号 DOS 调用。

字符串查找过程的流程图如图 3.16 所示。假设内存中已经存放了一张包括 26 个英文大写字母的表,字符串查找的汇编语言源程序如下:

```
DATA        SEGMENT
TABLE       DB          'ABCDEFGHIJKLMNOPQRSTUVWXYZ'
STR1        DB          'Please enter a string: ',0DH,0AH,'$'
STR2        DB          'Wrong! The string is too long! $ '
STR3        DB          'No! $ '
STR4        DB          'OK! $ '
BUFFER      DB          40
            DB          ?
            DB          40   DUP(?)
TAB_LEN     EQU         26
DATA        ENDS
STACK       SEGMENT     STACK
            DB          100  DUP(?)
STACK       ENDS
CODE        SEGMENT
            ASSUME CS: CODE,DS: DATA,ES: DATA,SS: STACK
SEARCH      PROC        FAR
START:      PUSH        DS
            MOV         AX,0
```

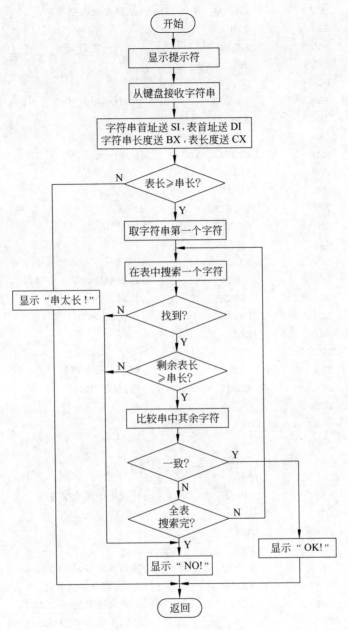

图 3.16　例 3.16 流程图

```
PUSH        AX
MOV         AX,DATA
MOV         DS,AX
MOV         ES,AX
LEA         DX,STR1
MOV         AH,09              ;显示提示符
INT         21H
LEA         DX,BUFFER
```

```
                MOV         AH,0AH              ;从键盘接收字符串
                INT         21H
                MOV         SI,DX               ;(SI)←串首址
                INC         SI
                MOV         BL,[SI]
                MOV         BH,0                ;(BX)←串长度
                INC         SI
                LEA         DI,TABLE            ;(DI)←表首址
                MOV         CX,TAB_LEN          ;(CX)←表长度
                CMP         CX,BX               ;表长≥串长?
                JNC         GOON                ;是,转 GOON
                LEA         DX,STR2             ;否则
                JMP         EXIT                ;显示"串太长!"
GOON:           CLD
                MOV         AL,[SI]             ;(AL)←字符串第一个字符
SCAN:           REPNZ       SCASB               ;在表中搜索第一个字符
                JZ          MATCH               ;找到,转 MATCH
ERROR:          LEA         DX,STR3             ;否则,显示"No!"
                JMP         EXIT
MATCH:          INC         CX
                CMP         CX,BX               ;剩余表长≥串长?
                JC          ERROR               ;否,显示"No!"
                PUSH        CX
                PUSH        SI
                PUSH        DI
                MOV         CX,BX
                DEC         DI
                REPZ        CMPSB               ;比较串中其余字符
                POP         DI
                POP         SI
                POP         CX
                JZ          FOUND               ;找到字符串,转 FOUND
                JCXZ        ERROR               ;否则,如全表搜索完,显示"No!"
                JMP         SCAN                ;全表未搜索完,转 SCAN
FOUND:          DEC         DI                  ;(DI)←字符串偏移地址
                LEA         DX,STR4             ;显示"OK!"
EXIT:           MOV         AH,09
                INT         21H
                RET
SEARCH          ENDP
CODE            ENDS
                END         START
```

[**例 3.17**]　CRT 上的电子钟。

编写一个 8086 汇编语言程序,使程序运行后屏幕显示器成为一台电子钟。首先屏幕上显示提示符,要求从键盘上输入当前时间,然后每隔一秒使显示的秒值加 1,达到 60 秒时使分值加 1,秒值清零;达到 60 分时使小时值加 1,分值清零;达到 24 小时则小时值清零。上述过程一直进行下去,当输入 CTRL-C 时退出"电子钟"状态,返回 DOS。

根据上述要求,可画出程序的流程图如图 3.17 所示。

其中,显示一个字符串,以及从键盘上接收一个字符串可分别通过 09 号和 0AH 号 DOS 功能调用实现。延时 1 秒可以编一个延时子程序。程序中对时、分、秒三个时间单位有许多类似的操作,例如分别将它们由 ASCII 码转换为 BCD 码,或由 BCD 码转换为 ASCII 码,以及将时、分、秒值分别加 1,并 DAA 调整后判断是否达到 60H 或 24H 等,对于这样的程序段,可以采用宏处理伪操作,以便缩短源程序的长度,使程序更加清晰,有利于结构的模块化。另外还可以利用 BIOS 调用设计窗口,选择适当的背景色和前景色等,使屏幕显示更加美观。程序清单见下。

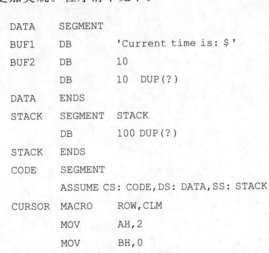

图 3.17　例 3.17 流程图

```
DATA     SEGMENT
BUF1     DB         'Current time is: $'
BUF2     DB         10
         DB         10  DUP(?)
DATA     ENDS
STACK    SEGMENT    STACK
         DB         100 DUP(?)
STACK    ENDS
CODE     SEGMENT
         ASSUME CS: CODE,DS: DATA,SS: STACK
CURSOR   MACRO      ROW,CLM                      ;设置光标位置
         MOV        AH,2
         MOV        BH,0
         MOV        DH,ROW
         MOV        DL,CLM
         INT        10H
         ENDM
WIN      MACRO ROWL,CLML,ROWR,CLMR,COLOR         ;设置窗口位置及颜色
         MOV        AH,6
```

```
            MOV      AL,0
            MOV      CH,ROWL
            MOV      CL,CLML
            MOV      DH,ROWR
            MOV      DL,CLMR
            MOV      BH,COLOR
            INT      10H
            ENDM
ASCBCD      MACRO    REG                    ;ASCII→BCD
            INC      BX
            INC      BX
            MOV      REG,[BX]
            MOV      CL,4
            SHL      REG,CL
            INC      BX
            MOV      AL,[BX]
            AND      AL,0FH
            OR       REG,AL
            ENDM
BCDASC      MACRO    REG                    ;BCD→ASCII
            INC      BX
            INC      BX
            MOV      AL,REG
            MOV      CL,4
            SHR      AL,CL
            OR       AL,30H
            MOV      [BX],AL
            INC      BX
            MOV      AL,REG
            AND      AL,0FH
            OR       AL,30H
            MOV      [BX],AL
            ENDM
INCBCD      MACRO    REG,COUNT              ;BCD 数加 1
            MOV      AL,REG
            INC      AL
            DAA
            MOV      REG,AL
            CMP      AL,COUNT
            JNZ      DISPY
            MOV      REG,0
            ENDM
STRDSPY     MACRO    ADRS                   ;显示字符串
            LEA      DX,ADRS
```

```
                MOV        AH,9
                INT        21H
                ENDM
CLOCK   PROC        FAR
START:  PUSH        DS
                MOV        AX,0
                PUSH       AX
                MOV        AX,DATA
                MOV        DS,AX
                WIN        0,0,24,79,7
                WIN        9,28,15,52,01010111B        ;设置窗口
                CURSOR     11,32                        ;设置光标
                STRDSPY    BUF1                         ;显示提示符
                CURSOR     13,36                        ;设置光标
                LEA        DX,BUF2
                MOV        AH,0AH
                INT        21H                          ;从键盘接收当前时间
                LEA        BX,BUF2
                ASCBCD     CH                           ;小时值 ASCII→BCD,
                                                        ;存 CH
                ASCBCD     DH                           ;分值 ASCII→BCD,
                                                        ;存 DH
                ASCBCD     DL                           ;秒值 ASCII→BCD,
                                                        ;存 DL
    TIMER:  CALL       DELY                         ;延时 1 秒
                INCBCD     DL,60H                       ;(DL)+1,并判
                                                        ;≥60H?
                INCBCD     DH,60H                       ;(DH)+1,并判
                                                        ;≥60H?
                INCBCD     CH,24H                       ;(CH)+1,并判
                                                        ;≥24H?
    DISPY:  LEA        BX,BUF2
                BCDASC     CH                           ;时值 BCD→ASCII
                BCDASC     DH                           ;分值 BCD→ASCII
                BCDASC     DL                           ;秒值 BCD→ASCII
                INC        BX
                MOV        AL,'$'
                MOV        [BX],AL
                PUSH       DX
                CURSOR     13,36                        ;设置光标
                STRDSPY    BUF2+2                       ;显示时、分、秒值
                POP        DX
                JMP        TIMER
    DELY    PROC                                   ;延时子程序
```

```
        PUSH    CX
        PUSH    AX
        MOV     AX,3
X1:     MOV     CX,0FFFFH
X2:     DEC     CX
        JNE     X2
        DEC     AX
        JNE     X1
        POP     AX
        POP     CX
        RET
DELY    ENDP
CLOCK   ENDP
CODE    ENDS
        END     START
```

[例 3.18]　两个 32 位带符号数的乘法。

假设在内存的数据段连续存放了两个 32 位(4 字节)的带符号数 DATA1 和 DATA2,要求将它们的 32 位带符号数乘积 RESULT 放在随后的 4 个内存单元中,如图 3.18 所示。

如果被乘数和乘数是 32 位的无符号数,则可以利用例 3.15 介绍的两个多位无符号数的乘法程序。对于带符号数来说,8086 的指令系统中只有 16 位带符号数的乘法指令,如用此种指令编写 32 位带符号数的乘法程序,还是比较麻烦。但是,如果利用 80486 CPU 提供的 32 位带符号数乘法指令,则程序将十分简单。

程序的流程图如图 3.19 所示。

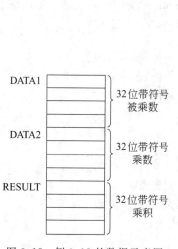

图 3.18　例 3.18 的数据示意图

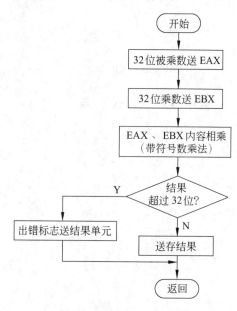

图 3.19　例 3.18 流程图

采用 80486 指令的汇编语言源程序如下。

```
              .486                                      ;80486方式
DATA    SEGMENT        USE16                            ;数据段以16位寻址
DATA1   DD             0FFFFFFBFH                       ;被乘数
DATA2   DD             0FFFFF000H                       ;乘数
RESULT  DD             ?                                ;乘积
DATA    ENDS
STACK   SEGMENT        USE16                            ;堆栈段以16位寻址
        DB             100  DUP(?)
STACK   ENDS
CODE    SEGMENT        USE16                            ;代码段以16位寻址
        ASSUME CS: CODE,DS: DATA,SS: STACK
IMUL32  PROC           FAR
START:  PUSH           DS
        MOV            AX,0
        PUSH           AX
        MOV            AX,DATA
        MOV            DS,AX
        MOV            AX,STACK
        MOV            SS,AX
        MOV            EAX,DATA1                         ;(EAX)←被乘数
        MOV            EBX,DATA2                         ;(EBX)←乘数
        IMUL           EAX,EBX
        JO             ERR                               ;若(OF)=1,转 ERR
        MOV            RESULT,EAX                        ;否则,结果送存
        RET
ERR:    MOV            DWORD PTR RESULT,0                ;结果单元←0
        RET
IMUL32  ENDP
CODE    ENDS
        END            START
```

在源程序的开始必须使用处理器方式伪操作".486";否则,汇编程序对于源程序中出现的 80486 指令将认为出错。

另外,80486 的带符号数乘法指令 IMUL 中,如果有两个操作数,且二者皆为 32 位通用寄存器,则乘积放在前面一个目标寄存器中,因此位长也限于 32 位。若结果超出 32 位,则超出的高位部分丢掉,且标志位 OF 和 CF 置 1。因此,在上面的源程序中利用 OF 标志来判断得到的乘积是否正确。

# 习　题　3

**题 3-1**　分别说明以下各个变量占有多少内存单元,以及各内存单元的内容(用十六进制表示)。

```
1. DATA      DB      1,2,3,4,'1234',-5,-128,0FFH,'0FFH'
2. EXP       DB      51+4*6
3. NUM       DW      0,65535,'20',100,40/2-'A'
4. DWORD     DD      12,-3,0ABCDH,3*7+15
5. ALPHA     DB      '?'
6. BETA      DW      ?,?
7. TABLE     DB      5 DUP(4 DUP(9),3 DUP(8),6,0)
8. BUFF      DW      10 DUP(2,-2,6 DUP(?))
```

**题 3-2**　假设有以下符号定义伪操作:

```
DATA1   EQU     19H
DATA2   EQU     -1
DATA3   EQU     'A'
```

如果随后分别执行以下指令,试说明有关寄存器的内容(用十六进制表示)。

```
1. MOV     AL,DATA1*DATA2+DATA3
2. MOV     BL,DATA1/DATA2-DATA3
3. MOV     CL,DATA3  MOD  DATA2
4. MOV     DL,DATA1  AND  DATA3
5. MOV     AH,DATA1  OR   DATA2  XOR  DATA3
6. MOV     AX,DATA1  LE   DATA2
7. MOV     BX,DATA3  GT   DATA1
```

**题 3-3**　假设有以下数据定义伪操作:

```
BUFF1   DB     'WXYZ'
BUFF2   DB   10 DUP(?)
BUFF3   DW   50 DUP(?)
BUFF4   DD   100 DUP(?)
```

如果随后分别执行以下指令,试说明有关寄存器的内容。

```
1. MOV     SI,BUFF1
2. MOV     DI,OFFSET BUFF1
3. MOV     AL,TYPE  BUFF2
4. MOV     AH,TYPE  BUFF3
5. MOV     BL,LENGTH  BUFF2
6. MOV     BH,LENGTH  BUFF3
7. MOV     CL,SIZE  BUFF2
8. MOV     CH,SIZE  BUFF3
9. MOV     DL,TYPE  BUFF4
10. MOV    DH,SIZE  BUFF4
```

**题 3-4**　编写程序段从键盘接收一个字符,如为'Y',跳转至标号 YES;如为'N',跳转至标号 NO。如果输入的字符既不是'Y',也不是'N',则等待重新输入。要求对输入的大写字母和小写字母同样处理。

**题 3-5** 试编写完整的汇编语言程序,实现两个 5 位十进制数的加法。例如计算

$$48721 + 60395 = ?$$

要求被加数和加数均以 ASCII 码表示,相加所得的和也以 ASCII 码形式表示。同时应考虑两个 5 位十进制数相加时,所得的和可能有 6 位。

**题 3-6** 试编写完整的汇编语言程序,实现以下乘法运算,被乘数为 5 位十进制数,乘数为 1 位十进制数,例如计算

$$30816 \times 6 = ?$$

被乘数和乘数均以 ASCII 码形式存放。要求乘积也以 ASCII 码形式存放。

**题 3-7** 首地址为 STRING 的内存区存放了一个由数字'0'~'9',英文大写字母'A'~'Z'以及英文小写字母'a'~'z'组成的 ASCII 字符串,字符串的结束符为 CR(即回车符,其 ASCII 码为 0DH),字符串总长度不超过 256 个。要求编写完整的汇编语言程序,将字符串传送到首地址为 BUFFER 的另一内存区,遇到结束符 CR 即停止传送,并要求统计传送的字符总数以及其中的英文大写字母的数目,分别存入 SUM 单元和 CAPITAL 单元。

**题 3-8** 程序中多次要求将某两个 8 位寄存器或内存单元中的无符号数相乘,并将得到的乘积放在某个 16 位寄存器或存储单元中,要求:

1. 定义一个宏指令。

2. 假设进行以下两次宏调用,写出宏调用和宏扩展的结果。

(1) 将 BL 和 CL 寄存器的内容相乘,乘积放在 DX 寄存器。

(2) 将 CH 寄存器和 DATA 存储单元的内容相乘,乘积放在存储单元 BUFFER 和 BUFFER+1。

**题 3-9** 输入一串字符:

1. 回显在当前光标所在位置。

2. 回显在下一行首。

3. 打印输出。

4. 作为一个文件存入磁盘。

**题 3-10** 编写程序,实现下述功能:

1. 用系统功能调用 INT 21H 的 0A 号功能,输入任意位数(小于等于 8 位)的二进制数。

2. 此二进制数存放在数据区的某单元中。

3. 清屏后,将此二进制数显示在第 10 行第 20 列开始处,显示格式如下:

```
The data is
```

4. 每隔 5 秒,字符改变一次颜色。

**题 3-11** 将按下的键送至串口输出。

**题 3-12** 利用伪中断(INT 1CH)编写一段背景音乐。

# 第 4 章

# 半导体存储器

存储器是计算机的基本组成部分,随着 CPU 的发展,存储器也不断更新。本章在讲述 RAM 和 ROM 工作原理之后,进一步介绍了新一代存储器,如 DDR 内存和 FLASH 存储器,并讲述 CPU 与存储器的连接以及 IBM-PC 中的存储器,最后介绍了微型计算机的扩展存储器及其管理。

## 4.1 概述

存储器是计算机中用来存储信息的部件。有了存储器,计算机才有记忆功能,才能把计算机要执行的程序以及数据处理与计算的结果存储在计算机中,使计算机能自动工作。

### 4.1.1 存储器的分类

按存取速度和用途可把存储器分为两大类:把具有一定容量,存取速度快的存储器称为内部存储器,简称内存,它是计算机的重要组成部分,CPU 可对它进行访问;把存储容量大而速度较慢的存储器称为外部存储器,简称外存,在微型计算机中常见的外存有软磁盘、硬磁盘、盒式磁盘等。近年来,由于多媒体计算机的发展,普遍采用了光盘存储器。外存容量很大,如 CD-ROM 光盘可达 650MB,硬盘可达到 750GB 的容量(1GB = 1024MB),而且容量还在增加,故也称外存为海量存储器。不过,要配备专门的设备才能完成对外存的读写功能。

例如,软盘和硬盘要配有驱动器,磁带要有磁带机。通常将外存归入到计算机外部设备一类,它所存放的信息调入内存后 CPU 才能使用。

早期的内存使用磁芯,随着大规模集成电路的发展,半导体存储器集成度大大提高,成本迅速降低,存取速度大大加快,所以在微型计算机中,内存一般都使用半导体存储器。

### 4.1.2 半导体存储器的分类

从制造工艺的角度可把半导体存储器分为双极型、CMOS 型,HMOS 型等;从应用角度可将其分为两大类:随机读写存储器(RAM),又称随机存取存储器;只读存储器(ROM),如图 4.1 所示。

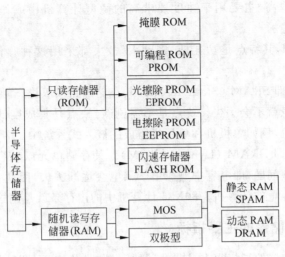

图 4.1  半导体存储器的分类

下面分别说明这两种存储器的特点。

**1. 只读存储器（ROM）**

只读存储器是在使用过程中,只能读出存储的信息而不能用通常的方法将信息写入的存储器,其中又可分为以下几种。

(1) 掩膜 ROM,利用掩膜工艺制造,一旦做好,不能更改,因此只适合于存储成熟的固定程序和数据。工厂大量生产时,成本很低。

(2) 可编程 ROM,简称 PROM(Programmable ROM),由厂家生产出的"空白"存储器,根据用户需要,利用特殊方法写入程序和数据,即对存储器进行编程,但只能写入一次,写入后信息是固定的,不能更改,它类似于掩膜 ROM,适合于批量使用。

(3) 光擦除 PROM,简称 EPROM(Erasable Programmable ROM),这种存储器可由用户按规定的方法多次编程,如编程之后想修改,可用紫外线灯制作的擦抹器照射 20 分钟左右,使存储器复原,用户可再编程,这对于研制和开发特别有利,因此应用十分广泛。

(4) 电擦除 PROM,简称 EEPROM 或 $E^2PROM$(Electrically Erasable PROM),这种存储器的特点是能以字节为单位擦除和改写,而且不需把芯片拔下插入编程器编程,在用户系统即可进行。随着技术的进步,EEPROM 的擦写速度将不断加快,将可作为不易失的 RAM 使用。除了并行读出的 EEPROM 外,现在也经常使用串行的EEPROM。

(5) 闪速存储器(Flash Memory),简称闪存。它是非易失性存储器(Non-Volatile Memory,NVM),在电源关闭后仍能保持片内信息;与 EPROM 相比较,闪速存储器具有明显的优势——在系统内电擦除和可以重复编程,单一电源供电,功耗低;与 EEPROM 相比较,闪速存储器具有成本低,密度大的优点。因此,闪存广泛地运用于各个领域。

**2. 随机读写存储器（RAM）**

随机读写存储器是在使用过程中利用程序随时可写入信息,又可随时读出信息的存储器,它分为双极型和 MOS 型两种。

(1) 双极型 RAM ,其特点是存取速度高,采用晶体管触发器作为基本存储电路,管子较多,功耗大,成本高,主要用于速度要求高的微型计算机中或作为高速缓冲存储器 (Cache)。

(2) MOS RAM,其特点是功耗低,密度大,故大都采用这种存储器,它又分为以下两种:

① 静态 RAM,即 SRAM (Static RAM),其存储电路以双稳态触发器为基础,状态稳定,只要不掉电,信息就不会丢失。优点是不需刷新,缺点是集成度低。适于不需要大存储容量的微型计算机,例如单板机和单片机组成的嵌入式系统中。

② 动态 RAM,即 DRAM (Dynamic RAM)。其存储单元以电容为基础,电路简单,集成度高。但也存在问题,即电容中电荷由于漏电会逐渐丢失,因此 DRAM 必须定时刷新。它适于大存储容量的计算机。80X86 计算机中的内存条就是用这种 DRAM 制作的。

### 4.1.3　半导体存储器的主要指标

衡量半导体存储器的指标很多,诸如可靠性、功耗、价格、电源种类等,但从接口电路来看,最重要的指标是存储器芯片的容量和存取速度。

**1. 容量**

存储器芯片的容量是以存储 1 位(bit)二进制数为单位的,因此存储器的容量即指每个存储器芯片所能存储的二进制数的位数。例如,1024 位/片,即指芯片内集成了 1024 位的存储器。由于在微型计算机中,数据大都是以字节(Byte)为单位并行传送的,同样,对存储器的读写也是以字节为单位寻址的。然而存储器芯片因为要适用于 1 位、4 位、8 位计算机的需要,或因工艺上的原因,其数据线也有 1 位、4 位、8 位之分。例如, Intel 2116 为 1 位,2114 为 4 位,6264 为 8 位,所以在标定存储器容量时,经常同时标出存储单元的数目和位数,因此存储器芯片容量= 单元数×数据线位数。

如 Intel 2114 芯片容量为 1K×4 位/片,6264 为 8K×8 位/片。虽然微型计算机的字长已经达到 16 位、32 位甚至 64 位,但其内存仍以一个字节为一个单元,不过在这种微型计算机中,一次可同时对 2,4,8 个单元进行访问。

**2. 存取速度**

存储器芯片的存取速度是用存取时间来衡量的。它是指从 CPU 给出有效的存储器地址到存储器给出有效数据所需要的时间。存取时间越短,则速度越快。超高速存储器的存取时间已小于 20ns,中速存储器在 100～200ns 之间,低速存储器的存取时间在 300ns 以上。现在 80586 CPU 时钟已达 100MHz 以上,这说明存储器的存取速度已非常高。随着半导体技术的进步,存储器的容量越来越大,速度越来越高,而体积却越来越小。

## 4.2　随机读写存储器

本节介绍 SRAM 和 DRAM 的工作原理和典型芯片,以便正确选用。

### 4.2.1 静态 RAM

#### 1. 静态 RAM 的基本存储电路

该电路通常由如图 4.2 所示的 6 个 MOS 管组成。

在此电路中，$T_1 \sim T_4$ 管组成双稳态触发器，$T_1$、$T_2$ 管为放大管，$T_3$、$T_4$ 管为负载管，若 $T_1$ 管截止，则 A 点为高电平，它使 $T_2$ 导通，于是 B 点为低电平，这又保证了 $T_1$ 的截止。同样，$T_1$ 导通而 $T_2$ 截止，这是另一个稳定状态。因此可用 $T_1$ 管的两种状态表示 1 或 0。由此可知，静态 RAM 保存信息的特点是和这个双稳态触发器的稳定状态密切相关的。显然，仅仅能保持这两个状态的一种还是不够的，还要对状态进行控制，于是就加上了控制管 $T_5$、$T_6$。

当地址译码器的某一个输出线送出高电平到 $T_5$、$T_6$ 控制管的栅极时，$T_5$、$T_6$ 导通，于是，A 与 I/O 线相连，B 点与 $\overline{\text{I/O}}$ 线相连。这时如要写 1，则 I/O 为 1，$\overline{\text{I/O}}$ 为 0，它们通过 $T_5$、$T_6$ 管与 A、B 点相连，即 A=1，B=0，使 $T_1$ 截止，$T_2$ 导通。而当写入信号和地址译码信号消失后，$T_5$、$T_6$ 截止，该状态仍能保持。如要写 0，$\overline{\text{I/O}}$ 线为 1，I/O 线为 0。这使 $T_1$ 导通，$T_2$ 截止，只要不掉电，这个状态会一直保持，除非重新写入一个新的数据。

对所存的内容读出时，仍需地址译码器的某一输出线送出高电平到 $T_5$、$T_6$ 管栅极，即此存储单元被选中，此时 $T_5$、$T_6$ 导通，于是 $T_1$、$T_2$ 管的状态被分别送至 I/O、$\overline{\text{I/O}}$ 线，这样就读取了所保存的信息。显然，所存储的信息被读出后，所存储的内容并不改变，除非重写一个数据。

由于 SRAM 存储电路中，MOS 管数目多，故集成度较低，而 $T_1$、$T_2$ 管组成的双稳态触发器必有一个是导通的，功耗也比 DRAM 大，这是 SRAM 的两大缺点。其优点是不需要刷新电路，从而简化了外部电路。

#### 2. 静态 RAM 的结构

静态 RAM 内部是由很多如图 4.2 所示的基本存储电路组成的。容量为单元数与数据线位数的乘积。为了选中某一个单元，往往利用矩阵式排列的地址译码电路。例如，1024 单元的内存，需 10 根地址线，其中 5 根用于行译码，另 5 根用于列译码，译码后在芯片内部排列成 32 条行选择线和 32 条列选择线，这样可选中 1024 个单元中的任何一个。而每一个单元的基本存储电路个数与数据线位数相同。

常用的典型 SRAM 芯片有 6116，6264，62256，628128 等。Intel 6116 的管脚及功能框图如图 4.3 所示。

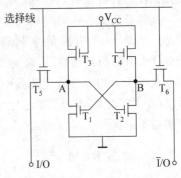

图 4.2 六管静态 RAM 存储电路

6116 芯片的容量为 2K×8 位，有 2048 个存储单元，需 11 根地址线，7 根用于行地址译码输入，4 根用于列地址译码输入，每条列线控制 8 位，从而形成了 128×128 个存储阵列，即 16384 个存储体。6116 的控制线有三条：片选 $\overline{\text{CS}}$、输出允许 $\overline{\text{OE}}$ 和读写控制 $\overline{\text{WE}}$。

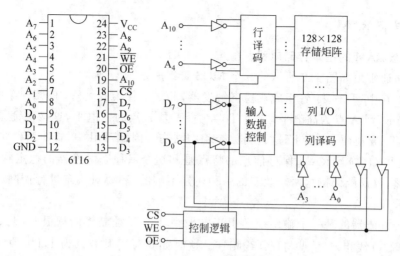

图 4.3　Intel 6116 管脚和功能框图

Intel 6116 存储器芯片的工作过程如下:

读出时,地址输入线 $A_{10} \sim A_0$ 送来的地址信号经地址译码器送到行、列地址译码器,经译码后选中一个存储单元(其中有 8 个存储位),由 $\overline{CS}$、$\overline{OE}$、$\overline{WE}$ 构成读出逻辑($\overline{CS}=0$,$\overline{OE}=0$,$\overline{WE}=1$),打开右面的 8 个三态门,被选中单元的 8 位数据经 I/O 电路和三态门送到 $D_7 \sim D_0$ 输出。

写入时,地址选中某一存储单元的方法和读出时相同,不过这时 $\overline{CS}=0$,$\overline{OE}=1$,$\overline{WE}=0$,打开左边的三态门,从 $D_7 \sim D_0$ 端输入的数据经三态门和输入数据控制电路送到 I/O 电路,从而写到存储单元的 8 个存储位中。

当没有读写操作时,$\overline{CS}=1$,即片选处于无效状态,输入输出三态门呈高阻状态,从而使存储器芯片与系统总线"脱离",6116 的存取时间在 85~150ns 之间。

其他静态 RAM 的结构与 6116 相似,只是地址线不同而已。常用的型号有 6264,62256,都是 28 个引脚的双列直插式芯片,使用单一的 5V 电源,它们与同样容量的 EPROM 引脚相互兼容,从而使接口电路的连线更为方便。

在电子盘和大容量存储器中,需要容量更大的 SRAM,例如 HM628128 容量为1Mb (128K×8),而 HM628512 芯片容量达 4Mb。限于篇幅,具体内容不再赘述,读者可参阅存储器手册。

### 4.2.2　动态 RAM

#### 1. 动态 RAM 存储电路

为减少 MOS 管数目,提高集成度和降低功耗,就出现了动态 RAM 器件,其基本存储电路为单管动态存储电路,如图 4.4 所示。

由图可见,DRAM 存放信息靠的是电容 C,电容 C 有电荷时,为逻辑 1,没有电荷时,为逻辑 0。但由于任何电容,都存在漏电,因此,当电容 C 存有电荷时,过一段时间由于电容的放电过程导致电荷流失,信息也就丢失,解决的办法是刷新,即每隔一定时间(一般为

2ms)就要刷新一次,使原来处于逻辑电平 1 的电容的
电荷又得到补充,而原来处于电平 0 的电容仍保持 0。

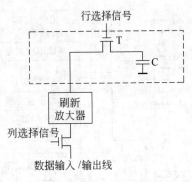

图 4.4　单管动态存储电路

在进行读操作时,根据行地址译码,使某一条行
选择线为高电平,于是使本行上所有的基本存储电路
中的管子 T 导通,使连在每一列上的刷新放大器读取
对应存储电容上的电压值。刷新放大器将此电压值
转换为对应的逻辑电平 0 或 1,又重写到存储电容上,
而列地址译码产生列选择信号,所选中那一列的基本
存储电路才受到驱动,从而可读取信息。

在写操作时,行选择信号为 1,T 管处于导通状
态,此时列选择信号也为 1,则此基本存储电路被选
中,于是由外接数据线送来的信息通过刷新放大器和 T 管送到电容 C 上。

刷新是逐行进行的,当某一行选择信号为 1 时,选中了该行,电容上信息送到刷新放
大器上,刷新放大器又对这些电容立即进行重写。由于刷新时,列选择信号总为 0,因此
电容上信息不可能被送到数据总线上。

**2. 动态 RAM 举例**

一种典型的动态 RAM 是 Intel 2164A,其引脚和逻辑符号如图 4.5 所示。

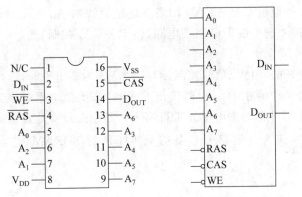

| $A_0 \sim A_7$ | 地址输入 |
| --- | --- |
| $\overline{CAS}$ | 列地址选通 |
| $D_{IN}$ | 数据输入 |
| $D_{OUT}$ | 数据输出 |
| $\overline{WE}$ | 写允许 |
| $\overline{RAS}$ | 行地址选通 |
| $V_{DD}$ | 电源 (+5V) |
| $V_{SS}$ | 地 |

图 4.5　Intel 2164A 引脚与逻辑符号

DRAM 芯片 2164A 的容量为 64K×1bit,即片内有 65536 个存储单元,每个单元只
有 1 位数据,用 8 片 2164A 才能构成 64KB 的存储器。若想在 2164A 芯片内寻址 64K 单
元,必须用 16 条地址线。但为减少地址线引脚数目,地址线又分为行地址线和列地址线
且分时工作,这样 DRAM 对外部只需引出 8 条地址线。芯片内部有地址锁存器,利用多
路开关,由行地址选通信号 $\overline{RAS}$(Row Address Strobe),把先送来的 8 位地址送至行地址
锁存器;由随后出现的列地址选通信号 $\overline{CAS}$(Column Address Strobe)把后送来的 8 位地
址送至列地址锁存器,这 8 条地址线也用于刷新,刷新时一次选中一行,2ms 内全部刷新
一次。Intel 2164A 的内部结构示意图如图 4.6 所示。

图中 64×1024 存储体由 4 个 128×128 的存储矩阵组成,每个 128×128 的存储矩
阵,由 7 条行地址线和 7 条列地址线进行选择,在芯片内部经地址译码后可分别选择 128

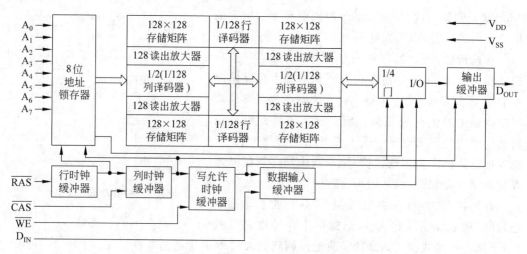

图 4.6  Intel 2164A 内部结构示意图

行和 128 列。

锁存在行地址锁存器中的 7 位行地址 $RA_6 \sim RA_0$ 同时加到 4 个存储矩阵上,在每个存储矩阵中都选中一行,则共有 512 个存储电路可被选中,它们存放的信息被选通至 512 个读出放大器,经过鉴别后锁存或重写。

锁存在列地址锁存器中的 7 位列地址 $CA_6 \sim CA_0$(相当于地址总线的 $A_{14} \sim A_8$),在每个存储矩阵中选中一列,然后经过 4 选 1 的 I/O 门控电路(由 $RA_7 CA_7$ 控制)选中一个单元,可对该单元进行读写。

2164A 数据的读出和写入是分开的,由 $\overline{WE}$ 信号控制读写。当 $\overline{WE}$ 为高电平时,读出,即所选中单元的内容经过三态输出缓冲器在 $D_{OUT}$ 引脚读出。而当 $\overline{WE}$ 为低电平时,实现写入,$D_{IN}$ 引脚上的信号经输入三态缓冲器对选中单元进行写入。2164A 没有片选信号,实际上用行选 $\overline{RAS}$、列选 $\overline{CAS}$ 信号作为片选信号。要构成 64KB 的 SDRAM 则需 8 片 2164。

**3. 高集成度 DRAM**

目前,DRAM 的主导产品已向与时钟同步的 DRAM 及直接总线式 DRAM 转移。同步动态随机访问存储器(SDRAM)是新一代的高速大容量存储器,其单元电路的原理与 DRAM 一致,只是在工艺上进行改进,使得功耗更低,集成度更高。但对外操作上能够与系统时钟同步操作。

在传统的 DRAM 中,CPU 向存储器输出地址和控制信号,从而指定某一位置的数据是应读出还是写入,但需经过一段访问延时后才能够进行数据的读出和写入,因此,降低了存取速度。然而,在对 SDRAM 进行访问时,对存储器的各项操作都在系统时钟的控制下完成,经过几个系统时钟周期之后,便可完成数据的读写。当前,这种存储器已广泛应用在现代微型计算机中。下面以 64MB SDRAM 为例,说明 SDRAM 的原理结构。图 4.7 和图 4.8 是日立公司生产的 HM5264805 系列引脚封装图与内部结构示意图。

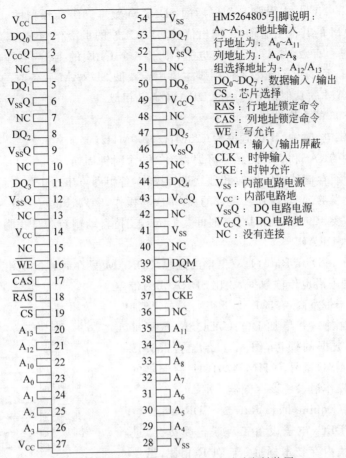

HM5264805引脚说明：
A₀~A₁₃：地址输入
行地址为：A₀~A₁₁
列地址为：A₀~A₈
组选择地址为：A₁₂/A₁₃
DQ₀~DQ₇：数据输入/输出
$\overline{CS}$：芯片选择
$\overline{RAS}$：行地址锁定命令
$\overline{CAS}$：列地址锁定命令
$\overline{WE}$：写允许
DQM：输入/输出屏蔽
CLK：时钟输入
CKE：时钟允许
Vss：内部电路电源
Vcc：内部电路地
VssQ：DQ电路电源
VccQ：DQ电路地
NC：没有连接

图 4.7　日立公司 HM5264805 系列引脚封装图

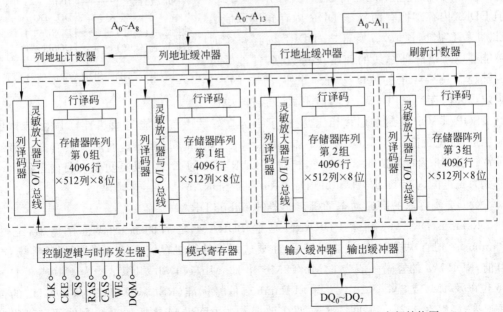

图 4.8　日立公司 HM5264805 系列 2M×8 位×4 组 SDRAM 内部结构图

引脚图中的 NC 是空引脚是为以后的 SDRAM 版本升级而预留的。CLK 是主控参考时钟，SDRAM 的其他所有输入/输出信号均以 CLK 的上沿作为参考。CKE 用于决定下一个 CLK 是否有效，如 CKE 为高电平，则下一个 CLK 的上沿有效；如 CKE 为低电平，则下一个 CLK 的上沿无效。该引脚主要用于减低 SDRAM 后备时的功耗，并支持挂起模式。SDRAM 的其他信号与一般 DRAM 定义相似。

HM5264805 的主要性能如下：

- 3.3V 供电，时钟 CLK 频率为 125MHz/100MHz。
- 单脉冲的 $\overline{\text{RAS}}$ 和 $\overline{\text{CAS}}$ 的延迟可编程为 2/3 个时钟周期。
- 内部 4 组存储体能够同时和独立进行操作，各组即可串行工作又可交替工作。
- 支持突发的读/写操作和突发的读/单次写操作，突发长度可编程为 1/2/4/8 行。
- 总共需要 4096 个刷新周期，时间为 64ms，支持自动刷新和自我刷新。

（1）DDR SDRAM

DDR（Double Data Rate）是双倍率的意思，SDRAM 只在时钟的上沿进行数据传输，而 DDR 在时钟下沿也传输数据，故比 SDRAM 的带宽高 2 倍。由于带宽高，在时序上下很大工夫，增加了 $\overline{\text{CLK}}$（反相时钟），并增加 DQSU/DQSL（数据屏蔽）信号，用于数据的锁存，图 4.9 给出了 256MB（4M×16 位×4 块）型号为 HM5425161B 存储器的信号。其读写操作请参考该存储器手册。

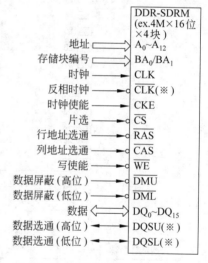

图 4.9　DDR SDRAM 的信号

（2）DDR2（Double Data Rate 2）SDRAM

它是由 JEDEC（电子设备工程联合委员会）进行开发的新一代内存技术标准，与 DDR 相比，虽然同是采用时钟的上/下延进行数据传输的基本方式，但 DDR2 内存却拥有两倍于 DDR 内存预读取能力（即 4 位数据读预取）。换言之，DDR2 内存每个时钟能够以 4 倍外部总线的速度读写数据，并能够以内部控制总线 4 倍的速度运行。此外，由于 DDR2 规定该种内存均采用 FBGA 封装形式，与目前应用的 TSOP/TSOP-II 封装形式相比，提供了更为良好的电气性能与散热性，DDR2 工作更为稳定，带宽更高。例如，DDR 200 和 DDR2-400 具有相同的延迟，而后者具有高一倍的带宽。DDR2 内存采用 1.8V 电压，相对于 DDR 标准的 2.5V，功耗更低。目前已经出现了更为先进的内存 DDR3（Double Data Rate 3）SDRAM。

（3）突发存取的高速动态随机存储器（Rambus DRAM）

Rambus DRAM（简称 RDRAM）是继 SDRAM 之后的新型高速存储器，它由 Rambus 公司首次提出，后被业界接受，主要应用于计算机存储系统、图形和视频等场合。目前，RDRAM 的容量一般为 64Mb/72Mb 和 128Mb/144Mb，组织结构为 4M（或 8M）×16 位以及 4M（或 8M）×18 位。采用 Rambus 信号标准（RSL），具有高达 800MHz 的传输速度，能够在 1.25ns 时间内传输两次数据。由 RDRAM 构成的系统存储器已经用在现代微型计算机中,并成为服务器以及其他高性能计算机的主流存储器系统。

### 4. 内存条(Memory Module)

内存条就是将多个存储器组装在一个部件上,即内存模块(Memory Module),通过连接器与计算机主板组合或分离,这样,计算机内存的容量就可更改,也便于维修。

很多生产商都生产以 JEDEC 规范为标准的内存条,主要有:

- 72 引脚 DRAM-SIMM:SIMM 是单列直插式存储器(Single Inline Memory Module)的英文缩写,486 工控计算机都用这种内存,可用 4M×36(16MB)、8M×36(32MB)带奇偶校验的存储器组成大容量的 32 位内存条。也可用带 ECC 的内存组成内存条。带奇偶校验(Parity)的内存是通过在原来数据位的基础上增加一个数据位来检查数据的正确性,但随着数据位的增加,用来奇偶检验的数据位也成倍增加,当数据位为 16 位时需增加 2 位,当数据位为 32 位时则需增加 4 位,依此类推。特别是当数据量非常大时,数据出错的概率也就越大。由此,一种新的内存技术应运而生了,这就是 ECC(错误检查和纠正),它也是外加校验位来实现的,如表 4.1 所示。如果数据位是 8 位,则需要增加 5 位来进行 ECC 错误检查和纠正,数据位每增加一倍,ECC 只增加一位检验位,也就是说当数据位为 16 位时 ECC 位为 6 位,32 位时 ECC 位为 7 位,数据位为 64 位时 ECC 位为 8 位,依此类推,数据位每增加一倍,ECC 位只增加一位。总之,在内存中 ECC 能够容许错误,并可以将错误更正,使系统得以持续正常的操作,不致因错误而中断,且 ECC 具有自动更正的能力,可以将 Parity 无法检查出来的错误位查出并将错误修正。

表 4.1 奇偶检验和 ECC 检验的位数

| 数据位数 | Parity 需要增加的数据位数 | ECC 需要增加的数据位数 |
| --- | --- | --- |
| 8 | 1 | 5 |
| 16 | 2 | 6 |
| 32 | 4 | 7 |
| 64 | 8 | 8 |
| 128 | 16 | 9 |
| 256 | 32 | 10 |
| 512 | 64 | 11 |

- 168 引脚的 SDRAM-DIMM:这里的 DIMM 是指双列直插式内存模块,其总线宽度为 8 字节(64 位)。其外形图如图 4.10 所示,根据不同要求,可细分为如下几种:同步/异步;供电电压 5V/3.3V;是否有缓冲器;带奇偶校验/带 ECC 校验通常,个人计算机常用 8 位(无校验)×8 或 9 位×8(奇偶校验)可字节存取的 DIMM。

- 184 引脚无缓冲器的 DDR SDRAM-DIMM:个人计算机常用这种内存条,其供电电压分为 3.3V、2.5V、1.8V 三种。其外形如图 4.11 所示,其字结构为 4M～256M×(8 位×8),这是无奇偶校验的产品,另外是带 ECC 校验的 4M～256M×

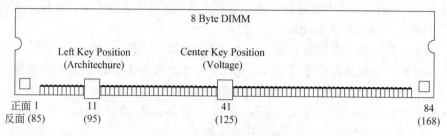

图 4.10　168 引脚的 DIMM

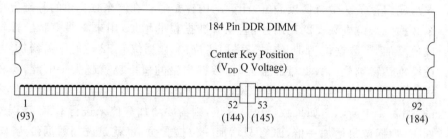

图 4.11　184 引脚的 DIMM

72 位的内存条。

而笔记本计算机一般采用 144 或 200 个引脚的小型内存条。

**5. 金手指**

内存条的引脚也称为金手指（connecting finger），是内存条上与内存插槽之间的连接部件，是由众多金黄色的导电触片组成，因其表面镀金而且导电触片排列如手指状，所以称为"金手指"，如图 4.12 所示。金手指是在覆铜板上再覆上一层金，因为金的抗氧化性极强，而且传导性也很强。不过因为金昂贵的价格，目前较多的内存都采用镀锡来代替，从 20 世纪 90 年代开始锡材料就开始普及，目前主板、内存和显卡等设备的"金手指"几乎都是采用的锡材，只有部分高性能服务器/工作站的配件接触点仍采用镀金的做法，价格自然不菲。

图 4.12　金手指

### 4.2.3　双口 RAM

**1. 概述**

为了适应多处理机应用系统中的相互通信，就需要利用新的存储形式来简化系统的设计和提高数据通信的速率。多端口 RAM 就是为了满足这一要求而设计的。根据不同的用途，多端口 RAM 一般可分为以下几种。

(1) 双端口 RAM：用于高速共享数据缓冲器系统中、两个端口都可以独立读/写的静态存储器，实际上它是作为双 CPU 系统的公共全局存储器来使用的，例如可用于多机系统通信缓冲器、DSP 系统、高速磁盘控制器等。

(2) VRAM：用于图形图像显示中大容量双端口读写存储器，这是专门为加速视频图像处理而设计的一种双端口 DRAM。

(3) FIFO：用于高速通信系统、图像图形处理、DSP 和数据采集系统以及准周期性突发信息缓冲系统的先进先出存储器，它有输入和输出两个相对独立的端口，当存储器为非满载状态时，输入端允许将高速突发信息经输入缓冲器存入存储器，直至存满为止，只要存储器有数据，就允许最先写入的内容依次通过缓冲器输出。

(4) MPRAM：用于特定场合的多端口存储器 MPRAM，例如三口 RAM、四口 RAM 等，用于多 CPU 系统的共享存储器。

### 2. 双端口 RAM 举例

小容量的双端口 SRAM 可选用 DS1609，它只有 $256 \times 8bit$。它是采用 CMOS 工艺制造的高速双端口静态读写存储器，两个端口可被独立地访问存储器的任意单元。芯片可以连接两个异步地址/数据共用的共享存储器。芯片有两组对称的信号线，即每个端口都有独立的标准地址/数据线和控制线。5V 工作电压下，存取时间为 35ns。在非选通时自动处于低功耗备用状态，在 25℃ 的情况下，维持电流只有 100nA，所以，尤其适用于电池供电或电池备用的系统。双口操作是异步的，输入/输出三态，其电平与 TTL 兼容；引脚图如图 4.13 所示。

其引脚是 24 根，除了 $V_{CC}$ 和 GND 外，其他的信号都有左、右端口对称的两组，分别加了下标 A 和 B 以便区分。以下的说明未加下标，仅列出信号名称。

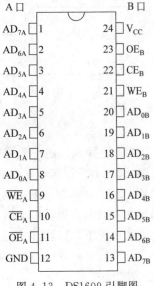

图 4.13 DS1609 引脚图

$AD_0 \sim AD_7$：端口地址/数据共用线，分时使用。

$\overline{CE}$：芯片允许输入（即片选），低电平有效，使芯片的控制逻辑和输入缓冲器处于工作状态，当其为高电平时，芯片处于低功耗备用状态。

$\overline{OE}$：输出允许输入线，低电平有效，在读周期时，控制芯片将数据缓冲器中的数据输出。

$\overline{WE}$：读写控制线，低电平为写控制线，高电平为读操作。

其结构框图如图 4.14 所示。

操作说明：

(1) 读操作。任何一个端口的读操作都是从 $AD_0 \sim AD_7$ 开始，接着片选输入信号 $\overline{CE}$ 由高变低，这个控制信号在内部把地址信号锁存后，地址信号就可以撤除。然后，输出允许信号 $\overline{OE}$ 变低，进入读周期的数据访问操作。当 $\overline{CE}$、$\overline{OE}$ 同时为低电平的情况下，经过一段输出允许访问时间 $t_{OEA}$ 的延迟，在 $AD_0 \sim AD_7$ 上就输出所访问存储单元的有效数据，只要这两个信号保持低电平，输出的数据就一直有效，直到这两个信号中的一个由低变高，

图 4.14　DS1609 结构框图

写周期就结束。再经过一段延迟时间 $t_{CEZ}$ 或 $t_{OEZ}$ 后,地址/数据线就回到高阻状态,图 4.15 为读周期时序图,在整个读周期,$\overline{WE}$ 必须是高电平。

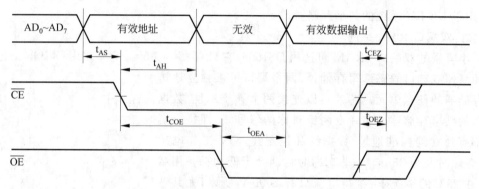

图 4.15　DS1609 读周期时序图

（2）写操作。任一个端口的写操作都是从 $AD_0 \sim AD_7$ 开始,接着片选输入信号 $\overline{CE}$ 由高变低,这个控制信号在内部把地址信号锁存后,地址信号就可以撤除。然后输出允许信号 $\overline{WE}$ 变低,进入写周期的访问操作。在 $\overline{CE}$ 和 $\overline{WE}$ 都被激活为低电平时,需要写入指定存储单元的数据必须已经送给总线 $AD_0 \sim AD_7$,在满足所需要的数据建立时间和数据保持时间的情况下,总线上的数据就被写入指定的存储单元,并随 $\overline{CE}$ 或 $\overline{WE}$ 信号中先出现的那个上升沿而结束,一旦写周期结束,就可以把总线上的数据撤除,在整个写周期,$\overline{OE}$ 必须保持高电平。

（3）仲裁。DS1609 有一个特别的存储单元设计,允许从两个端口同时对存储单元进行访问,因此在读周期中不需要仲裁。然而如果同时对某一存储单元进行读和写操作时还会产生需要仲裁的竞争。如果在一个端口读,另外一个端口进行写操作,读周期读出的数据要么是老数据,要么是新数据,不会出现两个数据的合并。但是写周期总是用新的数据更新存储单元,所以,当两个端口同时对一个存储单元进行写操作时,肯定会引起存储单元的竞争问题。这些问题可以通过软件设计来解决。最简单的方法是执行冗余的读周期。

## 4.3　只读存储器

只读存储器(ROM)的信息在使用时是不能被改变的,即只能读出,不能写入,故一般只能存放固定程序,如监控程序,IBM PC 中的 BIOS 程序等。ROM 的特点是非易失性,即掉电后再上电时存储信息不会改变。ROM 芯片种类很多,下面介绍其中的几种。

## 4.3.1　掩膜 ROM

掩膜 ROM 制成后,用户不能修改,图 4.16 为一个简单的 $4 \times 4$ 位 MOS 管 ROM,采用单译码结构,两位地址线 $A_1$、$A_0$ 译码后可译出 4 种状态,输出 4 条选择线,可分别选中 4 个单元,每个单元有 4 位输出。

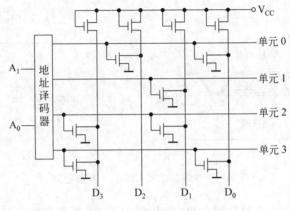

图 4.16　掩膜 ROM 示意图

图 4.16 中所示的矩阵中,在行和列的交点,有的连有管子,有的没有,这是工厂根据用户提供的程序对芯片图形(掩膜)进行二次光刻所决定的,所以称为掩膜 ROM。

若地址线 $A_1 A_0 = 00$,则选中 0 号单元,即字线 0 为高电平,若有管子与其相连(如位线 2 和 0),其相应的 MOS 管导通,位线输出为 0,而位线 1 和 3 没有管子与字线相连,则输出为 1。故存储器的内容取决于制造工艺,图 4.16 存储矩阵的内容如表 4.2 所示。

表 4.2　掩膜 ROM 内容

| 位<br>单　元 | $D_3$ | $D_2$ | $D_1$ | $D_0$ |
|---|---|---|---|---|
| 0 | 1 | 0 | 1 | 0 |
| 1 | 1 | 1 | 0 | 1 |
| 2 | 0 | 1 | 0 | 1 |
| 3 | 0 | 1 | 1 | 0 |

## 4.3.2　可擦可编程只读存储器

在某些应用中,程序需要经常修改,因此能够重复擦写的 EPROM 被广泛应用。这种存储器利用编程器写入后,信息可长久保持,因此可作为只读存储器。当其内容需要变更时,可利用擦抹器(由紫外线灯照射)将其擦除,各单位内容复原(为 FFH),再根据需要,利用 EPROM 编程器编程,因此这种芯片可反复使用。

**1. EPROM 的存储单元电路**

通常 EPROM 存储电路是利用浮栅 MOS 管构成的,又称 FAMOS 管(Floating gate Avalanche injection Metal-Oxide-Semiconductor,浮栅雪崩注入 MOS 管),其构造如图 4.17 所示。

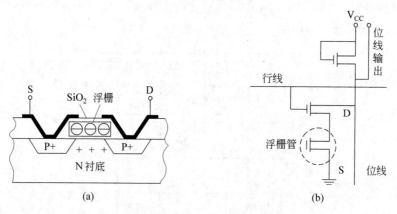

图 4.17 浮栅 MOS EPROM 存储电路

该电路和普通 P 沟道增强型 MOS 管相似,只是栅极没有引出端,而被 $SiO_2$ 绝缘层所包围,称为"浮栅"。在原始状态,栅极上没有电荷,该管没有导通沟道,D 和 S 是不导通的。如果将源极和衬底接地,在衬底和漏极形成的 PN 结上加一个约 24V 的反向电压,可导致雪崩击穿,产生许多高能量的电子,这样的电子比较容易越过绝缘薄层进入浮栅。注入浮栅的电子数量由所加电压脉冲的幅度和宽度来控制。如果注入的电子足够多,这些电子在硅表面上感应出一个连接源、漏极的反型层,使源漏极呈低阻态。当外加电压取消后,积累在浮栅上的电子没有放电回路,因而在室温和无光照的条件下可长期地保存在浮栅中。将一个浮栅管和 MOS 管串起来组成如图 4.17(b)所示的存储单元电路。于是浮栅中注入了电子的 MOS 管源、漏极导通,当行选线选中该存储单元时,相应的位线为低电平,即读取值为 0,而未注入电子的浮栅管的源、漏极是不导通的,故读取值为 1。在原始状态,即厂家出厂时,没有经过编程,浮栅中没注入电子,位线上总是 1。

消除浮栅电荷的办法是利用紫外线光照射,由于紫外线光子能量较高,从而可使浮栅中的电子获得能量,形成光电流从浮栅流入基片,使浮栅恢复初态。EPROM 芯片上方有一个石英玻璃窗口,只要将此芯片放入一个靠近紫外线灯管的小盒中,一般照射 20 分钟,读出各单元的内容均为 FFH,则说明该 EPROM 已擦除。

**2. 典型 EPROM 芯片介绍**

EPROM 芯片有多种型号,如 2716(2K×8)、2732(4K×8)、2764(8K×8)、27128(16K×8)、27256(32K×8)等。下面以 2764A 为例,对 EPROM 的性能和工作方式作一介绍。

Intel 2764A 有 13 条地址线,8 条数据线,两个电压输入端 $V_{CC}$ 和 $V_{PP}$,一个片选端 $\overline{CE}$

（功能同$\overline{CS}$），此外还有输出允许$\overline{OE}$和编程控制端
$\overline{PGM}$，其功能框图如图 4.18 所示。

Intel 2764A 有多种工作方式，如表 4.3 所示。

（1）读方式

这是 2764A 通常使用的方式，此时两个电源
引脚 $V_{CC}$、$V_{PP}$ 都接至 5V，$\overline{PGM}$接至高电平，当从
2764A 的某个单元读数据时，先通过地址引脚接
收来自 CPU 的地址信号，然后使控制信号$\overline{CE}$和
$\overline{OE}$都有效，于是经过一个时间间隔，指定单元的
内容即可读到数据总线上。

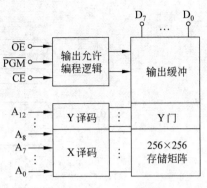

图 4.18　2764A 功能框图

表 4.3　2764A 工作方式选择表

| 方　式 \ 引　脚 | $\overline{CE}$ | $\overline{OE}$ | $\overline{PGM}$ | $A_9$ | $A_0$ | $V_{PP}$ | $V_{CC}$ | 数据端功能 |
|---|---|---|---|---|---|---|---|---|
| 读 | 低 | 低 | 高 | × | × | $V_{CC}$ | 5V | 数据输出 |
| 输出禁止 | 低 | 高 | 高 | × | × | $V_{CC}$ | 5V | 高　阻 |
| 备　用 | 高 | × | × | × | × | $V_{CC}$ | 5V | 高　阻 |
| 编　程 | 低 | 高 | 低 | × | × | 12.5V | $V_{CC}$ | 数据输入 |
| 校　验 | 低 | 低 | 高 | × | × | 12.5V | $V_{CC}$ | 数据输出 |
| 编程禁止 | 高 | × | × | × | × | 12.5V | $V_{CC}$ | 高　阻 |
| 标 识 符 | 低 | 低 | 高 | 高 | 低<br>高 | $V_{CC}$<br>$V_{CC}$ | 5V<br>5V | 制造商编码<br>器件编码 |

（2）备用方式

只要$\overline{CE}$为高电平，2764A 就工作在备用方式，输出端为高阻状态，这时芯片功耗将下
降，从电源所取电流由 100mA 下降到 40mA。

（3）编程方式

这时，$V_{PP}$ 接 12.5V，$V_{CC}$ 仍接 5V，从数据线输入这个单元要存储的数据，$\overline{CE}$端保持低
电平，输出允许信号$\overline{OE}$为高，每写一个地址单元，都必须在$\overline{PGM}$引脚端给一个低电平有
效，宽度为 45ms 的脉冲，如图 4.19 所示。

（4）编程禁止

在编程过程中，只要使该片$\overline{CE}$为高电平，编程就立即禁止。

（5）编程校验

在编程过程中，为了检查编程时写入的数据是否正确，通常在编程过程中包含校验操
作。在一个字节的编程完成后，电源的接法不变，但$\overline{PGM}$为高电平，$\overline{CE}$、$\overline{OE}$均为低电平，
则同一单元的数据就在数据线上输出，这样就可与输入数据相比较，校验编程的结果是否
正确。

实际上，编程器有多种型号。编程器中有一个卡插在 PC 的 I/O 扩展槽上，外部接有

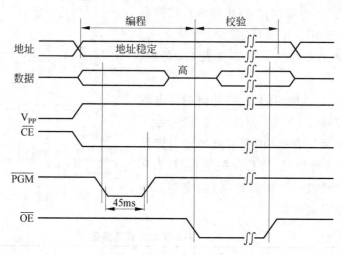

图 4.19　2764A 编程时的波形

EPROM 插座,所提供的编程软件可自动提供编程电压 $V_{PP}$,按菜单提示,可读、可编程、可校验、也可读出器件的编码,操作很方便。

**3. 高集成度 EPROM**

除了常使用的 EPROM 2764 外,还常使用 27128,27256,27512 等。由于工业控制计算机的发展,迫切需用电子盘取代硬盘,常把用户程序、操作系统固化在电子盘上,(ROMDISK),这时要用 27C010 (128K×8),27C020 (256K×8),27C040(512K×8),27C080(1M×8)大容量芯片。关于这几种芯片的使用请参阅有关手册。

### 4.3.3　电可擦可编程 ROM

EPROM 的优点是一块芯片可多次使用,缺点是整个芯片虽只写错一位,也必须从电路板上取下擦掉重写,这对于实际使用是很不方便的。在实际应用中,往往只要改写几个字节的内容即可,因此多数情况下需要以字节为单位进行擦写,而 EEPROM 在这方面具有很大的优越性。另外,很多控制计算机中的某些参数在现场需要修改,使用EEPROM就可以灵活地修改,因此,这种存储器越来越得到广泛应用。EEPROM 有并行和串行两种类型。

**1. 并行 EEPROM**

Intel 公司推出的典型的 EEPROM 产品如表 4.4 所示。

表 4.4　Intel 公司 EEPROM 典型产品性能

| 型　号<br>参　　数 | 2816 | 2816A | 2817 | 2817A | 2864A | 28256A |
|---|---|---|---|---|---|---|
| 读出时间(ns) | 250 | 200/250 | 250 | 200/250 | 250 | 250 |
| 读电压 $V_{PP}$(V) | 5 | 5 | 5 | 5 | 5 | 5 |
| 写/擦电压 $V_{PP}$(V) | 21 | 5 | 21 | 5 | 5 | 5 |

| 型　号<br>参　数 | 2816 | 2816A | 2817 | 2817A | 2864A | 28256A |
|---|---|---|---|---|---|---|
| 字节擦除时间(ms) | 10 | 9~15 | 10 | 10 | 10 | 10 |
| 写入时间(ms) | 10 | 9~15 | 10 | 10 | 10 | 10 |
| 容量(K×bit) | 2×8 | 2×8 | 2×8 | 2×8 | 8×8 | 32×8 |
| 封装形式 | DIP 24 | DIP 24 | DIP 28 | DIP 28 | DIP 28 | DIP 28 |

这里只介绍 2816 并行 EEPROM。

2816 是容量 $2K×8$ 的电擦除 PROM,它的逻辑符号如图 4.20 所示。芯片的管脚排列与 2716 一致,只是在管脚定义上,数据线管脚对 2816 来说是双向的,以适应读写工作模式。

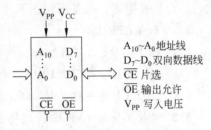

图 4.20　2816 的逻辑符号

2816 的读取时间为 250ns,可满足多数微处理器对读取速度的要求。2816 最突出的特点是可以以字节为单位进行擦除和重写。擦或写用 $\overline{CE}$ 和 $\overline{OE}$ 信号加以控制。一个字节的擦写时间为 10ms。2816 也可整片进行擦除,整片擦除时间也为 10ms。无论字节擦除还是整片擦除均在机内进行。

2816 有 6 种工作方式,每种工作方式下,各个控制信号所需电平如表 4.5 所示。从表中可见,除整片删除外,$\overline{CE}$ 和 $\overline{OE}$ 均为 TTL 电平,而整片擦除时为 $+9V\sim+15V$,$V_{PP}$ 在擦或写方式时均为 21V 的脉冲,而其他工作方式时为 $4\sim6V$。

表 4.5　2816 的工作方式

| 管脚<br>方式 | $\overline{CE}$ | $\overline{OE}$ | $V_{PP}(V)$ | 数据线功能 |
|---|---|---|---|---|
| 读方式 | 低 | 低 | $+4\sim+6$ | 输出 |
| 备用方式 | 高 | × | $+4\sim+6$ | 高阻 |
| 字节擦除 | 低 | 高 | $+21$ | 输入为高电平 |
| 字节写 | 低 | 高 | $+21$ | 输入 |
| 片擦除 | 低 | $+9V\sim+15V$ | $+21$ | 输入为高电平 |
| 擦写禁止 | 高 | × | $+21$ | 高阻 |

① 读方式:在读方式时,允许 CPU 读取 2816 的数据。当 CPU 发出地址信号以及相关的控制信号后,与此相对应,2816 的地址信号和 $\overline{CE}$、$\overline{OE}$ 信号有效,经一定延时,2816 即可提供有效数据。

② 写方式:2816 具有以字节为单位的擦写功能,擦除和写入是同一种操作,即都是

写,只不过擦除是固定写 1 而已。因此,在擦除时,数据输入是 TTL 高电平。在以字节为单位进行擦除和写入时,$\overline{CE}$ 为低电平,$\overline{OE}$ 为高电平,从 $V_{PP}$ 端输入编程脉冲,宽度最小为 9ms,最大为 70ms,幅度为 21V。为保证存储单元能长期可靠的工作,编程脉冲要求以指数形式上升到 21V。

③ 片擦除方式:在 2816 需整片擦除时,当然也可按字节擦除方式将整片 2KB 逐个进行,但最简便的方法是依照表 4.4,将 $\overline{CE}$ 和 $V_{PP}$ 按片擦除方式连接,将数据输入引脚置为 TTL 高电平,而使 $\overline{OE}$ 引脚电压达到 9~15V,约 10ms 后整片内容全部被擦除,即 2KB 的内容全为 FFH。

④ 备用方式:当 2816 的 $\overline{CE}$ 端加上 TTL 高电平时,芯片处于备用状态,$\overline{OE}$ 控制无效。输出呈高阻态。在备用状态下其功耗可降到 55%。

**2. 串行 EEPROM**

串行 EEPROM 有二线制和三线制两种,下面分别举例予以介绍。

(1) 二线制串行 $I^2C$ EEPROM 24C01/02/04

24C01/02/04 是一种采用 CMOS 工艺制成容量为 128/256/512×8 位的 8 个引脚串行电擦除可编程只读存储器。二线制 $I^2C$ 总线是 PHILIPS 公司推出的一种串行总线。两根信号线是双向数据线 SDA 和时钟线 SCL,其引脚图如图 4.21 所示。

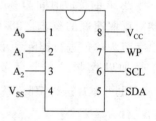

图 4.21 24C01/02/04 引脚图

① 引脚说明。

SCL:串行时钟信号,用于对输入和输出数据的同步,写入串行 EEPROM 的数据用其上升沿同步,输出数据用其下降沿同步。

SDA:串行数据输入/输出线(包括启动、控制字、地址、数据)。该引脚是漏极开路驱动,可以与任何数目的其他漏极开路或集电极开路的器件"线与"连接。

WP:写保护。当该引脚接 $V_{CC}$ 时,芯片就具有数据保护功能。读操作不受影响。

$A_0,A_1,A_2$:片选地址输入。

② 总线特性,如图 4.22 所示。

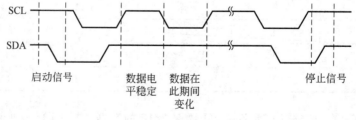

图 4.22 总线特性

③ 字节写操作。

• 计算机发出"启动"信号后,紧跟着送 4 位 $I^2C$ 总线器件特征编码 1010 和三位

EEPROM芯片地址(即 $A_0A_1A_2$)以及写状态的 $R/\overline{W}$ 位(＝0)到总线上。

- 计算机在接收到被寻址的 EEPROM 产生的一个应答位后,接着发送一个字节的 EEPROM 存储单元地址(即要写入的一个字节数据的存储地址)。
- 计算机在接收到 EEPROM 产生的应答位之后,发送出数据字节。
- 计算机在接收到 EEPROM 产生的应答位后,便发出"停止信号",该信号就会激活 EEPROM 内部定时编程周期(不超过 10ms),把数据写入指定单元,写入操作完成后才能够继续新的操作。
- 应答信号查询检测:EEPROM 在内部定时写周期时,计算机写入无效,这就可以用来检测写周期何时完成。在步骤④完成后,可立即进行应答信号的查询检测,即执行①的内容。如果 EEPROM 写周期结束,将给出应答信号,则计算机可以发出下一个读或写命令。

④ 读操作。

- 计算机(主要是单片机)发出"启动"信号,通过写操作设置 EEPROM 的芯片地址和存储单元地址,在此期间,EEPROM 在相应位置会产生必要的应答位。
- 计算机重新发出"启动"信号和含有读操作命令($R/\overline{W}=1$)的 EEPROM 芯片地址,存储器发出应答信号后,要寻址存储单元的数据就从 SDA 线上串行输出。计算机在读完一帧数据后,发出非应答信号(即逻辑 1),接着发送一个停止信号。

(2) 三线制同步串行 EEPROM 93C46/56/66

93C46/56/66 是采用 CMOS 工艺制成的 64/128/256×16 位或 128/256/512×8 位。8 个引脚的串行电擦除可编程只读存储器。三线制 Microwire 同步串行接口是美国国家半导体公司采用的一种串行总线。三根信号是数据输入线 SI、数据输出线 SO 和时钟信号线 SK。其引脚图如图 4.23 所示。

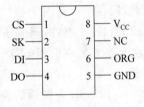

图 4.23　93C46/56/66 引脚

① 引脚说明。

CS:片选输入信号,高电平有效,在不同指令之间,CS 必须输入低电平。

SK:串行数据时钟输入信号,作为计算机与 EEPROM 之间通信的同步信号,操作码、地址、输入和输出数据位在时钟的上升沿锁定有效。

DI:数据输入,用作串行数据流形式锁定与时钟信号同步的"启动"信号、操作码、地址和数据。

DO:数据输出,在读操作时用于与时钟同步的数据输出。

ORG:组织结构选择输入。ORG 接地,存储器 8 位为一个单元,ORG 悬空不接,存储器 16 位是一个单元。

② 操作指令,如表 4.6 所示。

表 4.6　三线制串行 EEPROM 操作指令表

| 指令 | 起始位 | 操作码 | 地址 | 数据[②] | 说　明 |
|---|---|---|---|---|---|
| READ | 1 | 10XX[①] | $A_n \cdots A_0$ | $D_x \cdots D_0$ | 读 $A_n \cdots A_0$ 地址单元 |
| WRITE | 1 | 01XX | $A_n \cdots A_0$ | $D_x \cdots D_0$ | 写 $A_n \cdots A_0$ 地址单元[③] |
| ERASE | 1 | 11XX | $X \cdots X$ | | 擦 $A_n \cdots A_0$ 地址单元 |
| EWEN | 1 | 0011 | $X \cdots X$ | | 擦写允许 |
| EWDS | 1 | 0000 | $X \cdots X$ | | 擦写禁止 |
| ERAL | 1 | 0010 | $X \cdots X$ | | 擦所有单元 |
| WRAL | 1 | 0001 | $X \cdots X$ | $D_x \cdots D_0$ | 写所有单元 |

注：① X 表示可以任意。

② 数据输入和输出的位数取决于存储器结构。

③ 在发送完写操作指令最后一个数据位后,必须在下一个脉冲的上升沿到来之前,CS 编程为低电平。这个 CS 的下降沿就激活片内自定时自动擦除编程周期。此周期时间不超过 10ms。

### 4.3.4　闪速存储器

　　闪速存储器简称闪存,它是非易失性存储器(NVM),在电源关闭后仍能保持片内信息;与 EPROM 相比较,闪速存储器具有明显的优势——在系统内即可电擦除和重复编程,单一电源供电,功耗低;与 EEPROM 相比较,闪速存储器具有成本低、密度大的特点。因此,闪存广泛应用于各个领域,如 PC 及外设、电信交换机、蜂窝电话、网络互联设备、仪器仪表和汽车器件,同时还包括新兴的语音、图像、数据存储类产品,如数字相机、数字录音机和个人数字助理(PDA)。在计算机中常用于保存系统引导程序和系统参数数据等信息。

#### 1. FLASH 存储器的原理

　　FLASH 与 EEPROM 有些类似,但工作机制却不同。FLASH 的信息存储电路是由一个晶体管构成,通过沉积在衬底上被氧化物包围的多晶硅浮空栅来保存电荷,以此维持衬底上源、漏极之间导电衬底上沟道的存在,从而保持其上的信息储存。若浮空栅保存有电荷,则在源、漏之间形成导电沟道,为一种稳定状态,可认为该单元电路保存的信息是 0;若浮空栅没有电荷,则在源、漏之间无法形成导电沟道,为另外一种稳定状态,可认为该单元电路保存的信息是 1。FLASH 存储器的结构示意图如图 4.24 所示。

　　上述这两种状态可以相互转换:状态 0 到状态 1 的转换过程是将浮空栅上的电荷移走的过程,如图 4.25(a)所示,若在源极和删极之间加一个正向的偏置电压 $U_{gs} = 12V$,则浮空删上的电荷将向源极扩散,从而导致浮空删上的部分电荷丢失,不能在源、漏极之间形成导电沟道,完成状态转换。这个过程称为对 FLASH 擦除。当要进行状态 1 到状态 0 的转换过程时,如图 4.25(b)所示,在删、源之间加一个正向电压 $U_{sg}$,在漏、源极之间加一个电压 $U_{sd}$,且保证 $U_{sg} > U_{sd}$,那么,来自源极的电荷向浮空删扩散,使浮空删带上电荷,在源、漏极之间形成导电沟道,完成了状态的转换。该转换过程称为对 FLASH 编程。进行正常的读取操作时,只要撤销 $U_{sg}$,加一个适当的 $U_{sd}$ 即可。据测定,正常使用情况

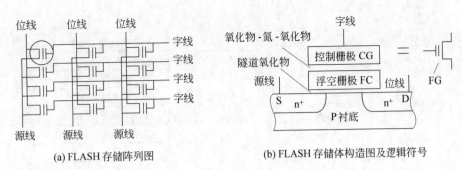

(a) FLASH 存储阵列图　　　　　(b) FLASH 存储体构造图及逻辑符号

图 4.24　FLASH 存储器的结构示意图

下,浮空删上编程的电荷可保存 100 年。由于 FLASH 只需单个器件即可保存信息,因此具有很高的集成度。

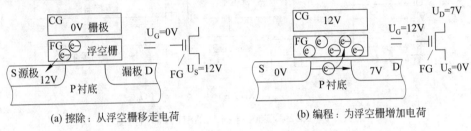

(a) 擦除:从浮空栅移走电荷　　　　　(b) 编程:为浮空栅增加电荷

图 4.25　FLASH 编程与擦除示意图

## 2. FLASH 存储器典型结构

这里以日立公司生产的 8MB HN29WT800 为例说明 FLASH 的工作原理和典型结构。图 4.26 和图 4.27 分别是 HN29WT800 系列的 FLASH 存储器的引脚图和内部结构图。

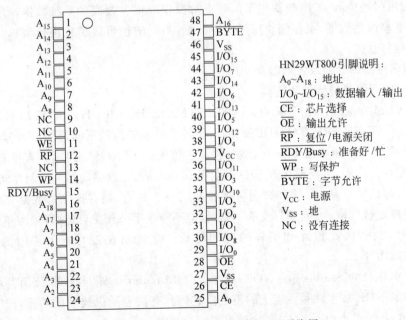

HN29WT800 引脚说明:

$A_0 \sim A_{18}$:地址

$I/O_0 \sim I/O_{15}$:数据输入/输出

$\overline{CE}$:芯片选择

$\overline{OE}$:输出允许

$\overline{RP}$:复位/电源关闭

$\overline{RDY}/Busy$:准备好/忙

$\overline{WP}$:写保护

$\overline{BYTE}$:字节允许

$V_{CC}$:电源

$V_{SS}$:地

NC:没有连接

图 4.26　HN29WT800 系列 FLASH 引脚图

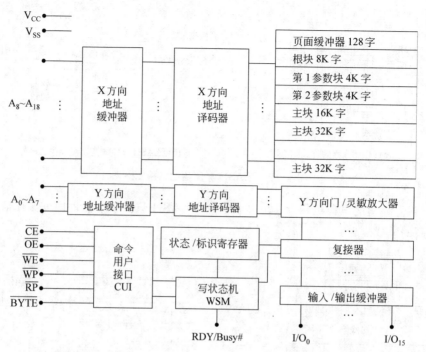

图 4.27 HN29WT800 系列 FLASH 内部结构图

从 FLASH 的内部结构可以看出,FLASH 主要由存储块、地址缓冲与译码逻辑、命令用户接口 CUI、状态/标识寄存器、灵敏放大器、复接器以及数据输入/输出等逻辑构成。

其中,存储块又由页面缓冲器、根块、参数块和主存储块所组成。页面缓冲器用于数据输入/输出时的中间缓冲,根块用于保存正常操作时很少改变的系统数据,参数块则用于保存需要修改的数据,主存储块用于保存数据,不同的块可以单独进行编程,而不影响块中的数据信息。

**3. 闪速存储器分类及发展趋势**

(1) 闪速存储器的分类和特点

生产闪速存储器的厂家有 AMD、ATMEL、Hitachi、Hyundai、Intel、Micron、Mitsubishi、SST、SHARP、TOSHIBA 等,由于各自技术架构的不同,分为几大类。

① NOR 技术。也称为 Linear 技术,它源于传统的 EPROM 器件,具有可靠性高、随机读取速度快的优势,广泛使用在 BIOS 固件、移动电话、硬盘驱动器的控制存储器中。

这种闪存的特点是:程序和数据可存放在同一芯片上,拥有独立的数据总线和地址总线,能快速随机读取;可单字节或单字编程,但不能单字节擦除,必须以块为单位或对整片执行擦除操作,因此擦除和编程的时间较长。常应用在以写入为主的操作中,如Compact Flash 卡。

② DINOR(Divided bit-line NOR)技术。是 Mitsubishi 与 Hitachi 公司发展的专利技术,改善了 NOR 技术在写性能上的不足。它仍具有快速随机读取的功能,按字节随机编程的速度略低于 NOR,而块擦除速度快于 NOR。目前这种闪存的最大容量达到

64MB。Mitsubishi 公司推出的器件——M5M29GB/T320,将闪存分为 4 个存储区,在向其中任何一个存储区进行编程或擦除操作的同时,可以对其他三个存储区中的一个进行读操作,用硬件方式实现了在读操作的同时进行编程和擦除操作,提高了系统速度。读取速度达到 80ns,而且拥有先进的省电性能。在待机和自动省电模式下仅有 0.33μW 功耗。

③ NAND 技术。这种结构的闪存适合于纯数据存储和文件存储,主要作为 Smart Media 卡、Compact Flash 卡、PCMCIA ATA 卡、固态盘的存储介质,并正成为闪速磁盘技术的核心。这种闪存具有以下特点:以页为单位进行读和编程操作,1 页为 256B 或 512B(字节);以块为单位进行擦除操作,1 块为 4KB、8KB 或 16KB。具有快编程和快擦除的功能,其块擦除时间是 2ms;数据、地址采用同一总线,实现串行读取。随机读取速度慢且不能按字节随机编程。芯片尺寸小,引脚少,是位成本(bit cost)最低的固态存储器,将很快突破每兆字节 1 美元的价格限制。三星公司在 1999 年底开发出世界上第一颗 1GB NAND 技术闪速存储器。这种闪存可存储 560 张高分辨率的照片或 32 首 CD 质量的歌曲,将成为下一代便携式信息产品的理想媒介。K9K1208UOM 采用 0.18μm 工艺,存储容量为 512MB。

AMD 等推出的 Ultra。NAND 技术,拥有比 NAND 技术更高等级的可靠性;可用来存储代码,从而首次在代码存储的应用中体现出 NAND 技术的成本优势。

AM30LV0128 容量达到 128MB,将突破每兆字节 1 美元的价格限制,更显示出它对于 NOR 技术的价格优势。

④ AND 技术。AND 技术是 Hitachi 公司的专利技术,在数据和文档存储领域中是另一种占重要地位的闪存技术。

Hitachi 和 Mitsubishi 公司采用 0.18μm 的制造工艺,并结合 MLC 技术,生产出芯片尺寸更小、存储容量更大、功耗更低的 512MB-AND Flash Memory,再利用双密度封装技术 DDP(Double Density Package Technology),将 2 片 512MB 芯片叠加在 1 片 TSOP48 的封装内,形成一片 1GB 芯片。HN29V51211T 具有突出的低功耗特性,读电流为 2mA,待机电流仅为 1μA。Hitachi 公司用该芯片制造 128MB 的 Multi Media 卡和 2MB 的 PC-ATA 卡,用于智能电话、个人数字助理、掌上电脑、数字相机、便携式摄像机、便携式音乐播放机等。

⑤ 由 EEPROM 派生的闪速存储器。EEPROM 具有很高的灵活性,可以单字节读写(不需要擦除,可直接改写数据),但存储密度小,单位成本高。部分制造商生产出另一类以 EEPROM 做闪速存储阵列的 Flash Memory,如 ATMEL、SST 的小扇区结构闪速存储器(Small Sector Flash Memory)和 ATMEL 的海量存储器(Data-Flash Memory)。这类器件具有 EEPROM 与 NOR 技术 Flash Memory 二者折中的性能特点:

Data Flash Memory 是 ATMEL 的专利产品,采用 SPI 串行接口,只能依次读取数据,但有利于降低成本、增加系统的可靠性、缩小封装尺寸。主存储区采取页结构。主存储区与串行接口之间有两个与页大小一致的 SRAM 数据缓冲区。特殊的结构决定它存在多条读写通道:既可直接从主存储区读,又可通过缓冲区从主存储区读或向主存储区写,两个缓冲区之间可以相互读或写,主存储区还可借助缓冲区进行数据比较。适合于诸如答录机、寻呼机、数字相机等能接受串行接口和较慢读取速度的数据或文件存储应用。

（2）发展趋势

随着半导体制造工艺的发展，主流闪速存储器厂家采用 $0.18\mu m$、$0.15\mu m$ 的制造工艺。借助于先进工艺的优势，Flash Memory 的容量可以更大。Flash Memory 已经变得非常纤细小巧；先进的工艺技术也决定了存储器的低电压的特性，从最初 12V 的编程电压，下降到 5V、3.3V、2.7V、1.8V 单电压供电。这符合国际上低功耗的潮流，更促进了便携式产品的发展。

另一方面，新技术、新工艺也推动 Flash Memory 的位成本大幅度下降，NAND 技术和 AND 技术的 Flash Memory 将突破 1 美元/1MB 的价位，使其具有了取代传统磁盘存储器的可能。

世界闪速存储器市场发展十分迅速，Flash Memory 的迅猛发展归因于资金和技术的投入，高性能低成本的新产品不断涌现，刺激了 Flash Memory 更广泛的应用，推动了行业的向前发展。现在，移动存储（包括移动硬盘和 U 盘）已经广泛应用，而嵌入式计算机中也广泛应用电子盘，

图 4.28　Disk On Chip 外形图

M-Systems 的 Disk On Chip 2000 为标准的 32 引脚 DIP 封装，它可以构成高效的单芯片快闪磁盘。特别适用于有空间限制及容量变化的工业控制和军用。Disk On Chip 2000 能简易地安装于 CPU 板上，安装后你马上就拥有可开机激活的快闪磁盘。图 4.28 就是这种 Disk On Chip 芯片的外形图。其容量从 16MB～1GB，它已成为网络设备、嵌入系统的标准快闪磁盘模块。

# 4.4　CPU 与存储器的连接

本节讨论 CPU 如何与存储器连接，以及几种典型 CPU 与 ROM 或 RAM 的连接实例。

## 4.4.1　连接时应注意的问题

在微型计算机中，CPU 对存储器进行读写操作，首先要由地址总线给出地址信号，然后发出读写控制信号，最后才能在数据总线上进行数据的读写。所以，CPU 与存储器连接时，地址总线、数据总线和控制总线都要连接。在连接时应注意以下问题。

**1. CPU 总线的带负载能力**

CPU 在设计时，一般输出线的带负载能力为一个 TTL 电路，现在带的是存储器（为 MOS 管），直流负载很小，主要是电容负载，故在简单系统中，CPU 可直接与存储器相连，而在较大系统中，可加驱动器再与存储器相连。

**2. CPU 时序与存储器存取速度之间的配合**

CPU 的取指周期和对存储器读写都有固定的时序，由此决定了对存储器存取速度的要求。具体地说，CPU 对存储器进行读操作时，CPU 发出地址和读命令后，存储器必须

在限定时间内给出有效数据。而当 CPU 对存储器进行写操作时,存储器必须在写脉冲规定的时间内将数据写入指定存储单元;否则就无法保证迅速准确地传送数据,一般选快速的存储器。

**3. 存储器组织、地址分配**

在各种微型计算机系统中,字长有 8 位、16 位、32 位和 64 位之分,可是存储器均以字节为基本存储单元,存储一个多字节数据,就要放在连续的几个内存单元中,这种存储器称为"字节编址结构",CPU 是把 16 位低字节数据放在低地址(偶地址)存储单元中。

此外,内存又分为 ROM 区和 RAM 区,而 RAM 区又分为系统区和用户区,所以内存地址分配是一个重要问题。

例如,Z80 或 8085 CPU 地址线 16 根,寻址范围是 64KB,Z80-TP801 单板计算机的ROM 区地址为 0~1FFFH,这一区域存放监控程序等,用户区(RAM)地址为 2000H 以后。而 IBM-PC 的 ROM 区却放在高地址区(详见 4.4.3 节)。

## 4.4.2　典型 CPU 与存储器的连接

**1. 地址译码器 74LS138**

将 CPU 与存储器连接时,首先要根据系统要求,确定存储器芯片地址范围,然后进行地址译码,译码输出送给存储器的片选引脚 $\overline{CS}$。译码器常采用 74LS138 电路。图 4.29 给出了该译码器的引脚和译码逻辑框图。

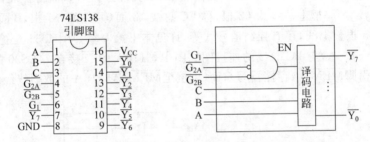

图 4.29　74LS138 引脚和逻辑框图

由图 4.29 可看到,译码器 74LS138 的工作条件是 $G_1 = 1, \overline{G_{2A}} = \overline{G_{2B}} = 0$,译码器输入端为 C,B,A,故输出有 8 种状态,因规定 $\overline{CS}$ 低电平选中存储器,故译码器输出也是低电平有效。当不满足译码器条件时,74LS138 的 8 个输出均为高电平,相当于译码器未工作。74LS138 的真值如表 4.7 所示。

表 4.7　74LS138 译码器真值表

| $G_1$ | $\overline{G_{2A}}$ | $\overline{G_{2B}}$ | C | B | A | 译码器输出 | |
|---|---|---|---|---|---|---|---|
| 1 | 0 | 0 | 0 | 0 | 0 | $\overline{Y_0} = 0$, | 余为 1 |
| 1 | 0 | 0 | 0 | 0 | 1 | $\overline{Y_1} = 0$, | 余为 1 |
| 1 | 0 | 0 | 0 | 1 | 0 | $\overline{Y_2} = 0$, | 余为 1 |
| 1 | 0 | 0 | 0 | 1 | 1 | $\overline{Y_3} = 0$, | 余为 1 |

| $G_1$ | $\overline{G_{2A}}$ | $\overline{G_{2B}}$ | C | B | A | 译码器输出 | |
|---|---|---|---|---|---|---|---|
| 1 | 0 | 0 | 1 | 0 | 0 | $\overline{Y_4}=0$, | 余为 1 |
| 1 | 0 | 0 | 1 | 0 | 1 | $\overline{Y_5}=0$, | 余为 1 |
| 1 | 0 | 0 | 1 | 1 | 0 | $\overline{Y_6}=0$, | 余为 1 |
| 1 | 0 | 0 | 1 | 1 | 1 | $\overline{Y_7}=0$, | 余为 1 |
| 不是上述情况 | | | × | × | × | $\overline{Y_0} \sim \overline{Y_7}$ | 全为 1 |

### 2. 8 位 CPU 与 ROM 的连接

8 位 CPU 如 Z80,8085 的地址线 16 根,数据线 8 根,还有控制线。单片机 80198 内部为 16 位,外部为 8 位数据线。下面以 80198 单片机为例说明 CPU 是怎样与存储器连接的。

由于 80198 单片机的引脚 $AD_7 \sim AD_0$ 是复用的,故应先利用地址锁存允许信号 ALE,将先出现的信号作为 $A_7 \sim A_0$ 锁存起来,然后当 ALE 为低电平时,$AD_7 \sim AD_0$ 作为数据线从 EPROM 取出所选中单元的内容读入到 CPU。2764 的读取时间为 200ns,可满足单片机的时序要求。80198 与 2764 的连线如图 4.30 所示。

### 3. IBM PC/XT 与 SRAM 的连接

一般说来,IBM PC/XT 计算机的系统板上已有足够的内存,如欲再扩展内存,可利用其 I/O 扩展槽。扩展槽上总线为 62 根,称 PC 总线,A 面(元件面)31 根,B 面 31 根,包括 20 根地址线,8 根数据线,还有控制信号线等,详见本书第 5 章。图 4.31 是扩展一片静态 RAM(型号为 6116A)与 PC 总线的连接图。图中,6116A 的 $\overline{CS}$ 接在 74LS30 的输出端上,$\overline{WE}$ 接在总线引脚 $\overline{MEMW}$(存储器写),而 $\overline{OE}$ 接至 $\overline{MEMR}$,6116A 的数据线经 74LS245 双

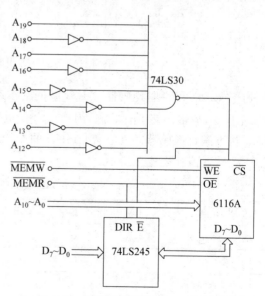

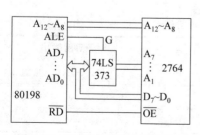

图 4.30　80198 与 2764 的连线图　　　　图 4.31　IBM PC/XT 与 6116 的连接

向缓冲器与扩展插槽的数据线相连，6116A 的地址范围为 A0000H～A07FFH，因 $A_{11}$ 地址线未用，还有一个地址重叠区 A0800H～A0FFFH。

### 4.4.3　IBM PC/XT 中的存储器

目前，PC 的 CPU 虽然普遍采用了 P4，但为进一步说明 CPU 与存储器的连接，下面仍然以早期的 IBM PC/XT 计算机中的存储器为例，简要进行说明。

**1. 存储空间的分配**

在 IBM PC/XT 中，CPU 是 8088，有 20 条地址线，可寻址的物理空间为 0～FFFFFH，共 1MB。通常把前 640KB 的内存称为主存储器，而把其后的 384KB 称为内存保留区，其中包括 256KB 的 ROM 空间和为 I/O 通道保留的 128KB RAM 空间。存储空间的分配如表 4.8 所示。

表 4.8　IBM PC/XT 计算机存储空间分配表

| 地址范围 | 名称 | 功能 |
| --- | --- | --- |
| 00000H～7FFFFH | 系统板上的 512KB | 系统板存储器 |
| 80000H～9FFFFH | 128KB 基本 RAM | I/O 通道主存储器 |
| A0000H～BFFFFH | 128KB 显示存储器 | 保留给显示卡用 |
| C0000H～EFFFFH | 192KB 控制 ROM | 保留给硬盘适配器、显示卡用 |
| F0000H～FFFFFH | 系统板上 64KB ROM | BIOS、BASIC 用 |

其中，单色显示缓冲区占用地址单元为 B0000H～B0FFFH 的 4KB 内存；彩色图形显示缓冲区占用地址单元为 B8000H～BBFFFH 的 16KB 内存；高分辨率显示适配器的控制 ROM 占用 32KB 内存（C0000H～C7FFFH）；硬盘适配器的控制 ROM 占用 16KB（C8000H～CBFFFH）。

在 80286 微处理器中，具有 24 位地址线，可寻址 16MB 的存储空间，地址范围为 0～FFFFFFH，存储空间的地址分配如表 4.9 所示。

表 4.9　286 计算机存储空间分配表

| 地址范围 | 名称 | 功能 |
| --- | --- | --- |
| 0～07FFFFH | 系统板上 512KB | 系统板上存储器 |
| 080000H～09FFFFH | 128KB 基本 RAM | I/O 通道上主存 |
| 0A0000H～0BFFFFH | 128KB 显示 RAM | 保留给字符/图形显示卡用 |
| 0C0000H～0DFFFFH | 128KB I/O 扩展 ROM | 副本分配给 FE0000H～FFFFFFH |
| 0F0000H～0FFFFFH | 系统板上的 64KB ROM | BIOS 等 |
| 100000H～FDFFFFH | I/O 通道扩展存储器 | 扩展板上存储器 |
| FE0000H～FEFFFFH | 系统板上保留的 ROM | 副本分配在 0E0000H～0EFFFFH |
| FF0000H～FFFFFFH | 系统板上 64KB ROM | 副本分配在 0F0000H～0FFFFFH |

其中,最低的存储器区域(0~9FFFFH)是系统的主存储器。IBM PC/AT 计算机把前 512KB 放在系统板上,其后的 128KB 放在 I/O 通道的扩展板上。而兼容机都把 640KB 主存放在系统板上。而地址 0A0000H~0BFFFFH 是显示缓冲区,IBM 彩色图形显示器(CGA)使用 16KB 缓冲区,如用高分辨率显示器,所需内存要更大一些。从 0C0000H~0FFFFFH 共 256KB 是系统的 ROM 区,前 128KB 供 I/O 通道中扩展到 ROM 用,最后的 64KB(0F0000H~0FFFFFH)是系统板上的基本 ROM 区,存放 BIOS 等程序。从 100000H~FDFFFFH 共 14.872MB 用于支持多用户系统,这部分内存是由用户插入扩展卡后增大存储空间的。最后的 128KB(FE0000H~FFFFFFH)是被用来复制 0E0000H~0FFFFFH 空间的机器代码的。

CPU 为 80286 的 IBMPC/AT 计算机的前 1MB 存储器与 IBM PC/XT 兼容。存放在系统板上 ROM 区最后一部分空间的 BIOS 是高层软件和硬件之间的操作接口,它完成系统的冷启动、热启动、上电自检、基本输入/输出驱动、引导 DOS 以及中断管理等。

**2. ROM 子系统**

IBM PC/XT 计算机系统板上安装有基本 ROM 共 40KB,其中 32KB 的 ROM 中装有 BASIC 解释程序,占用地址 F6000H~FDFFFH,8KB 的 ROM 中为基本输入输出系统 BIOS,占用地址 FE000H~FFFFFH。BIOS 对系统初始化,同时也是高层软件与硬件的接口,它的功能是:系统冷、热启动;系统自检;基本外设(CRT 显示器,键盘,串行通信,打印机)的输入输出驱动程序;硬件中断管理程序;DOS 引导程序等。

系统板上的 ROM 电路如图 4.32 所示。

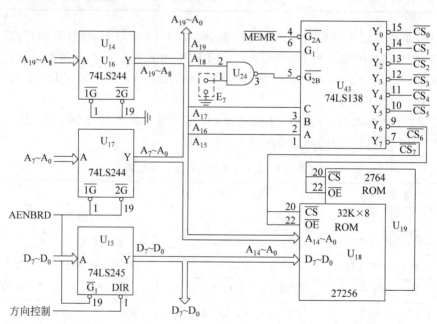

图 4.32 系统板上的 ROM 电路

系统板上有两个 ROM 插座,一个是 8K×8 芯片,内装固化 BASIC 的前 8KB 程序,地址为 F6000H~F7FFFH;另一个是 32KB 的芯片,内装固化的 BASIC 程序中的后

24KB,剩下 8KB 空间是 BIOS,地址范围为 F8000H～FFFFFH。

　　ROM 芯片的$\overline{CE}$和$\overline{OE}$连在一起,由译码器 74LS138 的输出端$\overline{CS_6}$及$\overline{CS_7}$控制,地址线 $A_{19}$～$A_0$ 通过缓冲器 74LS244($U_{14}$,$U_{16}$,$U_{17}$)与系统总线相连,数据线 $D_7$～$D_0$ 通过数据收发器 74LS245($U_{15}$)与系统总线相连。如图 4.32 所示。

　　地址译码器 74LS138 的译码输入 C、B、A 分别接在 $A_{17}$、$A_{16}$、$A_{15}$ 地址线上,$G_1$ 接 $A_{19}$,$\overline{G_{2A}}$接$\overline{MEMR}$(存储器读信号),$\overline{G_{2B}}$接$\overline{A_{18}}$($A_{18}$反相后的信号),故$\overline{CS_6}$对应的地址范围为 F0000H～F7FFFH,如表 4.10 所示。

　　译码器 74LS138 所管理的存储器地址范围如表 4.10 所示。

表 4.10　ROM 子系统中译码器管理的存储器地址

| 片选信号 | 条　　　件 | | | | | | 管理的存储区域 |
| :---: | :---: | :---: | :---: | :---: | :---: | :---: | :---: |
| | $\overline{MEMR}$ | $A_{19}$ | $A_{18}$ | $A_{17}$ | $A_{16}$ | $A_{15}$ | |
| $\overline{CS_0}$ | 0 | 1 | 1 | 0 | 0 | 0 | C0000H～C7FFFH |
| $\overline{CS_1}$ | 0 | 1 | 1 | 0 | 0 | 1 | C8000H～CFFFFH |
| $\overline{CS_2}$ | 0 | 1 | 1 | 0 | 1 | 0 | D0000H～D7FFFH |
| $\overline{CS_3}$ | 0 | 1 | 1 | 0 | 1 | 1 | D8000H～DFFFFH |
| $\overline{CS_4}$ | 0 | 1 | 1 | 1 | 0 | 0 | E0000H～E7FFFH |
| $\overline{CS_5}$ | 0 | 1 | 1 | 1 | 0 | 1 | E8000H～EFFFFH |
| $\overline{CS_6}$ | 0 | 1 | 1 | 1 | 1 | 0 | F0000H～F7FFFH |
| $\overline{CS_7}$ | 0 | 1 | 1 | 1 | 1 | 1 | F8000H～FFFFFH |

　　当$\overline{CS_6}$或$\overline{CS_7}$为低时,表示选中了 ROM 芯片,这两个信号经过或非门的输出驱动数据收发器 74LS245 的方向控制端 DIR。地址驱动器由 3 片 74LS244 组成($U_{14}$、$U_{16}$、$U_{17}$)。图 4.33 中的与非门 $U_{24}$ 还有一个输入端跨接线 $E_7$,通常情况下,$E_7$ 断开,如短接,则 $U_{43}$ 停止工作,也就禁止了系统板上 ROM 的工作,用户需另编写 BIOS。

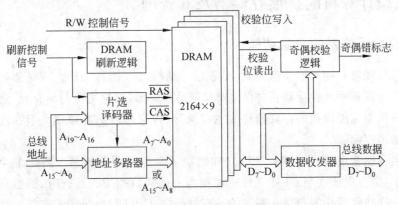

图 4.33　RAM 子系统组成框图

### 3. RAM 子系统

IBM PC/XT 的读写存储器子系统的组成框图如图 4.33 所示。它由 RAM 芯片组、片选译码器、地址多路器、数据收发器、DRAM 刷新逻辑以及奇偶校验逻辑组成。

片选译码电路用来产生 $\overline{RAS}$ 和 $\overline{CAS}$ 以及控制地址多路器的选通。

系统板上 RAM 子系统为 256KB,每 64KB 为一组,采用 9 片 2164DRAM 芯片,8 片构成 64KB,另一片用于奇偶校验。因系统板上的 RAM 地址是最低 256KB 的内存地址,故 4 组 RAM(每组 64KB)对应的高 4 位地址为 0000B~0011B。

为了实现动态 RAM 刷新,PC/XT 设置系统板上 8253-5 电路的通道 1,每隔 15.12$\mu$s 产生一个信号,请求 DMA 控制器 8237-5 的通道 0 执行 DMA 操作,对全部动态 RAM 芯片进行刷新,刷新时,$\overline{CAS}$ 信号无效,故在刷新瞬间信息不会在数据总线上传送。

系统板上有 256KB DRAM,采用 Intel 2164 芯片,共 36 片,所有芯片对应的地址引脚相连,$D_{in}$ 和 $D_{out}$ 相连,每组 9 个芯片,第 9 个芯片用于奇偶校验。奇偶校验电路的功能是对 DRAM 写入和读出数据进行奇偶校验。写入时,给存储单元的奇偶校验写入一个奇校验码;读出时,对读到的 9 位数据进行校验,若检测出有偶数个 1,表示数据出错,在电路中输出一个校验错标志,并产生不可屏蔽中断请求 NMI。

以上只是简单介绍 IBM PC/XT 中的动态 RAM 电路,如要进一步了解详细电路,请查阅 IBM PC/XRT 硬件手册及参考文献[3]。

对于现代微型计算机,由于采用内存条,把内存条插入主板上的内存插槽即可。但要注意,在奔腾系列的主板上,一个 168 线槽为一个 BANK,而两个 72 线槽才能构成一个 BANK,所以 72 线内存必须成对上。这里的 BANK 是内存插槽的计算单位,Bank 表示一个 SDRAM 设备内部的逻辑存储库的数量(现在通常是 4 个 BANK)。它还表示 DIMM 或 SIMM 连接插槽或插槽组,例如 bank 1 或 bank A。主板上的 BANK 编号从 BANK0 开始,必须插满 BANK0 才能开机,BANK1 以后的插槽留给扩充内存用,称做内存扩充槽。

## 4.5　微型计算机的扩展存储器及其管理

### 4.5.1　存储器体系的分级结构

在计算机发展初期人们就意识到,单靠单一结构的存储器来扩大存储器容量是不现实的。它至少需要两种存储器:主存储器和辅助存储器(简称主存与辅存)。通常总是把存储容量有限而速度较快的存储器称为主存储器(内存),而把容量很大但速度较慢的存储器称为辅助存储器。

为提高存储速度,在主存与 CPU 之间增加了高速缓冲存储器。高速缓冲存储器虽然容量较小,但存取速度与 CPU 工作速度相当。这样,在 CPU 运行时,机器自动地把将要执行的程序和数据从内存送入高速缓冲存储器中,CPU 只要访问高速缓冲存储器就可以取得所需的信息,只有当所需的信息不在高速缓冲存储器时才去访问内存。不断地用新的信息段更新高速缓冲存储器的内容,就可以使 CPU 大部分时间在访问高速缓冲存储器,从而减少了对慢速主存的访问,大大提高了 CPU 的效率。Cache—主存的办法解决了存储器速度与成本之间的矛盾。这样,目前的微型计算机构成了 Cache—主存—辅存的三级存储器结构,其分级结构示意图如图 4.34 所示。

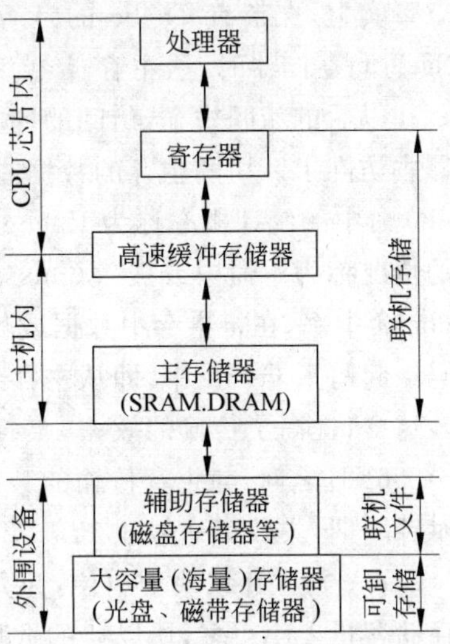

由图 4.34 可看出,CPU 中的寄存器可以看成是最高层次的存储部件,它容量最小,速度最快,但对寄存器的访问不按存储地址进行,而按寄存器名进行,这是寄存器与存储器的重要区别。寄存器以下可以有高速缓冲存储器、内(主)存、外存(辅助存储器)等层次。外存是最低层次的存储器,通常用磁盘、磁带、光盘等构成,其特点是容量大,速度慢,成本低。显然,从示意图可以看到,自上到下存在如下规律:

图 4.34　存储系统的分级结构示意图

- 价格依次降低。
- 容量依次增加。
- 访问时间依次增加。
- CPU 访问的频度依次减小。

使用这样的存储体系,从 CPU 看,存储速度接近于最上层,容量和成本接近最下层,大大提高了计算机的性能价格比。

### 4.5.2　高速缓冲存储器

在计算机发展过程中,CPU 与主存速度匹配的矛盾越来越突出,例如 100MHz 的 Pentium 处理器平均每 10ns 就要执行一条指令,而 DRAM 的典型存取速度是 60～120ns。为解决这一矛盾,高档微型计算机普遍采用了 Cache—主存这样的体系结构,即在 CPU 与主存之间增加一级或多级与 CPU 速度匹配的高速缓冲存储器,用来提高主存储系统的性能价格比。

#### 1. Cache 的基本原理

对大量运行的程序分析表明,由程序产生的地址往往集中在存储器逻辑地址空间很小的范围内,指令地址的分布又是连续的,加上循环程序段和子程序段的重复执行,对这些地址的访问,自然具有时间上集中分布的倾向。数据分布的集中倾向不如指令那么明显,但对数组的存储和访问以及工作单元的选择都可以使存储器地址相对集中。

程序访问的局部性,导致了对局部范围的存储器地址访问频繁,对其他的地址访问较少的现象。这样,就可以使用高性能的 SRAM 芯片组成高速小容量存储器的缓存器,使用价格低廉集成度更高容量更大的 DRAM 芯片组成主存储器。而在缓存器中放着主存的一部分副本(主存中的一部分内容),当 CPU 发出存储器读取命令后,先在 Cache 中查找并执行,若找不到,则直接从主存中取出,同时写入 Cache 中,此后,CPU 查找该信息时就可以只访问 Cache,而不必访问低速的主存储器。由于程序访问的局限性,就可以保证 CPU 读取 Cache 中数据的概率比较高,这就缩短了相应的存取时间,从而提高了计算机整体的运行速度。

事实上,在带有 Cache 的计算机中,一开始 Cache 中并没有数据和程序代码。当 CPU 访问存储器时,从主存储器读取的数据或代码在写入寄存器的同时也写入 Cache 中。在以后的访问中,若访问的内容已经存于 Cache 中,就直接访问 Cache 而不必到主存储器去访问了。访问主存的数据或代码已存在于 Cache 内的情况称为 Cache 命中(hit ), Cache 命中的统计概率称为 Cache 的命中率。同样,访问主存的数据或代码不在 Cache 内的情况称为不命中或失效(miss),相应地,其不命中的统计概率称为失效率。为提高 Cache 命中率,在将主存中数据或代码写入 Cache 时,一般也把该数据前后相邻的数据或代码一起写入 Cache 中,即从主存到 Cache 的数据或代码的传送是以数据块为单位进行的。这样,提高了传输的效率,又提高了 Cache 的命中率。计算机 Cache 的容量通常在 16～256KB 之间,与主存传输的数据块的容量一般在 4～128B 之间,命中时间一般为一个时钟周期,失效率一般在 1%～20% 之间。

Cache 与主存以块为单位,为方便传输,主存与 Cache 中块的大小相同,只不过 Cache 的存储容量要小得多,所以块的数目也不多。这样,为了把信息存放到 Cache 中,必然应用某种函数把主存地址映射到 Cache 中,这称为地址映像。当信息按这种关系装入 Cache 后,执行程序时,应将主存地址变换成 Cache 地址,这个变换过程叫做地址变换,地址的映像和变换是密切相关的。

**2. 地址映像与变换**

CPU 访问 Cache—主存时,首先要知道访问的内容是否已经存在于 Cache 中,即 Cache 是否命中? 另外,还需要识别 Cache 存储块中的数据是否有效。例如,在开始时刻 Cache 是空的,其中内容是无意义的。识别 Cache 的数据是否有效的方法是增加一个"有效位",但要确定 Cache 命中与否,就要和地址映像表一并考虑。

地址映像关系可以用一张表来表示,即用一张表反映主存单元和 Cache 单元的对应关系。为确定 Cache 是否命中,首先要查地址映像表。如果在表中查到了相应的项,则表示命中,可以从 Cache 访问数据。为了使查表和访问 Cache 结合起来,地址映像表和 Cache 数据项结合起来,一起存入相应的快速存储器中。这样构成的 Cache 的基本结构如图 4.35 所示。

主存地址的低位部分直接作为 Cache 地址的块内地址;主存地址的高端通过主存-Cache 地址映像机构表来确定该地址的存储单元是否在 Cache 中。如果在 Cache 中,则 Cache 命中。地址映像机构将主存地址的高端变换成 Cache 地址块号,与块内地址合并成 Cache 地址去访问 Cache。若 Cache 不命中,这时需要 Cache 访问主存,并从主存中把包含该单元的一块数据调入 Cache,这时如果 Cache 还可以装入,就直接将主存数据装入 Cache;如果 Cache 中已装不进去了,即发生了块冲突,就需要按某种替换算法将 Cache 中的某一块数据替换出去,并修改有关的地址映像关系,然后将主存的数据块装入 Cache。

Cache 的存在对用户来说是透明的。在 CPU 每次访问存储器时,系统自动地将地址转换成 Cache 的地址,如果访问的数据不在 Cache 中,则需要将其从主存调入 Cache 中。Cache 的地址变换和数据块的替换算法都是用硬件来实现的。地址映像是将主存地址映

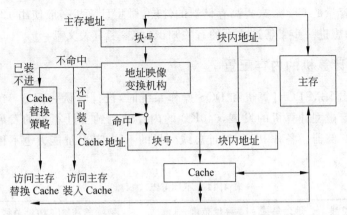

图 4.35　Cache 的基本结构

射成 Cache 中的地址。Cache 中的空间较小,其地址的位数也较少,主存的空间较大,其地址的位数也较多。Cache 中的一个存储块与主存中的若干个存储块相对应,即若干个主存地址将映射到同一个 Cache 地址。根据这种地址的对应方法,地址映像的方法有直接映像、全相联映像和组联映像。

直接映像的地址变换方法如图 4.36 所示,主存中每个区的第 0 号块映像到 Cache 中的第 0 号块,第 1 块映像到 Cache 中的第 1 块,…,第 $N-1$ 块映像到 Cache 中的第 $N-1$ 块。实现地址转换的过程如图 4.37 所示,其中地址映像用的块表中包含 Cache 存储器各块的区号,Cache 地址的块内地址与主存地址的块内地址部分相同,块号也相同。在访问存储器时,根据地址中的块号读出块表中的区号,并与当前地址的区号段进行比较,比较结果相同,表示 Cache 命中,访问可对 Cache 进行。如果比较结果不相同,则表示不命中,访问需要对主存进行,这时将对主存访问并将主存中的块调入 Cache 中的同时将区号段写入块表中,这就完成了地址映像关系的改变。在新的数据块调入时,Cache 中的原始数据被替换。从主存读入的数据可先替换原数据,然后再从 Cache 送到 CPU,也可以在替换 Cache 原始数据块时直接送到 CPU。

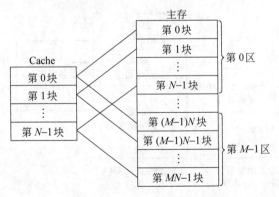

图 4.36　Cache 的直接映像

现在已有高速缓存控制器 82835 以及配套的 SRAM 可以使用,由于 Cache 价格高,一般选用适当容量的 Cache 来提高存储器的性能,微型计算机一般使用 128KB~4MB 的 Cache。读者如想进一步了解这方面的有关知识,可参考有关文献。

### 4.5.3 微型计算机的内存配置

当刚刚推出 IBM-PC 计算机和 DOS 操作系统时,设计者认为配置 640KB 内存就足够了,后来,随着微型计算机的发展,640KB 的内存就制约了计算机的发展和应用,于是又配置了扩展存储器。各种 PC 因地址总线数目的不同,其寻址能力也不相同,如表 4.11 所示。

表 4.11   不同 CPU 的寻址

| CPU | 数据总线（位） | 地址总线（位） | 寻址范围（MB） | CPU | 数据总线（位） | 地址总线（位） | 寻址范围（MB） |
|---|---|---|---|---|---|---|---|
| 8088 | 8 | 20 | 1 | 80386 | 32 | 32 | 4096 |
| 8086 | 8 | 20 | 1 | 80486 | 32 | 32 | 4096 |
| 80286 | 16 | 24 | 16 | 80586 | 64 | 32 | 4096 |

由表 4.12 可见,386 以上的微机可配置 4096MB 的内存,一般情况下配置 512MB~4GB 就足够运行各种高级软件了。

虽然内存的容量这么大,但为保持兼容性,仍然把物理地址范围在 00000H~9FFFFH 的 640KB 内存称为主存储器,而把 A0000H~FFFFFH 的 384KB 内存叫内存保留区,留给视频适配器和 ROM-BIOS 使用。其中 BIOS 是磁盘操作系统 DOS 中的主要模块——基本输入/输出系统。

地址在 100000H 以上的存储器称为扩展存储器(Extended Memory),也叫 XMS。例如一台 286 计算机内存配置 1MB,则实际的主存为 640KB,从 1024~1408KB 又配置了 384KB 的 XMS。不要将 640~1024KB(物理地址为 A0000H~FFFFFH)之间的内存保留区视为扩展内存。这时的主存储器及内存保留区的配置如图 4.37 所示。

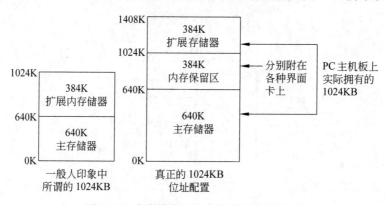

图 4.37   主存储器及内存保留区的配置图

### 4.5.4　存储器管理

在 PC 的硬件上,从 8088、8086 发展到 80X86,其中 X=2,3,4,5。现在,普遍使用 P4 的 CPU,其主频达到 2GHz,CPU 的引脚达到 478 针,发展速度之快,出乎人们预料。从软件上,也从 DOS3.0、DOS6.22 发展到现在的 Windows 98、Windows 2000、Windows XP、Windows Vista 等。DOS 和 Windows 操作系统对于存储器的管理既有联系也有不同。

**1. DOS 操作系统下的存储器管理**

8088、8086 微处理器只能在实地址方式下工作,80286 可以工作在实地址和保护方式,80386 以上的微处理器可以工作在三种方式:即实地址方式、虚地址保护方式和 V86 方式。

(1) 实地址方式

实地址方式是一种最基本的工作方式,其寻址范围只能在 1MB 范围内,故不能管理和使用扩展存储器。复位时,启动地址为 FFFF0H,在此地址安排一个跳转指令,进入上电自检和自举程序。另外,保留 0~003FFH 的中断向量区。可以认为这种方式只使用 20 位地址线,寻址 1MB,与 8088/8086 工作情况是一致的。使用 DEBUG 调试程序的 D 命令可以看到 1MB 的内存。

(2) 虚地址保护方式

在实地址方式下工作的 80X86 只相当于快速的 8086,并没有发挥这些高性能 CPU 的作用,高档 CPU 的特点是能够可靠地支持多用户系统,即使是单用户,也可支持多任务操作,这就要求新的存储器管理机制——虚地址保护方式。

虚拟存储器(Virtual Memory)是为满足用户对存储空间不断扩大而提出来的。如果用单纯扩大内存的方法,造价高且利用率低。采用虚拟存储器,圆满地解决了这个问题。

从原理上看,尽管主存—辅存和 Cache—主存是两个不同层次的存储体系,但它们都是以存储器访问的局部性为基础,都是把程序化分为一个个信息块,运行时都能够把慢速的存储器向快速存储器调度,这种调度采用的地址变换及映像方法和替换策略。两个存储块均以信息块为基本信息的传送单位,但 Cache 存储器每块只有几十字节,而虚拟存储器每块长度却在几百 KB 字节左右。CPU 访问 Cache 的速度比访问主存快 5~10 倍,而虚拟存储器中主存的速度要比辅存快 100 倍以上。Cache 存储器中存取信息的过程、地址变换和替换策略全部用硬件实现,而虚拟存储器基本上由操作系统的存储器管理软件再辅助一些硬件实现,一般称为存储器管理部件 MMU。这样,虚拟存储系统软件中程序运行时,存储器管理及辅助硬件机构会把辅存的程序一块块调入内存,由 CPU 执行或调到 Cache 中,用户好像具有一个容量巨大的存储器空间,以致写程序时不用考虑计算机实际的内存容量。但 CPU 实际上只能执行调入内存的程序,所以称这样的存储系统为"虚拟存储器"。

　　通常把能访问虚拟空间的指令地址码称为虚拟地址,而把实际的地址称为物理地址。物理地址对应的存储器容量称为主存容量,高档微机为128MB~1GB。而虚拟地址对应的空间可以达到64GB(1GB=1024MB)。

　　存储器管理部件MMU支持以下功能:

　　① 虚拟内存,用它支持分段分页的虚拟存储。

　　② 保护功能,实现任务间和特权级的数据和代码保护。所谓保护有两个含义:一是每一个任务将分配不同的虚拟地址空间,使任务之间完全隔离,实现任务间的保护;二是任务内的保护机制,保护操作系统存储段及其专用处理寄存器不被应用程序所破坏。

### 2. Windows 操作系统下的内存管理与进程

　　Windows的为每一个进程都提供了它自己私有的空间,一般情况下,一个进程只能访问自己的内存空间,在允许的情况下,有限制地访问系统共享数据区和其他进程的共享数据。Windows提供了内存保护机制,用户进程不可以有意或无意地破坏其他进程或操作系统的内存。

　　通过专门编写的程序可以测试不同的操作系统下实际占用的地址空间,例如Windows XP的应用程序占用0~7FFFFFFFH共计2GB内存空间。另外,在Windows界面下,读者可手动设置虚拟内存。在默认状态下,是让系统管理虚拟内存的,但是系统默认设置的管理方式通常都比较保守,在自动调节时会造成页面文件不连接,而降低读写效率,工作效率就显得不高,于是经常会出现"内存不足"这样的提示,手动设置的方法是:

- 用右击桌面上的"我的电脑"图标,在弹出的快捷菜单中选择"属性"选项,打开"系统属性"窗口。在该窗口中单击"高级"选项卡,出现高级设置的对话框。
- 单击"性能"区域的"设置"按钮,在弹出的"性能选项"窗口中选择"高级"选项卡。
- 在此选项卡中可看到关于虚拟内存的区域,单击"更改"按钮进入"虚拟内存"的设置对话框,选择一个有较大空闲容量的分区,选中"自定义大小"复选框,将具体数值填入"初始大小","最大值"栏中,而后依次单击"设置"、"确定"按钮即可,再重新启动使虚拟内存生效。

　　如要进一步了解Windows操作系统下的存储器管理,请参考有关资料。

# 习　题　4

**题 4-1**　从下列各小题的4个选项中选出一个正确的,将编号填入相应的括号内。

1. 以下存储器,其中(　　)是EPROM只读存储器。

　　A) 6264　　　　B) 2716　　　　C) 2816　　　　D) 2164

2. 在某台计算机内部,以下存储器中,(　　)是计算机的内存。

　　A) CD-ROM　　　　　　　　B) 3.5英寸软磁盘

C) 使用 EPROM 的电子盘      D) 168 引脚的 32MB 存储条

3. 2764 是 8KB 的 EPROM,其地址线和数据线分别为(    )根。

     A) 3,4          B) 13,4          C) 13,8          D) 8,8

4. 2164 芯片是 64KB 的动态存储器,其地址线和数据线分别为(    )根(注意:同一位数据线输入和输出是分开的,算作一根数据线)。

     A) 64,8          B) 8, 8          C) 16,1          D) 8,1

5. 以下存储器中,(    )需要刷新。

     A) 2764          B) 62256          C) 2164          D) 2816

6. 指出以下存储器中,(    )需要通过紫外线擦除器擦除。

     A) 27256          B) 62256          C) 2816          D) 2164

7. 某 72 个引脚的内存条,其数据线引脚为 32 根,内存条上的动态存储器为 $2M \times 36$ 共 4 片,故计算机内存总容量为(    )MB,且具有奇偶校验位。

     A) 32          B) 16          C) 64          D) 8

8. 某 168 个引脚的内存条,其数据线引脚为 64 根,内存条上的动态存储器为 $4M \times 64$ 共 8 片,故计算机内存总容量为(    )MB,不具有奇偶校验位。

     A) 128          B) 256          C) 64          D) 32

9. 用 DEBUG 的 D0:03FF 命令查看的内存,其容量为(    )字节。

     A) 400          B) 1000          C) 1024          D) 1023

**题 4-2** 将正确内容填入括号。

1. DRAM 需要刷新的原因是因为 DRAM 靠(    )存储电荷,如果不刷新,会因为漏电而失去存储的信息。

2. 主存储器是指地址范围为 0~9FFFFH 的(    )KB 的内存。

3. 实模式下的存储器地址范围是(    )H~(    )H 的 1MB 内存。

4. EPROM 存储器靠(    )照射,可擦掉原有内容,使每个单元的内容为(    )H。

5. 电子盘是用大容量存储器,按磁盘格式组成的外存储器,如果用 Disk on Chip (Flash ROM)芯片,其容量最大为(    )MB。

6. 2816 或 2864 是(    )类型的只读存储器,它可用于系统参数的在线修改。

7. 存储器片选引脚 $\overline{CS}$,国际上都设计为(    )电平有效。

8. 动态存储器的片选信号为(    )和(    )。

9. IBM-PC 的存储器读控制信号为(    ),写控制信号为(    )。

10. 常用的 EPROM 型号对应的容量是:

     2732(    )KB

     2764(    )KB

     27128(    )KB

     27256(    )KB

     27512(    )KB

27C040(　　　)KB

**题 4-3** 主存储器,内存保留区的含义;扩展内存的含义是什么?

**题 4-4** 双口 RAM 有什么用途? 它的特点是什么?

**题 4-5** 串行 EEPROM 有什么优点?

**题 4-6** 闪存有什么用途? 其特点是什么?

**题 4-7** 在题图 1 中,8031 CPU 外部扩展 EPROM,有 1 片 27128 和 1 片 2764,其 $P_{2.7}$ 引脚相当于 A15,请说明这两片存储器的地址范围(包括地址重叠区)。

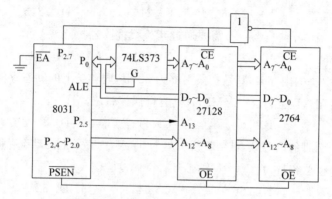

题图 1　两片 EPROU 与 CPU 连线图

**题 4-8** 在题图 2 中,利用 74LS138 同时扩展 1 片 EPROM 2764 和 1 片 SRAM 6264,请分析这两片存储器的地址范围。

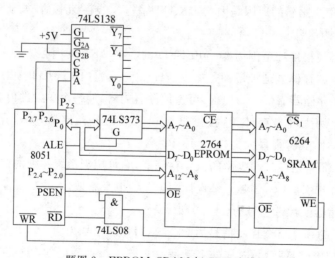

题图 2　EPROM、SRAM 与 CPU 连线图

**题 4-9** 在教材图 4.31 中,改用 74LS138 译码器代替 74LS30,画出连线图,仍然使用 SRAM 6116A 的地址范围为 A0000H～A07FFH。

**题 4-10** 在教材图 4.31 中,将 $A_{19}$ 经过非门连接 $G_1$,请分析这时 $Y_0 \sim Y_7$ 对应的存储器地址范围。

**题 4-11**　在题图 3 中,说明所连接的存储器 SRAM 62256 的地址范围。

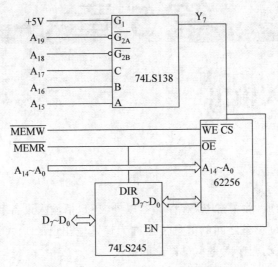

题图 3　SRAM 62256 与 CPU 的连线图

# 第 5 章

# 数字量输入输出

## 5.1 概述

微型计算机的构成,除了 CPU 和存储器以外,还包括输入设备和输出设备(合称 I/O 设备)。计算机和 I/O 设备之间的信息传送称为输入输出(I/O)。CPU 对各种 I/O 设备的电路连接及管理驱动程序就是本章讨论的范围。

本章所谓输入特指信号从 I/O 设备的电路流向以 CPU 为核心的计算机,相反方向的传送则称为输出。

### 5.1.1 I/O 信号的形式

计算机 I/O 的信号主要有以下几种形式。

**1. 开关量**

只有两种稳定状态的信号,可以用两个最基本的逻辑符号 0 和 1 表示,称为开关量。例如二值开关的"断"和"通"、LED 的"灭"和"亮"等。

**2. 数字量**

多位 0 和 1 按一定规则组合所表示的信号称为数字量。例如 8 位二进制数、7 位 ASCII 码等。

开关量每一位是独立的,而组成数字量的各位互相关联,是一个整体。

**3. 脉冲量**

这一类信号的稳定状态虽然也只有 0、1 两种,但更被关注的是其两个稳态之间的变化,例如由 0 变到 1,称为信号发生正跳变(或信号的上升沿)。在电路状态转换或数据选通过程中,往往是其他信号都准备好以后,用某个脉冲量的跳变来最后确定动作的时间;有些场合也用脉冲量进行计数。

**4. 模拟量**

模拟量是指数值和时间上都能连续变化的信号。现实世界的多数信号都是模拟量。但在数字计算机内部只有二进制数一种表示形式,于是在输入模拟量时,要先经过 A/D 转换成数字量;而输出的数字量也要经过 D/A 还原成模拟量。关于模拟量 I/O 的技术,在第 6 章专门讨论。

事实上,由于 I/O 设备种类繁多,I/O 的信号形式远不止上面所列,在 I/O 过程中都要调整成计算机内统一的二进制数形式,这便是接口的功能。

## 5.1.2　I/O 接口

接口是连接计算机和 I/O 设备的部件,首先是指接口电路,广义的接口还包括接口电路的管理驱动程序。

**1. I/O 接口的功能**

(1) 信号的形式变换

接口将 I/O 设备如 5.1.1 节所述的各种非数字信号变换成数字计算机中统一的二进制数字信号。

(2) 电平转换和放大

计算机内部使用 TTL 电平,只有 0~+5V(甚至更小)的变化范围,而 I/O 设备的信号电平可能不一样,例如异步串行通信设备采用的 EIA RS-232C 电平是 −15V~+15V 的范围,因此异步串行通信接口具有两种电平之间互相转换的功能。接口中还可能包括模拟量小信号输入时的放大器,计算机控制系统输出的信号也要经过接口功率放大后才能驱动执行元件。

(3) 锁存及缓冲

即使 I/O 的信号已经是规范的数字量,CPU 和 I/O 设备在时序上也不一定配合。CPU 通过执行 OUT 指令实现输出,只是在这条指令执行周期的某一时刻将输出数据发送到系统总线上,其他时刻数据总线被其他信息占用。这要求 I/O 设备刚好在这一时刻采样数据总线,才能正确地接收数据实现传送。但事实上,I/O 设备和 CPU 一般不同步,于是可在输出接口中安排锁存器,CPU 执行 OUT 指令时用控制信号(例如 $\overline{\text{IOW}}$,称为 I/O 写)将数据置入锁存器。以后 I/O 设备再按自己的时序从锁存器中获取数据。

输入也需要时序调整。一般来说,I/O 设备提前准备好传送的数据,接到三态缓冲器的输入端,三态缓冲器的输出端(多数时间是高阻态)接到计算机系统的数据总线上。等 CPU 执行 IN 指令时,发出控制信号(例如 $\overline{\text{IOR}}$,称为 I/O 读),打开三态缓冲器,I/O 设备的数据就进入计算机总线,CPU 再采样数据总线获取数据。

(4) I/O 定向

计算机每一次 I/O 传送都用地址指明具体的设备,接口电路利用地址进行译码,从众多设备中选出当前 I/O 的对象。输入传送称为 I/O 读,输出传送称为 I/O 写。

(5) 并行及串行 I/O 的转换

① 并行 I/O。CPU 和计算机内部的数据总线都是 8 位、16 位甚至更宽,内部传送时,组成数字信号的各位同时从信号源电路读出,经过数据总线又同时写入目标电路,称为并行传送。CPU 经过系统总线和 I/O 接口之间的传送一般也是并行的,一条 I/O 指令以字节(或更多位)数据整体为单位进行输入输出。如果接口和 I/O 设备之间也以并行方式传送,则称为并行 I/O。并行 I/O 接口和 I/O 设备之间的通道是 8 位或更宽,硬件开销大,但传送速度高,适用于较近距离。例如传统的打印机多数就是以并行方式和计算机连接的。

② 串行 I/O。如果将组成数字信号的各位分离,一位接着一位地进行传送,称为串行。计算机通过串行接口和 I/O 设备实现串行 I/O。显然串行接口和 I/O 设备之间只需

单个通道即可实现传输,因此硬件开销小,但由于信号的各位分先后传送,耗时较长。串行I/O适合于远距离使用,许多异步通信设备都使用这种方式。

串行接口和CPU之间的传送,仍然用I/O指令,经过系统数据总线并行地实现。串行接口实现并行及串行的转换。真正意义上串行的位流只在串行接口和I/O设备之间出现。

### 2. I/O的内容分类

I/O的内容,虽然在计算机中都是二进制数字,但可能反映I/O设备不同的物理意义。

(1) 数据信息

I/O的内容是以数字信号形式表示的数值或字符,称为数据信息。例如测量的数据结果、文本文件的内容等在传送过程中都属于数据信息。通常情况下,数据信息是I/O的主要内容,其他信息都是为数据I/O服务的。

(2) 状态信息

计算机在和I/O设备进行数据传送时,往往还需要了解I/O设备的一些状态,例如打印机是否“忙”、打印纸是否用尽等等。这些状态各自可用一位开关量表示。多个表示状态的开关量也可以组合到一个字节中,如字节的$D_7 = 1$表示“忙”,$D_7 = 0$表示“不忙”;$D_6 = 1$表示“纸尽”,$D_6 = 0$表示“有纸”等等。计算机输入这些字节,再提取开关量,就可以分析相关设备的工作状态。只有在各种状态都允许传送(准备好)的前提下,才能可靠地传送数据信息。

(3) 控制信息

控制信息是计算机输出给I/O设备的命令。输出字节的每一位可以表示一个开关命令,如$D_0 = 1$时使设备“上电”,$D_1 = 1$时使设备“启动”等等。本章后面讲到几种可编程接口电路的初始化,就是CPU对接口输出一个或多个起控制作用的字节,称为方式控制字或命令字。

### 3. I/O接口的构成

图5.1是一个典型的I/O接口,除了地址译码和控制逻辑之外,主要由传送数据、状态及控制三类信息的通道构成,图中称之为“端口”(Port)。

(1) 端口

端口是I/O接口中可以读写的存储电路。端口有自己的地址(端口地址),CPU用地址对每个端口进行读写操作。端口有

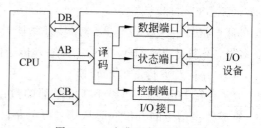

图5.1　一个典型的I/O接口

宽度,一般以字节为单位来组织,例如图5.1中数据端口、状态端口及控制端口各为一个字节。也可以用地址相邻的两个8位端口构成一个16位宽度的端口,其中较低的一个地址,也同时作为16位端口的共同地址在16位I/O指令中使用。但16位I/O指令的执行,仍可以分解成两个8位的操作来理解,较低地址端口存放较低字节内容、较高地址端口存放较高字节内容。为了提高传送速度,多字节端口也存在地址对准问题。以上几个

方面,端口都非常类似于存储器,只不过对端口的读写完成 I/O 操作,端口的内容是 I/O 设备的信号反映,而且一般对端口的读写比对存储器的读写要慢。

对于 I/O 驱动程序而言,CPU 执行 I/O 指令仅仅作用到端口而已,并没有最终到达 I/O 设备。即由于 I/O 接口的引入,计算机 I/O 驱动程序从面向设备,变成了面向端口。I/O 端口和 I/O 设备之间,往往靠电路信号再进一步完成传送。所以 I/O 是软件、硬件紧密结合的技术。

(2) 端口的分类

① 数据端口。数据端口是 CPU 和 I/O 设备传送数据信息的中转站。输出端口应有锁存器,输入端口必须有三态缓冲功能。从 CPU 输出的数据到数据端口锁存,I/O 设备再从数据端口获得;输入时 I/O 设备先在数据端口外侧准备好数据,这时数据端口接计算机总线的一侧是高阻态(用三态缓冲门)。CPU 读该数据端口时才将三态门打开,接收到 I/O 设备的数据。

数据端口根据 I/O 设备的需要,可能是单向输出、单向输入或是双向的,双向数据端口往往同时具有锁存及三态缓冲功能。

数据端口是接口中最主要的部分,一个接口中至少有一个数据端口,其他端口往往是为了配合数据端口更好地工作而设置的。

② 状态端口。CPU 通过读状态端口了解 I/O 设备的工作状态,这些状态对能否进行数据传送起到肯定或否定的作用,因此多数是一些开关信号。硬件上可以将多个开关类型的状态信号组织成字节,分配一个共同的端口地址,构成状态端口。

状态端口是只读端口,一般都包含三态缓冲器。

③ 控制端口。对 I/O 设备的控制命令通过写控制端口发出。写到控制端口字节中的每一位都可以表示一个开关控制信号。如 $D_0 = 1$ 时使设备"上电",$D_1 = 1$ 时使设备"运行"等等。

控制端口是只写端口,一般都具有锁存功能。

执行输入指令时,无论是对数据端口还是状态端口,读入的内容都汇总到数据总线 DB 进而到达 CPU;执行输出指令时,无论是写数据端口还是控制端口,其内容也都经数据总线 DB 流出,所以对 I/O 指令而言,三类端口仅地址不同而已,其内容全都看成是"数据"在数据总线上传输。

接口从简单到复杂差别很大,并非所有的接口都全有数据、状态、控制端口,例如无条件 I/O 接口只有数据端口,而具有中断功能的接口可能需要多个中断控制端口。有时状态端口和控制端口又合用一个地址:输入指令读的只能是状态端口;而用同一个地址输出指令只能写到控制端口。当然这需要通过一定的接口电路和控制信号来实现。

## 5.1.3　I/O 编址

在微型计算机中常用两种 I/O 编址方式:存储器映像编址和 I/O 端口单独编址。

### 1. 存储器映像编址

从存储器地址中分出一部分给 I/O 端口使用,每个 I/O 端口被看成一个存储器单元,于是可以用访问存储器的方法来访问 I/O 端口,即 I/O 的存储器映像编址。

这种方式的主要优点是：无须专用的 I/O 指令及专用的 I/O 控制信号也能完成 I/O；且由于 CPU 对存储器数据的处理指令非常丰富，现可全部用于 I/O 操作，使 I/O 的功能更加灵活。

**2. I/O 端口单独编址**

I/O 端口单独编址是指 CPU 使用专门的 I/O 指令及控制信号进行 I/O。其主要优点是 I/O 端口和存储器分别编址，各自都有完整的地址空间；因为 I/O 地址一般都小于存储器地址，所以 I/O 指令可以比存储器访问指令更短小、执行起来更快；而且专用的 I/O 指令在程序清单中，使 I/O 操作非常明晰。

以上两种 I/O 编址方式，优缺点正好互补，在微型计算机中都有使用。Intel 公司的 80X86 系列 CPU 使用的都是 I/O 端口单独编址方式。

## 5.1.4 I/O 的控制方式

I/O 控制方式是针对数据 I/O 而言，即在计算机和数据端口之间如何可靠而高速地传送数据。不同的方式要求的接口不同，实现的性能也很不一样。但从原理上看，所有 I/O 的控制方式都可以从以下两方面理解：一次数据 I/O 是如何发起的，又是如何完成的。

**1. 直接传送方式**

直接传送指 CPU 在需要和数据端口进行传送时，直接对其执行 I/O 指令。也就是 CPU 认为数据端口和自己完全同步。例如用输出接口驱动发光二极管 LED：输出 0 LED 熄灭；输出 1 LED 发光。以上传送过程没有不协调的可能，所以也称为同步传送或无条件传送。实际中多数 I/O 设备和 CPU 异步工作，数据端口受 I/O 设备的时序制约，也不能完全和 CPU 同步，所以这种方式的使用还是有条件的，只不过条件没有包含在 I/O 程序之中。例如，定时 I/O：已知 I/O 设备完成一次动作需要的时间，对该设备传送数据的间隔大于其动作时间，从 I/O 程序上看就是直接 I/O 或无条件 I/O。模拟量 I/O 中的 D/A 转换常用这种方式。

直接 I/O 方式由 CPU 直接对数据端口执行一条 I/O 指令启动并完成，其接口也最简单，只需要数据端口。但其应用范围有局限性。

**2. 查询方式**

如果在 CPU 传送数据时，不能确保指定的数据端口一定能配合，可以先读其状态端口。I/O 设备在准备好传送数据时，会建立"准备好"信号，CPU 查询状态信号确认后再传送数据，此即查询方式。所谓"准备好"，对于输入接口而言，即输入数据寄存器已满——新数据已准备好可供 CPU 读取；对于输出接口来说，即输出数据寄存器已空——原来输出的数据已被 I/O 设备使用，允许 CPU 再送下一个数据。这些"准备好"信号一般由 I/O 设备自己建立，由 CPU 完成传送后清除。借助于状态信号反复建立和清除的循环，实现了数据的连续传送。

下面是一段查询式输出的程序。程序中有 4 个符号：STATUS_PORT 表示状态端口地址，READY_BIT 表示状态端口中的"准备好"位，DATA_PORT 表示数据端口地址，DATA 表示输出数据在存储器中存放的地址。

```
MOV   DX,STATUS_PORT      ;指向状态端口
```

```
WAITING:    IN  AL,DX                ; 输入状态信息
            TEST AL,READY_BIT        ; 测试"准备好"位
            JZ   WAITING             ; 未准备好则重复查询
            MOV  DX,DATA_PORT        ; 准备好则指向数据端口
            MOV  AL,DATA             ; 取输出数据
            OUT  DX,AL               ; 输出
            MOV  DX,STATUS_PORT
            IN   AL,DX               ; 输入状态信息
            AND  AL,NOT READY_BIT    ; 清除"准备好"位
            OUT  DX,AL
            ⋮
```

程序的最后一句输出清除"准备好"信号,以便下一个数据准备好后重新建立该信号。

由于 I/O 设备的速度相对较慢,每准备好一次传送要较长时间,而 CPU 速度很快,要重复执行查询(执行以标号为 WAITING 开始的三条指令)多次才进行一次数据输出,效率很低。

在多个 I/O 设备都用查询方式管理的系统中,CPU 可以轮流查询各个设备的状态,谁先准备好,就先对谁传送,这种方法称巡回检测。

查询方法 I/O 是由 CPU 输入状态端口启动的,通过读写数据端口完成。和直接 I/O 方式一样,是典型的程序控制传送方式。

### 3. 中断方式

典型的中断方式由需要传送的 I/O 设备主动发起。CPU 本来在执行例行程序,当某个 I/O 设备需要传送时,先向 CPU 发出中断申请信号。CPU 完成当前指令后,并不继续执行例行程序的下一条指令,而是响应申请,转去执行中断服务程序。在中断服务程序中完成 I/O 数据传送,然后再返回被中断的例行程序继续执行。

中断方式传送是由 I/O 设备主动请求发起的,免除了 CPU 重复的查询工作,提高了效率,CPU 对 I/O 设备的请求也响应较快,因此中断方式得到广泛应用。但响应后数据的传送还是依靠 CPU 执行中断服务程序来完成,其速度仍受到软件的限制。

### 4. 直接存储器访问方式

直接存储器访问(Direct Memory Access,DMA)方式,某个 I/O 设备需要传送时,经过 DMA 控制器(DMAC)发出总线请求信号,CPU 响应后暂停正在执行的当前指令(例行程序中的某条指令),交出总线的控制权,DMAC 接管总线,发出要访问的存储器地址及读(写)控制信号,同时也对该 I/O 设备的数据端口发出写(读)控制信号,使存储器和 I/O 设备直接通过数据总线完成传送。DMAC 还可以进行地址修改和字节计数,在一次请求得到响应后完成一批数据的传送,然后撤销总线请求信号,CPU 收回总线控制权,继续完成被打断的指令。

直接存储器访问方式 I/O 既由硬件请求信号启动,又由硬件 DMAC 电路完成数据传送,整个过程完全由硬件实现,没有软件参与,所以传送速率非常高。但 DMAC 电路比前几种方式的接口电路要复杂得多。

### 5. 其他方式

I/O 控制除以上几种传统的方式以外,随着计算机技术的发展,也产生了一些新方

式,例如 I/O 处理机方式。I/O 处理机是独立于 CPU 之外的协处理器。就像数学协处理器协助 CPU 分担数学计算功能一样,I/O 处理机帮 CPU 完成 I/O 操作。例如 80X86 系列的 8089IOP,内部集成了两个数据 I/O 通道,通道中的微处理器有自己的指令系统,可以和主 CPU 并行地执行自己的 I/O 程序,甚至独立实现 DMAC 功能。I/O 处理机使 CPU 最大限度地从繁琐的 I/O 操作中解脱出来。

新发展的 I/O 控制方式提高了 CPU 的效率,加快了传送速度,但从 CPU 和 I/O 设备协调的原理来看,仍然与传统方式一致。

以上几种方式各有利弊。在实际使用时,要根据具体情况,综合考虑硬件、软件方案,选择既能满足要求,又尽可能简单的方式。

## 5.2 系统总线及接口

### 5.2.1 总线概述

#### 1. 总线的特性

总线是多个电路传送信号的公共通道。在计算机的发展历史中,早期冯·诺依曼提出的模型并不包含总线。到微型计算机以后,才正式采用总线结构。总线技术是随着微型计算机的发展而发展起来的。与传统的电路连线相比,总线具有以下独特的性能。

(1) 多信号源

如果以导线的观点看总线,它将多个电路的输出(源)和多个电路的输入(目标)用一根导线相连。多个电路的输入同时接收一个信号源是常见的。但一般电路连线不允许多个电路的输出端相接。相反总线一定是将多于一个电路的输出相连。

(2) 被分时使用

接在同一根总线上的多个信号源电路分时占用总线。任何时候只允许其中一个将自己的输出信号接通到总线上,其他电路的输出保持高阻态(数字电子技术中称为第三态)。高阻态相当于断开,所以多个电路输出的高阻态在总线上不会影响一个电路输出的低阻信号(例如数字电子技术中的逻辑 0 或 1)。从这个角度看,总线不仅是简单的导线,而且包括器件,例如三态缓冲器甚至双向三态缓冲器。

(3) 由主设备控制

什么时候、哪一个源电路输出信号到总线上,又有哪些目标电路在何时从总线上接收这个信号都受主设备(Master)的控制。任何时候一个系统中只能有一个控制总线的主设备,其他挂在总线上的电路都是从设备(Slave)。总线的控制权也可以按一定的方式移交,于是主设备和从设备发生角色转换。所以总线技术还包括控制逻辑。

#### 2. 总线的分级

在不同的范围内都可以应用总线技术。按照总线的作用范围,可以分成不同级别。

(1) 片内总线

第 1 章介绍微处理器 80X86 功能结构时已经接触到片内总线,组成 CPU 的各寄存器之间利用芯片内部的数据总线传送数据。片内总线可以大大减小芯片上导线所占面积,增加器件的集成度,因此在所有 VLSI 片内得到广泛应用。

（2）系统级总线

系统级总线指计算机机箱内部,插卡与插卡之间的连接总线。系统级总线在计算机主板上,以几个并列的扩展插槽形式提供给用户。制造厂家按统一的总线标准生产大量各种功能的插卡和部件。销售公司则可以从中根据不同需要进行挑选,插到主板上组装成不同的系统,提供给不同用户。甚至最终用户也可随时购买新的插卡扩充自己机器的功能。所以系统总线的采用使计算机真正成为开放体系,实现了技术的兼容和共享。

（3）设备级总线

各种 I/O 设备和计算机之间的连接也有某些总线标准,这种在设备机箱外的总线称为设备级总线。例如串行接口总线标准 EIA RS-232、并行接口总线标准 Centronics 等。随着计算机技术和其他技术越来越广泛、深入地结合,I/O 设备的品种日益增多。但大家都遵循统一的几种设备级总线标准,I/O 设备和计算机的连接就简化了。设备级总线的采用实现了设备的兼容,有利于扩大计算机的应用范围。

## 5.2.2　系统总线标准

计算机 I/O 接口,除一部分直接集成在主板上之外,主要(尤其在工业应用中)是以插件卡的形式插到系统总线上工作的。可以说 I/O 设备对计算机的接口,实际上是对系统总线的接口;计算机对 I/O 设备的管理,实际上是通过系统总线信号对接口电路的管理。因此了解系统总线,掌握系统总线信号之间的配合关系,是理解计算机 I/O 传送的原理、正确设计和使用接口的基础。

总线标准往往由有关生产厂家首先提出,他们对连接总线的接插件的几何尺寸、引脚排序、电路信号名称及其电气特性等都作了详细规定,成为实际的工业标准,然后获得行业或国际标准组织的批准,即成为大家都接受的某种系统总线标准。

不同的应用领域,流行着不同的系统总线,例如个人计算机中使用的 IBM PC/XT 总线、ISA 总线及 PCI 总线等,工业上使用的 STD 总线及 PC104 总线等。系统总线本身也一直在沿着更宽(数据总线位数更多)、更快的方向发展。但计算机 I/O 的基本原理仍然是"CPU 执行指令——产生总线信号——作用于接口电路——最后接到 I/O 设备"。这条知识链的一端是 CPU 和指令,在第 2 章已经解决;另一端是接口电路和 I/O 设备之间的电路连接,属于电子技术的内容,所以需要本章讨论的仅仅是总线信号及其对接口的作用一段。下面先以简单的 PC 总线为例说明分析方法,然后再介绍其他几种系统总线标准。

### 1. PC/XT 及 ISA 总线

工业上使用的 PC 总线包括 IBM PC/XT 总线、ISA(Industry Standard Architecture)总线、EISA(Extended ISA)总线等。其中 IBM PC/XT 总线的数据线宽度是 8 位;ISA 总线扩展到 16 位,但兼容 IBM PC/XT 总线的插卡;EISA 总线进一步将数据总线扩展到 32 位,同样也兼容 ISA 总线的插卡。所以 IBM PC/XT 总线是它们的共同基础。

IBM PC/XT 主板上有 7 个并列的扩展插槽,每个插槽 62 芯,分 A(元件面)和 B(焊接面)双面排列,每面各 31 芯。下面对主要的总线信号及总线时序分别给予介绍。

（1）总线信号

IBM PC/XT 总线上所有信号电平都与 TTL 兼容,规定每个信号在每块插卡上的负载不得超过两个标准的 74(54)LS 系列器件。ISA 总线是 PC/XT 总线的升级。图 5.2(a)列出了 IBM PC/XT 总线信号,而图 5.2(b)则是 ISA 总线和前者兼容的部分,两者不仅插槽完全相同,而且对应端的信号也兼容。只不过 ISA 总线在 62 芯插槽之外还扩展了一个 36 芯的插槽,也分元件面（C 面）和焊接面（D 面）并排。其主要作用是将 PC/XT 的 8 位数据总线扩展到 16 位。用 ISA 卡（长卡）插入时,同时用到 62 芯和 36 芯的信号;而 PC/XT 卡只能插入 62 芯插槽,与在 8 位系统中同样工作。

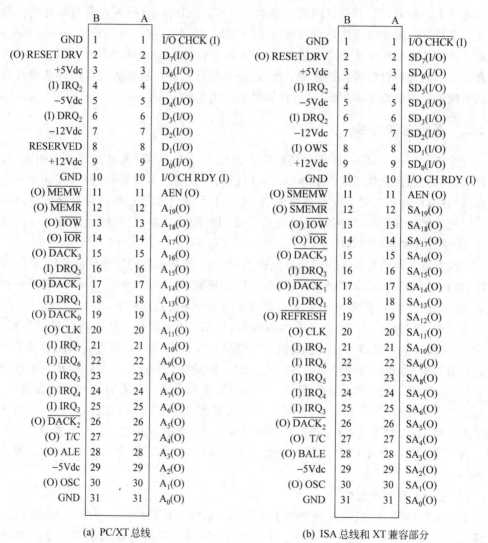

(a) PC/XT 总线　　　　　　　　(b) ISA 总线和 XT 兼容部分

图 5.2　PC/XT 及 ISA 总线兼容部分

下面对 PC/XT 总线信号分别加以说明。

① OSC 振荡器输出：频率为 14.31818MHz（周期为 70ns）的方波。

② CLK：时钟信号输出，由 OSC 信号三分频产生，频率为 4.77MHz（周期为210ns），占空比为 1∶3（一高两低）。

③ RESET DRV：复位驱动信号输出，即整个系统的复位信号，高电平有效。在系统加电时，复位信号将保持一段时间有效。另外，在运行中任何一路电源低于额定值时，也会产生复位信号。

④ $D_7 \sim D_0$：8 条双向数据线，与 $\overline{MEMR}$、$\overline{MEMW}$、$\overline{IOR}$ 和 $\overline{IOW}$ 4 个信号中的某一个（或两个）配合完成数据的传送。

⑤ $A_{19} \sim A_0$：20 位地址线输出，可以寻址 $2^{20}B = 1MB$ 的地址范围。当扩展插槽中插进存储器扩展卡时，$A_{19} \sim A_0$ 全部有效；但对于 I/O 接口卡，由于 CPU 指令仅用 $A_{15} \sim A_0$ 寻址 I/O 端口，则此时 $A_{19} \sim A_{16}$ 无效。

⑥ ALE：地址锁存允许信号输出，ALE 信号由 8288 总线控制器产生，高电平有效。ALE 信号变为高电平，CPU 输出有效地址。在主板上用 ALE 信号的下降沿锁存 CPU 复用线 $A_{19} \sim A_{12}$、$AD_7 \sim AD_0$ 上的地址信号。对于 CPU 驱动的系统总线时序，ALE 信号的上升沿表示一个总线周期的开始。

⑦ $\overline{I/O\ CHCK}$：I/O 通道校验错输入信号，低电平有效。当扩展插槽中的存储器或 I/O 端口发生奇偶校验错时，用此信号来向 CPU 产生一次非屏蔽中断请求 NMI。

⑧ I/O CH RDY：I/O 通道准备好输入信号，高电平有效。若扩展插槽中的存储器或 I/O 端口速度较慢，不能与 CPU 同步时，可以将此信号变低，使 CPU 在正常的总线周期中插入等待状态。

⑨ $\overline{IOR}$ 和 $\overline{IOW}$：I/O 读和 I/O 写信号，都是输出，低电平有效。当地址总线上出现一个 I/O 端口地址时，这两个信号中应有一个呈现低电平，以表明是将此端口的数据发送到总线上（$\overline{IOR}$ 有效）；还是将数据总线的内容锁存到端口中（$\overline{IOW}$ 有效）。这两个信号虽然都是低电平有效，但真正读写操作却都是在信号将要结束时的后沿（上升沿）附近实现的。

⑩ $\overline{MEMR}$ 和 $\overline{MEMW}$：存储器读和存储器写信号，也都是输出，低电平有效。其作用也和 $\overline{IOR}$ 和 $\overline{IOW}$ 类似，但地址总线上出现的是一个存储器地址，读写的对象是被地址指定的存储单元。

在 CPU 控制的一个总线周期内，$\overline{IOR}$、$\overline{IOW}$、$\overline{MEMR}$ 和 $\overline{MEMW}$ 4 个信号都需要地址总线指定一个 I/O 端口或一个存储器单元来进行读或写操作，因此，它们中只能一个有效。而 DMA 传送在一个总线周期中要完成读写两种操作。例如 DMA 存储器读周期，是读存储器写 I/O 端口，则在一个总线周期内 $\overline{MEMR}$ 和 $\overline{IOW}$ 同时有效；另一种情况是 DMA 存储器写周期，即读 I/O 端口写存储器，在一个总线周期内 $\overline{IOR}$ 和 $\overline{MEMW}$ 同时有效。这是 DMA 总线时序的一个重要不同。

⑪ $IRQ_7 \sim IRQ_2$：中断请求输入信号 7～2，高电平有效，接到主板上的中断控制器 8259 输入端，经过中断屏蔽鉴别、中断优先级比较等处理后再向 CPU 发出中断请求。扩展插卡上的 I/O 接口电路可以使用这几个信号实现中断方式 I/O。

⑫ $DRQ_3 \sim DRQ_1$：DMA 请求输入信号 3～1，高电平有效，引至主板上的 DMA 控制器 8237，产生 DMA 传送的请求。在三个请求信号中 $DRQ_1$ 优先级较高，$DRQ_3$ 最低。用

户扩展的接口电路可以使用这几个信号发出 DMA 请求。另外还有优先级最高的 $DRQ_0$ 信号,已被用于主板上动态存储器的刷新,故未引到扩展插槽。

⑬ $\overline{DACK_3} \sim \overline{DACK_0}$：DMA 响应输出信号 3~0,低电平有效,由 8237 发出,表示对 DRQ 请求信号的回答。这几个响应信号和上面请求信号一一对应。例如假设 $\overline{DACK_1}$ 信号有效,说明发出 $DRQ_1$ 请求的端口允许进入 DMA 传送,即确定该端口作为数据传送的一方,而作为传送的另一方是存储器,由地址总线信号指定。

⑭ AEN：DMA 地址有效输出信号,高电平有效,表明系统进入 DMA 周期,地址总线上是 DMAC 发出的存储器地址。当 CPU 控制总线时 AEN 呈现无效的低电平。前面讲到 DMA 传送期间,在同一个总线周期内 $\overline{IOR}$ 和 $\overline{MEMW}$ (或 $\overline{MEMR}$ 和 $\overline{IOW}$)会同时有效,为了避免这时把地址总线上的存储器地址错当成 I/O 地址进行译码,所以系统中的 I/O 地址译码电路都要用 AEN 信号封锁(或者说只有当 AEN＝0 时才工作)。

⑮ T/C：终止计数/DMA 结束输出信号,高电平有效。一次 DMA 过程可能连续传送多个字节数据,过程中进行字节计数,传送完预定的字节数后,DMAC 由此输出一个正脉冲,表示 DMA 过程结束。

(2) 总线周期

CPU 执行一条指令的时间称为指令周期,指令周期内部又分解成若干基本操作。除纯粹 CPU 内部操作之外,凡是访问系统总线的操作,都会引起总线信号变化。系统总线信号按一定规律变化实现一种基本操作的过程称为总线周期。分析清楚基本操作中系统总线上的地址信号、数据信号和控制信号间的配合关系,不仅可以加深对指令执行过程的理解,对正确地使用和设计 I/O 接口也有重要意义。

系统的总线周期分为 CPU 驱动的和 DMAC 驱动的两大类。

① CPU 驱动的总线周期。此类总线周期由 CPU 启动,且整个过程都受 CPU 管理,实际上是 CPU 执行指令的基本操作在总线信号上的反映。

• 存储器读总线周期。正常的存储器读总线周期由 4 个时钟周期(分别称为 $T_1 \sim T_4$ 状态)组成,其中各总线信号的变化如图 5.3 所示。

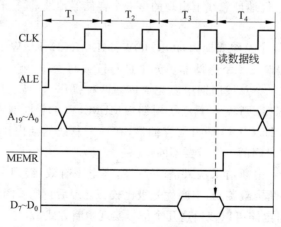

图 5.3　存储器读总线周期

在 $T_1$ 状态开始,首先送出地址锁存允许信号 ALE,锁存与其他信号分时复用的地址信号。至 ALE 的下降沿,地址总线上已经形成 20 位有效地址。在 $T_2$ 状态时存储器读信号$\overline{\text{MEMR}}$有效,于是存储器地址译码电路开始工作,根据地址选择存储单元,将其内容送到数据总线上。CPU 在 $T_4$ 状态的开始(下降沿),采样数据总线,读取数据。所以存储器应在此之前发送数据到总线上,且保持到 CPU 读数之后。若存储器速度达不到要求,则可以通过等待控制电路,将准备好信号 READY 设置为无效的低电平,于是 CPU 在 $T_3$ 结束后插入一个或多个等待状态 $T_w$,直至存储器完成读数操作,READY 变为有效的高电平才开始进入 $T_4$。$T_4$ 状态结束后整个存储器读总线周期完成。

- 存储器写总线周期。正常的存储器写总线周期和存储器读总线周期类似,但控制信号$\overline{\text{MEMR}}$无效而$\overline{\text{MEMW}}$有效。由于数据源自 CPU 内部寄存器,速度较快,数据信号在 $T_2$ 状态就出现;但要等速度相对较低的存储器可靠写入,所以需保持较长时间。一般而言被选中的存储单元会在 $T_4$ 为低电平的某个时刻将数据锁存。其时序图如图 5.4 所示。从$\overline{\text{MEMW}}$有效到 $T_4$,是存储器完成写入的工作时间。根据存储器的速度,若需要同样可以在 $T_3$ 和 $T_4$ 之间插入个数不等的等待状态 $T_w$。

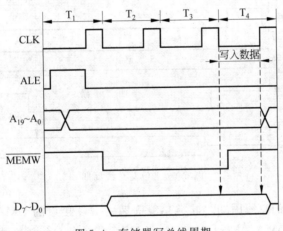

图 5.4 存储器写总线周期

- I/O 读总线周期。一般 I/O 设备的工作速度较慢,所以 PC/XT 的 I/O 总线周期在 $T_3$ 和 $T_4$ 之间固定插入一个等待状态 $T_w$,使整个周期由 4 个 T 状态变为 5 个。所以各个信号也都相应地要延长或推迟一个时钟周期。CPU 仍是在 $T_4$ 状态的开始采样数据线。由于 CPU 只用 $A_{15} \sim A_0$ 寻址 I/O 端口,所以地址总线上没有 $A_{19} \sim A_{16}$ 的状态。其时序图如图 5.5 所示。

  I/O 读(包括后面的 I/O 写)总线周期中,根据需要可以在固定的 $T_w$ 结束后再插入更多的等待状态 $T_w$。

- I/O 写总线周期。I/O 写总线周期的时序如图 5.6 所示。与 I/O 读相比,除$\overline{\text{IOR}}$信号换成了$\overline{\text{IOW}}$信号外,数据信号也提前产生,但仍必须保持到 $T_4$ 状态的上升沿

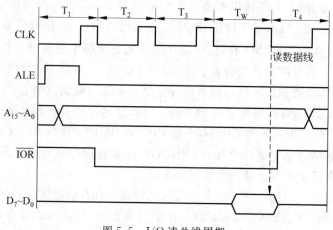

图 5.5　I/O 读总线周期

之后,以便 I/O 端口在 $T_4$ 为低电平的某个时刻锁存数据。

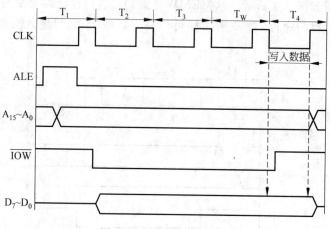

图 5.6　I/O 写总线周期

② DMAC 驱动的总线周期。此类总线周期由 I/O 接口的 DMA 申请(DRQ)启动,而由 DMA 控制器(DMAC)8237 完成。在 DMAC 驱动的总线周期中,数据总线的信号,既不是 DMAC 发出,也不为 DMAC 所接收,而是从某一存储单元读出,直接写入某一 I/O 端口(DMA 存储器读);或读 I/O 端口直接写存储单元(DMA 存储器写),即读和写两种操作在同一周期内完成,所以能够达到非常高的速度(最高可达 1.6MB/s)。

在 DMA 总线周期中地址总线上的信号专用于指定访问的存储单元。而同这个存储单元交换数据的 I/O 端口,在发出请求信号 $DRQ_n$ 且得到对应允许信号 $\overline{DACK_n}$ 的回答时,其作为数据传送一方的状态被锁存,保持在 DMA 整个期间有效,而不需用地址指定。

- DMA 存储器读周期。该总线周期的时序如图 5.7 所示。时钟信号与 CPU 完全相同,但为了区别,此处将时钟周期称为 S 状态。在 CPU 控制系统总线时,DMAC 重复执行闲置状态 $S_I$,采样系统中是否有 DMA 请求($DRQ_3 \sim DRQ_0$);一旦发现请求信号有效则转告 CPU 释放总线,同时进入准备状态 $S_0$;此后将不断检测 CPU 是否响应,在得到响应之后,才真正开始进入 DMA 周期。标准的 IBM PC/XT 的 DMA 存储器读周期由 $S_1$ 到 $S_4$(其中固定插入一个 $S_W$ 等待状态)5 个状态组成。在 $S_1$ 状态首先产生 DMA 地址允许信号 AEN,一方面封锁 CPU 对系统总线的控制,同时打开 DMAC 对系统地址及控制总线的通道。然后响应信号 DACK 有效,锁存被响应的 I/O 端口,使其持续处于被选中状态。此时存储单元的地址已送到系统总线,$\overline{\text{MEMR}}$ 信号将其内容读到数据总线上,$\overline{\text{IOW}}$ 信号将此数据直接写入 I/O 端口。

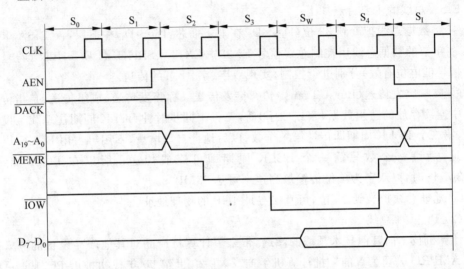

图 5.7　DMA 存储器读周期

- DMA 存储器写周期。其时序如图 5.8 所示,与 DMA 存储器读非常类似,不同处仅在于数据的传送方向是从 I/O 端口到存储器,所以是 $\overline{\text{IOR}}$ 及 $\overline{\text{MEMW}}$ 信号先后有效。

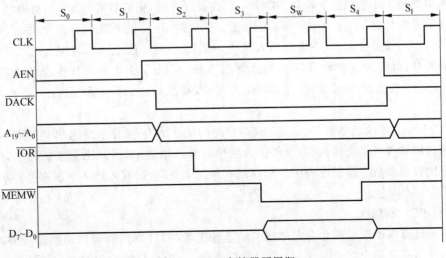

图 5.8　DMA 存储器写周期

### 2. 其他总线

(1) EISA 总线

EISA(Extended Industry Standard Architecture)总线,将 ISA 总线的扩展插座加深,底部又增加了一层插芯,形成上下两层,总共近 200 个信号。上层信号完全与 ISA 总线一样,下层增加 EISA 专用信号。由于下层定位匙(Access Key)的作用,ISA 卡在 EISA 总线插座上插不到底,仅与上层插芯接触,只用 ISA 总线信号;而 EISA 卡在本系统总线插座上,对应下层定位匙处都开出定位槽,可以插到底,使深层的插芯也能可靠接触,于是使用全部 EISA 总线信号。这种方式实现了两种总线标准插卡的兼容。

EISA 总线的主要特点如下:

① 将数据总线扩展到 32 位($D_{15} \sim D_0$ 在上层插芯,$D_{31} \sim D_{16}$ 在下层,仅 EISA 卡可接触)。4 字节的数据总线用控制总线信号 $EX32^*$、$EX16^*$、$SBHE^*$、$BE_3^* \sim BE_0^*$(符号"*"表示信号低电位有效)分别进行控制,实现双字、字、字节的传送。

② 支持突发传送(Burst Transfer)。突发传送又称猝发传送、成组传送,是指传送存储器中连续存放的一组数据(字或双字)时,第一个同步时钟 BCLK 周期往总线上发送首地址,第二个 BCLK 周期即传送第一个数;以后地址自动增量,不用再占用 BCLK 周期发送地址,后续每个数只需一个 BCLK 周期即可完成传送。所以在 BCLK 频率为 8.333MHz 时,以双字为单位传输最高速率可达 33MB/s。

③ 地址总线扩展到 32 位,可直接寻址 4GB 的物理地址。

(2) PC/104 总线

计算机技术向其他技术领域的渗透,带来了计算机产品对其他产品设备的嵌入。以美国 AMPRO 公司为首的一批计算机生产商,在 20 世纪 90 年代初推出 PC/104 总线嵌入式系统。PC/104 总线系统取消了主板,采用模块化小板(每块板 96mm×90.17mm)结构。CPU 和少量支持电路也做成一块板,和其他所有功能模块一样大。每块板的元件面有两个双列插座:一个是 2×32 孔(分别称 $A_1 \sim A_{32}$ 和 $B_1 \sim B_{32}$),另一个是 2×20 孔(分别称 $C_0 \sim C_{19}$ 和 $D_0 \sim D_{19}$)。两个插座加起来共 104 孔,定义系统总线信号。在板的背面和插座相对处是 104 根插针。两块 PC/104 总线板对齐时,正好针孔相对,互相插接就实现了总线信号的传递。一块 CPU 板(上面还有存储器、固化的系统软件及串并接口等)和几块其他功能板叠插起来(像数据压入堆栈,一层叠在另一层上面),再加上电源、键盘、显示器和外存,就构成一个非常紧凑的计算机系统,可以方便地嵌入其他设备机箱之中。PC/104 总线系统的小板结构,变形小,抗震动,易散热,故障率低,适合工业现场环境使用。

PC/104 总线的信号和 PC 总线兼容,系统的拓扑结构、操作系统也和 PC 兼容,原 PC 大量的应用软件可以直接运行,硬件接口也很容易移植过来,因此迅速发展起来,广泛应用于智能仪器和数字控制设备中。至今已有包括 Intel 公司在内的 140 多家公司加盟,成立了 PC/104 协会。

(3) PCI 总线

由于计算机图形处理和多媒体技术的迅速发展,对计算机处理数据的速度要求越来越高。这里存在两个制约因素:一个是数据宽度,一个是总线的传输速率。CPU 的数据引脚已经扩展到 32/64 位,而传统的 ISA 总线只能提供 8/16 位,最高传输速率为8MB/s;即使 EISA 总线也只能容纳 32 位数据宽度;最高速率达到 33MB/s。20 世纪 90 年代初 Intel 公司率先推出了 PCI(Peripheral Component Interconnect)总线。

PCI 总线的主要特点如下:

① 提供 32/64 位的数据宽度,地址总线也可以扩展到 64 位,尤其适合与 Intel 系列的 CPU 配合。

② 支持突发传送,当工作于 66MHz 频率下时,若用 8 字节宽度(64 位)传输,速率可高达 528MB/s。

③ 支持即插即用(Ply & Play)。PCI 总线部件设有配置寄存器,存放设备的具体信息。当符合 PCI 总线标准的插卡插入系统时,操作系统(包括 BIOS)会自动识别设备类型,结合系统资源分配情况,对新设备进行配置,例如分配端口地址、中断号等,保证不和原有设备冲突,并完成驱动程序的配置。

④ 对总线上传送的数据和地址进行奇偶校验,增加系统的可靠性。

⑤ 除+5V 信号电源外,还提供 3.3V 信号环境。使系统频率不断提高的同时,进一步降低功耗成为可能。

### 5.2.3　总线信号与接口的连接

计算机与 I/O 设备的接口一般都是做成插卡插在系统总线扩展插槽中,所以从电气信号的角度来看,接口实际上是和总线信号连接的。

**1. 数据信号的连接**

数据信号一般为多位数字量,传送后应保持不变,接口的数据信号和系统数据总线通常按位序对应相接,即 $D_7$ 对 $D_7$、$D_6$ 接 $D_6$。

8 位接口只有 $D_7 \sim D_0$ 与 16/32 位系统相接时,对应接系统数据总线的低 8 位。

若系统数据总线只有 8 位,而接口的数据信号多于 8 位,则可以将接口的数据信号分成字节,通过三态缓冲器并联接到系统数据总线上,但用缓冲器的使能信号分时进行高低字节的 I/O。如第 6 章中 12 位 A/D 转换电路的接口所示。

**2. 控制信号的连接**

系统总线中对接口最重要的控制信号有三个:

① $\overline{IOR}$ 输入输出读信号,低电平有效。其前沿(下降沿)根据地址选择输入端口,使其将数据发送到系统数据线;在其后沿(上升沿)附近 CPU 采样数据总线获得数据。因此 $\overline{IOR}$ 为低电平的时间是输入数据端口的读工作时间。

② $\overline{IOW}$ 输入输出写信号,低电平有效。CPU 在其前沿将数据发送到系统数据线上,并根据地址选择输出端口;在其后沿附近控制输出端口应将数据总线上的数据锁存。因此 $\overline{IOW}$ 为低电平的时间是输出数据端口的写工作时间。

对于兼有输入输出功能的双向端口,$\overline{IOR}/\overline{IOW}$ 应都能选中,这两个控制信号是“或”的关系。

③ AEN 是 DMAC 驱动的总线信号,高电平有效。AEN＝1,表示地址总线上出现的是一个 DMA 地址;CPU 执行 I/O 指令读写 I/O 端口时,AEN＝0。AEN 主要用于接口

的片选信号译码,详见 5.2.2 节。

**3. 地址信号的连接**

系统地址总线对接口的连接,决定了计算机对 I/O 地址的管理。和存储器地址管理相比,I/O 的地址管理有两个明显特点:

① I/O 地址空间通常采取分片管理的方法。系统地址总线的高位信号经过译码电路产生芯片选中(简称片选)信号,接到接口电路(往往是可编程接口电路芯片)的片选端,当 I/O 指令中的地址符合译码条件时,产生有效的译码输出信号,选中某一接口芯片。芯片地址类似于存储器的段基址。

可编程接口电路芯片自己的地址信号线,对应接系统低位地址总线(例如芯片的 $A_0$ 接系统地址总线的 $A_0$)。这些低位地址信号在接口电路内部再次译码,产生片内地址(类似于存储器的段内偏移地址)。

接口的芯片地址和片内地址合起来决定接口在系统 I/O 地址空间中的物理地址。

② 地址译码常使用部分译码。80X86 CPU 用 $A_{15} \sim A_0$ 管理 I/O 地址空间,共 $2^{16}$ 个物理地址。组成计算机系统时一般认为没有这么多 I/O 端口,I/O 寻址只用到 $A_9 \sim A_0$,共 $2^{10}$ 个物理地址。由于 $A_{15} \sim A_{10}$ 共 6 位地址信号没有参加 I/O 地址译码,所以造成 $2^6 = 64$ 个地址重叠区。

另一方面是低位地址线。在 I/O 地址的片选译码电路中,也不包含若干低位地址信号线,也会造成地址重叠,但一般接口电路还有少量地址引脚,还可以接收部分低位地址信号再次译码,减少由低位地址造成的重叠现象。

下面以 IBM PC/XT 为例,说明系统中 I/O 地址的分配及译码。

(1) PC/XT 的 I/O 端口地址分配

IBM PC/XT 使用 $A_9 \sim A_0$ 10 位地址来表示 I/O 空间,地址为 0～3FFH 共 1KB,规定前 512 个地址(0～1FFH)被主板上的 I/O 接口使用,后 512 个地址(200～3FFH)可以为扩展插槽中的 I/O 通道使用,包括一些标准外部设备占用的地址。详细情况如表 5.1 所示。用户若需增加自己的 I/O 接口,地址应从尚未使用的端口地址中选用。

**表 5.1　IBM PC/XT 的 I/O 端口地址分配**

| | 地址(H) | I/O 接口 |
|---|---|---|
| 系统板 | 000～00F | DMA 控制器 8237A-5 |
| | 020～021 | 中断控制器 8259A |
| | 040～043 | 定时/计数器 8253A-5 |
| | 060～063 | 并行接口 8255A-5 |
| | 080～083 | DMA 页面寄存器 |
| | 0A0～0BF | NMI 屏蔽寄存器 |
| 扩展插槽 | 200～20F | 游戏控制接口 |
| | 210～217 | 扩展部件 |
| | 218～2F7 | 未用 |
| | 2F8～2FF | 异步通信接口(第二个) |
| | 300～31F | 试验卡 |
| | 320～32F | 硬磁盘适配器 |

续表

| 地址（H） | I/O 接口 |
|---|---|
| 330～377 | 未用 |
| 378～37F | 并行打印机 |
| 380～38F | SDLC 同步通信控制器 |
| 390～3AF | 未用 |
| 3B0～3BF | 单色显示/打印机适配器 |
| 3C0～3CF | 未用 |
| 3D0～3DF | 彩色显示适配器 |
| 3E0～3EF | 未用 |
| 3F0～3F7 | 软磁盘适配器 |
| 3F8～3FF | 异步通信接口（第一个） |

（左侧合并单元格：扩展插槽）

（2）PC/XT 的 I/O 端口地址译码

IBM PC/XT 系统板上的 I/O 端口地址译码电路如图 5.9 所示。其核心电路是 3∶8 译码器 74LS138。在 $\overline{AEN}=1$（AEN＝0，即不是 DMA 周期）时，且地址线 $A_9＝A_8＝0$ 时，译码器工作。根据 74LS138 的逻辑功能不难看出各译码输出端对应的地址范围如表 5.2 所示。

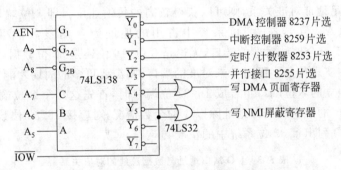

图 5.9　IBM PC/XT 系统板 I/O 端口地址译码

表 5.2　译码输出端对应的地址范围

| 地 址 总 线 | | | | | | | | | | 译码输出 | 地址范围（H） |
|---|---|---|---|---|---|---|---|---|---|---|---|
| $A_9$ | $A_8$ | $A_7$ | $A_6$ | $A_5$ | $A_4$ | $A_3$ | $A_2$ | $A_1$ | $A_0$ | | |
| 0 | 0 | 0 | 0 | 0 | × | × | × | × | × | $\overline{Y_0}$ | 000～01F |
| 0 | 0 | 0 | 0 | 1 | × | × | × | × | × | $\overline{Y_1}$ | 020～03F |
| 0 | 0 | 0 | 1 | 0 | × | × | × | × | × | $\overline{Y_2}$ | 040～05F |
| 0 | 0 | 0 | 1 | 1 | × | × | × | × | × | $\overline{Y_3}$ | 060～07F |
| 0 | 0 | 1 | 0 | 0 | × | × | × | × | × | $\overline{Y_4}$ | 080～09F |
| 0 | 0 | 1 | 0 | 1 | × | × | × | × | × | $\overline{Y_5}$ | 0A0～0BF |
| 0 | 0 | 1 | 1 | 0 | × | × | × | × | × | $\overline{Y_6}$ | 0C0～0DF |
| 0 | 0 | 1 | 1 | 1 | × | × | × | × | × | $\overline{Y_7}$ | 0E0～0FF |

由于 5 条低位地址线 $A_4 \sim A_0$ 没有参加译码,所以每个译码输出还包含 $2^5 = 32$ 个重叠的地址区。这些输出送往系统板上各 I/O 接口电路作片选信号。有些接口电路接收 $A_3 \sim A_0$ 中的部分信号进行片内译码,产生低位的片内地址,以进一步选择同一接口电路中的不同端口。

如前所述,由于 $A_{10}$ 以上的地址线都没有参加译码,造成了更大量的地址重叠区。表 5.1 和表 5.2 仅列出了假设 $A_{10}$ 以上地址全为 0 时的地址。

$\overline{AEN}$ 信号在这里保证了 I/O 地址译码仅在 CPU 执行指令时工作,DMA 传送时被禁止。所有的 I/O 地址译码电路都要注意这一点。

(3) 16/32 位系统的端口地址对准

在 16/32 位系统中,也用地址总线的 $A_{15} \sim A_0$ 来寻址 I/O 地址空间,$2^{16}$ 个地址的每一个对应一个 8 位(字节)端口。由于系统的数据总线是 16/32 位,除可以进行字节操作以外,还可直接进行 16 位(字)或 32 位(双字)的 I/O 操作。操作中把地址连续的两个 8 位端口组合成一个 16 位端口,4 个 8 位端口组合成一个 32 位端口。组合形成的多字节端口用其最低字节地址作为组合端口的起始地址,而在内部的数据存放上,仍是低地址字节存放组合数据的低字节;高地址字节存放组合数据的高字节。

通常情况下,8 位 I/O 接口的数据线对应接系统数据总线的最低字节。但在 16/32 位系统中,若满足地址对准关系,则可以获得较高的传输速度。即 8 位端口在 16 位系统中占用偶地址($A_0 = 0$),在 32 位系统中占用的地址为 4 的整数倍,称为地址对准(Aligned)。对于符合地址对准的端口,无论是 8 位、16 位还是 32 位数据,CPU 都可以在一个机器周期中实现传送。而对于未对准的端口,则需要更多的周期才能完成。

在用多个独立的 8 位端口组合成 16/32 位端口时,首先这几个 8 位端口地址必须连续,其次每个端口的数据线按其地址除以 4 的余数情况,对应接 16/32 位数据总线中的某一组 8 位,表 5.3 列出了 32 位系统中的情况。

表 5.3　I/O 端口地址与数据总线的对应关系

| 地址 | 4N+3 | 4N+2 | 4N+1 | 4N |
|---|---|---|---|---|
| 字节 | $D_{31} \sim D_{24}$ | $D_{23} \sim D_{16}$ | $D_{15} \sim D_8$ | $D_7 \sim D_0$ |
| 字 | $D_{31} \sim D_{16}$ | | $D_{15} \sim D_0$ | |
| 双字 | $D_{31} \sim D_0$ | | | |

32 位系统在对端口写操作时,若字节允许信号 $\overline{BE_3}$ 或 $\overline{BE_2}$ 有效,但 $\overline{BE_1}$ 或 $\overline{BE_0}$ 无效,则数据总线 $D_{31} \sim D_{24}$ 或 $D_{23} \sim D_{16}$ 上的写入数据,会自动重复出现在 $D_{15} \sim D_8$ 或 $D_7 \sim D_0$ 上。若有两个端口的地址正好在同一个双字范围内,则会对这两个端口都写入。此时应将 $\overline{BE_3} \sim \overline{BE_0}$ 信号加入片选译码电路,防止误写入。

**4. 接口举例**

不同的 I/O 设备,其接口复杂程度可能相差甚远,但分解到每一个端口的基本功能上来看,应用最多的是缓冲器和锁存器。

(1) 简单输入接口

图 5.10 是一个输入接口,8 个开关 $K_1 \sim K_8$ 接三态缓冲器 74LS244 的输入,而其输

出接到系统数据总线。假设图中译码器输出对地址 218H 有效,则执行以下两条指令时,地址译码和$\overline{\text{IOR}}$同时有效,于是$\overline{G_1}$、$\overline{G_2}$有效,8 个开关的断开/闭合状态以 8 位二进制数形式被输入到微型计算机中。

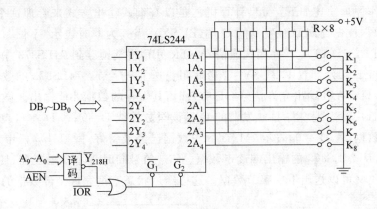

图 5.10　三态缓冲器用于输入接口

```
MOV  DX,218H
IN   AL,DX
```

此接口电路只有数据端口,在输入操作时,若开关的状态正在发生变化,则输入的数据将不可靠。一种改进方法是:在一段时间内,连续输入开关数据,若每次读到的数据相同,说明开关状态已经稳定,数据可用;否则输入数据无效,重新输入。

（2）简单输出接口

在前边介绍总线周期时已经讲到,CPU 输出的数据在系统数据总线上只存在很短时间,接口电路必须及时将数据接收并保持,因此常常采用锁存器。图 5.11 是用 D 触发器作为锁存器,然后控制发光二极管的输出接口电路。假设图中译码器输出对地址 219H 有效,则执行以下两条指令时,地址译码和$\overline{\text{IOW}}$同时有效,数据（现仅用 $D_0$ 位）到达数据

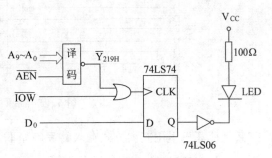

图 5.11　D 触发器用于输出接口

总线。在$\overline{\text{IOW}}$的后沿（上升沿）,将 $D_0$ 锁存到 D 触发器中,通过驱动器控制发光二极管。应注意 D 触发器的时钟信号 CLK 是在$\overline{\text{IOW}}$信号的后沿才产生有效的上升沿,锁存输入的 $D_0$ 位,这样安排是为了等待数据总线稳定,符合总线周期中的信号时序关系。

```
MOV  DX,219H
OUT  DX,AL
```

（3）接口应用举例

图 5.12 是一个简单的实用接口电路,接在左边微型计算机甲的系统总线上成为一个输入接口。地址信号及控制信号$\overline{\text{AEN}}$和$\overline{\text{IOR}}$译码后产生两个片选信号:$\overline{\text{CS}_0}$选中 D 触发

器(作状态端口);$\overline{CS_1}$选中74LS373(作数据端口)。接口电路的右边接到另一台微型计算机乙的并行打印机接口上。当微型计算机乙通过打印操作把一批数据送往此接口电路时,微型计算机甲用查询式输入即可接收这些数据,从而实现两台微型计算机之间的数据传输。其工作原理简述如下:微型计算机乙是以查询式输出方式来管理这个模拟"打印机"电路的。它首先查询D触发器的Q端(BUSY),当其为0时表示"不忙",于是输出一个字节($DATA_8\sim DATA_1$),并用选通信号STROBE将其锁存到74LS373中。STROBE信号同时还将D触发器置1,BUSY=1暂时阻止送下一字节。74LS373的数据输出有三态缓冲功能,只有在其输出允许信号OE有效时,其锁存的数据才能输出。微型计算机甲首先用$CS_0$选中状态端口将D触发器的Q端读至数据线$D_0$位;若$D_0=1$,表示尚未准备好不能输入数据;若$D_0=0$,表示74LS373中数据已经准备好,微型计算机甲才用$CS_1$选中数据端口,从74LS373的输出端读走数据。$CS_1$信号同时清除D触发器,使BUSY=0,微型计算机乙又可以送出下一字节数据。这样经过状态查询完成全部数据的传送。

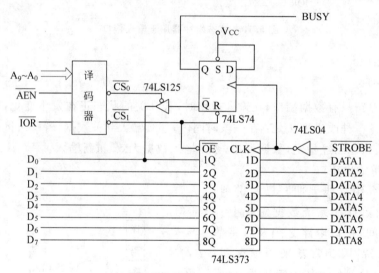

图5.12　简单接口举例

微型计算机甲用查询方式输入的程序如下:

```
        MOV     DX,CS1          ;指向数据端口
        IN      AL,DX           ;假读数据,实为清除"忙"信号
        MOV     CX,DELAYTIME    ;设置重复次数
CHKS:   MOV     DX,CS0          ;指向状态端口
        IN      AL,DX           ;读状态端口
        AND     AL,1            ;检测状态位
        JZ      DATIN           ;已准备好数据则转去输入数据
        LOOP    CHKS            ;否则循环等待
        ⋮
DATIN:  MOV     DX,CS1          ;指向数据端口
        IN      AL,DX           ;输入数据
```

## 5.3　中断控制系统

### 5.3.1　中断的基本概念

#### 1. 中断及其返回

在 CPU 执行当前程序的过程中,由于某种随机发生的外部事件使它暂停,而转去完成另外一段程序,然后再返回暂停处(即断点)继续执行原来程序,如图 5.13 所示即是一次典型的中断过程。

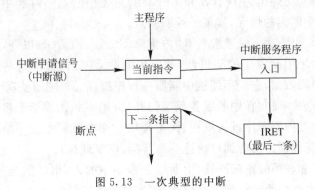

图 5.13　一次典型的中断

引起中断的事件称中断源,它们往往是一些 I/O 设备发出的请求信号,也可以将这些能发出原始中断请求信号的设备称为中断源。这些设备和 CPU 并行工作,在需要和 CPU 通信时主动发出请求。若条件许可,则 CPU 暂停当前程序(主程序)的执行,响应中断请求,转去执行为中断源服务的程序(中断服务子程序)。中断服务子程序的主要功能是实现对这些设备的 I/O 操作,然后返回主程序断点。

#### 2. 中断系统的功能

计算机的中断系统从接口到 CPU,包括硬件和软件功能,它主要可分为以下几方面。

(1) 发出中断请求信号

中断请求信号分两级:原始的和经过管理后输往 CPU 的,对于中断管理电路来说,这两级请求信号构成了它的输入和输出。

原始的中断请求信号 IR 是由 I/O 设备根据自己的工作需要实时发出的。多个原始请求信号送到中断管理电路的输入,经过屏蔽、优先级处理以后,再输出正式的中断请求信号 INT 到 CPU(接 CPU 的 INTR 端)。

(2) 定向中断服务程序

不同的中断源有不同的中断服务程序,在中断源不多的早期,曾经是给每个中断源分配一条 JMP 指令,在中断发生时转移到各中断源自己的中断服务程序入口。现在通常采用矢量中断的方法:中断时 CPU 产生一条 INT n 指令,针对不同的中断源提供不同的中断类型号 n,这条指令的执行将 CPU 引向不同的程序入口。

(3) 主程序的暂停及返回

一般而言,中断请求在时间上对于 CPU 正在执行的程序来说是随机的,CPU 不一定执行到哪一条指令,甚至于可能是执行某条指令的中间发生了请求。为了实时响应,CPU 在完成当前指令后,并不接着执行主程序的下一条指令(断点),而是马上转去执行中断服务子程序。但中断服务的插入不应破坏主程序的完整性和正确性,此时主要有两方面要考虑。

① 断点的保护和返回。如图 5.14 所示,响应中断时,CPU 的段寄存器 CS 和指令指针 IP 已经指向主程序下一条指令存放的地址(段基址和段内偏移地址),它们被自动推入堆栈。被自动推入堆栈的还有标志寄存器 FLAGS。这就是保护断点,是由硬件自动实现的,不需要入栈指令。中断服务子程序的最后一条指令是 IRET 中断返回指令,能够将栈顶 6 单元的内容对应弹出到 IP、CS 和 FLAGS,只要中断返回时和中断响应时栈顶是一致的,就恢复了中断前的情况,实现了返回断点。

② 现场的保护和恢复。现场指 CPU 内部除 CS、IP、FLAGS 以外,主程序用到的其他寄存器内容。由于中断发生的随机性,响应中断时 CPU 内部的这些寄存器可能存放着主程序运行的中间数据,它们不能被中断服务程序破坏。否则即使返回了断点,主程序也不能正确运行下去。通常在中断服务程序的开始,用多条入栈指令将服务程序中会重新赋值的所有寄存器内容顺序推入堆栈(保护现场);在中断服务程序结束前又安排相等数目的出栈指令,将栈顶的内容弹出给这些寄存器(恢复现场)。

为了保证断点和现场的正确恢复,中断服务程序中的入、出栈指令一般要成对使用,而且入、出栈指令中寄存器的排列顺序应符合"先进后出"原则。

### 3. 中断的分类

根据中断源对 CPU 的相对关系,中断可以分成内部和外部两种,而每一种又包括许多类型,用不同的中断类型号 n 来区分。其中 n 是单字节无符号数,取值范围是 $0 \sim 255$。下面分别介绍。

(1) 内部中断

由 CPU 执行某些指令引起的中断称内部中断(亦称软件中断)。内部中断包括以下几种情况。

① 被零除中断。在 CPU 作除法运算时,若除数为零或太小,致使商超出了目标寄存器所能存放的最大值,则产生被零除中断,其类型号 $n=0$,即生成一条 INT 0 指令并加以执行,于是转向被零除中断服务程序。

② 单步中断。在标志寄存器 FLAGS 中的跟踪标志 TF=1 且中断允许标志 IF=1 时,每执行一条指令就引起一次 $n=1$ 的中断,即单步中断的类型号是 1。单步中断在调试程序时使用。

③ INTO 溢出中断。当溢出标志 OF=1 时,又执行指令 INTO,则产生溢出中断。两个条件中任何一个不具备,溢出中断就不会发生。溢出中断的类型号 $n=4$。

④ 中断指令 INT n。CPU 指令系统中有一类中断指令 INT n,CPU 执行一条这种指令,即发生一次中断。在操作系统中,给某些类型号的中断编制了一些标准的服务程序,用户程序可以直接用这些类型号的 INT n 指令方便地调用它们。详情请参阅本书第 3 章的 3.4 节。

（2）外部中断

由 CPU 外部硬件电路发出的电信号引起的中断称为外部中断（亦称硬件中断）。外部中断又分为非屏蔽中断和可屏蔽中断两种。

① 非屏蔽中断。若是 CPU 的 NMI 引脚接收到一个正跳变信号，则产生一次非屏蔽中断。对非屏蔽中断的响应不受中断允许标志 IF 的控制。80X86 要求 NMI 信号变成高电平后要保持两个时钟周期以上的宽度，以便进行锁存，待当前指令完成之后予以响应。

IBM PC/XT 中的非屏蔽中断源有三种：浮点运算协处理器 8087 的中断请求、系统板上 RAM 的奇偶校验错、扩展插槽中的 I/O 通道错。以上三者中任何一个都可以单独提出中断请求，但是否真正形成 NMI 信号，还要受 NMI 屏蔽寄存器的控制。NMI 屏蔽寄存器是地址为 A0H 的一个输出端口，其最高位 $D_7$ 能控制 NMI 信号：$D_7=1$，允许向 CPU 发 NMI 请求；$D_7=0$，即使有请求，也发不出 NMI 信号。例如：

```
MOV  AL,80H        ;D7=1
OUT  0A0H,AL       ;允许发 NMI
```

若上条指令清零 AL，则禁止发 NMI。

NMI 被响应时，8088 自动产生类型号 n＝2 的中断，转入相应服务程序。

② 可屏蔽中断。若是一个高电平信号加到 CPU 的 INTR 引脚，且中断允许标志 IF＝1，则产生一次可屏蔽中断。当 IF＝0 时，INTR 的中断请求被屏蔽，系统中所有可屏蔽的中断源都先经过中断控制电路 8259 管理之后再向 CPU 发出 INTR 请求。

**4. 中断的响应**

（1）中断处理流程

所有的中断都是在当前指令结束后处理的。首先查询是否有被零除中断、溢出中断和 INT n 中断发生。这三种是优先级最高的中断源。以后按优先级顺序查询 NMI 和 INTR，单步中断优先级最低。INTR 和单步中断还要求中断标志位 IF＝1 才能响应。

① 获取中断类型号。各种中断在响应后第一步都是获取中断类型号 n。INT n 的类型号 n 由指令本身给出；对于 INTR 引起的外部中断，CPU 要连续产生两个中断响应周期，在第二个中断响应周期中，中断管理电路将中断源的类型号 n 送到数据总线上供 CPU 读取；其他中断的类型号都由 CPU 内部形成。获得中断类型号以后的处理过程都相同。

② 保护断点。将 CPU 的标志寄存器 FLAGS 压入堆栈，然后清除 FLAGS 的 IF 和 TF 位；再将代码段寄存器 CS 和指令指针 IP 压入堆栈。至此，栈顶 6 个单元中保存了返回断点时所需要的信息。中断时的栈顶示意图如图 5.14 所示。

③ 转入中断服务程序。每个中断服务程序的入口地址包括 CS 和 IP 共 4 字节。在中断响应时，根据中断类型号 n，到中断矢量表（如图 5.15 所示）中从地址 0000：4×n 开始连续取 4 个单元内容分别装入 IP 和 CS，然后以新的 CS：IP 为入口，CPU 转入中断服务程序。

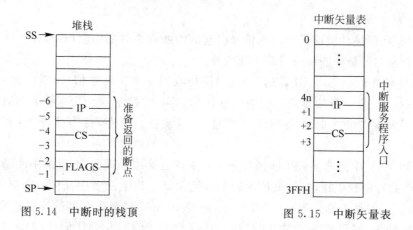

图 5.14　中断时的栈顶　　　　　　图 5.15　中断矢量表

④ 返回断点。中断服务完成后,子程序的最后一条指令是中断返回指令 IRET。该指令的执行将栈顶 6 单元的内容依次弹出到 IP、CS 和 FLAGS,于是返回断点继续主程序的执行。

(2) 中断矢量表

矢量中断的管理方法是根据中断类型号 n 寻找中断服务程序的入口地址,其原理类似于存储器间接寻址的远调用指令。例如 80X86 系列在实模式下,对于类型号为 n 的中断服务程序入口地址(CS：IP),事先存放在物理地址为 4n(段基址为 0)的 4 个存储单元中,如图 5.15 所示。这 4 个存储单元称为类型号为 n 的中断矢量。n 为单字节数,从 0～255 共 256 种取值,这些类型的矢量共占 1KB 的空间,从最低物理地址 0 开始,顺序排到 3FFH。这就是矢量表。中断响应时,CPU 用获得的中断类型号 n 乘以 4,当成物理地址,到中断矢量表中连续取 4 个单元的内容分别赋给 IP、CS,于是就开始执行中断服务程序。整个过程完全是 CPU 自动实现的。

PC/XT 系统的中断矢量表中,类型号 8～0FH 属于外部硬件中断,其中类型 0AH 保留给用户扩展硬件中断使用。软件中断中,类型号 60～67H 也保留给用户。更详细的情况请参阅本书附录 8。

中断相对于查询方式而言,响应时间短,执行速度快;相对于 DMA 方式而言,接口电路又不太复杂,因此被广泛应用。

### 5.3.2　可编程中断控制电路

Intel 8259A 是一种可编程外部中断控制器,每片可以管理 8 级外部中断,包括中断屏蔽、中断优先权、中断矢量等管理,可以直接用于 8080/8085 及 80X86 系统。在中断响应时,若是用于 80X86 系统,能够自动提供中断类型号;若是用于 8080/8085 系统,能够产生 3 字节的 CALL 指令,即先产生 CALL 指令的操作码(CDH),接着再自动提供两个字节的调用地址。当然这些矢量以及前面提到的屏蔽安排、优先权分配等功能,都是用户根据需要通过软件编程设定的。以下分别介绍 8259A 的引脚信号、寄存器结构及编程方法。

#### 1. Intel 8259A 的引脚及功能

8259A 是 28 引脚的双列直插式芯片，+5V 供电。其引脚图和功能框图分别如图 5.16 及图 5.17 所示。

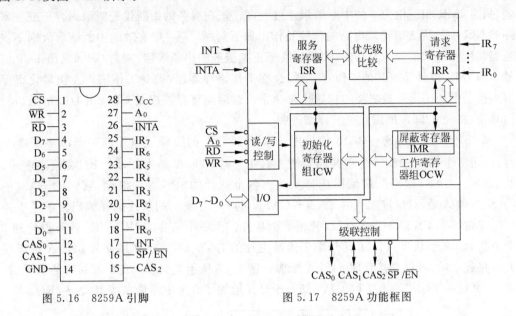

图 5.16　8259A 引脚　　　　　图 5.17　8259A 功能框图

① 数据线 $D_7 \sim D_0$：双向三态，可接系统数据总线。

② $\overline{CS}$ 片选信号：低电平有效，由系统高位地址信号加上必要的控制信号译码产生。$\overline{CS}$ 信号确定了本芯片在系统整个 I/O 地址空间中的范围。由于 I/O 片选译码是部分译码，因此这个范围是互相重叠的几个区域，编程时一般仅使用其数值最小的一组。$\overline{CS}$ 信号要和芯片自己的地址引脚信号结合起来决定每一个端口地址。

③ $A_0$：8259 的地址引脚，在片选信号 $\overline{CS}=0$ 时，根据 $A_0$ 进行片内译码，产生片内地址，配合 $\overline{CS}$ 信号从多个内部寄存器中选择目标。由于 8259 只有一位地址线，所以片内地址只有 0，1 两种。8259 的 $A_0$ 通常接系统地址总线的 $A_0$，所以从整个 I/O 地址空间来看，一个是偶地址，一个是奇地址。后面其他可编程接口芯片的地址线更多，片内地址的范围就更大。

在 16 位系统中为了地址对准，接口芯片的 $A_0$ 通常接系统地址总线的 $A_1$（其他接口芯片如果有更多位地址线则顺序上移对齐），CPU 用两个相邻的偶地址访问 8259：一个的 $A_1=0$，另一个的 $A_1=1$。从系统整个 I/O 地址空间看到的芯片地址和片内地址之间要作变换。基于同样的原因，接口芯片的地址信号线接到 32 位系统中时要上移两位，使芯片地址线 $A_0$ 和系统地址总线的 $A_2$ 对齐。

④ 读信号 $\overline{RD}$ 和写信号 $\overline{WR}$ 均为低电位有效，用以控制数据总线上的数据流向，确定是由 8259A 读至 CPU 还是由 CPU 写至 8259A。

⑤ INT 是 8259A（引脚如图 5.16 所示，功能如图 5.17 所示）发出的中断请求信号，$\overline{INTA}$ 是 8259A 收到的中断允许信号。对于单片 8259 系统，或多片 8259 构成的级联系统中的主片，这两个信号都直接连到 CPU 总线。对于多片 8259 构成的级联系统，每一个

从片的 INT 信号接到主片的某个中断请求端 $IR_n$。

⑥ $IR_7 \sim IR_0$ 引入外部 8 个中断请求信号。8 个信号锁存在中断请求寄存器 IRR 中。中断屏蔽寄存器 IMR 也是 8 位,若其中某一位被编程为 1,则其对应位的中断请求被屏蔽,只有 IMR 相应位为 0 的中断请求才被允许。正在服务的中断优先级编码存于服务寄存器 ISR 中。优先级比较电路的作用是作出如下判断:若一个有效的中断请求级别不仅是当前所有请求信号中最高的,而且也高于正在服务的中断级别,则向 CPU 发出 INT 信号。除 IMR 以外还有其他工作寄存器,合称工作寄存器组,接受工作编程。初始化寄存器组接受例如中断矢量之类的初始化命令字。这两类寄存器组是 CPU 用 I/O 指令访问的对象,将在 8259A 的编程一节详细说明。

⑦ $\overline{SP/EN}$ 和 $CAS_2 \sim CAS_0$ 信号用于多片 8259A 的级联。当外部中断源多于 8 个时,可用多于一片的 8259A 来共同管理。其中一片 8259A 是主片,$\overline{SP/EN}$ 端接高电位,其 $CAS_2 \sim CAS_0$ 输出三位编码选择从片。各个从片的 $\overline{SP/EN}$ 端接地,它们的 $CAS_2 \sim CAS_0$ 为输入端,对应接主片的 $CAS_2 \sim CAS_0$,接收主片发出的从片选择编码。于是主片通过三位编码 $CAS_2 \sim CAS_0$ 可以管理 8 个从片。而每个从片的 $IR_7 \sim IR_0$ 各可以管理 8 个中断源。8 个从片的 INT 信号顺序接至主片的 $IR_7 \sim IR_0$。这样用 9 片 8259A 按级联方式接起来后,可以直接管理 64 个中断源。图 5.18 所示是级联系统中断结构的示意图。主 8259 在其 $IR_2$ 引脚上扩展了从 8259,于是又增加了 8 个中断请求端 $IRQ_8 \sim IRQ_{15}$。

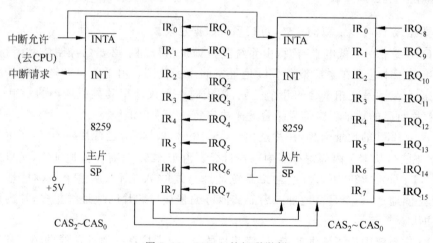

图 5.18　8259A 的级联举例

### 2. Intel 8259A 的编程

在使用 8259A 时,除了按各引脚信号的规定接好电路外,还必须用程序选定其工作状态,例如各中断请求信号的优先权分配、中断屏蔽、中断矢量等等。每一种状态都由一个命令字或一个命令字中的某些位来规定。接口的可编程功能是接收 CPU 用 OUT 指令发送的命令字,并根据命令字配置自己的工作方式。8259A 的命令字分为初始化命令字(Initialization Command Word,ICW)和工作命令字(Operation Command Word,OCW)两种,因此 8259A 的编程也分为初始化编程和工作编程两步。无论是初始化还是工作编程,都是 CPU 用输出指令对 8259A 写命令字。在 8259A 内部,有一批寄存器分别将这些命令字锁存。命令字写入寄存器后，二者内容相等，因此下文也借用 ICW、OCW 等符号来称呼各寄存器。

(1) Intel 8259A 寄存器的读写

对于 8259A 内部的寄存器，除在编程时 CPU 可用输出指令对它们逐一地改写外，在查询状态时还可用输入指令将某些内容读出。为了定位到每个寄存器，在片选信号有效的前提下，除了再用地址信号 $A_0$ 译码外，还需要用这些命令字的某些位作为访问某个寄存器的标志（特征位），或者按写入的先后顺序来进行区分。表 5.4 列出了对 Intel 8259A 各寄存器读写时的信号配合关系。

**表 5.4 8259A 寄存器的读写**

| $\overline{CS}$ | $A_0$ | $\overline{RD}$ | $\overline{WR}$ | $D_4$ | $D_3$ | 读 写 操 作 |
|---|---|---|---|---|---|---|
| 0 | 0 | 1 | 0 | 0 | 0 | 数据总线 → $OCW_2$ |
| 0 | 0 | 1 | 0 | 0 | 1 | 数据总线 → $OCW_3$ |
| 0 | 0 | 1 | 0 | 1 | × | 数据总线 → $ICW_1$ |
| 0 | 1 | 1 | 0 | × | × | 数据总线 → $ICW_2$, $ICW_3$, $ICW_4$, $OCW_1$① |
| 0 | 0 | 0 | 1 | | | IRR 或 ISR 或中断级别编码 → 数据总线② |
| 0 | 1 | 0 | 1 | | | IMR → 数据总线 |

注释：① 这 4 个命令字按所列顺序写。但初始化完成后奇地址固定于 $OCW_1$/IMR。
　　　② 读操作前先写 $OCW_3$，根据 $OCW_3$ 的内容，从这三者中择一读出。

表 5.4 中上半部分用于编程写，其中 $D_4 D_3$ 是执行输出指令时 AL 的两位，用作辅助寻址的特征位。下半部分用于查询读出。其中 $ICW_1 \sim ICW_4$ 代表各初始化命令字寄存器，$OCW_1 \sim OCW_3$ 代表各工作命令字寄存器。在中断响应时 CPU 将从 8259A 读取中断矢量（由 $ICW_2$ 或 $ICW_1$ 和 $ICW_2$ 事先写入 8259A 中），这种情况是一种特殊的读出，没有列入表中。

(2) Intel 8259A 的初始化编程

8259A 必须先进行初始化编程，后进行工作编程。初始化编程由写入 $ICW_1$（称为主初始化命令字）开始，然后写入 $ICW_2$。至于是否写入 $ICW_3$ 和 $ICW_4$，取决于 $ICW_1$ 的内容。其流程如图 5.19 所示。

下面分析每个初始化命令字各位的作用。

① $ICW_1$。在地址 $A_0 = 0$ 时，若对 8259A 写入一个 $D_4 = 1$ 的字节，则启动了其初始化编程。写入的这个字节被当成 $ICW_1$。$D_4 = 1$ 是其特征。其余各位的作用如图 5.20 所示。

$D_7 \sim D_5$ 和 $D_2$ 这 4 位仅对 8080/8085 系统有意义，用来表示中断矢量（即在中断响应时形成的 CALL 指令地址）中的低字节部分。$D_2 = 1$ 表示序号相邻的两个中断源所产生的 CALL 指令的地址间隔为 4。此时 $D_7 \sim D_5$ 表示这些地址的 $A_7 \sim A_5$。矢量的 $A_4 \sim A_2$ 根据中断源的序号自动产生，而 $A_1$、$A_0$ 固定为零。当 $D_2 = 0$ 时这种地址间隔为

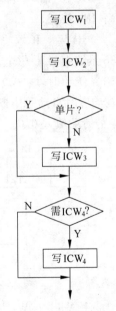

图 5.19 8259A 初始化顺序

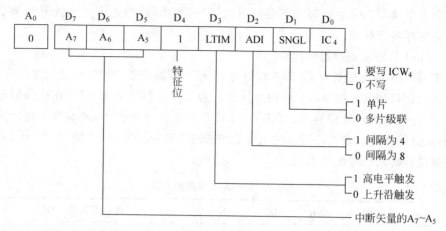

图 5.20   ICW$_1$ 的作用

8。此时仅 D$_7$、D$_6$ 表示这些矢量的 A$_7$、A$_6$,而 A$_5$～A$_3$ 根据中断源序号产生。A$_2$～A$_0$ 固定为零。

D$_0$=1 表示要送 ICW$_4$,否则不送。在不送 ICW$_4$ 时,ICW$_4$ 的各位默认值均为零。

D$_1$=1 表示单片 8259 工作,不用送 ICW$_3$;D$_1$=0 表示系统中有多片 8259A 级联工作,需要送 ICW$_3$。

D$_3$ 规定 IR$_7$～IR$_0$ 信号的触发方式。D$_3$=1 为高电平触发,否则为上升沿触发。

写 ICW$_1$ 时,还自动将中断屏蔽寄存器 OCW$_1$ 清零,并恢复各中断源的优先级为 IR$_0$ 最高,IR$_7$ 最低。

② ICW$_2$。ICW$_2$ 完全是中断类型号寄存器,其作用如图 5.21 所示。在工作于 8080/8085 系统中时,8 位全部有用,表示 CALL 指令的高字节地址(A$_{15}$～A$_8$);在工作于 8086/8088 系统中时,D$_7$～D$_3$ 接受用户编程确定中断类型号的高 5 位,D$_2$～D$_0$ 不接受编程,而是在响应时自动用中断请求信号的序号填入,产生 8 个不同的中断类型号。例如对于 IR$_2$ 的请求填入 010。

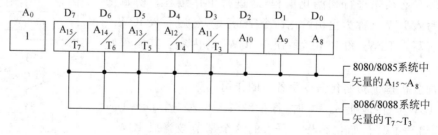

图 5.21   ICW$_2$ 的作用

③ ICW$_3$。ICW$_3$ 是 8259A 的级联命令字,单片 8259A 工作时不需写入。多片 8259A 级联时,有主片从片之分,需要分别写入 ICW$_3$,ICW$_3$ 的作用如图 5.22 所示。主片 ICW$_3$ 的 D$_7$～D$_0$ 对应其 8 条中断请求线 IR$_7$～IR$_0$,若某根 IR 线上接有从 8259A 片,则 ICW$_3$ 的相应位写成 1,否则写 0。

各从片的 ICW$_3$ 仅 D$_2$～D$_0$ 有意义,作为其从片标识码,高 5 位固定为 0,这个从片标

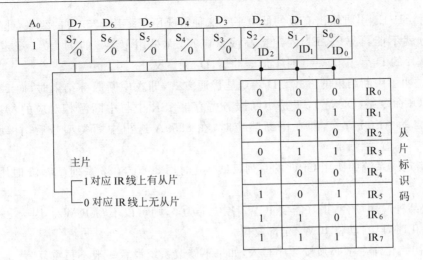

图 5.22　ICW$_3$ 的作用

识码须和本片所接主片 IR 输入端的序号一致。例如某从片的 INT 接主片的 IR$_2$，则其从片标识码 ICW$_3$ = 00000010B。在中断响应的第一个 $\overline{\text{INTA}}$ 周期，主片首先检查自己的 ICW$_3$ 对应当前响应的 IR 位是否为 1，若为 1 则认为其实是该 IR 端所接的从片发出的请求，于是再通过级联线 CAS$_2$ ～ CAS$_0$ 送出被允许的从片标识码。各从片用自己的 ICW$_3$ 和 CAS$_2$ ～ CAS$_0$ 上的从片号比较，二者一致的从片被确定为当前中断源，等第二个 $\overline{\text{INTA}}$ 周期才可发送自己的中断类型号寄存器。

④ ICW$_4$。ICW$_4$ 的作用如图 5.23 所示。

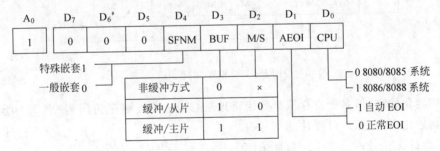

图 5.23　ICW$_4$ 的作用

其高三位无意义。

D$_4$ 指定了中断的嵌套方式。D$_4$ = 0 为一般嵌套方式，当某个中断正在服务时，本级中断及更低级的中断都被屏蔽，只有更高级的中断才能响应。对于单片 8259A 的中断系统，这种安排没有问题。但对多片 8259A 级联组成的中断系统，当某从片中一个中断正在服务时，主片即将这个从片的所有中断源屏蔽。因此即使该从片上有比正在服务的中断级别更高的中断源发出请求，传到主片也被屏蔽，即不能中断嵌套。D$_4$ = 1 则是特殊嵌套方式，仅仅屏蔽比当前中断源低级的中断，于是上述情况就可以产生中断嵌套。

D$_3$ 为数据缓冲选择。D$_3$ = 1 时 8259A 的数据线和系统总线之间要加三态缓冲器，此时 8259A 的 $\overline{\text{SP}}/\overline{\text{EN}}$ 引脚变成输出线，以控制缓冲器的接通。每当 8259A 的数据送往系统总线时，$\overline{\text{SP}/\text{EN}}$引脚输出有效的低电平。这种情况用于多片8259A的级联，此时主、从片的区分就不能再靠$\overline{\text{SP}/\text{EN}}$固定接高或低电平，而是用$\text{ICW}_4$的$D_2$位。规定主片的$D_2=1$，从片的$D_2=0$。$D_3=0$时不加缓冲器，$D_2$无意义。

$D_1$说明了中断结束的方式。$D_1=0$是普通方式，即在中断服务结束时，向8259A写一个AEOI命令字($\text{OCW}_2$)，于是中断服务寄存器ISR中与中断源相对应的位被清除。$D_1=1$是自动AEOI方式，即在中断响应时，在8259A送出中断类型号后，自动将ISR复位。

$D_0$指定了系统中所用CPU的系列。$D_0=0$时用8080/8085系列，$D_0=1$时用80X86系列。

若在某种应用场合，正好需要$\text{ICW}_4$各位都为0，则可以不写$\text{ICW}_4$。因为8259A在进入初始化时，已自动将$\text{ICW}_4$全部复位。

4个初始化命令字必须按顺序写入，如果不修改系统设置一般不再重复写。

（3）8259A的工作编程

8259A在初始化编程后，应再进行工作编程，即写入工作命令字。工作命令字共有三个，它们各有自己的特征位，因此写入的顺序没有要求。在中断系统工作中，某些工作命令字会重复地写多次。

① $\text{OCW}_1$。$\text{OCW}_1$写到中断屏蔽寄存器IMR中，二者统称中断屏蔽字，如图5.24所示。其每一位控制一根中断请求输入线，屏蔽字为1的位，对应的中断请求线被屏蔽；否则被允许。在初始化开始时，屏蔽字各位全被置为0。

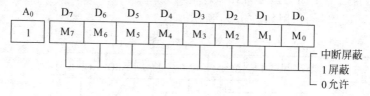

图5.24 $\text{OCW}_1$的作用

在初始化编程时，多个寄存器都要用奇地址($A_0=1$)按顺序访问(如表5.4所示)但写完各初始化命令字后，只要片选信号有效，用奇地址无论读写多少次，都是访问屏蔽字，也就是说，奇地址固定被屏蔽字占用。

② $\text{OCW}_2$。CPU写$\text{OCW}_2$的主要作用是对8259A发中断结束命令，包括一般结束EOI和特殊结束SEOI；其次还可以控制中断优先权的旋转，如图5.25所示。它虽然和$\text{OCW}_3$都占用偶地址($A_0=0$)，但其特征为$D_4D_3=00$，因此不会发生混淆。

$D_7$位表示中断优先权旋转。当

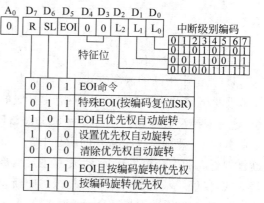

图5.25 $\text{OCW}_2$的作用

$D_7=0$ 时,8 个中断请求 $IR_7 \sim IR_0$ 的优先级固定不变,$IR_7$ 最低逐渐升高到 $IR_0$ 最高。当 $D_7=1$ 时,优先级可以旋转,即 $IR_7$ 和 $IR_0$ 首尾相接成一闭环,各级的优先权在其中循环移位。移位到什么情况停止,还与其他位有关。

$D_6$ 位表示特殊旋转。当 $D_6=1$ 时,最低 3 位 $D_2 \sim D_0$ 的二进制编码指定了一条外部中断请求线 $IR_i$($0 \leqslant i \leqslant 7$):此时若 $D_7=1$,则称特殊旋转,即优先权的旋转移位一直进行到最低优先权对准 $IR_i$ 为止,于是最高优先权也就移到 $IR_{i+1}$(若 $i=7$,则 $i+1=0$)。$D_6=0$ 时,最低优先权自动旋转到当前服务的中断请求线,$D_2 \sim D_0$ 无意义。

$D_5$ 位是中断结束位。$D_5=1$ 表示中断结束(EOI 命令)。当用 8259A 来实现中断管理时,中断服务程序结束时(返回指令 IRET 前),必须给 8259A 写一条 EOI 命令(即 $D_5=1$ 的 $OCW_2$)。8259A 收到这条命令后,将中断服务寄存器 ISR 中的相应位清除,然后才好为其他中断源服务。若 $D_6 D_5=11$,则称为特殊的中断结束(SEOI 命令),它将复位 ISR 中由 $OCW_2$ 的 $D_2 \sim D_0$ 编码指定的位。

③ $OCW_3$。写 $OCW_3$ 的地址和 $OCW_2$ 相同,但其特征为 $D_4 D_3=01$。其各位的作用如图 5.26 所示。$OCW_3$ 经常用来配合读 8259A 内部寄存器的内容。在对 8259A 写 $OCW_3$ 的 $D_1 D_0=10$ 之后,用同一个地址($A_0=0$)再作输入指令,则将读入其中断请求寄存器 IRR 的内容;若在写 $D_1 D_0=11$ 的 $OCW_3$ 后,也用同一个地址($A_0=0$)作输入,则读入的是中断服务寄存器 ISR 的状态。

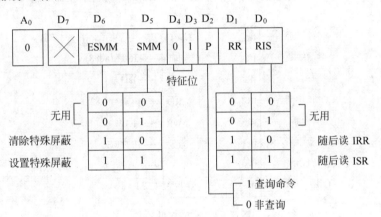

图 5.26　$OCW_3$ 的作用

除以上两个寄存器以外,任何时候对 8259A 用奇地址($A_0=1$)作输入,都是读入中断屏蔽寄存器 IMR 的内容,而不必先送 $OCW_3$。

$OCW_3$ 中的 $D_2$ 位表示查询。8259A 也可以不工作于中断方式,而工作于查询方式。此时应写入 $D_2=1$ 的 $OCW_3$,然后 CPU 再对同一个地址($A_0=0$)作输入时,就得到该片 8259A 的一个状态字节如下:

| $D_7$ | $D_6$ | $D_5$ | $D_4$ | $D_3$ | $D_2$ | $D_1$ | $D_0$ |
|---|---|---|---|---|---|---|---|
| I | × | × | × | × | $W_2$ | $W_1$ | $W_0$ |

其中若 $D_7=1$,表示本片 8259A 的 $IR_7 \sim IR_0$ 中发生了有效的请求,此时优先级最高

的外部请求的编码由 $D_2 \sim D_0$ 给出,若 $D_7 = 0$,则本片没有外部请求发生。

CPU 可以反复对 8259A 查询,但每次查询前都应送一次 $D_2 = 1$ 的 $OCW_3$。

$D_6 D_5$ 用来控制特殊屏蔽功能。当 $D_6 D_5 = 11$ 时,设置特殊屏蔽;当 $D_6 D_5 = 10$ 时,清除特殊屏蔽。当一个优先级较高的中断源正在服务的过程中,若设置了特殊屏蔽功能,则允许优先级较低的中断源产生中断嵌套。

### 5.3.3 Intel 8259A 的应用

IBM PC/XT 的中断管理系统使用了一片 8259A。我们以此为例来介绍一下 8259A 的应用。

#### 1. Intel 8259A 在系统中的连接

8259A 在 IBM PC/XT 中的连接如图 5.27 所示。数据线 $D_7 \sim D_0$ 经过 74LS245 总线缓冲器后接系统数据总线。中断请求信号 INT 直接连 CPU 的 INTR 端。由于 CPU 是处于最大模式下,其中断响应信号 INTA 和 I/O 端口的读写信号 $\overline{IOR}$、$\overline{IOW}$ 由总线控制器 8288 产生,所以 8259A 的这三端都和 8288 对应端相接。8259A 的片选信号 $\overline{CS}$ 接 I/O 地址译码输出 $\overline{INTRCS}$,占用地址 20H 和 21H(许多重叠地址中的两个)。8259A 的 $A_0$ 接地址总线 $A_0$。由于在 IBM PC/XT BIOS 自举时,对 8259A 编程为数据输出取缓冲方式,故 8259A 的 $\overline{SP/EN}$ 端成为输出信号,在系统中未使用,仅用电阻 R 接高电位。

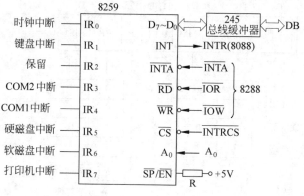

图 5.27 8259A 的连接

系统将 8259A 的 8 条中断输入线占用了 7 条,所接外部电路的名称如图 5.27 所示。其中时钟中断的级别最高,键盘次之,而并行打印机中断的级别最低。$IR_2$ 保留未用,并已引至系统总线 $B_4$ 端,即 $IRQ_2$ 信号,可供用户扩展硬件中断功能使用。

根据片选信号和地址 $A_0$ 的译码,8259A 内部各寄存器的读写地址如下所示。

写操作　　20H:$ICW_1$、$OCW_2$、$OCW_3$。

　　　　　　21H:$ICW_2$、$ICW_3$、$ICW_4$、$OCW_1$。

读操作　　20H:中断请求寄存器 IRR、中断服务寄存器 ISR、中断级编码(查询方式时)。

　　　　　　21H:中断屏蔽寄存器 IMR。

#### 2. Intel 8259A 的编程应用

IBM PC/XT 启动时,首先执行 BIOS 中的系统初始化程序,根据实际使用情况对

8259A 进行编程,包括初始化编程和工作编程。

有关部分程序如下:

```
MOV   AL,13H    ;ICW₁
OUT   20H,AL
MOV   AL,8      ;ICW₂
OUT   21H,AL
MOV   AL,9      ;ICW₄
OUT   21H,AL
MOV   AL,0FFH   ;OCW₁
OUT   21H,AL
      ⋮
```

程序中对 8259A 写 $ICW_1 = 13H = 00010011B$,表明外部中断请求信号为上升沿有效,单片 8259A 工作,且后面还要写 $ICW_4$。写 $ICW_2$ 中断类型号为 8,实际上 8 个中断源各自填入 $D_2 \sim D_0$ 3 位,形成 8 个矢量 08~0FH。写 $ICW_4 = 9 = 00001001B$,指定了系统中的 CPU 为 8086/8088,中断过程不自动结束,服务程序应写一个含 EOI 命令的 $OCW_2$ 结束,数据线上有缓冲器,且取一般中断嵌套方式。最后写的 $OCW_1 = 0FFH$,屏蔽所有硬中断,因为系统尚未初始化完毕,不能接收任何中断。初始化完成后再重写 $OCW_1$ 开放部分中断请求。

**3. IBM PC/XT 外部中断的过程**

① 锁存中断请求。设 8259A 的外部请求线 IR 有正跳变信号,而且尚未被屏蔽,于是将请求寄存器 IRR 相应位置 1。

② 优先级比较电路工作。从同时请求线中挑出最高优先级者,并且与中断服务寄存器 ISR 相比较,若新请求的中断级别比服务中的级别高,则发出中断请求信号 INT。

③ 中断响应。若 CPU 是开中断状态,则在现行指令完成后产生两个中断响应周期,连续发出两个 $\overline{INTA}$ 信号。8259A 收到第一个 $\overline{INTA}$ 信号时,将服务寄存器 ISR 相应位置 1,且将 IRR 相应位清零;收到第二个 $\overline{INTA}$ 信号时,则将被响应的中断类型号送往数据总线供 CPU 读取。

④ 转中断服务。CPU 收到中断类型码,将其乘 4 后,由中断矢量表中取得服务程序的入口地址,转入中断服务。

⑤ 发 EOI 后返回。中断服务程序结束前,给 8259A 写中断结束命令 EOI,以复位 ISR 中的相应位,然后才可中断返回。以下形式是外部中断服务程序的常用结尾:

```
MOV   AL,20H    ;EOI 命令
OUT   20H,AL    ;写 OCW₂
IRET
```

**4. 中断矢量表的修改**

在实际应用中,有时需要 CPU 在中断响应后转入用户开发的中断服务程序,此时应修改中断矢量表,事先将用户中断服务程序的入口地址填入相应矢量中,例如通过功能号为 AH=25H 的 DOS 系统功能调用实现。假设修改类型号为 60H 的中断,设中断服务

程序的过程名为 INTR,下列程序可以将其段地址和偏移量装入矢量表中。

```
        ;装入 INT 60H 的矢量
        PUSH    DS                  ;保护 DS
        MOV     DX,OFFSET INTR      ;中断服务程序偏移地址
        MOV     AX,SEG INTR         ;中断服务程序段地址
        MOV     DS,AX
        MOV     AH,25H              ;功能号
        MOV     AL,60H              ;中断类型码
        INT     21H
        POP     DS                  ;恢复 DS
          ⋮
```

矢量表是随机存储器中的一部分,所以也可以用访问存储器的指令直接写,例如下面的程序是用串送存指令 STOSW 改写的。

```
        CLI
        SUB     AX,AX
        MOV     ES,AX               ;段地址清零
        MOV     DI,4 * 60H          ;指向 INT 60H 矢量
        MOV     AX,OFFSET INTR      ;中断服务程序偏移地址
        CLD                         ;清方向标志 DF
        STOSW
        MOV     AX,SEG INTR         ;中断服务程序段地址
        STOSW
        STI
          ⋮
```

这段程序的第一句关中断,最后一句才开中断,是为了在修改矢量的过程中避免该类型的中断发生。若修改的类型号属于外部硬中断则是必须的,现在修改的类型号 60H 是软中断,倒是不必。用 DOS 功能调用修改中断矢量时,被调用的服务程序中会自动关闭、开放中断,用户程序中也不必重复做 CLI/STI 指令。

若被修改的矢量是 DOS 系统中已经定义的中断类型,则在用户程序结束前,应该恢复原来的中断矢量,否则后续其他程序调用该类型中断时可能出错。因此在装入用户中断矢量前,要先将系统原来的矢量取出并保护起来。这同样可用 DOS 系统功能调用来完成,不过功能号为 AH＝35H,调用后原中断矢量的段基址在 ES 中,偏移地址在 BX 中。

例如用户要修改定时中断 INT 1CH 的矢量,在程序开始保护 DOS 原来 INT 1CH 的矢量,最后在程序结束前又恢复之:

```
        DATA  SEGMENT PARA PUBLIC 'DATA'
        KEEP_CS  DW 0               ;保护原矢量段地址
        KEEP_IP  DW 0               ;保护原矢量偏移地址
          ⋮
        DATA  ENDS
        CODE  SEGMENT PARA PUBLIC 'CODE'
```

```
        ⋮
;程序开始时
MOV      AH,35H           ;功能号
MOV      AL,1CH           ;中断类型码
INT      21H              ;取原矢量
MOV      KEEP_IP,BX       ;保护偏移量
MOV      KEEP_CS,ES       ;保护段地址
;用户程序修改矢量,使用 INT 1CH 调用自己的中断服务程序
        ⋮
;程序结束前
PUSH     DS
MOV      DX,KEEP_IP       ;取原偏移地址
MOV      AX,KEEP_CS       ;取原段地址
MOV      DS,AX
MOV      AH,25H           ;功能号
MOV      AL,1CH           ;中断类型码
INT      21H              ;恢复原矢量
POP      DS
```

### 5.3.4　高档微机的中断系统

#### 1. 中断和异常

CPU 为 80386 以上的系统不仅具有前面讲到的所有中断类型,而且大大丰富了内部中断的功能,把许多执行指令过程中产生的错误情况也纳入中断处理的范围,这类中断称为异常中断,简称异常(Exception)。有的资料中将软中断指令 INT n 也列入异常中断的范围。从总体上异常中断分为三类:失效(Fault)、陷阱(Trap)和中止(Abort)。三类异常中断的差别表现在两方面:一是发生异常的报告方式,二是异常中断服务程序的返回方式。

(1) 失效

若某条指令在启动之后、真正执行之前被检测到异常,即产生异常中断,而且在中断服务完成后返回该条指令,重新启动并执行完成。例如在读虚拟存储器时,首先产生存储器页失效或段失效,其中断服务程序立即按被访问的页或段将虚拟存储器的内容从磁盘上转移到物理内存中,然后再返回主程序中重新执行这条指令,于是可以正常执行下去。

(2) 陷阱

产生陷阱的指令在执行后才被报告,且其中断服务程序完成后返回到主程序中的下一条指令。例如用户自定义的中断指令 INT n 就属于此类型。

(3) 中止

异常发生后无法确定造成异常指令的实际位置,例如硬件错误或系统表格中的错误值造成的异常。在此情况下原来的程序已无法继续执行,因此中断服务程序往往重新启动操作系统并重建系统表格。

**2. 保留的中断**

80X86 最多可以定义 256 个不同的中断或异常,不同系统保留的中断及异常不尽相同,请查阅相关资料。

**3. 中断描述表**

为了管理各种中断,80X86 设立了一个中断描述表(Interrupt Descriptor Table, IDT)。表中最多可包含 256 个描述项,对应 256 个中断或异常。描述项中包含了各个中断服务程序入口地址的信息。

当 80X86 工作于实地址方式时,系统的 IDT 变为 8086/8088 系统的中断矢量表,存于系统物理存储器的最低地址区中,共 1KB。每个中断矢量占 4B,即 2B 的 CS 值和 2B 的 IP 值。

当 80X86 工作于保护方式时,系统的 IDT 可以置于内存的任意区域,其起始地址存放在 CPU 内部的 IDT 基址寄存器中。有了这个起始地址,再根据中断或异常的类型码,即可取到相应的描述项。每个描述项(又称门,GATE)占 8 字节,包括 2 字节的选择器,4 字节的偏移量,这 6 字节共同决定了中断服务程序的入口地址,其余 2 字节存放类型值等说明信息。

# 5.4 计数定时接口

## 5.4.1 基本概念

在计算机的接口信号中,有一类是脉冲量。脉冲量虽然也像开关量一样只有 0,1 两个稳定状态,但脉冲量被人们关心的是其两个稳态之间的变化,例如在正逻辑中,由 0 变 1 称为正跳变、由 1 变 0 称为负跳变。脉冲量的特点表现在何时跳变、跳变的次数、跳变的频率等。计算机通过计数接口电路可以获取信号的这些特征,控制计数的过程或随时读取计数的结果。

计算机应用的另一种情况是需要精确的定时,例如定时采集数据、定时控制等。计数接口对固定周期的脉冲量进行计数,就成为一种定时电路。

对计数定时接口电路有以下几个问题需要讨论。

**1. 计数容量**

对于可编程计数定时电路,其计数容量应该是可编程的,但其最大值受硬件电路的限制,例如 8 位或 16 位二进制计数器,其计数范围可通过编程在 $2^8$ 或 $2^{16}$ 内变化。一般都采取减法计数器,先置入一个初值,减到 0 时计数过程完成。全 0 这个状态用数字电路很容易检出,不同的计数范围仅须置入不同初值。

**2. 计数频率**

每一种计数定时电路的工作频率有一个上限。例如 Intel 8253-PIT 最高工作频率为 2.6MHz,8254 可达 6MHz。

**3. 计数过程**

计数过程怎样启动、中间如何暂停又如何继续、计数完成以后能否自动重复,还包括在计数过程中如何可靠地读取当前计数值、重新置入计数初值对当前计数过程的影响等。

**4. 输出信号**

可编程计数定时电路除了可以读取它的计数值加以利用外,还可直接利用它的输出信号,例如作为下一级计数电路的输入(称为计数器的级联),或作为中断管理电路的中断请求输入。

现在已有多种可编程计数/定时电路在微型计算机及其接口中应用。IBM PC/XT中使用的是 Intel 8253-PIT(Programmable Interval Timer),简称 8253。下面以 8253 为例,介绍可编程计数/定时电路的工作原理及应用技术。

## 5.4.2　可编程计数/定时电路

Intel 8253 是 24 脚双列直插芯片,用＋5V 电源供电,每一片内部有三个独立的 16 位计数器,在 IBM PC/XT 中使用时计数最高频率可达 2.6MHz。

**1. Intel 8253 的工作原理**

(1) 引脚及功能

8253 的引脚和功能框图如图 5.28 和图 5.29 所示。

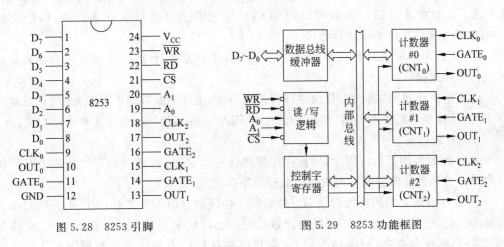

图 5.28　8253 引脚　　　　　　　　图 5.29　8253 功能框图

① $D_7 \sim D_0$ 数据线,双向三态,接系统数据总线。CPU 编程初始化的控制字由此进入 8253,读计数值时的数据由此送到 CPU。

② $\overline{CS}$ 片选信号,由系统 I/O 地址译码产生,$\overline{CS}=0$ 选中此片后,再由地址引脚 $A_1$、$A_0$ 进行片内译码,译出 4 个片内地址,从三个计数器及控制字寄存器中选择访问对象,至于是读出还是写入取决于读($\overline{RD}$)和写($\overline{WR}$)信号。8253 中控制字寄存器只能写不能读。三个计数器各有自己的控制字寄存器,但地址是共同的。在初始化编程时靠控制字的最高两位辅助寻址,分别写各自的控制字。各寄存器的读写情况如表 5.5 所示。

三个计数器均为 16 位减法计数器,实际电路中,每个计数器各有一个初值寄存器和输出锁存器,图 5.29 中未画出。一般情况下,输出锁存器的值随着计数器变化。当 CPU 用输入指令读计数器时,实际上读的是输出锁存器的内容。

**表 5.5　8253 内部寄存器的读写**

| $\overline{CS}$ | $\overline{RD}$ | $\overline{WR}$ | $A_1$ | $A_0$ | 寄存器读写 |
|---|---|---|---|---|---|
| 0 | 1 | 0 | 0 | 0 | 写计数器 0 |
| 0 | 1 | 0 | 0 | 1 | 写计数器 1 |
| 0 | 1 | 0 | 1 | 0 | 写计数器 2 |
| 0 | 1 | 0 | 1 | 1 | 写控制字寄存器 |
| 0 | 0 | 1 | 0 | 0 | 读计数器 0 |
| 0 | 0 | 1 | 0 | 1 | 读计数器 1 |
| 0 | 0 | 1 | 1 | 0 | 读计数器 2 |
| 0 | 0 | 1 | 1 | 1 | 无操作 |

③ OUT 输出信号,根据 8253 计数器的不同工作方式,在计数过程中其 OUT 端的电位发生变化,产生需要的波形。

④ GATE 门控信号,用于控制计数的进行。多数情况下,GATE＝1 时允许计数,GATE＝0 时中止计数。但有时仅用 GATE 信号的上升沿启动计数过程,以后即使 GATE 信号变回零也不中止计数。

⑤ CLK 外部时钟计数脉冲,计数器用其下降沿作减 1 计数,其上升沿也会对其他信号进行选通或采样。

应当指出,8253 内部没有任何中断管理电路,当用于中断方式 I/O 时,可用计数器的 OUT 信号接至中断管理电路(例如 8259A 的 IR 输入端),经过后者来实现中断功能。

(2) 计数启动

8253 计数器的计数过程,可以直接用程序指令来启动,也可以设置成外部电路的信号启动。这两种情况分别称为软件启动和硬件启动。

① 软件启动。即用输出指令向计数器赋予初值来启动。事实上 CPU 所谓赋初值只是赋给了初值寄存器,并未真正启动计数过程。之后到来的第一个外部时钟 CLK 信号(需要先由低电位变高,再由高变回低)将初值寄存器的内容送到计数器中。从第二个 CLK 信号的下降沿开始,计数器才真正减 1,以后每个 CLK 信号使计数器减 1,一直减到零结束。因此从输出指令写完计数初值算起到计数结束,实际的 CLK 信号个数比编程的计数初值 $N$ 要多一个,即($N+1$)个。这种误差在后面将介绍的几种工作方式中,凡用软件启动时都会发生。

② 硬件启动。即写入计数初值后,还不能启动计数,需要门控信号 GATE 变成高电平,再经 CLK 信号的上升沿采样,随后的 CLK 下降沿才开始使计数器减 1。由于 GATE 和 CLK 信号不一定同步,所以在极端的情况下,从 GATE 变高到 CLK 采样之间的延时也可能经历了一个 CLK 信号的宽度,因此也会产生计数初值和实际计数之间的误差。

多数工作方式下,各计数器每启动一次只工作一个周期(从计数初值减到零)就完成了。但有两种方式一旦被启动起来之后,只要门控信号 GATE 保持为高,计数过程就能自动周而复始地重复下去,因此 OUT 端可以产生连续的波形。在重复计数后,前面分析的因启动造成的实际计数值和初值之间的误差都不再存在。

**2. Intel 8253 的编程**

8253 的三个计数器在工作前必须分别进行初始化编程。每个计数器的编程步骤均由写控制字开始,选定一种工作方式,然后写计数初值。在计数器工作过程中,若要变更计数方式,或者要读取计数器的当前值,一般也先写一个适当的控制字,然后再进行写或者读操作。除非还用原来的工作方式,仅仅改变计数初值,则不必重新写控制字,直接送新计数值。

(1) 写控制字

8253 控制字的格式如图 5.30 所示。

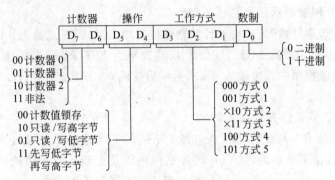

图 5.30　8253 的控制字

① $D_7 D_6$ 两位是控制字的计数器编号。由于三个控制字寄存器合占一个地址(见表 5.5),所以在控制字中用 $D_7 D_6$ 两位来标明计数器编号,用于辅助寻址。

② $D_5 D_4$ 是操作方式编码,标明对计数器操作的类型。有以下几种情况。

- 写 16 位的初值。写 $D_5 D_4 = 11$ 的控制字后,再用本计数器的地址作两条 OUT 指令写计数初值,先写低字节、后写高字节,高字节写完后才算最后写完,计数过程才能启动。以后读计数器的当前值默认读 16 位,需用本计数器的地址作两条 IN 指令,先读低字节、后读高字节。由于计数器并未停止计数,有可能在先后读高低字节的两条指令之间,计数器的值已发生变化。为避免这种错误,在读数前先对计数器写一个 $D_5 D_4 = 00$ 的控制字,把计数器的当前值锁存到 16 位的输出锁存器中。此后计数器照常计数,但锁存器的值不跟着变。待 CPU 将锁存器中的两字节值都先后读完,锁存器的内容自动又随计数器变化。

  当然写 16 位的初值启动计数后,也允许只读计数值的某一字节,这时须先写一个控制字指明是读高字节($D_5 D_4 = 10$)还是读低字节($D_5 D_4 = 01$),然后再用一条 IN 指令读数。

- 只写高字节初值。写 $D_5 D_4 = 10$ 的控制字后,再用本计数器的地址作一条 OUT 指令写高字节计数初值,低字节自动补 0。对于只写高字节初值的方式,以后读计数器的当前值也默认只读高字节(无须写控制字指定)。这种情况下如果要读 16 位当前值可参考前一种情况操作。

- 只写低字节初值。写 $D_5 D_4 = 01$ 的控制字后,再用本计数器的地址作一条 OUT

指令写低字节计数初值,高字节自动补0。以后读计数器的当前值也默认只读低字节。

③ $D_3 \sim D_1$ 三位决定了计数器的工作方式。共有6种方式,后面将一一介绍。

④ $D_0$ 位选择计数器的数制。$D_0=0$ 选择二进制计数,$D_0=1$ 选择 BCD 码的十进制计数。

（2）写计数初值

写入控制字后,应给计数器写入计数初值,不论写的计数初值是两字节还是单字节,但在8253内部全部当成两字节数,默认的字节自动补零。计数的范围用二进制计数时为1到(FFFFH+1),用十进制计数时为1到(9999+1)。当初值为0时,要重新减到0才算计数结束,因此0用来表示最大的计数初值。

当编程为十进制计数时,所写的计数初值应采用 BCD 码形式输入。例如十进制计数的23可写成00100011B或23H。这个23H应理解为 BCD 码23的变形,不要看成十六进制数。相反若源程序中直接输入了23,汇编后变成00010111B=17H,写到十进制计数器中反而错了。

### 3. Intel 8253 的工作方式

8253的计数器有6种工作方式供选择。不同的工作方式下,计数过程的启动、OUT端的输出波形、自动重复功能、GATE的控制作用以及更新计数初值的影响都不完全一样。同一芯片中的三个计数器,可以分别编程选择不同的工作方式。

（1）方式0——计数结束发中断请求

这是一种软件启动,不能自动重复的计数方式。

如图5.31所示,对计数器写入方式0的控制字 CW 后,其输出端 OUT 变低。再写入计数初值,在写信号 $\overline{\text{WR}}$（若是双字节初值以写第二个字节为准）以后经过 CLK 的一个上升沿和一个下降沿,初值进入计数器计数。计数器减到零后,OUT 成为高电平。此信号可以接至8259A的 IR 端,作为中断请求。

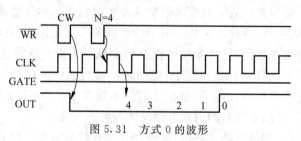

图 5.31 方式 0 的波形

在整个计数过程中,GATE 始终应保持为高电平。若 GATE=0 则暂停计数,待GATE=1后,从暂停时的计数值继续往下计数。此过程如图5.32所示。

在方式0下,每赋一次初值,只计数一个周期。OUT 端在计数结束后维持高电平,直至赋予新的初值。

在计数过程中,随时可以写入新计数初值,即使原来的计数过程尚未结束,计数器也用新的初值重新计数（若新初值是16位,则在送完第一字节后中止现行计数,送完第二字节后才更新计数）。

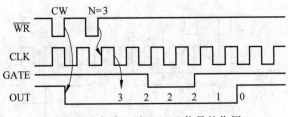

图 5.32　方式 0 时 GATE 信号的作用

（2）方式 1——可编程单脉冲

这是一种硬件启动,不自动重复的计数方式。在写入方式 1 的控制字后 OUT 成为高电平,待写入计数初值后,要等 GATE 信号出现正跳变才启动计数。此时 OUT 端立即变低,直至计数器减到零才回到高,其间隔为计数初值 $N$ 乘以 CLK 的周期 $T_{CLK}$,也就是说,OUT 端产生一个宽度为 $N \times T_{CLK}$ 的负脉冲。

计数过程一旦启动,GATE 即使变成低电平也无妨。计数完成后若 GATE 再来一个正跳变,计数过程又重复一次。也就是说,对应 GATE 的每一个正跳变,计数器都输出一个宽度为 $N \times T_{CLK}$ 的负脉冲,其中 $N$ 为编程的计数初值,所以称之为可编程单脉冲。

以上过程如图 5.33 所示。

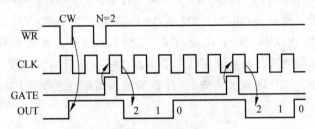

图 5.33　方式 1 的波形

若在计数过程启动之后完成之前,GATE 又发生正跳变,则计数过程又从初值开始,OUT 端的低电位不变,两次的计数过程合在一起,OUT 输出的负脉冲加宽了。

在方式 1 下,计数过程中若写入新计数初值,也只是写到初值寄存器中,并不马上影响当前计数过程,要等到下一个 GATE 信号启动,计数器才接收新初值工作。即写入新初值是下次计数过程使用的。

（3）方式 2——速率发生器

方式 2 计数既可以用软件启动,也可以用硬件启动。若先有 GATE＝1,则由写入计数初值启动;若送初值时 GATE 信号为低电平,则等 GATE 信号由低变高时启动。两个必备条件中,后满足要求的一个作启动信号。而且方式 2 一旦启动后,计数器可以自动重复工作。在写入方式 2 的控制字后,OUT 变高。设先有 GATE＝1,写入计数初值后,计数器即对 CLK 计数。假设计数初值为 $N$,当计数到（$N-1$）个 CLK 信号时,计数器的值为 1,OUT 变低。最后一个 CLK 信号输入后,计数器减至零,OUT 回到高,计数器又自动从初值开始计数,因此 OUT 端在每 $N$ 个 CLK 信号中输出一个宽度等于 CLK 信号周期的负脉冲。方式 2 的工作波形如图 5.34 所示。

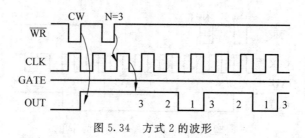

图 5.34　方式 2 的波形

方式 2 下,在计数过程中需要 GATE 信号保持高电位。GATE＝0 则计数中止。在 GATE 再变高后,计数器又被置入初值重新计数,以后的情况和软件启动的相同。

方式 2 在计数过程中若写入新的计数初值,也同方式 1 一样只写到初值寄存器中,不影响当前计数过程。本次计数结束,下一周期开始时使用新计数初值。

(4) 方式 3——方波发生器

方式 3 也兼有两种启动方式,而且计数也能自动重复,但其 OUT 端的波形不是负脉冲,而是方波。

如图 5.35 所示,在写入方式 3 的控制字后,计数器 OUT 端立即变高。若 GATE 信号为高,在写完计数初值 $N$ 后,开始对 CLK 信号计数。计到 $N/2$ 时,OUT 端变低,计完余下的 $N/2$,OUT 又变回高,如此自动重复,OUT 端产生周期为 $N \times T_{CLK}$ 的方波。实际上,电路中对半周期 $N/2$ 的控制方法是每来一个 CLK 信号让计数器减 2。因此来 $N/2$ 个 CLK 信号后,计数器就已经减到零,OUT 端发生一次高低电位的变化,且又将初值置入计数器重新开始。若计数初值为奇数,计数的前半周期计数值为 $(N+1)/2$,后半周期为 $(N-1)/2$。

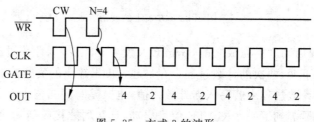

图 5.35　方式 3 的波形

在写入计数初值时,如果 GATE 信号为低,计数器并不开始计数。待 GATE 变成高后,才启动计数过程。在计数过程中,应始终使 GATE＝1。若 GATE＝0,不仅中止计数,而且 OUT 端马上变高。待恢复 GATE＝1 时,产生硬件启动,计数器又从头开始计数。

在方式 3 计数过程中,对计数器写入新计数初值,不影响当前半周期的计数,在当前的半个周期结束(OUT 电位发生变化)时,启用新初值。显然,计数过程中,若新送了计数初值,接着又发生了 GATE 硬件启动,则会立即启用新初值。

(5) 方式 4——软件触发选通

方式 4 是一种软件启动、不自动重复的计数方式。在写入方式 4 的控制字后,OUT

变高。若 GATE 信号为高,写完计数初值后的第一个 CLK 信号将初值 N 置入计数器。第二个 CLK 信号开始作减法,(N+1)个 CLK 信号后减到零,OUT 变低。第(N+2)个 CLK 信号使 OUT 又回到高而停止,形成一个宽度为 $T_{CLK}$ 的负脉冲。因此从写入计数初值算起整个周期为(N+2)×$T_{CLK}$。方式 4 的工作波形如图 5.36 所示。

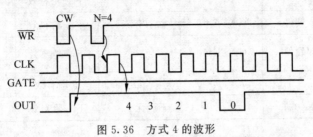

图 5.36　方式 4 的波形

在方式 4 下,每给计数器写一次初值,开始一次计数,计数到零则停止,等下一次送初值又重新启动。GATE 信号可控制计数过程是否进行下去,一般而言,在计数过程中,应保持 GATE=1。若出现 GATE=0,则立即中止计数,待恢复 GATE=1 后,又继续原来的计数过程直至结束。

在这种方式的计数过程中,写入新的计数初值,用新计数初值重新启动计数。

(6) 方式 5——硬件触发选通

方式 5 是硬件启动、不自动重复的计数方式。在写入方式 5 的控制字后,OUT 变高,写入计数初值时即使 GATE 信号原来为高,计数过程也仍不启动,而是要求 GATE 信号出现一个由 0 到 1 的上升沿,下一个 CLK 信号才开始计数。计数器减到零时,OUT 变低,经一个 CLK 信号后变高且一直保持。以上过程如图 5.37 所示。

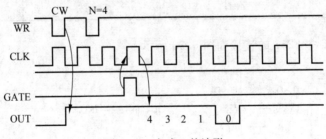

图 5.37　方式 5 的波形

由于方式 5 是由 GATE 的上升沿启动计数的,同方式 1 一样,启动后,即使 GATE 变成低电平,也不影响计数过程的进行。但若 GATE 信号又产生了正跳变,则不论计数是否完成,都将给计数器置入初值,重新开始一轮计数。

在计数过程中给计数器写入新初值,只写入到初值寄存器中,不影响当前计数,待 GATE 信号重新启动之后才置入计数器使用。

表 5.6 将 8253 计数器 6 种工作方式的特点作一简单比较,读者可结合前面的文字叙述理解。

**表 5.6　8253 计数器工作方式一览表**

| | 启动计数 | 中止计数 | 自动重复 | 更新初值 | OUT 波形 |
|---|---|---|---|---|---|
| 方式 0 | 软　件 | GATE=0 | 无 | 立即有效 | |
| 方式 1 | 硬　件 | — | 无 | 下一轮有效 | |
| 方式 2 | 软/硬件 | GATE=0 | 有 | 下一轮有效 | |
| 方式 3 | 软/硬件 | GATE=0 | 有 | 下半轮有效 | |
| 方式 4 | 软　件 | GATE=0 | 无 | 立即有效 | |
| 方式 5 | 硬　件 | — | 无 | 下一轮有效 | |

### 5.4.3　Intel 8253 的应用

**1. 8253 在系统中的连接**

IBM PC/XT 主机板上有一片 8253 用来作计数/定时电路,各计数器及控制寄存器的地址及工作情况如表 5.7 所示。

**表 5.7　计数器及控制寄存器的地址及工作情况**

| 计 数 器 | 地　址 | 工作方式 | 用　途 |
|---|---|---|---|
| $CNT_0$ | 40H | 方式 3 | 日时钟定时 |
| $CNT_1$ | 41H | 方式 2 | 动态存储器刷新 |
| $CNT_2$ | 42H | 方式 3 | 扬声器发声 |
| 控制字寄存器 | 43H | — | |

IBM PC/XT 中 8253 的连接如图 5.38 所示。

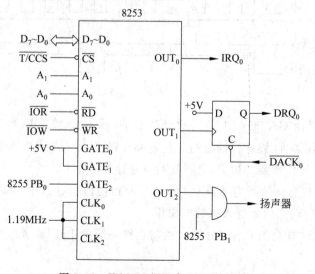

图 5.38　IBM PC/XT 中 8253 的连接

三个计数器的时钟输入 $CLK_2 \sim CLK_0$ 都接到 1.19MHz 信号上(由时钟电路 8284 信号二分频得到),且软件编程决定三个计数器全工作于自动重复方式下,所以这三个计数器实际上全工作于周期性定时状态。门控信号 $GATE_0$ 和 $GATE_1$ 固定接高电位 +5V,因此 $CNT_0$ 和 $CNT_1$ 在写入计数初值后(软件启动)即不停地重复工作。$CNT_0$ 平均每秒通过 $OUT_0$ 端发出 18.2 次 $IRQ_0$ 信号,经过中断管理电路 8259A 产生定时中断,进而产生日时钟。$CNT_1$ 大约每 $15\mu s$ 用 $OUT_1$ 信号经 D 触发器产生 DM 请求信号 $DRQ_0$,用以对动态存储器刷新。门控信号 $GATE_2$ 受主板上并行接口芯片 8255 的 $PB_0$ 控制,当 $PB_0 = 1$ 时,$CNT_2$ 的输出端 $OUT_2$ 输出连续方波,当同一片 8255 的 $PB_1$ 也为 1 时,此方波则驱动扬声器发声。用户可以编程改变 $CNT_2$ 的计数初值来改变发声的频率,还可以通过控制 8255 的 $PB_0$ 及 $PB_1$ 来控制发声的断续,从而组合出变化多端的声音效果。

**2. 8253 的编程**

(1) 初始化编程

对于系统板上的 8253,三个计数器的时钟都是 1.19MHz,且都工作于自动重复方式下。$CNT_0$ 的计数初值为 0(即最大值 65536),1.19MHz/65536 = 18.2Hz,故它每秒输出 18.2 次时钟中断信号。$CNT_1$ 的计数初值取 18,$18/1.19MHz = 15\mu s$,这是用于动态存储器刷新的信号周期。$CNT_2$ 在初始化时用来产生大约 1kHz 的方波使扬声器发声,现取计数初值为 1331。8253 的初始化编程固化在 ROM BIOS 中,现将有关内容摘录如下:

```
;对 CNT0 初始化
MOV    AL,36H      ;CNT0 控制字
OUT    43H,AL      ;写入控制字寄存器
MOV    AL,0        ;计数器初值为 65536
OUT    40H,AL      ;写入初值低位
OUT    40H,AL      ;写入初值高位
;对 CNT1 初始化
MOV    AL,54H      ;CNT1 控制字
OUT    43H,AL
MOV    AL,18       ;计数初值
OUT    41H,AL      ;对应 15μs
;对 CNT2 初始化并让扬声器发声
MOV    AL,0B6H     ;CNT2 控制字
OUT    43H,AL
MOV    AX,1331     ;计数初值
OUT    42H,AL      ;对应 1kHz
MOV    AL,AH
OUT    42H,AL
IN     AL,61H      ;取 8255PB 口
MOV    AH,AL       ;保护
OR     AL,03       ;设 PB1= PB0= 1
OUT    61H,AL      ;使扬声器发声
  ⋮
MOV    AL,AH       ;恢复 8255PB 口
```

```
OUT    61H,AL
⋮
```

(2) 应用举例

系统板上的 8253CNT$_1$ 用于动态存储器刷新,不能改用于其他目的。用户可以使用 CNT$_0$,改变它的定时周期,但要注意对系统日时钟的影响。CNT$_2$ 是对系统影响最小的,又由于它可以驱动扬声器,故常为用户输出各种声音信号。

下面程序利用 CNT$_2$ 控制扬声器发出 500Hz 的声音,直至键盘上有任意键按下为止。

[例 5.1]　8253 的应用。

```
NAME    EX5.4.1
DATA    SEGMENT PARA PUBLIC'DATA'
TABLE   DW   2380
DATA    ENDS
STACK1 SEGMENT PARA STACK
DB      100  DUP(?)
STACK1 ENDS
CODE    SEGMENT
        ASSUME CS: CODE,DS: DATA,ES: DATA,SS: STACK1
SOUND   PROC FAR
;标准程序头
START:  PUSH DS
        MOV  AX,0
        PUSH AX
        MOV  AX,DATA
        MOV  DS,AX
        MOV  ES,AX
;8253CNT₂ 初始化
        MOV  AL,10110110B ;控制字
        OUT  43H,AL
        MOV  AX,TABLE      ;取计数初值
        OUT  42H,AL        ;写低字节
        MOV  AL,AH
        OUT  42H,AL        ;写高字节
        IN   AL,61H        ;读 8255PB 口
        PUSH AX            ;保护数据
        OR   AL,3          ;允许发声
        OUT  61H,AL
        MOV  AH, 1
        INT  21H           ;等待按键
        POP  AX            ;按键后恢复 8255PB 口
        OUT  61H,AL
        RET
```

```
SOUND    ENDP
CODE     ENDS
END      START
```

### 5.4.4　其他可编程计数/定时电路

Intel 8253 的升级芯片是 Intel 8254。8254 的工作原理甚至引脚排列都和 8253 完全相同,但计数频率升高到 8MHz/10MHz。

8253 的控制字最高两位同时为 $1(D_7 D_6 = 11)$ 是非法的,8254 将这个控制字利用起来,作为计数器锁存控制字。这个新增加的控制字使 8254 增加了许多功能,例如能同时锁存三个计数器的当前值(8253 要写三个控制字才能做到),而且还能锁存各计数器的状态字供 CPU 读回。读回计数器状态字的低 6 位($D_5 \sim D_0$)即原编程初始化的控制字内容(8253 的控制字不能读回);$D_7$ 等于输出端 OUT 的状态;$D_6$ 反映初值寄存器状态:当 CPU 向计数器写完计数初值后 $D_6 = 1$,初值置入计数器后 $D_6 = 0$。

## 5.5　并行输入输出接口

由于 CPU 及计算机系统板上的数据通道都是并行总线(8 位、16 位或 32 位),计算机内部的数据传送都是并行方式。包括执行 I/O 指令时,CPU 和 I/O 接口之间的数据传送也是并行实现的。所以并行输入输出接口是计算机和 I/O 设备连接的最直接、也是最常用的接口。回顾本章 5.2 节中介绍的简单 I/O 接口均为并行接口。

各器件制造公司设计制造了不同系列的通用并行 I/O 接口芯片,以适应用户的各种要求。通用可编程并行 I/O 接口芯片具有以下特点:

- 每个芯片集成了多个独立的并行数据传输通道,每个通道都可单独编程设置工作方式,以适应各种 I/O 设备的不同要求。每个通道的外部数据线应有锁存及缓冲功能,以调整 CPU 和 I/O 设备时序上的不同步。
- 每个通道都提供状态查询功能,芯片有一定的中断管理功能,既可以使用同步传送,也便于使用查询或中断方式。

现仅举 Intel 公司生产的 8255A 为例说明。其引脚示意图如图 5.39 所示。

### 5.5.1　可编程并行接口 Intel 8255A

#### 1. Intel 8255A 的引脚及结构

Intel 8255A 为可编程三端口并行 I/O 接口芯片,具有 40 个引脚,双列直插封装,由 +5V 供电。其外部引脚及功能框图分别如图 5.39 和图 5.40 所示。

① 8 位数据线 $D_7 \sim D_0$ 是双向三态,接至系统数据总线 DB,在内部经过数据总线缓冲电路和控制寄存器及各端口数据寄存器连接。

② $\overline{CS}$ 为片选信号,由系统地址线译码产生,低电平有效。地址信号 $A_1$、$A_0$ 经片内译码产生 4 个有效地址分别对应 A、B、C 三个独立的数据端口及一个公共的控制端口。在 8 位系统中,$A_1$、$A_0$ 接到系统地址总线的 $A_1$、$A_0$。

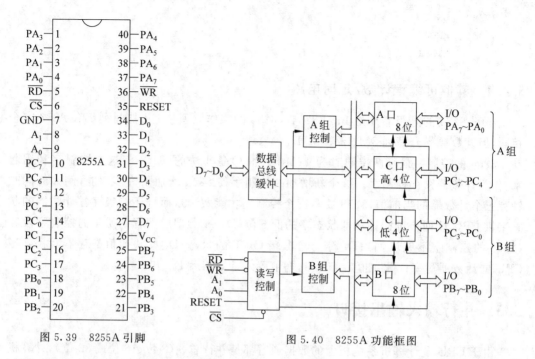

图 5.39　8255A 引脚　　　　　　　　　　图 5.40　8255A 功能框图

③ $\overline{RD}$和$\overline{WR}$两个低电平有效的信号决定了 CPU 和 8255A 之间信息传输的流向：当 $\overline{RD}=0$ 时，从 8255A 读至 CPU；当 $\overline{WR}=0$ 时，由 CPU 写入 8255A。CPU 对 8255A 各端口进行读写操作的信号关系如表 5.8 所示。

表 5.8　8255A 端口的读写信号

| $\overline{CS}$ | $A_1$ | $A_0$ | $\overline{RD}$ | $\overline{WR}$ | 操　作 |
|:---:|:---:|:---:|:---:|:---:|:---:|
| 0 | 0 | 0 | 0 | 1 | 读 A 口 |
| 0 | 0 | 1 | 0 | 1 | 读 B 口 |
| 0 | 1 | 0 | 0 | 1 | 读 C 口 |
| 0 | 0 | 0 | 1 | 0 | 写 A 口 |
| 0 | 0 | 1 | 1 | 0 | 写 B 口 |
| 0 | 1 | 0 | 1 | 0 | 写 C 口 |
| 0 | 1 | 1 | 1 | 0 | 写控制寄存器 |

④ RESET 复位信号，高电平有效，通常接系统复位信号 RESET。复位后控制寄存器被清除，A、B、C 三个端口全置成输入方式且其锁存器也全清零。

⑤ 端口 I/O 数据线 A、B、C 三个端口各自的端口 I/O 数据线，$PA_7 \sim PA_0$，$PB_7 \sim PB_0$ 及 $PC_7 \sim PC_0$。A 口和 B 口类似，皆具有 I/O 锁存器和缓冲器，但 B 口输入时可以不锁存。C 口输出具有锁存和缓冲功能，但输入只有缓冲无锁存。A，B，C 三口作输出时，其输出锁存器的内容还可以由 CPU 用输入指令读回。在使用中，A，B，C 三口可以当成三个独立的 8 位数据端口；也可以将 A、B 口当成 8 位数据端口，而借用 C 口部分线作为它

们与外设联络用的状态或控制信号,还可以将 C 口分成两部分,高 4 位和 A 口共同组成 12 位 A 组数据端口,低 4 位和 B 口组成 12 位的 B 组数据端口。

⑥ 控制寄存器接收编程写的控制字,控制 A 组和 B 组的工作方式。

**2. Intel 8255A 的工作方式及编程**

8255A 在使用前要先写入一个方式控制字,选定 A,B,C 三个端口各自的工作方式, 共有三种方式可供选用:

- 方式 0——基本输入或输出方式,即无须专用联络信号就可直接进行的 I/O。在此方式下,A 口、B 口、C 口的高 4 位和低 4 位可以分别设置成输入或输出。
- 方式 1——选通 I/O。此时接口和外设之间须经过专用联络信号的协调才能传送。只有 A 口和 B 口可工作于方式 1。此时 C 口的某些线被规定为 A 口或 B 口与外设间的专用联络信号线,余下的 C 口线只具有基本 I/O 功能。
- 方式 2——双向 I/O 方式,只有 A 口可工作于此方式,即 A 口可以接双向 I/O 设备,既可以输入也可以输出。此时 C 口有 5 条 I/O 线被规定为 A 口和外设之间的专用双向传送联络线。C 口剩下的三条线可以作为 B 口方式 1 的联络线,也可以和 B 口一起成为方式 0 的 I/O 线。

(1) Intel 8255A 的控制字

① 方式控制字。图 5.41 列出了各位的作用。最高位 $D_7$ 必须为 1,是方式控制字的特征位。当用输出指令将方式控制字写到 8255A 后,它被分开存放于 A、B 两组控制寄存器中。$D_6 \sim D_3$ 4 位控制 A 口及 C 口高 4 位(合称 A 组)的工作方式以及输入还是输出;$D_2 \sim D_0$ 三位控制 B 口及 C 口低 4 位(合称 B 组)的工作方式及输入或输出。如前所述,B 口比 A 口少一种方式 2,而 C 口实际上只能工作于方式 0。

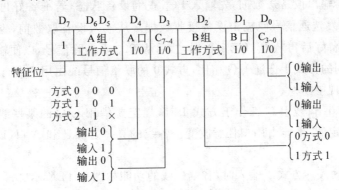

图 5.41　8255A 的方式控制字

② C 口位控字。8255A 的 C 口具有位控功能,即允许 CPU 用输出指令单独对 C 口的某一位写 1 或 0。这是通过向 8255A 的控制寄存器写(注意不是直接对 C 口写)一个如图 5.42 所示的位控字来实现的。后面将讲到的 A 口及 B 口的中断允许位就是通过 C 口位控字来设置的。

(2) 各种工作方式的功能

① 方式 0。8255A 处于方式 0 和外设交换数据时,不用联络信号,因此,A,B,C 三个

端口全部可以当成数据通道。输出时各端口都有锁存功能;若作输入没有锁存仅有缓冲。因此若输入数据是瞬态的(例如窄脉冲信号),则应在外面另加电路锁存,待 CPU 通过 8255A 将输入数据读取后,再设法将锁存电路中的数据清除。这实际上是附加一种联络功能。为此可以将 A 口、B 口定义为数据 I/O 口,而将 C 口改造用于状态信号的输入和控制信号的输出。图 5.43 是一个方式 0 下利用 C 口作为联络信号的 I/O 电路。此例中将 8255A 编程为如下状态:A 口输出,B 口输入,C 口高 4 位为输入,现仅用 $PC_7$、$PC_6$ 两位输入外设的状态;C 口低 4 位为输出,现仅用 $PC_1$、$PC_0$ 输出选通及清除信号。对 8255A 写控制字为:

$$8AH=10001010B$$

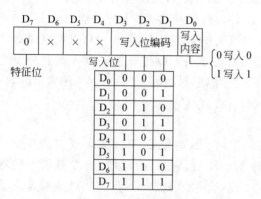

图 5.42 C 口位控字

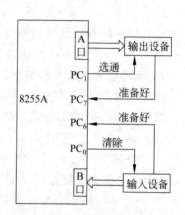

图 5.43 附加联络信号的方式 0 I/O

工作中在给输出设备送数前,先输入 $PC_7$ 查询设备状态,若准备好再从 A 口送出数据,然后用 $PC_1$ 发选通信号使输出设备接收数据。从输入设备取数前,也先通过 $PC_6$ 查询设备状态,准备好后再从 B 口读入数据,然后从 $PC_0$ 发清除信号,以便输入后续字节。

和后面讲到的方式 1 选通 I/O 相比,方式 0 的联络信号线由用户自行安排,且只能用于查询,不能实现中断。

② 方式 1。A 口或 B 口工作于方式 1 时,规定要借用 C 口的某些线作状态或控制用,这些线是固定的,不能由用户任意改变。各线的具体含义还和 A 口、B 口工作于输入或是输出有关。

• 方式 1 输入。方式 1 输入时,各端口线的功能如图 5.44 所示。

A 口工作于方式 1 输入,借用 $PC_5 \sim PC_3$ 作控制线。B 口工作于方式 1 输入,借用 $PC_2 \sim PC_0$ 作控制线。各控制信号的作用解释如下:

$\overline{STB}$(strobe)选通信号,输入,低电平有效。它将外设的信号输入 8255A 的锁存器。$\overline{STBA}$接 PC4,$\overline{STBB}$接 PC2。

IBF(Input Buffer Full)输入缓冲器满信号,输出,高电平有效,通知外设送来的数据已被接收,由 $\overline{STB}$ 信号的前沿产生。当 CPU 用输入指令读走数据后,此信号被清除。A、B 两口的 IBF 信号分别由 $PC_5$ 及 $PC_1$ 输出。

INTR(Interrupt Request)中断请求信号,输出,高电平有效,在中断允许 INTE=

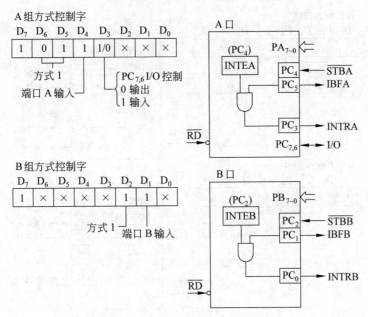

图 5.44　方式 1 输入的控制字及信号

1 且 IBF=1 的条件下,由 $\overline{STB}$ 信号的后沿产生,可接至中断管理电路 8259A 作中断请求。CPU 响应中断后在服务程序中读走数据时,由 $\overline{RD}$ 信号将其清除。INTRA 由 $PC_3$ 引出。INTRB 由 $PC_0$ 引出。

INTE(Interrupt Enable)中断允许位,INTE=1 允许中断请求,INTE=0 禁止中断请求,可事先用位控方式写。INTEA 写入 $PC_4$,INTEB 写入 $PC_2$。

在这种情况下,若读入 C 口状态,其各位所表示的意义如下:

| $D_7$ | $D_6$ | $D_5$ | $D_4$ | $D_3$ | $D_2$ | $D_1$ | $D_0$ |
|-------|-------|-------|-------|-------|-------|-------|-------|
| I/O | I/O | IBFA | INTEA | INTRA | INTEB | IBFB | INTRB |

其中最高两位是当前 I/O 的数据,两个中断允许位 $D_4$、$D_2$ 是事先用位控字写入的内容,其余各位都反映实时状态。

• 方式 1 输出。方式 1 输出时,各端口线的功能如图 5.45 所示。

A 口工作于方式 1 输出,所用的控制线为 $PC_7$、$PC_6$ 和 $PC_3$,而 B 口工作于方式 1 输出时,使用 $PC_2 \sim PC_0$ 作其控制线。各控制信号的作用如下所述:

$\overline{OBF}$(Output Buffer Full)输出缓冲器满,低电平有效。当 CPU 给端口写入一个字节数据时,由 $\overline{WR}$ 信号上升沿使 $\overline{OBF}$ 有效,通知外设可将数据取走。A、B 两口的 $\overline{OBF}$ 信号分别由 $PC_7$ 及 $PC_1$ 输出。

$\overline{ACK}$(Acknowledge)应答信号,低电平有效。当外设得知 $\overline{OBF}$ 信号并取走数据时,要发出 $\overline{ACK}$ 信号清除 $\overline{OBF}$。A、B 两口的 $\overline{ACK}$ 信号分别由 $PC_6$ 及 $PC_2$ 引入。

INTR 中断请求信号,其作用及引出端都和方式 1 输入时相同,但由 $\overline{ACK}$ 信号的后沿在 INTE=1 且 $\overline{OBF}$=1 的条件下产生。若 CPU 响应中断,往该端口写一字

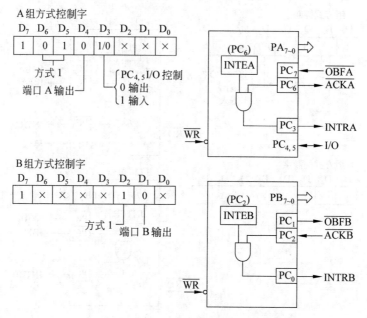

图 5.45 方式 1 输出的控制字及信号

节数据,其 $\overline{WR}$ 信号将清除 INTR。

INTE 中断允许位,方式 1 输出组态下,A 口的中断允许位写到 $PC_6$,而 B 口的仍写到 $PC_2$。

此种组态下,读入 C 口状态各位含义如下:

| $D_7$ | $D_6$ | $D_5$ | $D_4$ | $D_3$ | $D_2$ | $D_1$ | $D_0$ |
|-------|-------|-------|-------|-------|-------|-------|-------|
| OBFA | INTEA | I/O | I/O | INTRA | INTEB | OBFB | INTRB |

③ 方式 2。是只有 A 口可用的双向 I/O 方式,且要借用 C 口的 5 根线作联络,这时的信号组合如图 5.46 所示。图中各信号的名称及作用基本上与方式 1 相同,现仅作如下补充说明。

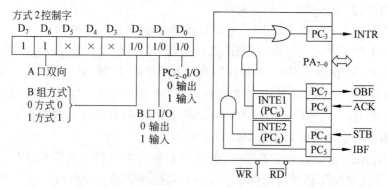

图 5.46 方式 2 的控制字及信号

- A 口以方式 2 输出的数据,仅在 $\overline{ACK}$ 信号有效时才出现在 A 口的 I/O 线 $PA_7 \sim PA_0$ 上,否则这些线都呈高阻态。因此外设产生的应答信号 $\overline{ACK}$ 应是个负方波:其前沿让 8255A 输出数据,其后沿使数据锁存于外设中并发出中断请求。

- A 口方式 2 的 I/O 共用一个中断请求信号 INTR(由 $PC_3$ 引出),但中断允许位仍是各自的:输出的中断允许位写到 $PC_6$(图中称 INTE1),输入的中断允许位写到 $PC_4$(图中称 INTE2)。

- A 口方式 2 时,B 组($PB_7 \sim PB_0$ 及 $PC_2 \sim PC_0$)仍可有两种工作方式选择:若选方式 0,则 $PC_2 \sim PC_0$ 可独立选择 I/O(由控制字的 $D_0$ 决定);若选方式 1,则 $PC_2 \sim PC_0$ 成为 B 口联络线(参见方式 1 中 B 组的组态),这时控制字的 $D_0$ 失去意义。

- 在方式 2 下读端口 C 所得各位状态的意义如下:

| $D_7$ | $D_6$ | $D_5$ | $D_4$ | $D_3$ | $D_2$ | $D_1$ | $D_0$ |
|---|---|---|---|---|---|---|---|
| OBFA | INTE1 | IBFA | INTE2 | INTRA | | | |

其中 $D_7 \sim D_3$ 属于 A 组,除两位中断允许信号($D_6$、$D_4$)是用 C 口位控字写的,其他位均实时反映 A 口的工作状态。$D_2 \sim D_0$ 位的含义和 B 口工作方式有关,若 B 口工作于方式 0,则这三位即 C 口本来 $D_2 \sim D_0$ 的 I/O 数据;若 B 口工作于方式 1 输入,则这三位含义与前面在方式 1 输入组态中介绍的状态一样;若 B 口工作于方式 1 输出,则该三位含义同方式 1 输出组态相同。

## 5.5.2  Intel 8255A 的应用

IBM PC/XT 的系统板上装有一片 8255A,工作于方式 0,主要用以检测系统的配置及是否发生某些错误,还用来管理键盘工作。其地址分配及作用如下。

- A 口:地址 60H,开机自检时输出部件检测码,以逐个检测有关部件是否正常工作。自检完成后,又改设为输入状态,输入键盘扫描码。

- B 口:地址 61H,工作于输出状态,用于输出系统内部控制信号,完成对键盘控制并检测 RAM 及 I/O 通道,还可控制系统板上 8253A 的计数器 $CNT_2$ 计数及扬声器发声。

- C 口:地址 62H,工作于输入状态,用于测试状态和系统配置情况。

- 控制寄存器:地址 63H,控制字在进行系统自检时为 10001001B,自检完成后进入正常工作,又改为 10011001B,其中 A 口由输出改为输入。

8255A 在系统板上的连接示于图 5.47 中。图中左侧为连接系统总线信号,右侧为各端口 I/O 线。B 口 I/O 线上的信号名称凡标有"+"者表示该线为 1 信号时实现的功能,而标有"-"者表示该线为 0 信号时实现的功能。

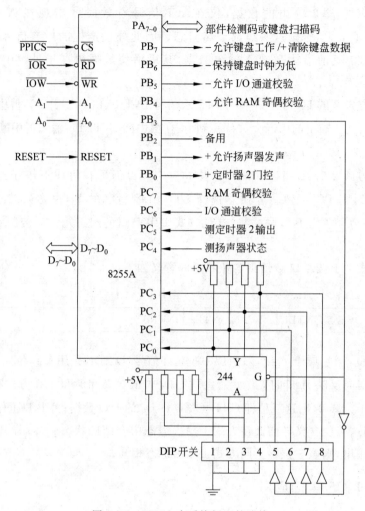

图 5.47　8255A 在系统板上的连接

# 5.6　串行输入输出接口

## 5.6.1　基本概念

在并行 I/O 方式中,并行传输的数据有多少位,传输线至少就得有多少根。串行 I/O 方式是将传输数据的每个字符一位接一位地传送(例如先传最低位 $D_0$,再传次低位 $D_1$,逐次向高位推进)。显而易见,数据的各不同位可以分时使用同一传输通道,因此串行 I/O 可以减少信号连线,最少用一对传输线即可进行。

### 1. 串行 I/O 中的同步和异步

在接收方看到通信线上一连串的 0,1 数字信号时,如何理解其含义?首先要将连续的信号流恰当地分割成位,再按一定规则将若干位组成字符。为了恢复发送的信息,接收方和发送方必须有一致的约定,双方协调地工作。这种协调方法,从原理上可分成两种：

（1）同步串行 I/O

① 发送方和接收方的时钟信号要求同步，双方都按同样的频率和相位来采样通信线上的信号流，以此得到完全一致的理解。

② 将数据组装成块的形式，每次先发送一个或两个同步字符，接收方对同步字符加以确认，然后开始数据块成组传送。数据块中字符是连续的，没有空位，同步方式的效率较高。

同步方式需要复杂的硬件电路，因此只是在要求比较高的情况下使用。

（2）异步串行 I/O 方式

① 双方使用各自的时钟信号，经过分频等手段使频率接近相等就能满足通信要求，因此实现较容易。

② 为了避免双方时钟误差的积累，传送过程中字符与字符不连续。每个字符都要独立确定起始和结束（即每个字符都要重新同步），字符和字符间还可能有长度不定的空闲时间，因此效率较低。

异步方式的硬件电路简单，在微型计算机中大量使用。

**2. 串行通信的速率**

串行 I/O 通信的速率有两种单位。

① bps：每秒传送信息的二进制位数。

② Baud rate：又称波特率，表示通信线路状态的变化率。

异步串行在不经过调制的情况下用两种单位度量的结果是一致的。

**3. 单工通信和双工通信**

① 单工通信：一个设备固定发送，另一个设备固定接收，二者之间只有一条通信通道。

② 半双工通信：两个设备可以双向通信，但要分时使用同一条通信通道。

③ 全双工通信：两个设备之间有两条通信通道，可同时双向通信。

**4. 调制和解调制**

由于数字信号不适合远距离传输，可以将数字信号经过调制（MODEM），变成模拟信号，再用普通双绞线（例如电话线）来实现远程串行通信，到终点再用反调制还原成数字信号。数字信号的 0，1 可以改变调制后模拟信号的频率：例如数字 0 控制传送频率为 1200Hz 的正弦信号、数字 1 控制正弦信号的频率为 2400Hz。这种方式称为频率调制（调频）。还可以用其他调制方式，如调幅、调相等。

本节在介绍常用异步串行通信标准后，重点以 Ins 8250 为例介绍通用异步串行 I/O 电路的工作原理及使用方法。

**5. 异步串行通信格式**

图 5.48 给出异步串行通信中一个字符的传送格式。开始前，线路处于空闲状态，送出连续 1。传送开始时首先发一个 0 作为起始位，然后出现在通信线上的是字符的二进制编码数据的最低位 $D_0$。每个字符的数据位长可以约定为 5 位、6 位、7 位或 8 位，一般采用 ASCII 码。后面是奇偶校验位，事先约定，发送方用奇偶校验位将每个传送字符中

为 1 的位数凑成奇数或偶数个,供接收方进行奇偶检查。也可以约定不要奇偶校验,这样就取消奇偶校验位。最后是表示停止位的 1 信号,这个停止位可以约定持续 1 位、1.5 位或 2 位的时间宽度。至此一个字符传送完毕,线路又进入空闲,持续为 1。经过一段随机的时间后,下一个字符又发出起始位开始传送。

图 5.48　异步通信字符格式

每一个数据位的宽度等于传送波特率的倒数。微机异步串行通信中,常用的波特率为 50,75,110,150,300,600,1200,2400,4800,9600 等。

接收方按约定的格式接收数据,并进行检查,可以查出以下三种错误。

① 奇偶错:在约定奇偶校验规则的情况下,接收到的字符奇偶状态和约定不符。

② 帧格式错:一个字符从起始位到停止位的总位数不对。

③ 溢出错:若先接收的字符尚未被计算机读取,后面的字符又接收完成,则产生溢出错。

每一种错误都会给出相应的出错信息,提示用户处理。

**6. 异步串行 I/O 接口标准**

通用的串行 I/O 接口有许多种,现仅就最常见的两种标准作简单介绍。

(1) EIA RS-232C

这是美国电子工业协会推荐的一种标准(Electronic Industries Association Recommended Standard)。它在 25 针接插件(DB-25)上定义了串行通信的有关信号。这个标准后来被世界各国所接受并使用到计算机的 I/O 接口中。

① 信号连线。在实际异步串行通信中,并不用全部的 RS-232C 信号,许多系统仅用 15 针接插件(DB-15)或 9 针接插件(DB-9)来引出其异步串行 I/O 信号。图 5.49 给出两台微机利用 RS-232C 接口(无 MODEM)通信的联线,图中按 DB-25 的引脚号标注各个信号。

下面对图 5.49 中几个主要信号作简要说明。

- 保护地:通信线两端所接设备的金属外壳通过此线相连。当通信电缆使用屏蔽线时,常利用其外皮金属屏蔽层来实现。由于各设备已通过电源线接保护地,因此,通信线中不必重复接此地线(图中用虚线表示)。例如使用 9 针插头(DB-9)的异步串行 I/O 接口就没有引出保护地信号。

- TxD/RxD:是一对数据线,TXD 称发送数据输出,RXD 称接收数据输入。当两台微机以全双工方式直接通信(无 MODEM 方式)时,双方的这两根线应交叉连接(扭接)。

- 信号地:所有的信号都要通过信号地线构成耦合回路。通信线最少有以上三条

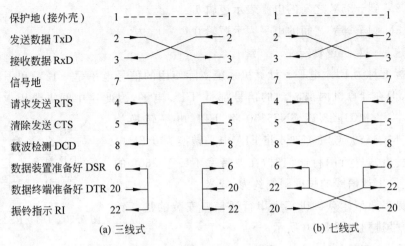

图 5.49　实用 RS-232C 连线

（TxD、RxD 和信号地）就能工作了。其余信号主要用于双方设备通信过程中的联络（握手信号），而且有些信号仅用于和 MODEM 的联络。若采取微型计算机对微型计算机直接通信，且双方可直接对异步串行通信电路芯片编程，可设置成不要联络信号，则其他线都可不接。有时在通信线的同一端将相对应的联络信号短接以"自握手"方式满足联络要求，如图 5.49(a)所示。

- RTS/CTS：请求发送信号 RTS 是发送器输出的准备好信号；接收方准备好后送回清除发送（也称允许发送）信号 CTS，双方握手成功后，发送数据开始进行。在同一端将这两个信号短接就意味着只要发送器准备好即可发送。

- DCD：载波检测（又称接收线路信号检测）。本意是 MODEM 检测到线路中的载波信号后，通知终端准备接收数据的信号，在没有接 MODEM 的情况下，也可以和 RTS、CTS 短接。

相对于 MODEM 而言，微型计算机和终端机一样被称为数据终端 DTE（Data Terminal Equipment），而 MODEM 被称为数据通信装置 DCE（Data Communications Equipment）。DTE 和 DCE 之间的连接不能像图 5.49 中有"扭接"现象，而应该是按接插件芯号，同名端对应相接。此处介绍的 RS-232C 的信号名称及信号流向都是对 DTE 而言的。

- DTR/DSR：数据终端准备好时发 DTR 信号，数据通信装置准备好发 DSR 信号。图 5.49(a)中将这一对信号以"自握手"方式短接。

- RI：原意是在 MODEM 接收到电话交换机有效的拨号时，使 RI 有效，通知数据终端准备传送。在无 MODEM 时也可和 DTR 相接。

图 5.49(b)给出了无 MODEM 情况下，DTE 对 DTE 异步串行通信线路的另一种连接，它不仅适用于微型计算机和微型计算机之间的通信，还适用于微型计算机和异步串行外部设备（如终端机、绘图仪、数字化仪等）的连接。

② 信号电平规定。RS-232 规定了双极性的信号逻辑电平：

- −3V 到−25V 之间的电平表示逻辑 1。

- +3V 到+25V 之间的电平表示逻辑 0。

因此这是一套负逻辑定义。

以上标准称为 EIA 电平。计算机系统实际使用的信号电平是−12V 和+12V,符合 EIA 标准,但在计算机内部流动的信号都是 TTL 电平,因此这中间需要用电平转换电路。常用芯片 MC1488 或 SN75150 将 TTL 电平转换为 EIA 电平,MC1489 或 SN75154 将 EIA 电平转换为 TTL 电平。以这种方式进行串行通信时,在波特率不高于 9600 的情况下,理论上通信线的长度限制约为 15 米。

现在更多微型计算机机箱上串行通信口安装的是 9 针插头,其信号排列如图 5.50 所示。

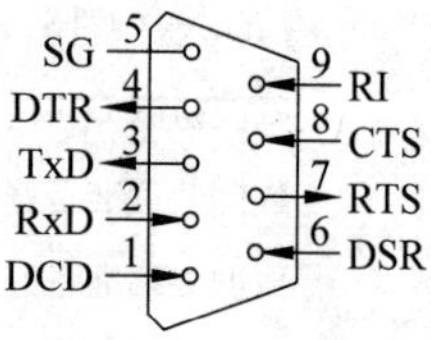

图 5.50　DB-9 RS232C 信号

(2) 20mA 电流环

20mA 电流环并没有形成一套完整的标准,主要是将数字信号的表示方法不使用电平的高低,而改用 20mA 电流的有无:1 信号在环路中产生 20mA 电流;0 信号无电流产生。当然也需要有电路来实现 TTL 电平和 20mA 电流之间的转换。图 5.51 是 20mA 电流环的一个单向传送通道接口。当发送方 $S_{OUT}=1$ 时,便有 20mA 电流灌入接收方的光耦合器,于是光耦合器导通,使 $S_{IN}=1$。反之当发送方 $S_{OUT}=0$ 时环路电流为零,接收方光耦合器截止,$S_{IN}=0$。显然,当要求双工方式通信时,双方都应各有收发电路,通信联线至少要 4 根。由于通信双方利用光耦合器实现电气上隔离,而且信号又是双端回路方式,故有很强的抗干扰性,而且可以传送远至 1km 的距离。20mA 电流环其他方面(如字符的传输格式)常借用 RS-232C 标准。因此 PC/XT 微机中的异步串行通信接口往往将这两种标准做在一起,实际通过跨接线从二者中择一使用。

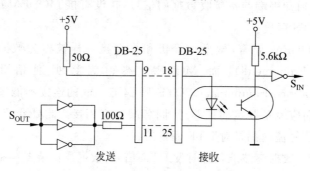

图 5.51　20mA 电流环接口

### 5.6.2　可编程串行接口电路 Ins 8250

Ins 8250 是由国家半导体公司(National Semicoductor)生产专用于异步串行通信的接口芯片,共有 40 条引脚,+5V 供电。它有很强的串行通信能力和灵活的可编程性能。

**1. Ins 8250 的引脚**

Ins 8250 的引脚如图 5.52 所示。

除电源线 $V_{CC}$（＋5V）和地线（GND）外，Ins 8250 的引脚信号可以分成对系统和对通信设备两方面。

(1) 对系统的引脚

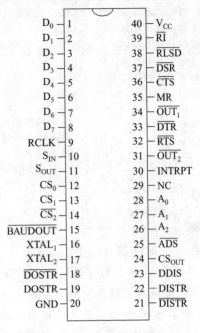

图 5.52　Ins 8250 引脚图

- $D_7 \sim D_0$：双向三态数据线，可直接连到系统的数据总线。
- $CS_0$、$CS_1$、$\overline{CS_2}$：片选信号输入。当 $CS_0 = CS_1 = 1$ 且 $\overline{CS_2} = 0$ 时选中此片，即三个片选条件是相"与"关系，一般由高位地址译码，再加进必要的 I/O 控制信号产生。在 PC/XT 机中只用到 $\overline{CS_2}$，$CS_0$ 和 $CS_1$ 都经电阻接＋5V。
- $CS_{OUT}$：片选输出。当三个片选输入同时有效时，$CS_{OUT} = 1$，作为选中此片的指示，在 PC/XT 机中未用。
- $A_2 \sim A_0$：地址信号输入，参加 Ins 8250 内部译码，一般接系统地址总线 $A_2 \sim A_0$。
- $\overline{ADS}$：地址选通信号输入。当 $\overline{ADS} = 0$ 时选通上述片选和地址输入信号；当 $\overline{ADS} = 1$ 时 Ins 8250 锁存以上信号，以保证内部稳定译码。在 PC/XT 机中，此信号固定接地。
- DISTR 和 $\overline{DISTR}$：数据输入选通信号，二者作用相同，但有效极性相反。在芯片选中时，或者 DISTR = 1 或者 $\overline{DISTR} = 0$，系统对芯片进行读操作。
- DOSTR 和 $\overline{DOSTR}$：数据输出选通信号，与上面类似，当二者之一有效时，系统写入本片。

在系统中 $\overline{DISTR}$ 接 $\overline{IOR}$，$\overline{DOSTR}$ 接 $\overline{IOW}$，而 DISTR 和 DOSTR 都接地未用。

- DDIS：驱动器禁止信号输出，高电平有效。当系统读 Ins 8250 时，DDIS = 0（解除禁止），其他时间始终为高电平（禁止驱动）。因此若芯片向系统传送数据的通道上有三态驱动器，可用此信号来作其控制信号，平时禁止 Ins 8250 干扰系统数据总线。PC/XT 机中将此信号悬空未用。
- MR：主复位信号输入，高电平有效。一般接系统复位信号 RESET，用以复位芯片内部寄存器及有关信号，如表 5.9 所示。表中未列出的数据发送寄存器、数据接收寄存器及除数寄存器不受复位信号影响。
- INTRPT：中断请求信号输出，高电位有效，Ins 8250 内部的中断控制电路在条件满足时对系统发出中断请求。在 PC/XT 机中，INTRPT 输出后还要经过 $\overline{OUT_2}$ 信号控制，只有 $\overline{OUT_2} = 0$（$OUT_2 = 1$）时，才能最终对系统形成中断请求。

表 5.9　Ins 8250 内部寄存器的复位

| 寄存器或信号 | 复　位　控　制 | | 复　位　结　果 |
| --- | --- | --- | --- |
| 中断允许寄存器 | MR | | $D_7 \sim D_0$ 全为零 |
| 中断识别寄存器 | MR | | $D_0 = 1$, 其余位全为零 |
| 线路控制寄存器 | MR | | 全为零 |
| 线路状态寄存器 | MR | | $D_5 = D_6 = 0$, 其余位全为 1 |
| MODEM 控制寄存器 | MR | | 全为零 |
| MODEM 状态寄存器 | MR | | $D_3 \sim D_0$ 为零, 其余取决于输入 |
| 中断识别寄存器的 $D_2 \sim D_0$ 三位的状态 | 110 | MR 或读线路状态寄存器 | $D_0 = 1$, 其余位全为零 |
| | 100 | MR 或读接收寄存器 | |
| | 010 | MR 或写发送寄存器或读中断识别寄存器 | |
| | 000 | MR 或读 MODEM 状态寄存器 | |
| 信号 $S_{OUT}$、$\overline{OUT_1}$、$\overline{OUT_2}$、$\overline{RTS}$、$\overline{DTR}$ | MR | | 全为 1 |

(2) 对外部通信设备的引脚

① $S_{OUT}$ 串行数据输出。系统输出的数据以字符为单位, 加进起始位、奇偶位及停止位等, 按一定的波特率逐位由此送出。

② $S_{IN}$ 串行数据输入。接收的串行数据从此进入 Ins 8250。

以上两个数据信号分别和 RS-232C 标准中的 TxD 及 RxD 对应。由于计算机内部使用正逻辑而 RS-232C 使用负逻辑, 故中间加进的电平转换电路也实现逻辑反相。

③ $\overline{RTS}$ 和 $\overline{CTS}$ 请求发送和清除发送, 是一对低电平有效的握手信号, 与 RS-232C 中的 $\overline{RTS}$ 和 $\overline{CTS}$ 对应。当 Ins 8250 准备好发送时, 输出 $\overline{RTS}$ 信号, 对方的设备收到信号后, 若允许发送, 则回答一个低电平信号作为 $\overline{CTS}$ 输入, 于是握手成功, 传送可以开始。

④ $\overline{DTR}$ 和 $\overline{DSR}$ 数据终端准备好和数据装置准备好, 也是一对低电平有效的握手信号, 工作过程与前述类似。

⑤ $\overline{RLSD}$ 接收线路信号检测输入, 低电平有效, 与 RS-232C 中的 DCD 信号对应, 从通信线路上检测到数据信号时有效, 指示应开始接收。

⑥ $\overline{RI}$ 振铃信号输入, 低电平有效, 与 RS-232C 中 RI 同义。

在 PC/XT 机中以上 6 个联络信号全部引至 RS-232C 接口。

⑦ $\overline{OUT_1}$ 和 $\overline{OUT_2}$ 芯片内部调制控制寄存器的 $D_2 D_3$ 两位的输出信号, 用户可以编程对其置位或复位, 以灵活地适应外部的控制要求。在 PC/XT 机中, $\overline{OUT_2}$ 用以控制 Ins 8250 的中断请求 INTRP 信号。当编程使 $OUT_2 = 1(\overline{OUT_2} = 0)$ 时, 允许 INTRP 信号发出中断请求。

⑧ $XTAL_1$ 和 $XTAL_2$ 时钟输入信号和时钟输出信号。也可以在两端间接一个石英晶体振荡器, 在芯片内部产生时钟。此时钟信号是 Ins 8250 传输速率的时钟基准, 其频率除以除数寄存器的值(分频)后得到发送数据的工作时钟。PC/XT 机用外部时钟 1.8432MHz 方波接 $XTAL_1$。

⑨ $\overline{BAUDOUT}$ 波特率输出信号, 即上述发送数据的工作时钟, 其频率是发送波特率

的 16 倍。因此在 PC/XT 机中：

$$发送波特率 = 1.8432MHz \div 除数寄存器值 \div 16$$

⑩ RCLK：接收时钟输入，要求其频率为接收波特率的 16 倍。通常将其与 $\overline{BAUDOUT}$ 信号短接，使接收和发送的波特率相等。

**2. 8250 的结构**

Ins 8250 是全双工异步通信接口电路，其功能框图如图 5.53 所示。除与系统相连的数据缓冲、地址选择及控制信号外，还可分成 5 个功能模块，每模块内又包含两个寄存器，共 10 个寄存器。但芯片只引入三根地址线，在内部至多产生 8 个地址。因此将两个除数寄存器和其他寄存器共用地址，在寻址除数寄存器时先设立特征，即使线路控制寄存器的最高位 DLAB=1。当 DLAB=0 时，寻址除数寄存器以外的寄存器。Ins 8250 内部寄存器的详细寻址情况如表 5.10 所示。表中还列出系统中 1 号异步串行通信口 COM1 所用 Ins 8250 各寄存器的物理地址。若将表中 3F8H～3FFH 改成 2F8H～2FFH 即是 2 号异步串行通信口 COM2 的地址表。

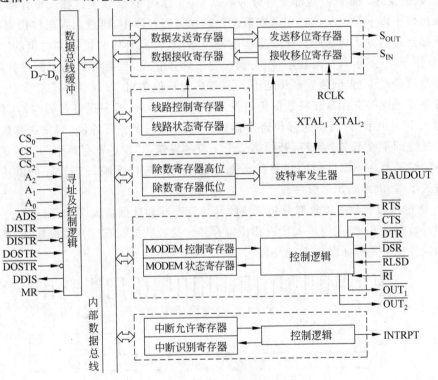

图 5.53　Ins 8250 的功能框图

**表 5.10　Ins 8250 内部寄存器寻址**

| 地址信号 $A_2 A_1 A_0$ | 标志位 DLAB | COM1 地址（H） | 寄 存 器 |
| --- | --- | --- | --- |
| 0 0 0 | 0 | 3F8 | 写发送寄存器/读接收寄存器 |
| 0 0 0 | 1 | 3F8 | 除数寄存器低字节 |
| 0 0 1 | 1 | 3F9 | 除数寄存器高字节 |

续表

| 地址信号 $A_2 A_1 A_0$ | 标志位 DLAB | COM1 地址(H) | 寄 存 器 |
|---|---|---|---|
| 0 0 1 | 0 | 3F9 | 中断允许 |
| 0 1 0 | × | 3FA | 中断识别 |
| 0 1 1 | × | 3FB | 线路控制 |
| 1 0 0 | × | 3FC | MODEM 控制 |
| 1 0 1 | × | 3FD | 线路状态 |
| 1 1 0 | × | 3FE | MODEM 状态 |
| 1 1 1 | × | 3FF | 不用 |

(1) 数据发送和接收

① 数据发送。数据发送部分可分为数据发送保持寄存器和发送移位寄存器。

输出数据以字符为单位首先送到数据发送保持寄存器中,再进入发送移位寄存器,以上过程都是并行方式传送的。在发送移位寄存器中,按照事先和接收方约定的字符传输格式(如图 5.48 所示),加上起始位,奇偶校验位和停止位,然后再以约定的波特率(由波特率控制部分产生)先低位后高位地由 $S_{OUT}$ 端串行移位送出。

数据发送保持寄存器在将数据传给发送移位寄存器后(即发送寄存器空),CPU 即可对它写入下一个字符,而发送移位寄存器完全送出第一个字符各位(即发送移位寄存器空)后,又立即接收第二个字符,开始第二个字符的发送。"发送寄存器空"和"发送移位寄存器空"状态,都在下面讲到的线路状态寄存器中有对应位反映,使 CPU 可以用查询或中断方式了解,继续输出后续字符。

② 数据接收。数据接收部分包括接收移位寄存器和数据接收缓冲寄存器。

串行数据从 $S_{IN}$ 端逐位进入接收移位寄存器。接收数据时首先搜寻起始位,然后才读入数据位。这个过程如图 5.54 所示。

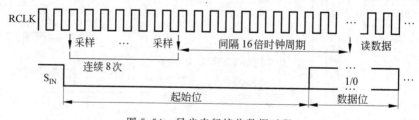

图 5.54　异步串行接收数据过程

接收电路始终用接收时钟 RCLK 的上升沿采样串行输入 $S_{IN}$ 的状态,每 16 个 RCLK脉冲对应一个数据位。在检测到由 1 到 0 的变化时,若连续采样 8 次,$S_{IN}$ 一直都保持为0,则认定是数据起始位;否则认为是干扰信号,将重新采样。以后再每隔 16 个 RCLK 周期读取一次数据位(正好在每个数据位的中点读),一直到停止位,一个字符接收完毕,然后开始搜寻第二个字符的起始位。这样的安排除了可以减少误判起始信号以外,还允许发送时钟和接收时钟的频率有一定误差,每个字符单独起始又避免了时钟误差的积累。

接收移位寄存器接收一个字符后,要进行格式检查,若不正确,则通过线路状态寄存器设置出错标志位;若格式正确则将真正的数据位保留并传给数据接收缓冲寄存器,然后将线路状态寄存器中的"接收数据可用"位置 1,CPU 可以通过查询或中断方式取走这个字符,清除"接收数据可用"位,以接收下一字符。显然,若接收的前一个字符在数据接收缓冲寄存器中尚未被 CPU 取走,后一个字符经接收移位寄存器接收完毕又要送至接收缓冲寄存器,就会造成丢失字符,这种情况称为"溢出错",在线路状态寄存器中也有相应位记录。

(2) 线路控制及状态

① 通信线路控制寄存器。CPU 用 OUT 指令将一个 8 位的控制字写入通信线路控制寄存器,以决定通信中字符的格式。控制寄存器的内容也可以用 IN 指令读出。其各位的作用如图 5.55 所示。

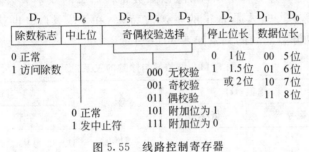

图 5.55　线路控制寄存器

其最高位 $D_7$ 为访问除数寄存器的标记 DLAB。$D_7 = 1$ 时执行的 I/O 指令应是访问波特率控制部分的除数寄存器;$D_7 = 0$ 时,即正常寻址。详细情况可参见前面表 5.9。

$D_6 = 0$ 时正常发送;$D_6 = 1$,则中止正常发送,串行输出端 $S_{OUT}$ 保持为 0。

$D_5 \sim D_3$ 这三位规定了通信数据的奇偶校验规则。$D_3$ 表示校验有或无,$D_4$ 表示校验的奇偶性。$D_5$ 的设置可以把发送方校验的奇偶性规定通过发送数据中的附加位去告诉接收方(即不必事先约定)。当 $D_5 = 1$ 时,在发送数据的奇偶校验位和停止位(参见图 5.48 异步通信字符格式)之间附加一个标志位:若采用偶校验则附加位为 0;若采用奇校验,则附加位为 1。接收方收到数据后,只要将附加位分离出来,便可得知发送数据的奇偶校验规定。正常情况下,数据的奇偶性是事先约定的,$D_5 = 0$ 不附加标志位。图 5.55 中列出了这三位的几种常用组合。

$D_2 = 0$ 时表示只有一位停止位。$D_2 = 1$ 时,若数据位长为 5 则表示有一位半停止位;若数据位长为 6,7 或 8,则停止位应是两位。

$D_1 \sim D_0$ 规定了数据位的长度,如图 5.55 中所列。

② 通信线路状态寄存器。CPU 读入通信线路状态寄存器,便可了解数据发送和接收的情况,如图 5.56 所示。其中 $D_7$ 无用。

| $D_7$ | $D_6$ | $D_5$ | $D_4$ | $D_3$ | $D_2$ | $D_1$ | $D_0$ |
|---|---|---|---|---|---|---|---|
| 0 | 发送移位寄存器空 | 发送寄存器空 | 中止符检测 | 帧格式错 | 奇偶错 | 溢出错 | 接收数据就绪 |

图 5.56　线路状态寄存器

$D_5 = 1$ 反映发送寄存器已将字符传送给移位寄存器，当发送移位寄存器将字符各位全部从 $S_{OUT}$ 送出后，$D_6 = 1$。这两位不全为 1 时说明发送工作没有最终结束。

其余位都反映接收数据的状态。当接收移位寄存器收够一个字符规定的位数时，使 $D_0 = 1$，设置"接收数据就绪"(亦称"接收移位寄存器满")状态标记。这个数据是否正确还要经过多方面检查，若发生错误，则将 $D_3 \sim D_1$ 相应位置 1。若接收连续的 0 信号超过一个字符宽度时，认为对方已中止发送，则使 $D_4 = 1$。

以上各位状态在 CPU 读线路状态寄存器后即被清零。除 $D_6$ 外其他位还可以被 CPU 写，也可以产生中断请求。

(3) 波特率控制

这部分的可编程寄存器即除数寄存器，实际上是分频系数。外部输入时钟 $XTAL_1$ 的频率(PC/XT 系列中为 1.8432MHz)除以除数寄存器中的双字节数后，得到数据发送器的工作频率，再除以 16，才是真正的发送波特率，在 PC/XT 中也就是接收波特率。PC/XT 中波特率和除数之间的关系如表 5.11 所示。

**表 5.11　波特率与除数的关系**

| 波　特　率 | 除数（H） | | 波特率 | 除数（H） | |
| --- | --- | --- | --- | --- | --- |
| | 高字节 | 低字节 | | 高字节 | 低字节 |
| 50 | 0 9 | 0 0 | 1800 | 0 0 | 4 0 |
| 75 | 0 6 | 0 0 | 2000 | 0 0 | 3 A |
| 110 | 0 4 | 1 7 | 2400 | 0 0 | 3 0 |
| 134.5 | 0 3 | 5 9 | 3600 | 0 0 | 2 0 |
| 150 | 0 3 | 0 0 | 4800 | 0 0 | 1 8 |
| 300 | 0 1 | 8 0 | 7200 | 0 0 | 1 0 |
| 600 | 0 0 | C 0 | 9600 | 0 0 | 0 C |
| 1200 | 0 0 | 6 0 | 19200 | 0 0 | 0 6 |

(4) MODEM 控制与状态

此模块实现通信过程中的联络功能，包括联络信号的生成及检测。

① MODEM 控制寄存器。如图 5.57 所示，该寄存器的高 3 位无用。$D_4$ 决定 Ins 8250 的工作方式：$D_4 = 0$，Ins 8250 正常工作；$D_4 = 1$，Ins 8250 处于自检状态，即其数据输入 $S_{IN}$ 同外部断开，而在芯片内部同数据输出 $S_{OUT}$ 接通，同时 4 个输入信号 $\overline{CTS}$、$\overline{DSR}$、$\overline{RLSD}$、$\overline{RI}$ 分别和 4 个输出信号 $\overline{DTR}$、$\overline{RTS}$、$\overline{OUT_1}$、$\overline{OUT_2}$ 也在内部相联，于是就可以用自

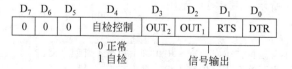

图 5.57　MODEM 控制寄存器

发自收的方式来检查芯片。$D_3 \sim D_0$ 每一位控制一个输出信号。

② MODEM 状态寄存器。如图 5.58 所示,其高 4 位即 4 个外部输入信号的状态,而低 4 位记录高 4 位的变化。每次读 MODEM 状态寄存器时,低 4 位被清零。以后若高 4 位中有某位状态发生改变(由 0 变到 1 或由 1 变到 0),则低 4 位中的相应位就置 1。这些状态位的变化,除了可以让 CPU 用输入指令查询外,也可以引起中断。

(5) 中断允许及识别

Ins 8250 有很强的可编程中断管理功能,用户可以通过对中断允许寄存器及中断识别寄存器的读写操作来设置和利用。

① 中断允许寄存器。

Ins 8250 将芯片内的各种中断源分为 4 类,用中断允许寄存器的低 4 位来对各类中断源实现允许或者屏蔽控制。其对应关系如图 5.59 所示。

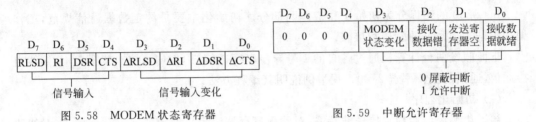

图 5.58　MODEM 状态寄存器　　　　　图 5.59　中断允许寄存器

中断允许寄存器的高 4 位固定为 0,没有使用。

若 $D_3 = 1$,则 MODEM 状态寄存器的高 4 位状态发生改变时,允许发出中断请求信号 INTRPT。若 $D_3 = 0$,则 MODEM 状态中断被屏蔽。

$D_2 \sim D_0$ 决定线路状态寄存器引起的中断是否允许,同样也是为 1 的位允许中断,为 0 的位屏蔽中断。其中 $D_2$ 对应接收数据错(包括溢出错、奇偶错及帧格式错)及中止符检测中断。

中断允许寄存器的相应位为 1,只是允许中断源产生 INTRPT 信号,后面还要经过 $\overline{OUT_2}$ 信号控制才可能最终到 8259A 产生中断请求 IRQ 信号。

② 中断识别寄存器。Ins 8250 对内部 4 类中断源各以两位二进制编码,在中断允许的前提下,将当前中断类型的识别码写入中断识别寄存器的 $D_2 D_1$ 两位中,同时将中断指示位置 0(表示有中断请求)。4 类中断源具有不同的中断优先级。当不同级别的多个中断源同时申请时,仅将最高优先级的识别码写入中断识别寄存器中。各中断源的识别码以及中断识别寄存器的构成如图 5.60 所示。其中接收数据错的中断优先级最高,其他逐级降低。

中断识别寄存器的内容只可读出。其低三位实时反映中断的发生情况,而高 5 位始终固定为 0。这个特点常用来检查 Ins 8250 在系统中是否存在,或是否安装了异步串行通信口,程序如下所列:

```
MOV     DX,3FAH              ;指向 COM1 的中断识别寄存器
IN      AL,DX                ;读中断识别寄存器
TEST    AL,0F8H              ;测试高 5 位
```

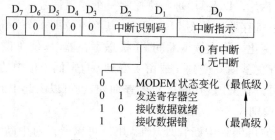

图 5.60　中断识别寄存器

```
JZ    INITIALIZATION   ;全 0 则转初始化
```

中断识别寄存器复位后 $D_0=1$，其余位为 0。

### 3. Ins 8250 的编程

Ins 8250 的编程分为初始化和工作两部分。初始化主要是约定数据通信规范，工作编程则是实现数据的发送和接收。

下面假设两台计算机通过各自的 1 号异步串行通信口 COM1，按本节图 5.49 接线直接通信，通信的波特率选 2400。现举例说明其编程方法。

#### (1) 初始化程序

初始化编程包括约定传送波特率（对除数寄存器编程）、通信的字符数据格式（对线路控制寄存器编程）及 Ins 8250 的操作方式（对 MODEM 控制寄存器及中断允许寄存器编程）。由于写入除数寄存器时要求线路控制寄存器的 $D_7=1$，设立访问除数寄存器标志 DLAB，所以实际初始化编程时往往先写一个 80H 到线路控制寄存器，送完除数后再对线路控制寄存器写真正工作的编程内容（$D_7=0$，其余每位按控制要求而定），最后再写入 MODEM 控制寄存器及中断允许寄存器。以下是一段初始化编程的举例。

```
;初始化编程
;设置波特率为 2400
MOV   DX,3FBH      ;线路控制寄存器地址
MOV   AL,80H
OUT   DX,AL        ;DLAB=1,设置写除数标志
MOV   DX,3F9H      ;高位除数寄存器
MOV   AL,0
OUT   DX,AL
MOV   DX,3F8H      ;低位除数寄存器
MOV   AL,30H
OUT   DX,AL
;设置数据格式
;数据长 7 位,1 个停止位,偶校验
MOV   DX,3FBH
MOV   AL,1AH
OUT   DX,AL
;设置操作方式,不用中断
```

```
                          ;OUT₂=1, DTR=0, RTS=0
MOV        DX,3FCH        ;MODEM 控制寄存器
MOV        AL,3           ;设置 RTS、DTR 有效
OUT        DX,AL
MOV        DX,3F9H        ;中断允许寄存器
MOV        AL,0           ;屏蔽全部中断
OUT        DX,AL
```

以上程序在设置操作方式时，对 MODEM 控制寄存器写入控制字 03，适用于两台机器通信的正常工作方式。若将此控制字改写成 13H，则 Ins 8250 进入自检方式，即只用一台计算机自己发送数据，又自己接收。

（2）通信工作程序

上面初始化程序屏蔽了中断，因此只可用查询方式进行通信，即读线路状态寄存器，先检查数据接收部分，再检查数据发送部分，在接收数据时，还要检查接收数据是否有错。只有正确的接收数据，才可让 CPU 读取。以下是一段查询式通信的工作程序。

```
           ;查询式通信
           ;发送字符在 CL 中。若收到字符,暂存于 AL
KEEP_TRY:  MOV       DX,3FDH
           IN        AL,DX
           TEST      AL,1EH           ;检查出错误否
           JNE       ERROR_ROUTINE    ;转出错处理
           TEST      AL,1             ;检查收到新数否
           JNZ       RECEIVE          ;转接收
           TEST      AL,20H           ;检查可否发送字节
           JZ        KEEP_TRY         ;重新检查
           MOV       DX,3F8H
           MOV       AL,CL            ;发送字符
           OUT       DX,AL
           JMP       SHORT KEEP_TRY
RECEIVE:   MOV       DX,3F8H          ;接收字节
           IN        AL,DX
              ⋮
```

本例在初始化 MODEM 控制寄存器时，设置 RTS 及 DTR 两信号有效后不再改变，按图 5.49 接线又使得 CTS 及 DSR 两信号一直有效，因此在查询式通信程序中不再查询这两对联络信号（即没有查询 MODEM 状态寄存器），这是因为通信线路上没有使用MODEM。若欲利用电话线进行远程通信，则必须增加 MODEM，这时就不可设置这两对联络信号一直有效，而应根据工作情况，随时设定，随时查询。

（3）串行输入输出的 BIOS 调用

执行 INT 14H 指令可以直接调用 BIOS 中的串行输入输出功能，包括串行通信口的初始化、状态查询、发送字符和接收字符。入口参数中用 DX 寄存器指定串口号：DX＝0指定串口 1；DX＝1 指定串口 2。BIOS 调用对串口的初始化参数被压缩成一个字节放进

AL,不如直接对 8259 芯片初始化全面。另外每一次对串口的 BIOS 调用,要检查出口参数 AH,若 AH 的最高位 $D_7 = 0$ 说明调用成功;$D_7 = 1$ 说明此次调用不成功,需要重新调用。详细情况见附录 5 BIOS 调用。

### 5.6.3　Ins 8250 的应用举例

下面给出一段完整的程序,说明 Ins 8250 用于串行通信的编程。程序将 PC/XT 系列 COM1 中的 Ins 8250 设置自检方式,由键盘读入的字符,经 Ins 8250 发送,又自行接收回来,再到 CRT 上显示出来,直到输入^C 返回 DOS。

[例 5.2]　NAME EX5_6_1

```
        DATA    SEGMENT
        DIVID   DW    30H              ;对应 2400 波特率的除数
        DATA    ENDS
        STACK1  SEGMENT  PARA STACK
                DB 100 DUP(?)
        STACK1  ENDS
        CODE    SEGMENT
                ASSUME CS: CODE,DS: DATA,ES: DATA,SS: STACK1
        SUB1    PROC  FAR
        ;建立用户数据段
        START:  MOV   AX ,DATA
                MOV   DS ,AX
        ;8250 初始化
        ;7 位数据,1 位停止,奇校验,2400 波特率,自检方式
                MOV   AL,80H            ;设 DLAB=1
                MOV   DX,3FBH
                OUT   DX,AL
                MOV   AX,DIVID          ;取除数
                MOV   DX,3F8H
                OUT   DX,AL             ;写除数低字节
                MOV   AL,AH
                MOV   DX,3F9H
                OUT   DX,AL             ;写除数高字节
                MOV   AL,0AH
                MOV   DX,3FBH           ;写入线路控制寄存器
                OUT   DX,AL
                MOV   AL,13H
                MOV   DX,3FCH           ;写 MODEM 控制寄存器
                OUT   DX,AL
                MOV   AL,0
                MOV   DX,3F9H           ;写中断允许寄存器
                OUT   DX,AL
        ;接收字符并显示,将输入字符发送
```

```
WAIT_FOR:   MOV     DX,3FDH         ;读线路状态寄存器
            IN      AL,DX
            TEST    AL,1EH          ;出错否
            JNZ     ERROR
            TEST    AL,1           ;接收数据就绪否
            JNZ     RECEIVE         ;转接收
            TEST    AL,20H          ;发送器空否
            JZ      WAIT_FOR        ;返回等待
            MOV     AH,1
            INT     16H             ;读键盘
            JZ      WAIT_FOR        ;无按键返回等待
            MOV     AH,0            ;读按键
            INT     16H
            MOV     DX,3F8H         ;发送
            OUT     DX,AL
            JMP     WAIT_FOR        ;返回等待
RECEIVE:    MOV     DX,3F8H         ;读接收数据
            IN      AL,DX
            AND     AL,7FH          ;保留 7 位数据
            CMP     AL,3            ;是^C 否
            JNZ     CHAR
            MOV     AH,4CH          ;返回 DOS
            INT     21H
CHAR:       PUSH    AX              ;备查
            MOV     AH,0EH          ;显示接收字符
            INT     10H
            POP     AX
            CMP     AL,0DH          ;检测回车符
            JNZ     WAIT_FOR        ;不是回车符返回等待
            MOV     AL,0AH          ;是回车符则加换行
            MOV     AH,0EH          ;光标换行
            INT     10H
            JMP     WAIT_FOR
ERROR:      MOV     DX,3F8H         ;读出错误字符,准备接收后续字符
            IN      AL,DX
            MOV     AL,'?'          ;显示'?'
            MOV     AH,14
            INT     10H
            JMP     WAIT_FOR
SUB1        ENDP
CODE        ENDS
END         START
```

### 5.6.4　其他串行接口

**1. RS-485 接口**

RS-232 用一根信号线和公共地线实现了串行通信,电路简单,但不易进一步增加传输距离和速率,而且只适合于点对点的通信。在需要提高性能或更多设备相互异步串行通信时,往往采用 RS-485 接口联成网。

简单地说 RS-485 总线是互相绞合的两根导线(也可以用同轴电缆)。发送方把一位二进制数变成两个极性相反的平衡对称电位送到总线,接受端以差动方式接受,然后再还原成二进制数。这样既克服了公共地线带来的干扰,又加大了传输中有效信号的幅度。

RS-485 总线标准仍保留负逻辑:$-2V\sim-6V$ 之间的电平表示逻辑 1,$+2V\sim+6V$ 之间的电平表示逻辑 0。

两根导线将各个接口的 A(亦表为＋)端和 A 端相连、B(亦表为－)端和 B 端相连构成 RS-485 网,为了避免冲突,每次只允许一个节点向网上发送数据。因此在数据发送端都有使能控制信号(如 DE)。根据需要数据接受端也可以加使能控制信号(如 $\overline{RE}$)。因此同一个设备的发送和接受只能分时进行。2 线的 RS-485 总线只能半双工通信。

实际中采用 RS-485 接口常接成主从结构,每次开始传送由主方发出呼叫,从方有选择地应答。一条总线上可以连接多个节点,其上限取决于驱动器的带负载能力和接收器的输入阻抗,还与通信的波特率、导线的性能和长度有关。RS-485 总线标准推荐不多于32 个节点,但随着新器件的使用这个数字已经突破 128。理论上 RS-485 的最长传输距离能达到 1200m,最高速率达到 100Mb/s。在长线系统中为了提高传输的可靠性,建议在总线电缆的开始和末端都并接终端电阻(推荐值 120Ω)。

系统中原有的 RS-232 接口可以通过 RS-232/RS-485 转换电路转换成 RS-485 信号,也可以在机箱中插入多串口扩展卡,直接获得 RS-485 接口。

图 5.61 为 RS-485 总线上两个节点的示意图。发送数据 DI(0/1)在使能信号 DE 允许的前提下,往总线上送出一对反相的电平。$\overline{RE}$使能信号允许的一个节点接受这对平衡差动电平,再还原成二进制数从 RO 输出。长线两端的电阻 $R_t$ 即终端电阻。

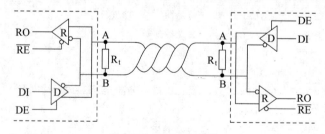

图 5.61　RS-485 总线

**2. USB 接口**

将一个新的外设接入计算机系统的传统方式要打开机箱,在系统扩展插槽中插入一块专用接口卡,固定占用 I/O 地址、中断号和 DMA 通道等系统资源,还要安装专用的驱动程序。USB(Universal Serial Bus,通用串行总线)的出现从根本上改变了这种方法,只要在系统中容纳了 USB 主机(Host controller)和根集线器(Root hub),任何具有 USB 接口的外设都可以在机箱外即插即用(Plug and Play)和热插拔。通过集线器允许级联接入多达 127 个设备,而且大家共享一个中断等 I/O 资源。

USB 接口实现了比传统并口和串口更快的传输速率。USB1. 1 高速方式可达 12Mb/s,低速方式也可实现 1.5Mb/s。USB2.0 更可达到了 480Mb/s。

USB 的图符是一个开放总线的形象:根集线(主机)下面挂着集线器和功能设备,每个集线器下面又可以级联更多的集线器或功能设备。

A 系列 USB 插座装在计算机主板(机箱)上,键盘、鼠标等固定外设通过 A 系列插头连接主机。B 系列 USB 插座常装于打印机、扫描仪、刻录机等外设,它们需要通过一根 USB 电缆:一头用 B 系列插头接自己,另一头用 A 系列插头接到主机。AB 系列 USB 插座都是 4 芯,图 5.62 中信号定义如下:

- 1 为 $V_{BUS}$ 电源。
- 2 为 D－信号。
- 3 为 D＋信号。
- 4 为 GND 地。

(a) USB 接口标示图符　　(b) A 系列 USB 插座　　(c) B 系列 USB 插座

图 5.62　USB 接口

注意图中是按面向 USB 插座标出的引脚排列,对于 USB 插头各信号应该按其镜像排列。

$V_{BUS}$ 和地线给每个接到总线上的设备提供＋5V 不超过 100mA 的电源。也允许 USB 设备自带电源。两根双绞的数据线以差分方式传输,有利于提高可靠性。

**3. SPI 接口**

作为同步串行通信方式的一个举例,我们介绍一下 SPI(Serial Peripheral Interface,串行外围设备接口)。

SPI 总线是由 Motorola 公司首先推出的,主要用于以 CPU 为主器件,外设作为从属器件,在 CPU 的同步时钟信号作用下,数据按高位在前,低位在后进行同步串行传输。

SPI 接口信号总共有以下 4 个。

① MOSI:串行数据线,主器件输出/从器件输入。

② MISO:串行数据线,主器件输入/从器件输出。

③ SCK:同步时钟,由主器件产生送到总线,但从器件中只有 $\overline{SS}$ 有效的可以接受。

④ $\overline{SS}$:从器件使能,$\overline{SS}$ 为有效低电位的从器件接受时钟 SCK 参与同步传送。

数据线 MOSI 和 MISO 都是单向的,但它们同时工作为全双工通信提供可能。

同步时钟信号 SCK 由主器件编程提供,通过可编程分频系数选取 4 种不同频率。还可以编程"时钟极性"和"时钟相位"两个参数。时钟极性用以指定时钟的空闲状态为低电平或高电平,也就是说可以选择 SCK 正相输出还是反相输出。时钟相位指的是时钟在从空闲状态进入传送的第一个沿还是第二个沿开始采样数据。所谓第一个沿:若时钟的空闲状态为低电平则是上升沿;若时钟的空闲状态为高电平则是下降沿。所谓第二个沿则指时钟紧接着第一个沿后面出现的下一次跳变。传送双方的源器件要先把数据放到总线上,目标器件延迟半个时钟周期才采样,例如下降沿采样的话,也就同时设定了上升沿置数。每传一位数据都需要一个时钟信号的前后两个沿分别进行读写,传一个字节需要 8 个时钟周期完成。

$\overline{SS}$对于从器件相当于片选信号,在系统中有多个从器件的情况下,一般由主器件发出$\overline{SS}$信号选中某一个从器件,允许它接受同步时钟信号 SCK。其他从器件的$\overline{SS}$端是无效的高电位,不能接受时钟信号。

挂在 SPI 总线上的器件所有的 SCK(由主机产生)相连,所有的 MISO 相连,所有的 MOSI 也相连。即以上三个信号同名端相连。$\overline{SS}$信号用来选择从器件,用其他方法(如地址译码或单片机的其他端口线作线选等)产生,如果只有 1 个从器件甚至不用产生片选信号。所以有时也称 SPI 为三线同步串行总线。

图 5.63 是 SPI 总线数据传送的时序。其中图 5.63(a)表示时钟相位编程为在时钟的第一个沿采样数据的情况。不管是主器件还是从器件,对于互为反相的两种时钟信号,都是在时钟从空闲变为有效后的第一个沿开始采样数据、第二个沿发送数据。对于读从器件写主器件的情况,其中 MISO 的最高位是在从器件$\overline{SS}$有效时首先发送到总线的。图 5.63(b)表示时钟相位编程为在时钟的第二个沿采样数据、第一个沿发送数据的情况。

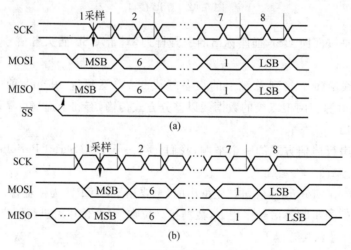

图 5.63　SPI 总线数据传送时序

# 5.7　直接存储器存取 DMA

## 5.7.1　DMA 控制器基本功能

DMA 是指外部设备直接和计算机存储器进行传送的 I/O 方式。这种方式下数据的

I/O 不需要 CPU 执行指令,也不经过 CPU 内部寄存器,而是利用系统的数据总线,由 DMA 控制器直接在外设和存储器之间进行读出、写入操作,可以达到极高的传送速率,因而越来越广泛地用于高速 I/O 设备的接口。

作为通用的可编程 DMA 控制器应具有以下功能:

① 可编程设定 DMA 的传输模式、所访问的内存地址及其字节数。

② 对 I/O 设备的 DMA 请求(DREQ)可编程进行屏蔽或允许,当有多个 I/O 设备同时请求时,还要进行优先级排队,首先接受最高级的请求。

③ 向 CPU 转达 DMA 请求,提出总线请求信号(HRQ)。

④ 接收 CPU 的总线响应信号(HLDA),并接管总线控制权。

⑤ 向被响应的 I/O 设备转达 DMA 允许信号 DACK。接着在 DMA 控制器的管理下,实现该 I/O 设备和由地址指定的存储器之间的数据直接传送。

⑥ 在传送过程中进行存储器的地址修改和字节计数。在传送完要求的字节数后,发出结束信号(EOP),撤销总线请求(HRQ),于是 CPU 收回总线的控制权,继续执行指令。

总结以上功能,DMA 控制器一方面可以接管总线,直接在 I/O 设备和存储器之间进行读写操作,就像 CPU 一样成为总线的主控器件,这是其有别于其他 I/O 控制器的根本不同之处;另一方面,作为一个可编程 I/O 器件,其 DMA 控制功能正是通过初始化编程来设置的。当 CPU 用 I/O 指令对 DMA 控制器写入或者读出时,它又和其他 I/O 电路一样成为总线的从属器件。

本节将以广泛使用的 DMA 控制器 Intel 8237 为例分析 DMA 的一般原理及工作过程,最后举例说明其使用方法。

## 5.7.2 可编程 DMA 控制器 Intel 8237

Intel 8237 是高性能的可编程 DMA 控制器,工作在 5MHz 时钟下的 8237A-5 传输速率可达 1.6MB/s。每片 8237 内部有 4 个独立的通道,每个通道的寻址及字节计数范围都可达 64KB。它们可以分时地为 4 个外部设备实现 DMA 操作,也可以同时使用其通道 0 和通道 1 实现存储器对存储器的直接传送,还可以用多片 8237 进行级联来扩展更多的 DMA 通道。

### 1. Intel 8237 的结构及引脚

(1) 8237 的结构

8237 每一通道内包含 4 个 16 位的寄存器,即基地址寄存器、基字节数计数器、当前地址寄存器和当前字节数计数器。它们决定了 DMA 访问的存储器地址及传输数据的字节数。每个通道内还有一个 6 位的模式寄存器,用来在初始化编程时选定通道的工作方式。

每片 8237 中,4 个通道还共用一个命令寄存器(8 位),一个状态寄存器(8 位)、一个屏蔽寄存器(4 位)和一个请求寄存器(4 位)等等。整个 8237 的内部寄存器如表 5.12 所示。

表 5.12 8237 内部寄存器

| 寄存器名称 | 位长 | 数量 | 寄存器名称 | 位长 | 数量 |
|---|---|---|---|---|---|
| 基地址寄存器 | 16 | 4 | 状态寄存器 | 8 | 1 |
| 基字节数计数器 | 16 | 4 | 命令寄存器 | 8 | 1 |
| 当前地址寄存器 | 16 | 4 | 临时寄存器 | 8 | 1 |
| 当前字节数计数器 | 16 | 4 | 模式寄存器 | 6 | 4 |
| 临时地址寄存器 | 16 | 1 | 屏蔽寄存器 | 4 | 1 |
| 临时字节数计数器 | 16 | 1 | 请求寄存器 | 4 | 1 |

(2) 8237 的引脚

8237 的引脚信号如图 5.64 所示。

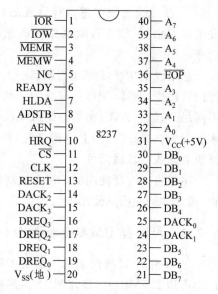

图 5.64 8237 的引脚

- CLK 输入,时钟信号。用来控制 8237 内部操作的时序及数据传输的速率,对于 8237A-5,可用 5MHz。

- $\overline{\text{CS}}$ 输入,片选信号,低电平有效。当 CPU 控制总线时,用这个信号来选中 8237 进行 I/O 读/写操作。

- RESET 输入,复位信号,高电平有效。复位后,除屏蔽寄存器被置 1(4 个通道全被屏蔽)外,其余所有寄存器都被清零。

- READY 输入,准备好信号,高电平有效。表示进入 DMA 的外部设备已准备好读写,否则在总线周期中要插入等待状态 SW。

- AEN 输出,DMA 地址允许信号,高电平有效。当 AEN 呈高电平时,允许 DMA 控制器送出地址信号而禁止 CPU 地址线接通系统总线;只有当 AEN 为低电平时,才允许 CPU 控制系统总线上的地址信号。

- ADSTB 输出,地址选通,高电平有效。8237 的数据线 $DB_7 \sim DB_0$ 供 DMA 地址信号 $A_{15} \sim A_8$ 分时使用,当 ADSTB 信号有效时,$DB_7 \sim DB_0$ 上出现的 DMA 地址高字节,被此信号选通进入外部锁存器(例如 LS373)。

- $\overline{\text{MEMR}}$ 输出,DMA 存储器读信号,低电位有效。读出的数据可以直接传送给外部设备。

- $\overline{\text{MEMW}}$ 输出,DMA 存储器写信号,低电平有效。写的数据可以直接来自外部设备。

- $\overline{\text{IOR}}$ 双向 I/O 读信号,低电平有效。当 8237 作为从属器件时,$\overline{\text{IOR}}$ 信号作为输入,配合片选信号 $\overline{\text{CS}}$,由 CPU 读 8237 内部寄存器。当 8237 作为主器件时,输出 $\overline{\text{IOR}}$ 信号,以读取外部设备的数据而写入存储器。

- $\overline{\text{IOW}}$ 双向 I/O 写信号,低电平有效。和 $\overline{\text{IOR}}$ 一样,其信号传输方向视 8237 在总线上的地位而定。
- $\overline{\text{EOP}}$ 双向,DMA 过程结束信号,低电平有效。若 8237 中任一通道进入 DMA 过程,当其字节计数结束时,即输出 $\overline{\text{EOP}}$ 有效。若 DMA 计数未完,但外部输入一个有效的 $\overline{\text{EOP}}$ 信号,则强制结束 DMA 过程。只要 $\overline{\text{EOP}}$ 信号有效就会复位内部寄存器。在系统主板上,$\overline{\text{EOP}}$ 输出经过反相后产生系统总线上的 T/C 信号。
- $DREQ_3 \sim DREQ_0$ 输入,I/O 设备对 8237 4 个通道分别提出的 DMA 请求信号,其有效极性可以编程设定。在固定优先权情况时,$DREQ_0$ 优先级最高,然后依次下降,$DREQ_3$ 最低。当多个通道同时申请时,8237 只能选择优先级最高的一个通道响应。DREQ 信号须保持到响应信号 DACK 有效以后才可撤销。在复位之后,DREQ 是高电平有效,在系统中 DREQ 也被编程为高电平有效。
- $DACK_3 \sim DACK_0$ 输出,8237 给外部的响应信号。其有效极性也可以编程设定,复位后规定低电平有效,在系统中也是低电平有效。
- HRQ 输出,8237 对 CPU 的总线请求信号,高电平有效。8237 接收了任何一个通道有效的 DREQ 请求之后,就会产生 HRQ 信号。
- HLDA 输入,CPU 回答 8237 的总线响应信号,高电平有效。

以上 4 种信号,以 8237 为中介,分别向微型计算机和向外部设备形成了两套握手信号。在一次 DMA 工作过程中,首先是外部设备向 8237 某一通道提出 DREQ,如果有效,则 8237 向 CPU 提出 HRQ。等 CPU 给 8237 发回响应 HLDA 后,8237 就给外设转发响应 DACK。此后 DMA 传送才开始。

- $DB_7 \sim DB_0$ 双向数据线。CPU 用其对 8237 内部寄存器进行读写。在 DMA 传送开始时,存储器地址的 $A_{15} \sim A_8$ 经过 $DB_7 \sim DB_0$ 线送出锁存。正常 DMA 传送的数据不进入 8237,仅在同时利用通道 0 和通道 1 进行存储器到存储器的传送时,从源存储单元读出的数据还要经过数据线进入 8237 内部暂存,然后再经数据线写入目的存储单元。
- $A_3 \sim A_0$ 双向地址线。CPU 输出的 $A_3 \sim A_0$ 用来选择 8237 内部寄存器访问。8237 输出的 $A_3 \sim A_0$ 是被读写的存储单元地址的最低 4 位。
- $A_7 \sim A_4$ 三态输出,在 DMA 传送时用来输出被读写存储单元地址的 $A_7 \sim A_4$。

**2. Intel 8237 的工作时序**

8237 的工作时序如图 5.65 所示。

为了区别于 CPU 的时钟周期,DMA 的每一个时钟周期称为一个 S 状态。

① $S_I$ 状态是空闲状态。在进入 DMA 传输之前,8237 一直处在连续的 $S_I$ 状态。这时 8237 作为从属器件,可以接受 CPU 的编程写或读。在 $S_I$ 状态中 8237 要不断地采样各 DREQ 信号。若有 DREQ 信号(一个或多个)产生,且经过屏蔽逻辑及优先级排队后仍有效,在 $S_I$ 的上升沿产生 HRQ 信号,向 CPU 发出总线请求,同时结束 $S_I$ 状态,进入 $S_0$ 状态。

② $S_0$ 状态中 8237 等待 CPU 的总线响应信号 HLDA,在 HLDA 信号有效之前,8237 一直重复 $S_0$ 状态。$S_0$ 状态中的 8237 还是从属器件,可以接收 CPU 的读写。在某个 $S_0$ 的上升沿检测到 HLDA 信号有效以后,则下一状态开始 $S_1$。真正的 DMA 传送是

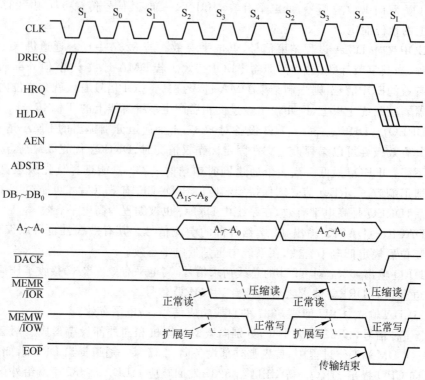

图 5.65　8237 的时序

从 $S_1$ 状态开始的。

③ $S_1$ 状态首先产生 AEN 信号,使 CPU 等其他总线器件的地址线和系统总线的地址线断开,而使 8237 的地址线接通。AEN 信号一旦产生后在整个 DMA 过程中一直有效。$S_1$ 状态还有一个作用是产生 DMA 地址选通信号 ADSTB,将 $DB_7 \sim DB_0$ 上送出的地址信号 $A_{15} \sim A_8$ 用 ADSTB 的下降沿锁存到外部锁存器中。考虑到在块传送方式中,相邻字节的高位地址往往是相同的。最极端的情况下,连续传送 256 字节,低位地址 $A_7 \sim A_0$ 计数产生进位,地址 $A_{15} \sim A_8$ 才变化一次。因此不必每次都用 ADSTB 信号将一个不变的 $A_{15} \sim A_8$ 重复锁存。这种情况下,连续下去的 DMA 时序中省去 $S_1$ 状态,不产生 ADSTB 信号,直接从 $S_2$ 状态开始,如图 5.65 中后一部分所示。

④ $S_2$ 状态中 8237 产生 DMA 响应信号 $\overline{DACK}$ 给外部设备。得到响应的外部设备,可用 $\overline{DACK}$ 信号实现 CPU 控制总线时片选信号的作用,使自己在整个 DMA 期间都处于选中状态,同时地址总线上出现所要访问的存储器地址 $A_{15} \sim A_0$。

⑤ $S_3$ 状态产生 $\overline{MEMR}$ 或 $\overline{IOR}$ 读信号,于是数据线 $DB_7 \sim DB_0$ 上出现被传送的字节。正常的读信号从 $S_3$ 状态一直持续到 $S_4$ 状态,以便使 $DB_7 \sim DB_0$ 上的数据稳定至 $S_4$ 状态写入目的电路。另有一种压缩读方式取消 $S_3$ 状态,读信号和写信号同时在 $S_4$ 状态时产生,适用于高速电路。相反若 DMA 传送数据的源或目的电路速度较慢,不能在 $S_3$、$S_4$ 两个状态完成数据读写,则可以将 8237 的准备好 Ready 端变低,使 $S_3$ 和 $S_4$ 之间插入等待状态 $S_W$ 直到准备好后,Ready 变高才结束 $S_W$ 进入 $S_4$ 状态。在系统中除通道 0 以外都固

定地插入一个 $S_W$。

⑥ $S_4$ 状态产生 $\overline{MEMW}$ 或 $\overline{IOW}$ 写信号,将 $DB_7 \sim DB_0$ 上的数据写入目的电路,写信号也可以提前到 $S_3$ 状态时产生,这就是所谓的扩展写(超前写)。若是块传输,则在 $S_4$ 结束后又进入 $S_1$(或 $S_2$),继续传输下一字节。若是单字节传输或是块传输的最后一个字节传输完成,则产生传输结束信号 $\overline{EOP}$,并撤销总线请求信号 HRQ 释放总线。外部输入的 $\overline{EOP}$ 信号强制 8237 在完成传输当前字节的 $S_4$ 后结束 DMA 过程。

综上所述,在进入 DMA 传输过程之后,传送一个字节一般需要 4 个 S 状态。各个状态的主要作用是:$S_1$ 产生 AEN 信号并锁存存储器地址 $A_{15} \sim A_8$;$S_2$ 产生 $\overline{DACK}$ 信号并送出存储器地址;$S_3$ 读数据;$S_4$ 写数据。在存储器地址 $A_{15} \sim A_8$ 不变的情况下可省去 $S_1$;压缩读数据可以推迟到 $S_4$ 中;超前写也可以提前到 $S_3$ 开始。在设备速度较慢的情况下,还可以在 $S_3$ 和 $S_4$ 之间插入 $S_W$。

**3. Intel 8237 的编程**

8237 的编程功能比较丰富,为了讲述方便,对某些主要的功能先作一些解释。

(1) 工作模式和操作类型

8237 的每个通道都有自己的模式寄存器。通过对模式寄存器写不同的内容,各通道可以独立地选择不同的工作模式和操作类型。

① 工作模式。在 DMA 传输时,每个通道有 4 种工作模式供选择。

- 单字节传输模式。每次 DMA 过程仅传送一个字节数据,然后当前地址寄存器加/减 1 修正,当前字节数计数器减 1。即使根据计数值判断并未完成预定的 DMA 传送字节数,也要撤销 HRQ 信号,退出 DMA 过程,对 CPU 交还总线控制权。即使 DREQ 信号持续有效,CPU 也要继续执行指令,一个总线周期后再次响应 DMA 请求,接着再传输下一个字节。这种 8237 和 CPU 轮流控制总线的过程一直进行到所要求的字节数全部传输完毕,发出 EOP 信号,才最终退出 DMA。虽然一片 8237 管理的多个 DREQ 信号有优先级的差别,但从图 5.65 的 8237 的时序中可以看出,8237 仅仅在空闲状态 $S_L$(CPU 控制总线)时,采样 DREQ 信号并进行优先级比较,一旦进入 DMA 过程,8237 只在 $S_1 \sim S_4$ 之间循环,不可能再对 DREQ 信号进行采样或优先级比较,即不会发生 DMA 嵌套。因此单字节传输模式的一个明显优点是系统总线不至于长时间陷入对某一个 DMA 通道的服务。尤其是某一优先级较低的通道传送的字节数较多时,CPU 可频繁地收回总线,使 8237 有机会对各 DREQ 信号重新作优先级排队,及时响应更高级的 DMA 请求。正因为如此,PC 系列中给用户提供的 DMA 通道只允许使用单字节传输模式。但即便是单字节传输模式,仍然比查询、中断等方式快很多。
- 块传输模式。取这种模式的 DMA 通道一旦开始传输,就一个字节接着一个字节地进行下去,直至传完预定数据块的字节数才交出系统总线。若需要提前结束其传输过程,可由外面输入一个有效的 $\overline{EOP}$ 信号来强制 8237 退出。显然这种模式的传输效率较高。
- 请求传输模式。这种模式也用于成块数据的传输,和上面的块传输模式相比,仅增加了一个功能,即可以通过撤销 DREQ 信号来打断传输过程。块传输模式下,请求信号 DREQ 保持到响应信号 DACK 有效之后即可撤销(参看 8237 的引脚一段),连续的 DMA 过程仍会进行下去。而在请求传输模式下,8237 每传送一个字节就要检查一下 DREQ 信号,若仍有效则继续传送下一字节,若 DREQ 无效则马上停止传送,退出 DMA。但传输工作的地址及字节计数值会保存在当前地址寄存器及当前字节数计数器中。等当前进行 DMA 的 I/O 设备重新准备好,再次发出 DREQ 信号,8237 接着原来的地址和计数值继续进行传输,直至计数结束或外部输入 $\overline{EOP}$ 信号,才停止传送,退出 DMA。请求传输模式允许 DMA 过程在单字节传输模式和块传输模式之间自动切换,增加了灵活性,降低了对 I/O 设备传输速度的要求:如果 I/O 设备速度足够快,则进行块传输;如果 I/O 设备速度较慢,则随时可以等一下。

- 级联模式。为了扩展 DMA 通道数,可以把一片主 8237 和几片从 8237 进行级联。每一片从 8237 的 HRQ 和 HLDA 信号接到主片的一对 DREQ 和 DACK 端上,而主片的 HRQ 和 HLDA 信号再接 CPU。这种情况下,各从片的每一通道可作 DMA 传输,而主片除了在从片和 CPU 之间传递握手信号,还管理各从片的优先级,称为工作在级联模式。

② 操作类型。无论是字节传输、块传输或请求传输,根据在传输过程中数据的流向,可以分为 3 种操作类型。

- DMA 读:8237 产生 $\overline{MEMR}$ 和 $\overline{IOW}$ 信号,从选中的存储器中读出数据写入 I/O 设备。
- DMA 写:8237 产生 $\overline{IOR}$ 和 $\overline{MEMW}$ 信号,从 I/O 设备读出数据写入选中的存储器里。
- DMA 校验:若 8237 被编程取这种操作类型,则在 DMA 启动后,对外部仍产生时序和地址信号,但所有读写控制信号无效,实际没有数据传输,不发生任何读写操作,仅仅用来校验电路工作是否正常。

8237 还可以编程实现数据从一个存储区域直接传到另一个存储区域,这要同时用到两个通道:通道 0 作 DMA 读,通道 1 作 DMA 写来共同完成。此过程没有外部设备参与,因此没有一个外部引入的 DREQ 信号来启动。于是需要对通道 0 写入一个软件 DREQ 请求命令(详见后述),产生 HRQ 信号启动 DMA 过程。通道 0 用当前地址寄存器的地址到源存储器区读出数据存入 8237 内部的暂存寄存器(不属于任何一个通道)中,然后通道 1 再将自己当前地址寄存器的值放到地址线上,发出 $\overline{MEMW}$ 信号,把数据从暂存寄存器中写入目的区。这个过程共需要 8 个 S 状态:前 4 个状态为 DMA 读,后 4 个状态为 DMA 写。其间两个通道的地址寄存器都进行修正(加 1 或减 1),通道 1 的字节数计数器控制传输数据块的长度。至所有字节传输完毕,产生 $\overline{EOP}$ 信号。同样也允许外部输入 $\overline{EOP}$ 信号来中止传输。

除对每个通道可以单独编程选择工作模式以外,还可以对整个芯片编程指定各通道共同的功能,例如对优先权及操作时序的选择。这是通过对 8237 的命令寄存器写入命令字来实现的,后面将作详细解释。

（2）内部寄存器的寻址

每片 8237 占用 16 个连续的 I/O 端口地址。在 CPU 用片选信号 $\overline{\text{CS}}$ 选中芯片的前提下,由地址信号 $A_3 \sim A_0$ 选择 8237 内部的一个端口,再用 $\overline{\text{IOR}}$ 信号或 $\overline{\text{IOW}}$ 信号决定是对某个内部寄存器读还是写。CPU 对这些寄存器的寻址情况如表 5.13 所示。

表 5.13  8237 寄存器的寻址

| $A_3$ $A_2$ $A_1$ $A_0$ | 通道号 | 读操作($\overline{\text{IOR}}$) | 写操作($\overline{\text{IOW}}$) |
|---|---|---|---|
| 0 0 0 0 | 0 | 读当前地址寄存器 | 写基(当前)地址寄存器 |
| 0 0 0 1 | | 读当前字节数计数器 | 写基(当前)字节数计数器 |
| 0 0 1 0 | 1 | 读当前地址寄存器 | 写基(当前)地址寄存器 |
| 0 0 1 1 | | 读当前字节数计数器 | 写基(当前)字节数计数器 |
| 0 1 0 0 | 2 | 读当前地址寄存器 | 写基(当前)地址寄存器 |
| 0 1 0 1 | | 读当前字节数计数器 | 写基(当前)字节数计数器 |
| 0 1 1 0 | 3 | 读当前地址寄存器 | 写基(当前)地址寄存器 |
| 0 1 1 1 | | 读当前字节数计数器 | 写基(当前)字节数计数器 |
| 1 0 0 0 | 公共 | 读状态寄存器 | 写命令寄存器 |
| 1 0 0 1 | | — | 写请求寄存器 |
| 1 0 1 0 | | — | 写屏蔽寄存器某一位 |
| 1 0 1 1 | | — | 写模式寄存器 |
| 1 1 0 0 | | — | 清除高/低触发器 |
| 1 1 0 1 | | 读暂存寄存器 | 主清除(软件复位) |
| 1 1 1 0 | | — | 清除屏蔽寄存器 |
| 1 1 1 1 | | — | 写屏蔽寄存器所有位 |

从表 5.13 中可见,前 8 个地址($A_3=0$)是各个通道单独占有的,每两个地址对应一个通道内部的 4 个寄存器(计数器):基地址寄存器和当前地址寄存器用同一个地址同时写入(但只有当前地址寄存器可以读出);基字节数计数器和当前字节数计数器也是用同一个地址同时写入(也只有当前字节数计数器可以读出)。由于这 4 个寄存器(计数器)是 16 位,而 8237 的数据线仅 8 位,所以对它们的读写要分高低字节连续操作两次。8237 内部有一个高/低触发器,每次复位后它处于 0 状态。这时对芯片作一次读写实际上是读写其低字节,同时高/低触发器翻转一次变成 1 状态。下次再作读写就针对高字节,而且高/低触发器又翻转成 0 状态,如此自动重复。用户还可以用后面将要讲到的软件命令使高/低触发器强制清零,重新从低字节开始对 16 位寄存器读写。

表中后 8 个地址($A_3=1$)是 4 个通道公共的,主要用以对 8237 写一些命令(称为软件命令),设定 8237 的某些工作状态。

（3）寄存器功能及编程

8237 各寄存器对其工作起不同的控制作用,在进行 DMA 传输前,必须对各寄存器写一定的内容,以得到所要求的功能。这就是所谓的初始化编程。初始化的内容可分为数值型和功能型两类。

每个通道将传输中将要访问的存储器的初始地址写入基地址寄存器和当前地址寄存

器(同时写入),还要把要求传输的字节数写入基字节数计数器和当前字节数计数器(也是同时写入),这就是初始化编程中的数值内容。如前所述,由于这些数值是双字节的,都要从高/低触发器为零状态起,先写入低字节,然后写入高字节。在 DMA 过程中,每传送一个字节,当前地址寄存器的内容要作加 1 或减 1(由模式寄存器而定)修正,当前字节数计数器要减 1。当前字节数计数器从初始值减到 0,还要再传输一个字节,又从 0 减到 FFFFH 时,才发出 EOP 信号结束 DMA 过程。因此初始化编程时把真正传输的字节数减 1 后再写到字节数计数器中。若编程时在通道的模式寄存器中设置了自动重置功能,当 EOP 信号产生时,将自动把基地址寄存器和基字节数计数器的内容再次置入当前地址寄存器和当前字节数计数器中,再次重复 DMA 传输。

功能编程的内容写到各功能寄存器中,下面逐一说明。

① 命令寄存器。8237 命令寄存器的功能如图 5.66 所示。$D_7 D_6$ 两位分别规定了 DACK 和 DREQ 两个信号的有效极性。$D_5 D_3$ 两位选择工作时序。$D_4$ 规定优先权编码方式。在存储器到存储器传输时,若 $D_1 = 1$,则允许将通道 1 指定的目的存储器一批单元的内容全传成通道 0 指定的源区某一单元内容。若 $D_2 = 1$ 则禁止本片电路工作。

一片 8237 只有一个命令寄存器,其内容对 4 个通道都有效。复位操作后,命令寄存器各位全清零。

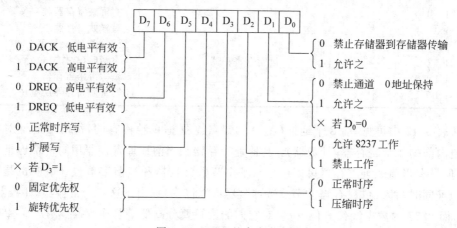

图 5.66  8237 的命令寄存器

② 模式寄存器。各通道的模式寄存器虽然只有 6 位,但写入的模式控制字仍是 8 位,其最低两位用来指定写入的通道号。因此原则上 4 个通道要写 4 个模式字。模式字各位的功能如图 5.67 所示。

其中 $D_7 D_6$ 设置了通道的工作模式,$D_3 D_2$ 规定了其操作类型,$D_5$ 指明每传输一个字节当前地址是作加 1 还是减 1。若 $D_4 = 1$,则当一次 DMA 过程结束,产生 $\overline{EOP}$ 信号时,两个基值寄存器的内容又自动重置到两个当前寄存器中。

③ 请求寄存器。每个通道设有一个请求位,可以用软件命令对其进行置位/复位操作,如图 5.68 所示。对请求位的置位等效于外部产生一个有效的 DREQ 信号,二者的优先级排队情况也一样。软件请求不受屏蔽寄存器控制,但它只能用于块传送方式。存储器到存储器的传送就只能用通道 0 的软件请求启动。一个通道的 DMA 结束时,其请求

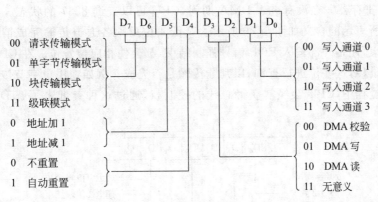

图 5.67　通道模式字

位被复位。整个芯片的复位操作清除全部请求寄存器。

④ 屏蔽寄存器。8237 内部有一个公共的屏蔽寄存器，当某位设置为 1 时，其外部对应的 DREQ 信号被屏蔽，不予响应。

表 5.13 中列出可用三个不同的地址操作屏蔽寄存器：一种是选择地址 $A_3A_2A_1A_0 = 1010B$，用如图 5.69(a)所示

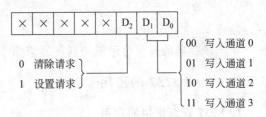

图 5.68　软件请求字

的屏蔽字对某一通道设置或清除屏蔽位。第二种方法是选择地址 $A_3A_2A_1A_0 = 1111B$，用如图 5.69(b)的屏蔽字同时写 4 个通道的屏蔽状态。第三种是选择地址 $A_3A_2A_1A_0 = 1110B$，对 8237 作一次写操作(虚拟写，没有电路接收数据总线上的数据)，则将清除屏蔽寄存器所有位(4 个通道全开放)。

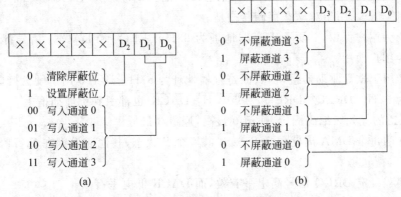

图 5.69　屏蔽字的两种格式

对芯片的复位操作将屏蔽所有通道。一般情况下，通道在一次 DMA 过程结束后($\overline{EOP}$)，就自动设置屏蔽位，若欲再次传输，必须用软件清除其屏蔽位才行。只有自动重置方式在每次 DMA 传输结束后不设置屏蔽，以便重置数值后继续传输。

⑤ 状态寄存器。在没有进入 DMA 期间,CPU 可以查询 8237 的状态。读入字节的各位为 1 时所表示的含义如图 5.70 所示。其低 4 位反映各通道传输完成情况。无论是正常计数结束,还是外部输入 EOP 信号强制结束,都会使相应位置位。在 CPU 控制总线的情况下,可以对这些位进行查询,以判断传输是否完成。例如在用单字节传输模式传送一批数据的过程中,CPU 会经常获得总线的控制权,通过这种查询来了解 DMA 进行的情况。

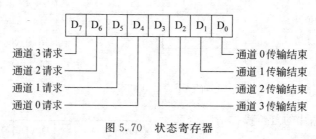

图 5.70  状态寄存器

状态寄存器的高 4 位记录当前各通道请求的情况,同样为 CPU 查询用。

### 5.7.3  Intel 8237 的应用

#### 1. 8237 在系统中的应用

IBM PC/XT 系统板上使用了一片 8237 作 DMA 控制器,其端口地址为 00～0FH。

8237 接管总线时,应能产生 20 位地址信号,除 8 位地址线 $A_7 \sim A_0$ 以外,其中 $A_{15} \sim A_8$ 由数据线 $DB_7 \sim DB_0$ 在 $S_2$ 状态分时送出,用外部锁存器锁存。最高 4 位地址 $A_{19} \sim A_{16}$ 由页面寄存器提供。页面寄存器也是 I/O 端口,它们的端口地址为 81～83H,其内容可用 OUT 指令提前写入,在 IBM PC/XT 系统中,它们只接收数据总线的低 4 位 $D_3 \sim D_0$。

通道 0 的 $DREQ_0$ 信号由计数定时电路 8253 的 $OUT_1$ 端产生,大约每隔 15.13$\mu$s 发出一次 DMA 请求,用于对动态存储器刷新。

通道 1 为用户保留,其页面寄存器地址为 83H,$DREQ_1$ 和 $DACK_1$ 信号都引至扩展插槽上可为用户使用。

通道 2 用于软盘驱动器接口,页面寄存器地址为 81H。通道 3 用于硬盘接口,页面寄存器地址为 82H。$DREQ_2$、$DREQ_3$ 和 $\overline{DACK_2}$、$\overline{DACK_3}$ 也都引到扩展插槽上。

4 个通道的优先级编码固定,通道 0 最高,通道 3 最低。

通道 0 的每个 DMA 周期包括 $S_1 \sim S_4$ 共 4 个 S 状态,其他通道都在 $S_3$ 和 $S_4$ 之间插入一个 $S_W$ 等待状态。

系统编程设定 DREQ 信号高电平有效,而 DACK 低电平有效。

#### 2. 应用举例

现假设用系统板上的 8237 通道 1,将内存起始地址为 80000H 的 300H 字节内容直接输出给外部设备。其编程可如下所示:

```
OUT   0CH,AL      ;清除高/低触发器
MOV   AL,0
```

```
        OUT    02,AL        ;写通道 1 低位地址 00
        OUT    02,AL        ;写通道 1 高位地址 00
        MOV    AL,8         ;页面地址为 8
        OUT    83H,AL       ;写入通道 1 页面寄存器
        MOV    AX,300H      ;传输字节数
        DEC    AX
        OUT    03,AL        ;写通道 1 字节数低位
        MOV    AL,AH
        OUT    03,AL        ;写通道 1 字节数高位
        MOV    AL,49H       ;通道 1 模式字:单字节读,地址加 1
        OUT    0BH,AL       ;写模式寄存器
        MOV    AL,40H       ;通道 1 命令字:DACK 和 DREQ 低有效,正常时序,
                            ;固定优先权
        OUT    08H,AL       ;写命令寄存器
        MOV    AL,01        ;屏蔽字,清除对通道 1 的屏蔽
        OUT    0AH,AL       ;写屏蔽寄存器
WAITF:  IN     AL,08        ;读状态寄存器
        AND    AL,02        ;通道 1 传输完成否
        JZ     WAITF        ;没完成则等待
        MOV    AL,05        ;完成后恢复对通道 1 的屏蔽
        OUT    0A,AL
        ⋮
```

　　程序运行前,通道 1 是被屏蔽的。程序完成对通道 1 的设置后,清除对通道 1 的屏蔽。于是外部接口发出 DREQ$_1$ 信号,进行 DMA 传送。程序通过读状态了解通道 1 的传送进程。到传送全部结束后,又恢复对通道 1 的屏蔽。

# 5.8　高档微机中的 I/O 接口电路

　　随着半导体器件制造技术的发展,微型计算机 I/O 接口电路的集成度越来越高,功能越来越强。原来多片单一功能的 I/O 接口电路,现在已可能做到一只超大规模集成芯片中。本节以 80X86 高档微型计算机系统中广泛使用的 82380 为例,简要说明一下多功能 I/O 接口电路的构成及各部分工作原理。

## 5.8.1　82380 的结构

　　82380 的功能框图如图 5.71 所示。从 I/O 功能上看,它包括了 DMA 控制器,中断控制器和定时器。除此之外,它还具有许多系统支援功能,如等待状态控制、DRAM 刷新控制及系统复位控制等。因此它又被称作集成系统外围支援器件(Integrated System Support Peripherals)。

　　82380 和 32 位 80X86 系统的接口比较简单,可以将其对应引线直接连到 CPU 总线上。一般情况下(例如每次系统复位后),82380 工作于从设备(slave)状态,作为系统总线

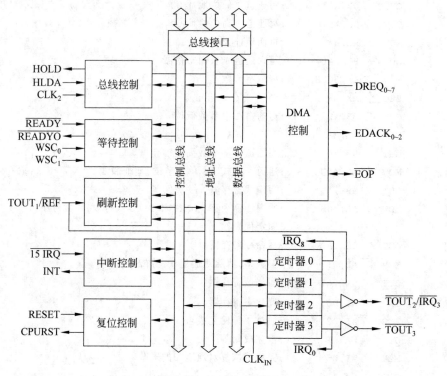

图 5.71　82380 功能框图

上的一个从属器件,接收 CPU 的控制。这时 82380 被当成一个 8 位的器件。当 CPU 对它写操作时,写字节通过数据总线的 $D_7 \sim D_0$ 或 $D_{15} \sim D_8$(由字节使能信号 $\overline{BE}_0 \sim \overline{BE}_3$ 决定,上划线表示信号低电位有效)进入 82380 中。当 CPU 对它读操作时,读出的字节数据将依次在数据总线 $D_7 \sim D_0$、$D_{15} \sim D_8$、$D_{23} \sim D_{16}$、$D_{31} \sim D_{24}$ 上重复出现 4 次。若进入 DMA 过程,82380 将成为主器件而接管系统总线,这时它和 CPU 一样,成为 32 位的器件。

下面逐一说明 82380 的 DMA 控制、中断管理及定时功能。

### 5.8.2　82380 的 DMA 功能

82380 内部有一个 8 通道的 32 位 DMA 控制器,可以实现内存与内存之间、外部设备与外部设备之间以及内存与外部设备之间的直接传送。传送的数据可以是字节、字或双字的任意组合。传送中遇到未对准(misaligned)的字或双字,还可以分解和重新组合。传送的源和目的地址可以加 1、减 1 或保持不变。其地址寄存器为 32 位,最高能覆盖 4GB 的物理地址空间。其字节计数器有 24 位,最多可连续传送 16MB。

现结合有关控制信号说明一下 DMA 的工作原理。

① $DREQ_7 \sim DREQ_0$:外部 DMA 请求的输入信号。当这 8 条线上产生有效的请求时,首先进行优先级排队,找到最高级者响应。响应过程中,$EDACK_2 \sim EDACK_0$ 3 条线输出一个 3 位的二进制码表示目前正在服务的通道编号。

② HOLD:82380 传给 CPU 的总线请求信号。HLDA 是 CPU 回答的总线响应信

号,82380 收到此信号后,即可接管系统总线。在整个 DMA 过程中,这一对信号始终保持有效。

③ $\overline{\text{EOP}}$:DMA 过程结束时产生的一个双向信号。82380 首先输出一个 $\overline{\text{EOP}}$ 信号通知正在 DMA 传送的通道,其 DMA 过程即将结束。对 82380 输入的 $\overline{\text{EOP}}$ 信号则强制结束 DMA 过程。

### 5.8.3　82380 的中断功能

82380 的中断控制器相当于包含三片 8259A 电路,分别称作为中断层(Bank)A、中断层 B 和中断层 C。这三层串接起来产生一个总的中断请求信号 INT,接至 CPU 的 INTR 输入。它共有 5 个内部中断请求及 15 个外部中断请求输入端 $\overline{\text{IRQ}}$。每个外部中断请求端又可以扩展接一片 8259A 作为从片。因此最多可以管理 $15 \times 8 = 120$ 个外部中断请求信号。

同一片 82380 的每个中断请求都可独立设置中断类型号,而不像 8259A 同一片的各个中断类型号一定连续,另一方面,当外接 8259A 作为从片时,在中断响应周期里,从片的编码不是如 5.3.2 小节所说的由 $\text{CAS}_2 \sim \text{CAS}_0$ 引线送入,而是通过数据线 $D_7 \sim D_0$ 传输。除此两点以外,每一层的中断控制器和单片的 8259A 无大差别。

15 个外部中断请求输入端的编号是 $\overline{\text{IRQ}}_3$、$\overline{\text{IRQ}}_9$、$\overline{\text{IRQ}}_{11} \sim \overline{\text{IRQ}}_{23}$。其中 $\overline{\text{IRQ}}_3$ 和 $\overline{\text{IRQ}}_9$ 有双重功能。

$\overline{\text{IRQ}}_3$ 和定时器 2 的输出 $\overline{\text{TOUT}}_2$ 接到一起引出片外。所以这条引线或者仅作为 $\overline{\text{IRQ}}_3$ 输入,或者仅作 $\overline{\text{TOUT}}_2$ 输出,或者是用 $\overline{\text{TOUT}}_2$ 来产生 $\overline{\text{IRQ}}_3$ 请求。

$\overline{\text{IRQ}}_9$ 也可用作 DMA 控制的输入请求 $\text{DREQ}_4$。

5 个内部中断请求的情况如下:

- $\overline{\text{IRQ}}_8$ 接计数器 $0$,$\overline{\text{IRQ}}_0$ 接计数器 3。由这两个计数器的输出端 TOUT 上升沿触发中断请求信号。
- $\overline{\text{IRQ}}_1$ 和 $\overline{\text{IRQ}}_4$ 用于内部的 DMA 控制。当 DMA 中基地址寄存器没有赋值时则产生 DMA 连锁中断请求 $\overline{\text{IRQ}}_1$。而当软件 DMA 请求被清除后则产生 DMA 终止计数中断请求 $\overline{\text{IRQ}}_4$。
- $\overline{\text{IRQ}}_{1.5}$ 是 82380 内中断层 A 比其他中断层添加的一个中断请求输入。由于它的中断优先级低于 $\overline{\text{IRQ}}_1$ 而高于 $\overline{\text{IRQ}}_2$,故称为 $\overline{\text{IRQ}}_{1.5}$。当对中断控制器 A、B、C 三层中任何一层写入一个初始化命令字 $\text{ICW}_2$ 时,即产生 $\text{IRQ}_{1.5}$ 中断,故称之为 $\text{ICW}_2$ 写入中断请求。还值得一提的是既不算外部中断请求又不算内部中断请求的 $\overline{\text{IRQ}}_7$,它实际上是一种容错处理。若因为某种错误触发了中断,CPU 进入中断响应周期后却又无法找到任何一个有效的中断请求,中断控制电路就自动产生 $\overline{\text{IRQ}}_7$ 中断矢量。

### 5.8.4　82380 的定时器

82380 内部有 4 个 16 位可编程间隔定时器,编号 $0 \sim 3$。每个定时器的功能与单片

8253 类似。4 个定时器共用时钟信号 $CLK_{IN}$。各定时器作用如下:

- 定时器 0 输出信号的上升沿产生中断请求 $\overline{IRQ}_8$。在系统中,定时器 0 常用作 24 小时的时钟。
- 定时器 1 用作 DRAM 刷新控制。其输出端 $\overline{TOUT}_1$ 的上升沿到刷新控制电路产生刷新请求信号。
- 定时器 2 的输出端 $\overline{TOUT}_2$ 和中断请求线 $\overline{IRQ}_3$ 相联引出。当它作为定时器输出时可驱动扬声器发声。
- 定时器 3 一方面在 82380 内部产生 $\overline{IRQ}_0$ 中断请求,另一方面通过 $\overline{TOUT}_3$ 引出作为一个通用的外部信号。

# 习 题 5

**题 5-1**  什么叫 I/O 端口? 典型的 I/O 接口电路包括哪几类 I/O 端口?

**题 5-2**  计算机 I/O 端口编址有几种不同方式? 简述各自的主要优缺点。

**题 5-3**  用简洁的语言叙述直接存储器访问(DMA)方式的本质特征。

**题 5-4**  在 8086/8088 CPU 执行指令过程中,4 个系统总线控制信号 $\overline{MEMR}$、$\overline{MEMW}$、$\overline{IOR}$ 和 $\overline{IOW}$ 在一个总线周期内可能一个以上同时有效吗? 在 DMA 传送过程中又有可能吗? 请说明原因。

**题 5-5**  PC/XT 主板上的 I/O 地址译码电路如题图 5.1 所示。根据此图回答下列问题。

1. 控制信号 AEN 的名称是什么? $\overline{AEN}$ 在此起什么作用?

2. 若用户自己开发的 I/O 接口选用 I/O 地址为 400H 会产生什么问题?

3. 说明信号 $\overline{IOW}$ 在此处的作用。

**题 5-6**  80X86 系统输入/输出接口如题图 5.2 所示。$\overline{Y}_{230H}$ 是 I/O 地址译码输出信号,当系统总线上的 I/O 地址为 230H 时,译码输出有效的低电平。$\overline{IOR}$、$\overline{IOW}$ 是低电平有效的系统控制总线信号,$DB_0$ 是系统数据总线的最低位。现 CPU 连续执行了下列指令:

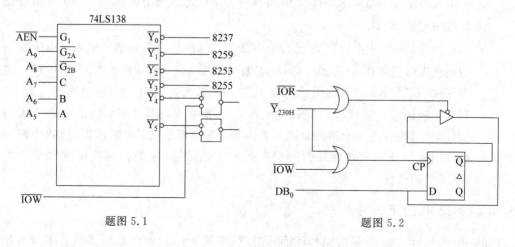

题图 5.1                                题图 5.2

```
MOV     DX,230H
XOR     AL,AL
NOT     AL
OUT     DX,AL
IN      AL,DX
```

1. 执行上面的 OUT 指令时,图中 $\overline{IOR}$ 和 $\overline{IOW}$ 哪个有效? $DB_0 = ?$

2. 请具体分析全部指令执行后,AL 的最低位 $D_0 = ?$

**题 5-7**　80X86 CPU 在中断发生时首先要获得中断类型号,有几种获得中断类型号的方法? 请分别举例说明。

**题 5-8**　若当前 CPU 正在对某一外部中断请求 IRQm 服务,而外部又有两个外部中断请求信号 IRQn 和 IRQi 同时有效,试说明 IRQi 的请求马上得到响应的条件是什么($0 \leqslant (m、n、i) \leqslant 7$)?

**题 5-9**　PC/XT 从 00020H 开始的一段内存地址及其内容对应如下所列(十六进制数):

地址(H):20,21,22,23,24,25,26,27,28,29,2A,2B

内容(H):3C,00,86,0E,45,00,88,0E,26,00,8E,0E

1. 外部可屏蔽中断 $IRQ_2$ 的中断矢(向)量地址是多少?

2. $IRQ_2$ 的中断服务程序入口地址是多少,用物理地址回答。

**题 5-10**　80X86 CPU 每一次中断响应发出两个响应信号 INTA 各起什么作用?

**题 5-11**　若用户要使用系统的 $IRQ_7$,其中断服务程序入口地址为 2000:0100H,如何安装中断矢量(不包括保护原矢量)。

**题 5-12**　可编程计数/定时电路 8253 的控制字可以设定一种"数值锁存操作"。这种操作有何必要?

**题 5-13**　可编程计数器 8253 的级联是何意思,什么时候会用到级联?

**题 5-14**　8253 的片选信号如题图 5.3 连接。

1. 列出 8253 内各计数器及控制字寄存器的一组地址。

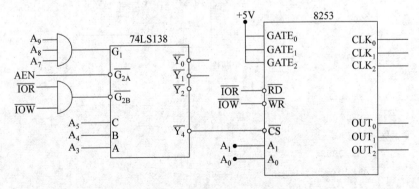

题图 5.3

2. 现有 1MHz 方波,欲利用这片 8253 产生 1KHz 方波。请简单说明如何实现(说明利用的计数器、工作方式及计数初值),并写出对 8253 编程的有关内容。

**题 5-15**　举例说明计算机异步串行通信中奇偶校验的原理。

**题 5-16**　如果都采用最少接线方案,RS-232、RS-485、USB、SPI 接口各需要几根连接线? 简单叙述一下各自的特点是什么。

**题 5-17**　从下列各小题中选择正确答案。

1. 8255 在 RESET 复位以后:

① A、B、C 三个端口全置成输出方式。

② 三个端口全置成输入方式。

③ 三个端口方式不定,待用方式控制字设定。

2. 初始化编程时,欲将 8255A 口设置成方式 1 输入、B 口设置成方式 0 输出:

① 应对 A、B、C 三个端口各写一个字节的控制字。

② 对 A 组、B 组各写一个字节的控制字。

③ 三个端口合写一个控制字。

**题 5-18**　现有一片 8255A 如题图 5.4 连接,设其在系统中所分配的 I/O 地址为 200~203H,开关 $K_0 \sim K_3$ 闭合,其余开路,执行完下列程序之后,请指出:

1. A 口和 B 口各工作于什么方式? 各是输入还是输出?

2. 指出各个发光二极管 LED 的发光状态?

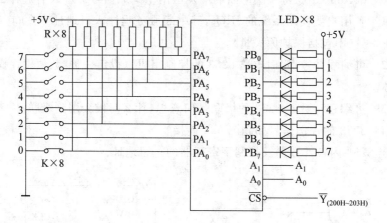

题图 5.4

```
MOV      AL,99H
MOV      DX,203H
OUT      DX,AL
MOV      DX,200H
IN       AL,DX
XOR      AL,0FH
MOV      DX,201H
OUT      DX,AL
```

**题 5-19**　从下列各小题中选择正确答案。

在 DMA 传送过程中,地址总线上出现的是:

① 被访问的一个存储单元的地址。

② 被访问的一个 I/O 端口地址。

③ 分时出现被访问的存储单元地址和 I/O 端口地址。

# 第 6 章

# 模拟量输入输出

模拟量的输入、输出通道是微型计算机与控制对象之间的一种重要接口,也是实现工业过程控制的重要组成部分。

在许多工业生产过程中,参与测量和控制的物理量,往往是连续变化的模拟量,如电流、电压、温度、压力、位移、速度和流量等。为了利用计算机实现对工业生产过程的监测和自动调节、控制,必须将连续变化的模拟量转换成计算机所能接受的信号。这就是模拟量输入通道的作用。

另一方面,为了实现对生产过程的控制,有时需要输出模拟信号,去驱动模拟调节执行机构工作,这就需要通过模拟量输出通道完成此任务。

## 6.1 模拟量的输入与输出通道

模拟量输入、输出通道的结构框图如图 6.1 所示。图中虚线框 1 为模拟量输入通道,虚线框 2 为模拟量输出通道。

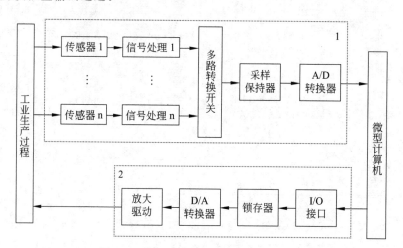

图 6.1 模拟量输入、输出通道结构框图

### 6.1.1 模拟量输入通道的组成

典型的模拟量输入通道由以下几部分组成:

**1. 传感器**

能够把生产过程的非电物理量转换成电量(电流或电压)的器件,被称为传感器(Transducer)。例如,热电耦能够把温度这个物理量转换成几毫伏或几十毫伏的电信号,因此可作为温度传感器。有些传感器不是直接输出电量,而是把电阻值、电容值或电感值的变化作为输出量,反映相应的物理量变化,例如热电阻也可作为温度传感器。

在工业过程控制中,为了避免低电平模拟信号给信号处理环节带来麻烦,一些研究部门和生产厂家已研究生产出各种变送器,将传感器输出的微弱电信号或电阻值等非电量转换成 0~10mA 或 4~20mA 的统一电流信号或 0~5V 的电压信号,这些变送器有如温度变送器、压力变送器和流量变送器等。现场的物理量(温度、压力和流量等)通过这些变送器很容易与模/数(Analog to Digit,A/D)转换器相联系。

在工业过程控制或发电厂、变电站中,有些电量,如电压、电流等电信号均为强电信号,不能直接输入至 A/D 转换器,必须经过电压或电流互感器,转换成弱电信号。这些互感器,可认为是广义的传感器。

**2. 信号处理环节**

通常 A/D 转换器的输入有以下几种电压等级:双极性为 0~±2.5V、0~±5V、0~±10V;单极性为 0~5V、0~10V、0~20V 等。而不同的传感器的输出电信号各不相同,因此需要经过信号处理环节,将传感器输出的信号放大或处理成与 A/D 转换器所要求的输入相适应的电压水平。

另一方面,传感器与现场信号相连接,处于恶劣工作环境,其输出叠加有干扰信号。因此信号处理包括有低通滤波电路,以滤去干扰信号。通常可采用 RC 低通滤波电路,也可采用由运算放大器构成的有源滤波电路,可以取得更好的滤波效果。

**3. 多路转换开关**

生产过程中,要监测或控制的模拟量往往不止一个,尤其是数据采集系统中,需要采集的模拟量一般比较多。对于这些模拟信号的采集,为了节约投资,可以用多路模拟开关(Multiplexer),使多个模拟信号共用一个 A/D 转换器进行采样和转换。

**4. 采样保持器**

在 A/D 进行转换期间,保持输入信号不变的电路称采样保持电路。由于输入模拟信号是连续变化的。而 A/D 转换器要完成一次转换是需要时间的,这段时间称为转换时间。不同类型的 A/D 转换芯片,其转换时间不同。对变化较快的模拟输入信号来说,如果不采取措施,将会引起转换误差。显然,A/D 转换器的转换时间越长,对同样频率的模拟信号的转换精度的影响就越大。为了保证转换精度,可采用采样保持器(Sample Holder),使得在 A/D 转换期间,保持采样输入信号的大小不变。

**5. A/D 转换器**

这是模拟量输入通道的核心环节。其作用是将模拟输入量转换成数字量,以便由计算机读取,进行分析处理。

## 6.1.2　模拟量输出通道的组成

计算机输出的信号是以数字的形式给出的,而有的执行元件要求提供模拟的电流或电压,故必须采用模拟量输出通道来实现。它的作用是把计算机输出的数字量转换成模拟量,这个任务主要是由数/模(D/A,Digit to Analog)转换器来完成。由于 D/A 转换器需要一定的转换时间,在转换期间,输入待转换的数字量应该保持不变,而计算机输出的数据,在数据总线上稳定的时间很短,因此在计算机与 D/A 转换器间必须用锁存器来保持数字量的稳定。经过 D/A 转换器得到的模拟信号,一般要经过低通滤波器,使其输出波形平滑。同时为了能驱动受控设备,可以采用功率放大器作为模拟量输出的驱动电路。对于模拟量输出通道,同样可以利用"一对多"的多路转换器,共享一个 D/A 转换器,实现对多个外设的控制。

## 6.2　D/A 转换器

### 6.2.1　D/A 转换器的工作原理

D/A 转换器的作用是将二进制的数字量转换为相应的模拟量。D/A 转换器的主要部件是电阻开关网络,其主要网络形式为权电阻网络和 R-2R 梯形电阻网络,下面介绍其基本的工作原理。

**1. 权电阻网络和运算放大器构成的 D/A 转换器**

众所周知,简单的运算放大电路,当放大器的放大倍数足够大时,其输出电压 $V_o$ 和输入电压 $V_i$ 的关系如下:

$$V_o = -\frac{R_f}{R}V_i \tag{6.1}$$

上式中,$R_f$ 为运放电路的反馈电阻,$R$ 为输入端输入电阻。

若输入端有 $n$ 个支路,则输入和输出的关系可表示如下:

$$V_o = -R_f \sum_{i=0}^{n-1} \frac{1}{R_i}V_i \tag{6.2}$$

若运算放大器的输入电路可以是权电阻网络,如图 6.2 所示。

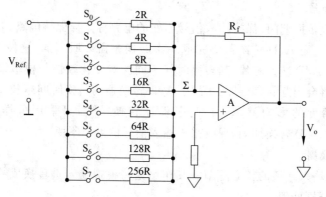

图 6.2　权电阻输入网络

权电阻网络即是每一位的电阻值为 $2^i R$($i$ 为该电阻所在的位数)。若每一位电阻都由一个开关 $S_i$ 控制,当 $S_i$ 合上时该位的 $D_i = 1$,$S_i$ 断开时 $D_i = 0$,则可得输出模拟电压

$V_o$ 与输入电压的关系为：

$$V_o = -R_f \sum_{\lambda=0}^{7} \frac{1}{2^i R} D_i V_{Ref} \tag{6.3}$$

式(6.3)中，$V_{Ref}$ 为基准电压，可以看出：

① 所有开关 $S_i$ 断开时，$V_o = 0$。

② 所有开关 $S_i$ 合上时，输出 $V_o$ 为最大，即 $V_o = -\frac{255}{256} V_{Ref}$。

如果用一个 8 位二进制代码，分别控制图 6.2 中 8 个开关 $S_i$，当 $i$ 位的二进制码为 1 时，使 $i$ 位的开关 $S_i$ 合上；若 $i$ 位的二进制码为 0 时，相当于该位的 $S_i$ 开关断开，即该位对 $V_o$ 无影响，这就可组成简单的 8 位 D/A 转换器。

由此可见，D/A 转换器的转换精度与基准电压 $V_{Ref}$ 的精度、权电阻和电子开关 $S_i$ 的精度及位数有关。显然，位数越多，转换精度越高，但同时所需的权电阻的种类越多。由于在集成电路中制造高阻值的精密电阻十分困难，因此常用 R-2R"T 型"电阻网络代替权电阻网络，构成 D/A 转换器。

**2. T 型电阻网络和运放构成的 D/A 转换器**

图 6.3 是简化了的 R-2R 梯形电阻网络原理图。由于这种电阻网络只用两种阻值组成，用集成工艺生产比较容易，精度也容易保证，因此应用比较广泛。

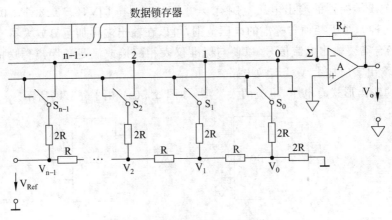

图 6.3　R-2R 梯形电阻网络

在图 6.3 中，各位开关的状态由数据锁存器的对应位所决定。如果第 $i$ 位数据锁存器为 1，则相应的该位开关接至求和点 $\Sigma$，它将增加电流 $I_i = V_i/2R$；如果数据锁存器该位为 0，则相应的该位开关接地，它将不增加电流。设 $V_i$ 为交点处的电压，其中 $V_i = 1/2 V_{i+1} = (1/2)^2 V_{i+2} = \cdots$。

将开关接求和点的所有各路的电流累加，并将该电流经过运算放大器转换为电压 $V_o$，则

$$V_o = \frac{-D}{2^8} \cdot \frac{R_f}{R} \cdot V_{Ref} = \frac{-D}{256} \cdot \frac{R_f}{R} \cdot V_{Ref} \tag{6.4}$$

可见，输出电压正比于输入数字量 $D$，而幅度大小可通过选择基准电压 $V_{Ref}$ 和 $R_f/R$

的比值来调整。

　　假如要求输出双极性电压，即 $D_7$ 位为符号位，与 0 电压对应的二进制数码为 10000000B，相当于 0～0FFH 的一半，这时，在运算放大器的求和点设置相应的偏置即可。

　　由上述可知，电阻开关网络是构成 D/A 转换器的主要部件，但在具体电路中，还需要附加其他环节才能完成 D/A 转换。实际的 D/A 转换电路的原理框图如图 6.4 所示。

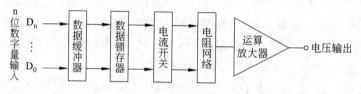

图 6.4　D/A 转换器原理框图

　　首先将需要转换的数字量($D_n$～$D_0$)通过数据缓冲器送至数据锁存器，并保持到新的数据存入。锁存器的输出接到电流开关(也称模拟开关)，把数码信号的高、低电平变成相应的开关状态。电流开关的电流信号通过电阻网络进行加"权"，合成一个与输入数据等效的模拟电流信号。为了增强驱动能力，还需经过运算放大器放大并变换成电压信号，才能输出。

　　通常 D/A 转换器的输出电压范围有 0～+5V,0～+10V,0～±2.5V,0～±5V 和 0～±10V 几种。对于某种非标准的电压范围，可以在输出端再加运算放大器来调整。

　　有些场合需要输出电流信号，以便与标准仪表相配接或满足长距离传送的要求。此时，在电压输出端应加上 V/I 转换电路。

　　D/A 的输出形式有电压、电流两大类型，如图 6.5(a)和图 6.5(b)所示。

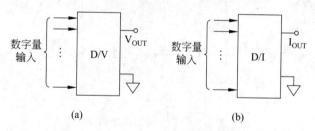

图 6.5　D/A 转换器输出的两种形式

　　电压输出型的 D/A 转换器相当于一个电压源，内电阻较小，选用这种芯片时，与它匹配的负载电阻应较大，输出一般为 0～5V 或 0～10V。

　　电流输出的 D/A 转换器，相当于电流源，内阻较大，选用这种芯片时，负载电阻不可太大。

　　在实际应用中，常选用电流输出型的芯片来实现电压输出。现介绍两种常用的电压输出的线路(采用电流型芯片实现电压输出)，如图 6.6 所示。

　　图 6.6(a)是反相电压输出，其输出电压 $V_{OUT} = -iR$；图 6.6(b)是同相电压输出，输出电压 $V_{OUT} = iR(1+R_2/R_1)$。

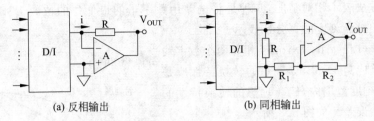

(a) 反相输出　　　　　　　　　　　　(b) 同相输出

图 6.6　电流型 D/A 连接成电压输出方式

在许多应用场合,不仅要求单极性输出,如图 6.6 所示,其电压通常为 $0 \sim +5V$ 或 $0 \sim +10V$;有时还需要双极性输出,如 $\pm 5V$、$\pm 10V$。图 6.7 给出将 D/A 芯片连接成双极性的输出电路,供读者参考。

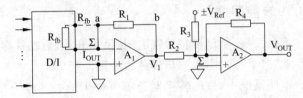

图 6.7　D/A 转换器双极性输出连接电路

图 6.7 中,$R_4 = R_3 = 2R_2$,输出电压与参考电压及第一运放输出 $V_1$ 的关系是:

$$V_{OUT} = -(2V_1 \pm V_{Ref}) \tag{6.5}$$

$V_{Ref}$ 是芯片的电源电压或参考电压,它的极性可正可负。对于有内部反馈电阻 $R_{fb}$ 的芯片,有时 $R_1$ 可以不要,即将 a、b 两端短接并连接到芯片的反馈电阻的引出脚 $R_{fb}$ 即可。

## 6.2.2　D/A 转换器的主要技术参数

分辨率(Resolution):是 D/A 转换器对微小输入量变化的敏感程度的描述,通常用数字量的位数来表示,如 8 位、10 位、12 位、16 位、20 位等。对一个分辨率为 $n$ 位的转换器,能够分辨满刻度的 $2^{-n}$ 输入信号。

建立时间(Settling Time):指 D/A 转换器加上满刻度的变化(如全 0 变为全 1)时,其输出达到稳定(一般稳定到与 $\pm 1/2$ LSB(最低有效位)值相当的模拟量范围内)所需的时间。一般为几十毫微秒到几微秒。

输出电平(Output Voltage):不同型号的 D/A 转换器的输出电平相差较大。一般电压型的 D/A 转换器输出为 $0 \sim 5V$ 或 $0 \sim 10V$。电流型的 D/A 转换器,输出电流为几毫安至几安。

绝对精度(Absolute Accuracy):对应于给定的满刻度数字量,D/A 实际输出与理论值之间的误差。该误差是由于 D/A 的增益误差、零点误差和噪声等引起的。一般应低于 $2^{-(n+1)}$ 或 $\frac{1}{2}$ LSB。

相对精度(Relative Accuracy):在满刻度已校准的情况下,在整个刻度范围内对应于任一数码的模拟量输出与理论值之差。对于线性的 D/A 转换器,相对精度就是非线性度。有两种方法表示相对精度,一种是将偏差用数字量的最低位的位数 LSB 表示;一种是用该偏差相对满刻度的百分比表示。

线性误差(Linearity Error):相邻两个数字输入量之间的差应是 1LSB,即理想的转换特性应是线性的,在满刻度范围内,偏离理想的转换特性的最大值称线性误差。如图 6.8 所示。

温度系数(Temperature Coefficients):在规定的范围内,相应于每变化 1℃,增益、线性度、零点及偏移(对双极性 D/A)等参数的变化量。温度系数直接影响转换精度。

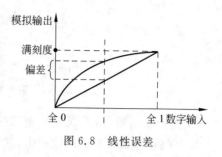

图 6.8 线性误差

## 6.2.3 典型的 D/A 转换器芯片

随着集成电路技术的发展,早已可将精密电阻、模拟开关、数据锁存器,甚至包括基准电源和运算放大器集成在同一芯片上,可与多种微处理器接口。

在数字模拟混合电路系统中,数模转换器是不可缺少的关键电子元器件。随着通信事业、多媒体技术和数字化设备的飞速发展,以及高新技术领域数字化进程的不断加快,对数据转换器的性能要求越来越高,促使制造商研制出许多新结构、新工艺和各种特殊用途的数模转换器 D/A;D/A 转换器性能上也有了很大的变化,正朝着低功耗、高速度、高分辨率和各种特殊用途的方向发展。高性能数模转换器是当今混合信号集成电路发展重点,高速 D/A 的应用领域主要有:数字化仪器,包括波形重建和任意波形发生器;直接数字合成(DDS),包括接收器本机振荡器、调频无线电设备、通信系统、正交调制(QAM)系统和雷达系统;图形显示系统,包括失量扫描和光栅扫描等。

当今,集成的 D/A 芯片的种类很多,按分辨率分有 8 位、10 位、12 位、14 位、16 位、20 位等;生产的厂家也不少,如美国国家半导体公司(NS)的 D/A 芯片有 DAC 系列的 8 位芯片 DAC0832、12 位的 DAC1210、20 位的 DAC1220 等。美国模拟器件公司(Analog Devices)的 AD 系列芯片,如 8 位的 AD558、16 位的 AD7848、AD7532 等。美国 MAXIM 公司生产的 MAX5741 是 10 位 4 通道的串行 D/A 芯片,MAX5631 是 16 位 32 通道采样保持 D/A 转换器等。

下面介绍几种常用的集成电路 D/A 芯片。

**1. DAC1210**

DAC1210 是美国国家半导体公司生产的 12 位 D/A 转换器芯片,是智能化仪表中常用的一种高性能的 D/A 转换器。DAC1210 是 24 引脚的双列直插式芯片,其内部逻辑结构如图 6.9 所示。由图 6.9 可见,DAC1210 具有 12 位的数据输入端,且其 12 位数据输入寄存器由一个 8 位的输入寄存器和一个 4 位的输入寄存器组成。两个输入寄存器的输入允许控制都要求 $\overline{CS}$ 和 $\overline{WR_1}$ 为低电平,但 8 位输入寄存器的数据输入还要求 $B_1/\overline{B_2}$ 端为高电平。

(1) DAC1210 引脚功能

DAC1210 的引脚已标注在图 6.9 虚线框附近,现介绍其引脚功能。

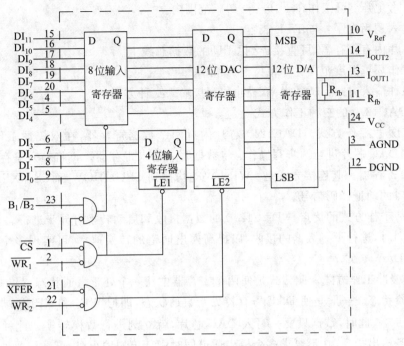

图 6.9　DAC1210 逻辑结构框图

- $\overline{CS}$：片选信号,低电平有效。
- $\overline{WR_1}$：写控制信号 1,低电平有效。此信号为高电平时,两个输入寄存器都不接收新数据。当此信号有效时,与 $B_1/\overline{B_2}$ 配合起控制作用。
- AGND：模拟地。
- $DI_{11} \sim DI_0$：12 位数字量输入。
- $V_{Ref}$：参考电压。
- $R_{fb}$：外部放大器的反馈电阻接线端。
- DGND：数字地。
- $I_{OUT1}$：D/A 电流输出端 1。
- $I_{OUT2}$：D/A 电流输出端 2。
- $\overline{XFER}$ 数据转换控制信号,低电平有效,与 $\overline{WR_2}$ 配合使用。
- $\overline{WR_2}$ 写控制信号 2,低电平有效。此信号有效时,$\overline{XFER}$ 信号才起作用。
- $B_1/\overline{B_2}$ 字节控制。此端为高电平时,12 位数字同时送入输入锁存器。此端为低电平时,只将 12 位数字量的低 4 位送到 4 位输入寄存器中。

(2) DAC1210 的主要技术参数

- 输入：12 位数字量。
- 输出：模拟量电流 $I_{OUT1}$ 和 $I_{OUT2}$。
- 电流稳定时间：$1\mu s$。
- 功耗：20mW。
- 工作电压：单一 $+5 \sim +15V$ 电源。

- 参考电压：可工作在 $+10\sim-10$V 范围内。
- 输入逻辑电平：与 TTL 兼容。
- 芯片内有锁存器，可直接连到 CPU 的数据总线上。
- 工作环境温度范围：$-40℃\sim+85℃$。
- 三种输入方式：双缓冲、单缓冲和直接输入三种方式。

（3）DAC1210 的三种工作方式

① 双缓冲工作方式。DAC1210 芯片内有两个数据寄存器，在双缓冲工作方式下，CPU 要对 DAC 芯片进行两步写操作：将数据写入输入寄存器。再将输入寄存器的内容写入 DAC 寄存器。其连接方式是：$\overline{WR_1}$、$\overline{WR_2}$ 均接到 CPU 的 $\overline{IOW}$，而 $\overline{CS}$ 和 $\overline{XFER}$ 分别接到两个端口的地址译码信号。

双缓冲工作方式的优点是 DAC1210 的数据接收和启动转换可异步进行。可以在 D/A 转换的同时，进行下一数据的接收，以提高模出通道的转换速率，可实现多个模出通道同时进行 D/A 转换。

② 单缓冲工作方式。此方式是使两个寄存器中任一个处于直通状态，另一个工作于受控锁存器状态。一般是使 DAC 寄存器处于直通状态，即把 $WR_2$ 和 XFER 端都接数字地，使 $\overline{LE_2}=0$。此时，数据只要一写入 DAC 芯片，就立刻进行数模转换。此种工作方式可减少一条输出指令，在不要求多个模出通道同时刷新模拟输出时，可采用此种方式。

③ 直通工作方式。将 $\overline{CS}$、$\overline{WR_1}$、$\overline{WR_2}$ 和 $\overline{XFER}$ 引脚都直接接数字地，芯片即处于直通状态。此时，8 位数字量一旦到达 $DI_7\sim DI_0$ 输入端，就立即进行 D/A 转换而输出。但在此种方式下，DAC1210 不能直接和 CPU 的数据总线相连接，故很少采用。

## 2. MAX5631 D/A 转换器

MAX5631 是美国 MAXIM 公司生产的一种 32 通道高精度采样保持 D/A 转换器。MAX5631 能提供最大 $200\mu$V 的分辨率和 $0.015\%$FSR 的高精度转换，其输出电压范围为 $-4.5$V$\sim 9.2$V，并具有宽工作温度范围以及串行接口灵活等特点，适用于处理大量模拟数据输出的场合。

（1）引脚说明

MAX5631 的引脚排列图如图 6.10 所示。该器件共有 64 个引脚，大致可分成 5 类。

① 电源类：图 6.10 中第 4 脚为 D/A 数模转换器的 $+5$V 供电电源，第 9 脚为 $+5$V 逻辑电源，第 14 脚为 $+5$V 采样保持电源，16,32,46 脚为负电源，17,39,48 脚为正电源，13 脚为数字地，15,25,40,55,62 脚为模拟地，63 脚为电压参考输入。

② 控制类：第 5 脚 RST 为复位输入，6 脚 $\overline{CS}$ 为片选输入，10 脚 $I_{MMED}$ 为立即更新模式，18,33,49 脚（CL）为输出钳位电压低位，31,47,64 脚（CH）为输出钳位电压高位。

③ 时钟类：11 脚 ECLK 为外部时序时钟输入，12 脚 CLKSEL 为时钟选择输入。

④ 串行接口类：7 脚 DIN 为串行数据输入，8 脚 SCLK 为串行时钟输入。

⑤ 输出类：该类引脚主要有 OUT0~OUT31 共 32 个输出端。

（2）MAX5631 的功能结构和工作模式

MAX5631 的内部结构框图如图 6.11 所示。它内部含一个 16 位 DAC、一个带内部时钟的时序控制器、一个 $16\times 32$ 的片内 RAM 以及 32 路采样保持放大器。其中 DAC 电

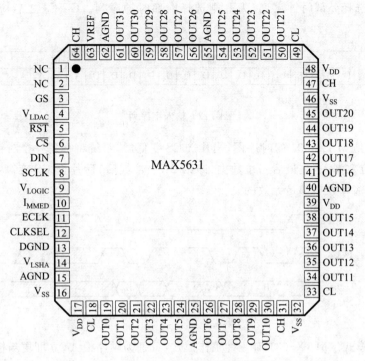

图 6.10 MAX5631 的引脚排列图

路由两部分组成：在 16 位 DAC 中，高 4 位可通过 15 个同值电阻组成的权电阻网络来完成相应的转换；其余位的转换则由一个 12 位 R-2R 梯形网络来完成。其 32 路带缓冲的采样保持电路通过内部保持电容来使输出压降维持在每秒 1mV 的范围内，不需要配置外部增益和偏置电路。

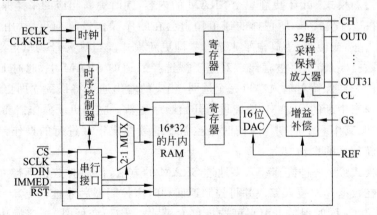

图 6.11 MAX5631 的内部结构图

① 输入字及转换时序。

MAX5631 的转换过程是先从串行数据端 DIN 送进要转换的 16 位数据 $D_{15} \sim D_0$（高位在前，低位在后），然后送进 4 位地址 $A_3 \sim A_0$（用这 4 位地址编码来选择输出的通道号），地址的后两位是控制字 $C_1$ 和 $C_0$，其中 $C_1$ 为 1 为立即更新模式，为 0 则为猝发模式；

$C_0$ 为 1 表示选择外部时钟序列,为 0 则选择内部时钟序列。$C_1$、$C_0$ 之后应补一位 0,如图 6.12 所示。

| 数 据 | | | | | | | | | | | | | | | | 地 址 | | | | 控 制 | | |
|---|---|---|---|---|---|---|---|---|---|---|---|---|---|---|---|---|---|---|---|---|---|---|
| $D_{15}$ | $D_{14}$ | $D_{13}$ | $D_{12}$ | $D_{11}$ | $D_{10}$ | $D_9$ | $D_8$ | $D_7$ | $D_6$ | $D_5$ | $D_4$ | $D_3$ | $D_2$ | $D_1$ | $D_0$ | $A_3$ | $A_2$ | $A_1$ | $A_0$ | $C_1$ | $C_0$ | 0 |

MSB                                                           LSB

图 6.12 输入字序列

图 6.13 是 MAX5631 的时序图,当片选 CS 变低后,系统将在每一个时钟 SCLK 的上升沿送进一位数据,送完最后一位数据(即第 24 个数据后)后片选 CS 变高,而当 $\overline{\text{CS}}$ 为高电平时,任何输入数据都是无效的。

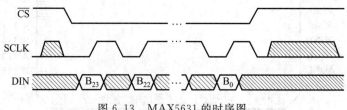

图 6.13 MAX5631 的时序图

② 工作模式。MAX5631 有三种工作模式,分别为顺序模式、立即更新模式和猝发模式。下面分别介绍此三种工作模式。

- 顺序模式为默认工作模式:在顺序工作模式下,内部时序控制器按顺序循环访问 SRAM,并将对应的数字量装入 DAC,同时更新相应的采样保持器。所以,在采用内部顺序控制时钟时,顺序工作模式下更新 32 路输出的时间为 $320\mu s$,而当采用外部顺序控制时钟时,整个更新过程需要 128 个时钟周期。

- 立即更新模式:用于更新单个 SRAM 的内容,同时更新相应的采样保持放大器输出。在这种模式下,所选择的通道输出会在顺序操作恢复前更新,用户可以通过设置 $I_{MMED}$ 或使 $C_1$ 为高电平来选择立即更新模式。当片选 $\overline{\text{CS}}$ 为低电平时,原访问顺序被打断,输入字被存储在对应于被选择通道的 SRAM 中,此时 DAC 转换和相应的采样保持对输入串口完全透明,相应的输出通道将得到立即更新。时序将回到原来中断的 SRAM,地址重新开始顺序更新。立即更新操作需要占用两个时序周期,其中一个周期用来使时序控制器继续完成正在进行的操作,另一个用来进行新数据的更新。

- 猝发模式:是一种高速装入多地址 SRAM 的方法,但此时数据不被立即更新,而只有在数据猝发装入完成并将控制返回到时序控制器后才进行更新,用户通过将 $I_{MMED}$ 和 $C_1$ 同时保持低电平可选择猝发模式。当 $\overline{\text{CS}}$ 变低时,顺序操作被中断,可以给相应的 SRAM 中装入数据;而当 $\overline{\text{CS}}$ 变高时,顺序操作从中断的地方重新开始,各通道按原顺序依次更新数据。猝发操作后,一般需要一个时序循环才能再次读取串口数据以保证所有通道均被猝发数据更新。

### 6.2.4　D/A 转换器与微处理器的接口

D/A 转换器与微处理器间的信号连接包括三部分,即数据线、控制线和地址线。微处理器的输出数据要传送给 D/A 转换器,首先要把数据总线的输出信号连接到数/模转换器的数据输入端。微处理器因要进行各种信息的处理,其数据总线上的数据总是不断的变化,输出给 D/A 转换器的数据,只是在执行输出指令的几微秒中出现在数据总线上。而 D/A 转换器要求数字量并行输入,且其输入数据要在一定时间内保持稳定,以满足准确度要求。因此微处理器数据总线上输出的数据必须用一个锁存装置锁存起来,这个锁存装置就是 D/A 转换器与 CPU 的数据接口。

对于 8 位 D/A 转换器,简单的连接方法是通过 8 位数据锁存器(如 8D 锁存器 74LS273)与 8 位微处理器的总线相连。锁存器的写入/锁存由地址译码器的输出与 CPU 的 WR 信号和总线信号 IOW 共同控制。只要 CPU 对 DR 端口进行一次写操作,即执行 OUT、$\overline{DR}$、AL 指令,则 CPU 的输出数据便锁存至 8D 锁存器,作为 D/A 的输入数据。

当 D/A 转换器分辨率大于 8 位时,与 8 位微处理器的接口就需要采取适当措施。例如,对一个 12 位的 D/A 转换器,可以分成低 8 位和高 4 位。首先把低 8 位数送低 8 位锁存器,然后再把高 4 位送另一锁存器。分两次传送 12 位数字量,D/A 转换器的输出就有一个中间值,这是不允许的。为了消除这个中间值,必须使 D/A 转换器的所有输入位同时接收信息。值得提出的是,有些 D/A 转换器芯片内部具有数据锁存器,如 AD558、DAC0832 和 DAC1210 等。选用这类芯片与 CPU 接口,可以不需要外加数据锁存器,这样可使接口电路简单化,但仍要有相应的控制逻辑,现举例如下。

(1) DAC1210 与微处理器的接口

图 6.14 给出了 DAC1210 与 IBM PC 标准总线的连接图。DAC1210 的 12 位数据线与 8 位数据总线相连接时,可将 DAC1210 输入数据线的高 8 位 $DI_{11} \sim DI_4$ 与 IBM PC 的数据总线 $DB_7 \sim DB_0$ 相连;而其低 4 位 $DI_3 \sim DI_0$ 也接至 IBM PC 数据总线的 $DB_7 \sim DB_4$ 上,12 位的数据输入应由两次写入操作完成。图 6.14 中,设 DAC1210 占用了 0250～0252H 三个端口地址,为使两次数据输入端口地址是先偶(0250H)后奇(0251H),与编程习惯一致,将 $AB_0$ 地址线经反相驱动器接至 $B_1/\overline{B_2}$ 端。由于 DAC1210 中的 4 位寄存器的 $LE_1$ 端只受 $\overline{CS}$ 和 $WR_1$ 控制,而其 8 位输入寄存器也受 $\overline{CS}$ 和 $\overline{WR_1}$ 控制(如图 6.10 所示),故两次写入操作均使 4 位寄存器的内容更新。因此正确的操作步骤是:先使 $B_1/\overline{B_2}$ 端为高电平,先写入高 8 位寄存器;再使 $B_1/\overline{B_2}$ 端为低电平,以保护 8 位寄存器已写入的内容,同时进行第二次写入操作。虽然第一次写入操作时,4 位寄存器中也写入某个值,但第二次写入操作后,此值便被更改为所需值。

下面的程序段为图 6.14 中完成一次转换输出的程序。

```
;设 BX 寄存器中低 12 位为待转换的数字量
START: MOV DX, 0250H ；DAC1210 的基地址
       MOV CL, 04
       SHL BX, CL    ；BX 中的 12 位数左移 4 位
       MOV AL, BH    ；高 8 位数→AL
```

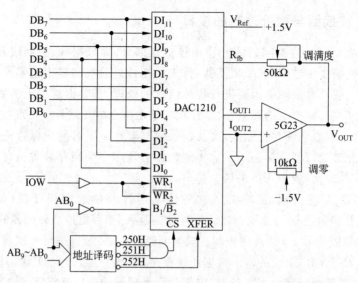

图 6.14    DAC1210 与 8 位微处理器的连接

```
OUT DX, AL      ;写入高 8 位
INC DX          ;修改 DAC1210 端口地址
MOV AL, BL      ;低 4 位数→AL
OUT DX, AL      ;写入低 4 位
INC DX          ;修改 DAC1210 端口地址
OUT DX, AL      ;启动 D/A 转换
INT3            ;设置断点
```

(2) MAX5631 与单片机的接口

MAX5631 与单片机 AT89C51 的接口电路如图 6.15 所示。片选 $\overline{CS}$ 可控制 MAX5631 是否被选中,$\overline{CS}$ 为低后,所有的转换开始有效,DIN 为串行数据输入,SCLK 为外部时钟输入,$I_{MMED}$ 为模式选择,该脚为高或者控制字 $C_1$ 为高表示选择立即更新模式;当 $I_{MMED}$ 和 $C_1$ 同时为低表示选择猝发模式,在所给出的硬件连接图中,这两种模式可通过单片机 AT89C51 的 P1.4 的控制加以选择,如果已经固定选择了某一模式,也可以将该脚直接接地或接电源。CLKSEL 为时钟选择端,当 $C_0$ 或者该脚为高电平时,系统选择外部时钟模式,此时内部时钟模式将被关闭,硬件连接图 6.15 为外部时钟模式,ECLK 为外部时钟模式控制引脚,可用于控制外部时钟。$\overline{RST}$ 为输入复位端。

程序设计:

下面是针对图 6.15 硬件连接电路给出相应的 C 语言程序,其中单片机晶振频率为 11.0592Hz,设计时,首先送入 24 个输入字,其中前 16 位是要转换 16 位数(用第一个循环实现输入数据),后 8 位是过地址选择的输出数据通道号。

```
max5631(unsigned int Data,unsigned char Chan)
{
Unsigned char BitCounterData=16, BitCoun
Chan=8;                                          //位数控制
```

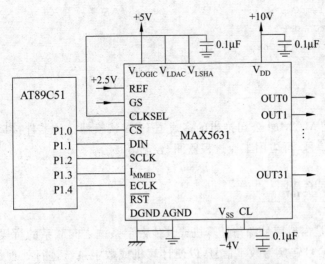

图 6.15　MAX5631 与 AT89C51 的硬件连接图

```
unsignedcharTempChan;                    // 中间临时通道号
unsignedintTempData;                     // 中间临时变量
TempData=Data;
TempChan=Chan;
TempChan<<=3;
TempChan &=0xfffe;

SCL=0;                                   // 时钟线为低电平
SCS=0;                                   // 片选为低电平
do{
  SCL=0;
  _nop_();
  if((TempData & 0x8000)==0x8000)        // 如果最高位是 1
  SDA=1;
  else
    SDA=0;                               // 数据线为低电平
  SCL=1;
  TempData=TempData<<1;                  // 左移
  BitCounterData--;
  } while(BitCounterData);
do{
  SCL=0;
  _nop_();
  if((TempChan0x0080)==0x0080)           // 如果最高位是 1
  SDA=1;
  else
    SDA=0;
  SCL=1;
```

```
TempChan=TempChan<<1;                    // 左移
BitCounterChan--;
}while(BitCounterChan);
SCL=0;
SCS=1;
}
```

MAX5631 是 MAXIM 公司推出的多通道 D/A 转换器。该器件接口简单,特别适用于控制多路模拟信号,可应用工业过程监测、控制等场合。

# 6.3　A/D 转换器

A/D 转换器是模拟信号源与计算机或其他数字系统之间联系的桥梁,它的任务是将连续变化的模拟信号转换为数字信号,以便计算机或数字系统进行处理、存储、控制和显示。在工业控制和数据采集领域中,A/D 转换器是不可缺少的重要组成部分。

当今 A/D 转换器的应用已渗透到军用、民用领域的各种不同电子系统,而不同应用场合对 A/D 转换器的性能要求相差很大。近年来,随着微电子技术向深亚微米的方向发展,数字电路性能不断提高,因此在信号传输和处理领域,数字技术获得了广泛应用,这些领域包括数字电话、卫星通信、雷达、显示、医疗成像、数字电视和数码相机等,这就为模/数转换器的应用提供了更广阔的空间,也对其性能提出了越来越高的要求。总的需求趋势是要求A/D 转换器向高性能、高系统集成、低功耗、小体积、低价格等方向发展,尤其是航空、航天应用的 A/D 转换器更是如此。许多电子系统要求超高速 A/D 转换器能达到 GSPS 以上的采样速率,动态范围至少 14 位。表 6.1 为典型应用领域对 A/D 转换器主要性能的要求。

表 6.1　典型应用领域对 A/D 转换器主要性能的要求

| 应用领域 | 主要性能的要求 |
|---|---|
| 数码相机 | 10~14 位分辨率,速率 15~40MSPS |
| 数字电视 | 8~12 位分辨率,速率 40~80MSPS |
| 数字示波器 | >8 位分辨率,速率 100MSPS |
| 扫描仪 | 10~16 位分辨率,速率 5~20MSPS |

## 6.3.1　A/D 转换器的工作原理

应用的需求就是 A/D 转换器的发展目标,A/D 转换器正随着不同的应用场合和要求,选择相应的电路原理、结构和最适合的工艺技术发展。不同的结构侧重于不同的应用,有的侧重于高速度,有的侧重于高精度,还有的侧重于低功耗。因此,目前 A/D 转换器的种类繁多,其中比较有代表性的有中低速的逐次逼近型(Successive Approximation)、Σ-Δ 调制型(Sigma-delta)、积分型(Integal),高速的有闪烁型(Flash)、两步型(Two-Step Flash)、流水线型(Pipelined)、内插(Interpolating)型、折叠(Folding)型和时间交织型(Time-Interleaved)等各种结构。下面简单介绍几种常用的 A/D 转换器的工作原理。

### 1. 逐次逼近型 A/D 转换器

逐次逼近型(Successive Approximation)也称逐位比较式的 A/D 转换器,其原理框图如图 6.16 所示,主要由逐次逼近寄存器 SAR、D/A 转换器、比较器以及时序和控制逻辑等部分组成。它的实质是逐次把设定的 SAR 寄存器中的数字量,经 D/A 转换后得到的电压 $V_c$,与待转换的模拟电压 $V_x$ 进行比较。比较时,先从 SAR 的最高位开始,逐次确定各位的数码应是 1 还是 0,其工作过程如下:

转换前,先将 SAR 寄存器各位清 0。转换开始时,控制逻辑电路先设定 SAR 寄存器的最高位为 1,其余位为 0,此试探值经 D/A 转换成电压 $V_c$,然后将 $V_c$ 与模拟输入电压 $V_x$ 比较。如果 $V_x \geqslant V_c$,说明 SAR 最高位的 1 应予保留;如果 $V_x < V_c$,说明 SAR 该位应予清 0。然后再对 SAR 寄存器的次高位置 1,依上述方法进行 D/A 转换和比较。如此重复上述过程,直至确定 SAR 寄存器的最低位为止。过程结束后,状态线改变状态,表明已完成一次转换。最后,逐次逼近寄存器 SAR 中的内容就是与输入模拟量 $V_x$ 相对应的二进制数字量。显然 A/D 转换器的位数 $n$ 决定于 SAR 的位数和 D/A 的位数。图 6.16 表示 4 位 A/D 转换器的逐次逼近过程。转换结果能否准确逼近模拟信号,主要取决于 SAR 和 D/A 的位数。位数越多,越能准确逼近模拟量,但转换所需的时间也越长。

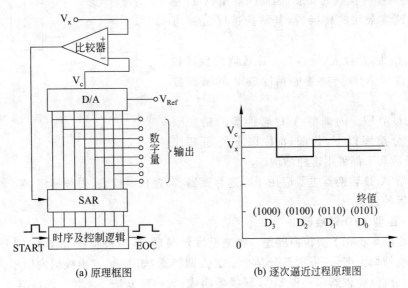

(a) 原理框图　　　　　　　　(b) 逐次逼近过程原理图

图 6.16　逐次逼近式 A/D 转换

逐次逼近型 A/D 转换器的特点如下。

① 结构简单,面积小,功耗较低、精度高。曾是采样率 1MHz 以内的 A/D 转换器应用最普遍的一种电路结构。目前该结构的产品已发展到 12 位,4MSPS 和 16 位,2.5MSPS 水平;分辨率最高可达 18 位。

② 转换时间固定,转换速率为中速水平。一个时钟周期内只能完成一位转换,对于 $N$ 位分辨率的转换器,需要 $N$ 个时钟周期才能完成转换,故其转换时间为几微秒~几百微秒。

逐次逼近型 A/D 转换器应用最广泛,适用于高精度仪表以及中等速度的数据采集和测量系统。生产的厂家也较多,例如,AD 公司的 AD574A 芯片,分辨率为 12 位,转换时间为 $25\sim35\mu s$;TI 公司的 ADS8381 芯片,分辨率为 18 位,转换速率为 580KSPS;ADI 公司的 AD7621 芯片,分辨率为 16 位,转换速率为 3MSPS 等。

### 2. 闪烁型 A/D 转换器

闪烁型(Flash)A/D 转换器也称全并行 A/D 转换器,其原理结构如图 6.17 所示,对于 $n$ 位的 A/D 转换器,它由 $2^n-1$ 个比较器和 $2^n$ 个高精度电阻及基准电压源 $V_{ref}$ 组成。电阻网络分压输出 $2^n-1$ 个基准电压,输入的模拟信号 $V_{in}$ 分别与这些电压比较,若高于基准电压则输出 1,低于基准电压则输出 0,这就是量化的结果,经比较器量化输出的结果为温度计码的形式,再经过译码电路转换为 $n$ 位二进制编码的形式,由输出寄存器输出。

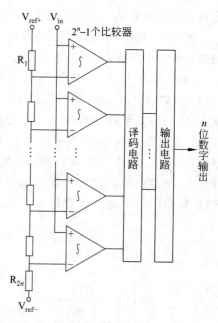

闪烁型 A/D 转换器的主要特点如下。

① 速度快。由于不用逐次比较,对于 $n$ 位转换器,只需转换一次就能完成,因此闪烁型 A/D 是目前转换速度最快的转换器,其转换速度最高可达 1.6GHz。

② 面积大,功耗大,成本高。比较器的数目和电阻的数目与 A/D 转换器的精度成 2 的幂指数关系。

③ 精度有限。闪烁型 A/D 转换器的精度限制在 9 位分辨率以下,目前,8 位以下的超高速 A/D 转换器几乎都采用这种结构。

图 6.17  闪烁型 A/D 转换器结构框图

闪烁型 A/D 转换器主要应用于高速存储器、高速仪器仪表、射频通信、光纤通信等需要高速转换的设备中。

### 3. Σ-Δ 型 A/D 转换器

Σ-Δ(Sigma-delta)型转换器是一种高精度转换器,其原理框图如图 6.18 所示,可分为数字和模拟两大部分。模拟部分是一个 Σ-Δ 调制器,如图 6.18 虚线框内所示,由采样保持电路、积分器、比较器和一位 D/A 转换器组成;数字部分是一个数字滤波器。

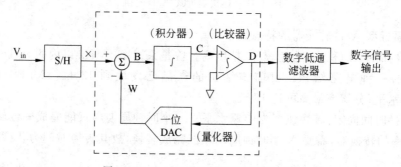

图 6.18  Σ-Δ 型 A/D 转换器组成框图

Σ-Δ 型模数转换器的工作原理简单的讲,可分以下两部分。

(1) 模拟信号的数字化

模拟信号的数字化在 Σ-Δ 调制器完成,其量化过程是:输入信号 X 与反馈信号 W 反相求和,得到量化的误差信号 B,经积分器积分,输出的信号 C 输入至量化器进行量化,得到由 0 和 1 组成的数字序列 D,数字序列 D 又经过一位的数模转换器(DAC)反馈至求和节点,形成闭合的反馈环路。这里的量化器实际上是一个比较器。反馈环路将强迫输出数字系列 D 对应的模拟平均值等于输入信号的采样 X 的平均值。由于 Σ-Δ 调制器是以远大于奈奎斯特频率的速度进行采样和量化,这时的数字输出系列 D 就是它对应的数字转换结果。

(2) 量化噪声的处理

任何模数转换器,量化噪声引入的误差是制约其转换精度的主要原因之一。Σ-Δ 模数转换器对量化噪声的处理是由数字低通滤波器完成的,其作用是实现低通滤波和减取样的功能,它滤除大部分经过 Σ-Δ 调制器整形后的量化噪声,并对一位一位的数据位流进行减取样,得到最终的量化结果。

Σ-Δ 型 A/D 转换器的主要特点如下:

① Σ-Δ 型模数转换器属于过采样转换器中的一种,它通过采样以时间换取精度,是目前精度最高的一种转换器,大多设计为 16 位或 24 位分辨率。

② 具有高分辨率,高性价比和低功耗等优点。主要应用于高精度仪器、直流和低频信号的测量中,对低电平传感器直接数字化和语音频带中的应用优势明显。

③ 集成化的数字滤波,与 DSP 技术兼容,便于实现系统集成。

Σ-Δ 调制电路结构,不仅适用于高分辨率低中速 A/D 转换器设计,而且正向高分辨率高速设计方向发展;不仅适用于音频,也正向视频应用方向发展。

**4. 积分型 A/D 转换器**

积分型(Integal)模数转换器,也是应用广泛的转换器类型之一。有单积分型和双积分型两种,其中双积分型应用较为广泛,其原理框图如图 6.19 所示。它由一个带有输入切换开关的模拟积分器、一个比较器和一个计数器构成。积分器对输入电压在固定时间间隔内($T_0$)积分;时间到后将计数器复位并将积分器输入连接到反极性(负)的参考电压,在反极性信号作用下,积分器被"反向积分"(放电),同时计数器对固定频率的时钟脉冲进行计数,直到输出回到零,并使计数器终止,积分器复位,这时计数器的值反映反向积分的时间($T_1$)。在正向积分时间 $T_0$ 固定的情况下,反向积分的时间 $T_1$ 正比于输入电压。

由于介绍积分型 A/D 转换器原理的相关书籍和资料较多,故本书不做详细介绍。

积分型 A/D 转换器的主要特点如下:

① 对器件的精确匹配程度要求不高,精度可以做得很高。

② 具有强的压抑制高噪声和固定的低频干扰(如 50Hz 或 60Hz)的能力。

③ 采样速度和带宽都非常低,属慢速的 A/D 转换器,转换时间为毫秒级。

适用于低速的数字仪表,尤其对恶劣工业环境而对转换速度要求不高的场合更有用。

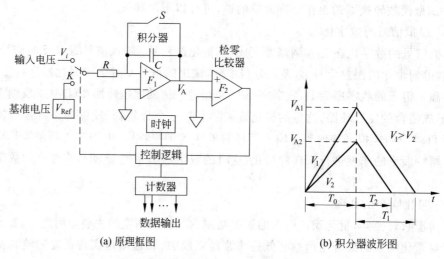

(a) 原理框图                    (b) 积分器波形图

图 6.19  双积分型 A/D 的工作原理

如前所述,A/D 转换器的种类繁多,本书只介绍了几种常用的典型结构,对于高速高分辨率的 A/D 转换器,普遍采用流水线电路结构。两步型的 A/D 转换器芯片具有速度高,面积小,功耗低等特点,主要用于无线通信、雷达、视频信号采集等领域。

### 6.3.2  A/D 转换器的主要技术性能

**1. 分辨率**

分辨率反映 A/D 转换器对输入微小变化响应的能力,通常用数字输出最低位(LSB)所对应的模拟输入的电平值表示。例如,8 位 A/D 转换器能对模入满量程的 $\frac{1}{2^8}=\frac{1}{256}$ 的增量作出反应。$n$ 位 A/D 能反应 $1/2^n$ 满量程的模入电平。由于分辨率直接与转换器的位数有关,所以一般也可简单地用数字量的位数来表示分辨率,即 $n$ 位二进制数,最低位所具有的权值,就是它的分辨率。表 6.2 列出几种位数与分辨率的关系。

表 6.2  位数与分辨率的关系

| 满量程<br>位  数 | 分辨率(分数) | % |
|---|---|---|
| 4 | $1/2^4 = 1/16$ | 6.25 |
| 8 | $1/2^8 = 1/256$ | 0.39 |
| 10 | $1/2^{10} = 1/1024$ | 0.098 |
| 12 | $1/2^{12} = 1/4096$ | 0.024 |
| 16 | $1/2^{16} = 1/65536$ | 0.0015 |

值得注意的是,分辨率与精度是两个不同的概念,不要把两者相混淆。即使分辨率很高,也可能由于温度漂移、线性度等原因,而使其精度不够高。

**2. 精度**

精度(Accuracy)有绝对精度和相对精度两种表示方法。

(1) 绝对误差

在一个转换器中,对应于一个数字量的实际模拟输入电压和理想的模拟输入电压之差并非是一个常数。我们把它们之间的差的最大值,定义为"绝对误差"。通常以数字量的最小有效位(LSB)的分数值来表示绝对误差。例如 $\pm 1LSB$, $\pm\frac{1}{2}LSB$, $\pm\frac{1}{4}LSB$ 等。绝对误差包括量化误差和其他所有误差。

(2) 相对误差

是指满刻度校准后,在整个转换范围内,任一数字量所对应的模拟输入量的实际值与理论值之差,用模拟电压满量程的百分比表示。

例如,满量程为 10V,10 位 A/D 芯片,若其绝对精度为 $\pm\frac{1}{2}LSB$,则其最小有效位的量化单位 $\Delta=9.77mV$,其绝对精度为 $\frac{1}{2}\Delta=4.88mV$,其相对精度为 $\frac{4.88mV}{10V}=0.048\%$。

**3. 转换时间**

转换时间(Conversion Time)是指完成一次 A/D 转换所需的时间,即由发出启动转换命令信号到转换结束信号开始有效的时间间隔。

转换时间的倒数称为转换速率(Conversion Rate)。例如,AD570 的转换时间为 $25\mu s$,其转换速率为 40kHz。

**4. 电源灵敏度**

电源灵敏度(Power Supply Sensitivity)是指 A/D 转换芯片的供电电源的电压发生变化时,产生的转换误差。一般用电源电压变化 1‰时相当的模拟量变化的百分数来表示。

**5. 量程**

量程是指所能转换的模拟输入电压范围,分单极性、双极性两种类型。

例如,单极性的量程为 $0\sim+5V$,$0\sim+10V$,$0\sim+20V$;双极性的量程为 $-5\sim+5V$,$-10\sim+10V$。

**6. 输出逻辑电平**

多数 A/D 转换器的输出逻辑电平与 TTL 电平兼容。在考虑数字量输出与微处理器的数据总线接口时,应注意是否要三态逻辑输出,是否要对数据进行锁存等。

**7. 工作温度范围**

由于温度会对比较器、运算放大器和电阻网络等产生影响,故只在一定的温度范围内才能保证额定精度指标。一般商业级的 A/D 转换器的工作温度范围为(0℃~70℃),工业级的工作温度范围为(-40℃~+85℃),军用品的工作温度范围为(-55℃~+125℃)。

### 6.3.3　典型的 A/D 转换器芯片

A/D 转换器集成芯片类型很多,生产厂家也很多。下面介绍最广泛应用的两种芯片,以供选用时参考。

**1. ADC 0809**

ADC 0809 是逐次逼近型 8 位单片 A/D 转换芯片。片内有 8 路模拟开关,可输入 8 个模拟量。单极性,量程为 0～5V。典型的转换速度为 $100\mu s$。片内带有三态输出缓冲器,可直接与 CPU 总线接口。其性能价格比有明显的优势,是目前比较广泛采用的芯片之一。可应用于对精度和采样速度要求不高的场合或一般的工业控制领域。

(1) ADC 0809 的逻辑结构框图

ADC 0809 的逻辑结构框图如图 6.20 所示,其引脚图如图 6.21 所示,其逻辑结构分 4 部分。

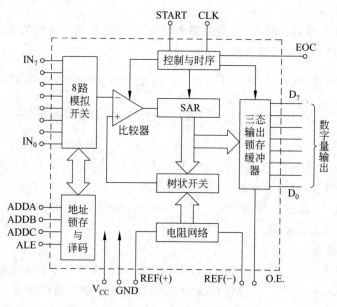

图 6.20　ADC 0809 逻辑结构框图

① 模拟输入部分。有 8 路单端输入的多路开关和地址锁存与译码逻辑,可由三位地址输入 ADDA、ADDB 和 ADDC 编码选择 8 路中的一路输入(这三个地址输入信号可锁存)。其地址译码与输入选通的关系如表 6.3 所示。

图 6.21　ADC 0809 的引脚

**表 6.3　地址译码与输入选通的关系**

| 中选模拟通道 | ADDC | ADDB | ADDA |
|---|---|---|---|
| $IN_0$ | 0 | 0 | 0 |
| $IN_1$ | 0 | 0 | 1 |
| $IN_2$ | 0 | 1 | 0 |
| $IN_3$ | 0 | 1 | 1 |
| $IN_4$ | 1 | 0 | 0 |
| $IN_5$ | 1 | 0 | 1 |
| $IN_6$ | 1 | 1 | 0 |
| $IN_7$ | 1 | 1 | 1 |

② 变换器部分。主要由以下 4 部分组成。

* 控制逻辑：提供转换器的时钟 CLK 和启动信号 START。转换完成时,发出转换结束信号 EOC(End Of Convert)信号,高电平有效,时序如图 6.22 所示。

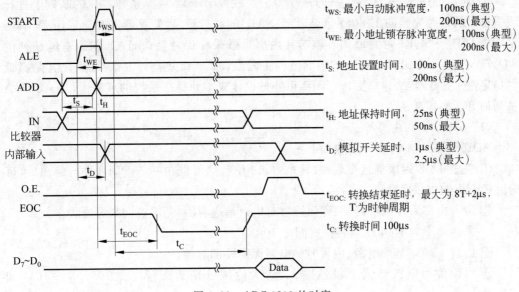

图 6.22　ADC 0809 的时序

* 逐次逼近寄存器 SAR(8 位)。
* 比较器。
* 电阻网络。

③ 三态输出缓冲器：其作用是使 ADC 0809 能直接与 CPU 接口。

④ 基准电压输入端 REF(+)和 REF(−)。它们决定了输入模拟电压的最大值和最小值。通常把 REF(+)接到 $V_{CC}$(+5V)电源上,REF(−)接到地端 GND。当然, REF(+)和 REF(−)也可不接到 $V_{CC}$ 和 GND 上,但加在此两个输入端的电压 $V_{REF(+)}$ 和 $V_{REF(−)}$ 必须满足以下条件：

$$0 \leqslant V_{REF(−)} < V_{REF(+)} \leqslant V_{CC} \quad 且 \quad \frac{V_{REF(+)} + V_{REF(−)}}{2} = \frac{1}{2} V_{CC}$$

(2) ADC 0809 的时序

ADC 0809 的时序图如图 6.22 所示。

从时序图可看出,ADC 0809 的启动信号 START 是脉冲信号,也即此芯片是靠脉冲启动的。当模拟量送至某一输入通道后,由三位地址信号译码选择,地址信号由地址锁存允许 ALE(Address Latch Enable)锁存,高电平有效。当转换完成后,输出转换结束信号 EOC,由低电平变为高电平有效信号。外界的输出允许信号 OE(Output Enable),高电平有效,打开输出三态缓冲器的门,把转换结果送到数据总线上。使用时可利用 EOC 信号短接到 O.E. 端,也可利用 EOC 信号向 CPU 申请中断。

(3) ADC 0809 的时钟信号 CLK

ADC 0809 芯片内部无时钟电路,必须由 CLK 引脚外加时钟信号方能工作。外加时钟脉冲的频率范围为 10~1280kHz。

若 CLK＝500kHz 时,转换速度为 128ms。

**2. AD1674**

AD1674 是美国 Analog Devices(AD)公司在原有 AD574A 系列芯片的基础上进行改进推出的一种完整的 12 位逐位逼近型(SAR)的并行模/数转换器芯片。采用 28 脚密封陶瓷 DIP 或 SOIC 封装形式。该芯片内部自带采样保持器(SHA),与原有同系列的 AD574A/674A 相比,AD1674 的内部结构更紧凑,集成度更高,工作性能(尤其是高低温稳定性)更好,转换速率更快。因而可降低设计成本并提高系统的可靠性,是 AD574A 系列的更新换代产品。

(1) AD1674 的主要特点

AD1674 的基本特点和参数如下:

① 完全 12 位逐次逼近型模/数转换器,12 位数据可以在一个读周期并行输出,也可分在两个周期中依次输出。

② 带有内部采样保持器,采样保持器对用户是透明的,无需查询其等待状态。

③ 采样频率为 100kHz,转换时间为 $10\mu s$。

④ 内有＋10V 基准电源、内置时钟电路无需外部时钟。

⑤ 可设置为单极性或双极性输入,输入范围分别为 ±5V,±10V,0V～10V 和 0V～20V。

⑥ 具有可控三态输出缓冲器。

⑦ 具有±1/2LSB 的积分非线性(INL)以及 12 位无漏码的差分非线性(DNL);满量程校准误差为 0.125%。

⑧ 内部带有防静电保护装置(ESD),放电耐压值可达 4000V。

⑨ 采用双电源供电:模拟部分为 ±12V/±15V,数字部分为＋5V。

⑩ 使用温度范围:AD1674J/K 为 0℃～70℃(C 级);AD1674A/B 为 -40℃～+85℃(I 级);AD1674T 为 -55℃～+125℃(M 级)。

(2) AD1674 的内部功能结构及其引脚功能

图 6.23 所示为 AD1674 的内部结构框图,图 6.24 为其引脚排列图。由图 6.23 可看出 AD1674 内部主要由宽频带的采样保持电路 SHA、12 位的逐位逼近式的寄存器 SAR、D/A 转换器、10V 的基准电源转换器 DAC、三态输出缓冲器、时钟电路和控制逻辑电路等组成。其引脚功能如表 6.4 所示。

(3) AD1674 在单/双极性输入的连接电路

图 6.25 为 AD1674 在单/双极性输入的连接电路图。

(4) AD1674 的控制逻辑

AD1674 有两种工作模式,一是完全控制模式,一是独立工作模式。在完全控制模式下,使用了所有的控制信号,该模式用于当系统中地址总线上挂接有多个设备的情况;独立工作模式用于系统中有专门的输入端口,无需全部的总线接口功能。表 6.5 是 AD1674 的功能真值表。

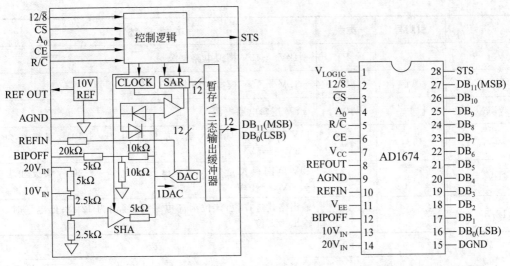

图 6.23　AD1674 引脚排列　　　　　　　图 6.24　AD1674 功能结构框图

表 6.4　AD1674 引脚功能描述

| 符号 | 引脚号 | 类型 | 功 能 描 述 |
|---|---|---|---|
| AGND | 9 | P | 模拟地 |
| $A_0$ | 4 | DI | 转换过程：$A_0=0$,为 12 位转换；$A_0=1$,为 8 位转换<br>读数过程(以 8 位字节为单位)：<br>$A_0=0$,输出高 8 位($DB_{11} \sim DB_4$),<br>$A_0=1$,输出低 4 位($DB_3 \sim DB_0$) |
| BIPOFF | 12 | AI | 双极性偏置电平输入端。双极性模式下将其通过一个 50Ω 电阻连接到 REFOUT 端；单极性模式下将其连接到模拟地 |
| CE | 6 | DI | 芯片使能端。高电平有效,用于开始一个转换过程或读取操作 |
| $\overline{CS}$ | 3 | DI | 芯片选择端。低电平有效 |
| $DB_{11} \sim DB_8$ | 27~24 | DO | 数据位 11~8。在 12 位和 8 位数据格式下提供高 4 位数据 |
| $DB_7 \sim DB_4$ | 23~20 | DO | 数据位 7~4。在 12 位数据格式下提供中间 4 位数据。在 8 位数据格式下,$A_0$ 为低时提供中间 4 位数,$A_0$ 为高时全为 0 |
| $DB_3 \sim DB_0$ | 19~16 | DO | 数据位 3~0。在 12 位数据格式下提供最低 4 位数据 |
| DGND | 15 | P | 数字地 |
| REFOUT | 8 | AO | +10V 参考电压输出 |
| $R/\overline{C}$ | 5 | DI | 高电平为读操作,低电平时为转换操作 |
| REFIN | 10 | AI | 参考电压源输入端,正常情况下该端通过一个 50Ω 电阻连接到 REFOUT 端 |
| STS | 28 | DO | 转换状态标志。转换过程为高电平,转换结束为低电平 |

| 符 号 | 引脚号 | 类型 | 功 能 描 述 |
| --- | --- | --- | --- |
| $V_{CC}$ | 7 | P | ＋12V/＋15V 模拟电路电源 |
| $V_{EE}$ | 11 | P | －12V/－15V 模拟电路电源 |
| $V_{LOGIC}$ | 1 | P | ＋5V 逻辑电路电源 |
| $10V_{IN}$ | 13 | AI | 10V 范围模拟量输入端。单极性为 0～＋10V,双极性为 ＋5V～－5V |
| $20V_{IN}$ | 14 | AI | 20V 范围模拟量输入端。单极性为 0～＋20V,双极性为 ＋10V～－10V |
| $12/\overline{8}$ | 2 | DI | 输出格式选择位,该位为高电平时,输出为 12 位;低电平时, 输出为 8 位 |

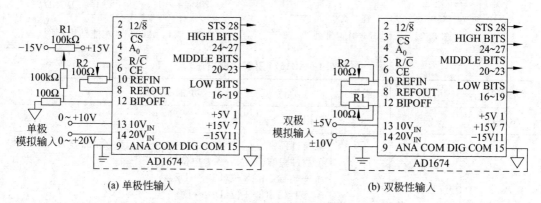

(a) 单极性输入　　　　　　　　　　　　(b) 双极性输入

图 6.25　AD1674 在单/双极性输入的连接电路图

**表 6.5　AD1674 的功能真值表**

| CE | $\overline{CS}$ | R/$\overline{C}$ | $12/\overline{8}$ | $A_0$ | 执行操作 |
| --- | --- | --- | --- | --- | --- |
| 0 | × | × | × | × | 无操作 |
| × | 1 | × | × | × | 无操作 |
| 1 | 0 | 0 | × | 0 | 启动 12 位数据转换 |
| 1 | 0 | 0 | × | 1 | 启动 8 位数据转换 |
| 1 | 0 | 1 | 1 | × | 允许 12 位并行输出 |
| 1 | 0 | 1 | 0 | 0 | 允许高 8 位并行输出 |
| 1 | 0 | 1 | 0 | 1 | 允许低 4 位并行输出 |

A/D 转换器转换的结果是二进制偏移码。在两种不同极性的输入方式下,AD1674 的输入模拟量与输出数字量的对应关系如表 6.6 所示。

**表 6.6　12 位 A/D 输入模拟量与输出数字量的对应关系**

| 输入方式 | 量程（V） | 输入量（V） | 输出数字量 |
|---|---|---|---|
| 单 极 性 | 0～10 | 0 | 000H |
| | | 5 | 7FFH |
| | | 10 | FFFH |
| | 0～20 | 0 | 000H |
| | | 10 | 7FFH |
| | | 20 | FFFH |
| 双 极 性 | −5～+5 | −5 | 000H |
| | | 0 | 7FFH |
| | | +5 | FFFH |
| | −10～+10 | −10 | 000H |
| | | 0 | 7FFH |
| | | +10 | FFFH |

### 6.3.4　A/D 转换器与 CPU 的接口

**1. 典型的 A/D 转换器与 CPU 的接口**

A/D 转换芯片与 CPU 接口时，除了要有数据信息的传送外，还应有控制信息和状态信息的联系。典型的 A/D 转换器与 CPU 的接口示意图如图 6.26 所示。一般模拟输入量来自采样保持器，而转换后的数据经数据缓冲器由数据输入端口输入至 CPU。A/D 转换器的选通和启动转换则由 CPU 的控制端口（Cport）送出控制信号至 A/D 转换器的启动端 START，使 A/D 转换器开始转换。A/D 转换需要一定的转换时间，是否转换完成，由 A/D 转换器的状态信号 STATE 决定。此状态信息可由 CPU 通过状态端口（Sport）读入测试。当 CPU 通过查询 STATE 信息，判断 A/D 芯片已转换完成时，则 CPU 输出允许输入信号 $\overline{\text{ENABLE}}$，然后通过数据端口（Dport）将 A/D 转换结果读入。

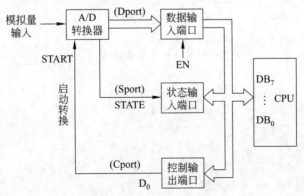

图 6.26　典型的 A/D 转换器与 CPU 接口框图

### 2. 8 位 A/D 转换芯片与 CPU 接口举例

图 6.27 为 ADC 0809 芯片通过通用接口芯片 8255 与 CPU（8088）的接口。ADC 0809 的输出数据通过 8255 的 PA 口输入给 CPU，而地址译码输入信号 ADDA、ADDB 和 ADDC 以及地址锁存信号 ALE 由 8255 的 PB 口的 $PB_3 \sim PB_0$ 提供。A/D 转换的状态信息 EOC 则由 $PC_4$ 输入。

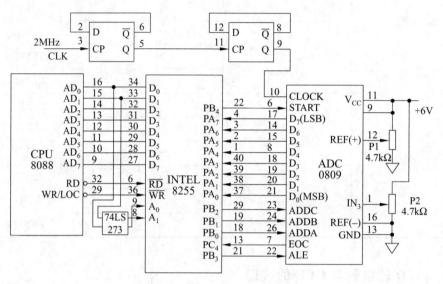

图 6.27　ADC 0809 与 CPU 的接口

在对以上电路进行 A/D 转换的编程前，需先确定数据的输入方式，以便选择 8255A 的工作方式。例如，在本例中，假定以查询方式读取 A/D 转换后的结果，则 8255A 可设定 A 口为输入，B 口为输出，均为方式 0，$PC_4$ 为输入，其 A/D 转换的流程图如图 6.28 所示。

A/D 转换的程序如下：

```
        ORG  1000H
START:MOV  AL, 98H      ;方式 0, A 口输入;方式 0, B
                        ;口输出
        MOV  DX, 0FFFFH   ;8255A 控制字端口地址
        OUT  DX, AL       ;送 8255A 方式字
        MOV  AL, 0BH      ;选 IN₃ 输入端和地址锁存
                        ;信号
        MOV  DL, 0FDH     ;8255A 的 B 口地址
        OUT  DX, AL       ;送 IN₃ 通道地址
        MOV  AL, 1BH      ;START←PB₄=1
        OUT  DX, AL       ;启动 A/D 转换
        MOV  AL, 0BH
        OUT  DX, AL       ;START←PB₄=0
        MOV  DL, 0FEH     ;8255A 的 C 口地址
```

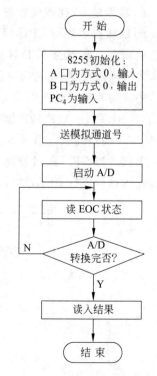

图 6.28　ADC 0809 转换流程图

```
TEST: IN   AL, DX       ;读 C 口状态
      AND  AL, 10H      ;检测 EOC 状态
      JZ   TEST         ;如未转换完,再测试;转换完则继续
      MOV  DL, 0FC      ;8255A 的 A 口地址
      IN   AL, DX       ;读转换结果
      INT  3            ;设置断点
```

### 3. 12 位 A/D 转换芯片与 CPU 接口举例

图 6.29 为 AD1674 与 8088 CPU 的接口框图(图中着重表示 AD1674 的连接方式,至于地址译码与逻辑控制部分因涉及与之接口的微机系统的端口地址总体安排等,故这部分从简)。

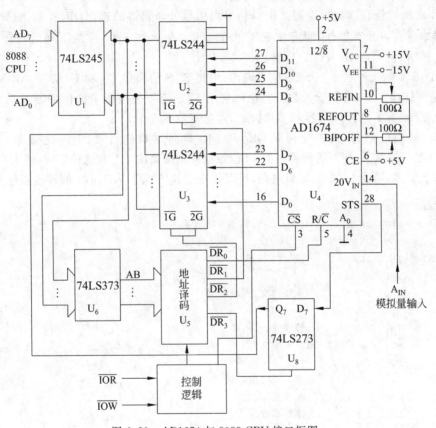

图 6.29　AD1674 与 8088 CPU 接口框图

(1)模拟量输入部分

图 6.29 所示为双极性接线方式,模拟量输入范围可达 $\pm 10\text{V}$,因 AD1674 芯片内部有采样保持器,故模拟量可直接由 $20\text{V}_{\text{IN}}$(14 引脚)输入。

(2)数据总线接口部分

8088 CPU 通过 $U_1$、$U_2$ 和 $U_3$ 与 AD1674 接口。$U_1$ 采用 74LS245 芯片,是 8 位同相三态收发器,由于 8088 的 $AD_7 \sim AD_0$ 是数据线与低 8 位地址线分时复用的,$U_1$ 既作为 AD1674 转换后数字量的输入缓冲器,也作为地址和控制命令输出的驱动器。A/D

转换后的 12 位数据,并行输出,高 4 位送至 U₂、低 8 位送至 U₃ 缓存,然后分两次通过 U₁ 读入。因此 U₂、U₃ 可选用单方向的 8 位同相三态缓冲器 74LS244,且将 U₂ 输入端的高 4 位接地,使读入 CPU 的 A/D 转换后的数字量范围为 0~0FFFH。同时为保证 CPU 能分两次正确读入 AD1674 转换后的结果,U₂、U₃ 必须用不同的端口地址去选通。

(3) AD1674 控制逻辑选择

① $\overline{CS}$ 和 CE 信号。根据 AD1674 的时序要求,启动 A/D 转换和读转换结果都必须在使能信号 CE=1 和 $\overline{CS}$=0 的情况下进行。因此可将 CE 端接+5V,而 $\overline{CS}$ 可由总线读、写信号 $\overline{IOR}$ 和 $\overline{IOW}$ 组合控制,即只要对 AD1674 进行读或写操作,$\overline{CS}$ 都有效。

② A₀ 和 12/$\overline{8}$ 选择。图 6.29 中将 A₀ 接地,而 12/$\overline{8}$ 接+5V,表示此芯片用于 12 位的转换,同时读出时是 12 位数字量并行输出,如表 6.5 所示。

③ 启动转换和读数据控制。R/$\overline{C}$ 信号可由地址译码器的输出 $\overline{DR_0}$ 控制,只要对 DR₀ 地址端口进行一次写操作,便可使 R/$\overline{C}$ 由高变低,有一个>200ns 的下降沿,当 $\overline{CS}$ 和 CE 同时有效时,便可启动一次 A/D 转换。

AD1674 的工作状态由 STS 信号输出,可将 STS 信号经 U₈ 和 U₁ 读至 AD₇,以查询 A/D 是否转换完毕,可否读入数据。也可利用 STS 信号去控制采样保持器的工作模式,以简化接线(有关采样保持器的工作模式,详见本章 6.5 节)。

读入转换结果时,只要分别对 DR₁ 和 DR₂ 地址端口进行读操作,此时 R/$\overline{C}$=1,即 AD1674 处于读状态,便可将转换后的 12 位数据分别按高位字节和低位字节,读至 CPU 中。

综上所述,对图 6.29 的接口电路,可写出在查询方式下 AD1674 的转换程序如下:

```
START: MOV  DX,DR0
       OUT  DX,AL      ;使 R/C=0,启动 A/D 转换
       MOV  DX, DR3
TEST:  IN   AL, DX     ;读 STS 状态
       AND  AL, 80H
       JNZ  TEST       ;未转换完,再测试
       MOV  DX, DR1
       IN   AL, DX     ;转换完,读入高 4 位
       MOV  BH, AL     ;BH←高 4 位
       MOV  DX, DR2
       IN   AL, DX     ;读入低 8 位
       MOV  BL, AL     ;BL←低 8 位
       INT  3          ;设置断点
```

A/D 转换结果保留在 BX 寄存器中。

若需要多路模拟量输入,则可在图 6.29 中的模拟量输入 A_IN 前加上多路开关,此时 A_IN 由多路开关提供,多路开关的通道译码可由 U₆(74LS373)提供地址信息,这样便可实现多通道共享 A/D 转换器的目的。具体原理请参考本章 6.4 节和 6.5 节。

## 6.3.5  V/F 转换器

在数据采集系统中,实现模拟量转换成计算机能接收的数字量的另一种形式是电压/频率(Voltage/Frequency,V/F)转换器。它是将模拟输入电压或电流转换成与其成比例

的脉冲系列。脉冲系列的频率反映模拟电压的大小。

**1. V/F 转换器的主要特点**

V/F 转换器有以下特点：

- V/F 转换器的最大特点是单路脉冲输出。便于实现数字量的光电隔离，可用于强电磁干扰的应用场合。
- 线性度好，工作频率高。这两种性能的组合，使 V/F 转换器可以代替高分辨率的 A/D 转换器。
- 对工频干扰有一定抑制能力。
- 灵活的输入配置。允许输入电压或电流有一个宽的变化范围。
- 可选择单极性、双极性或差分 V/F 转换器。

由于以上特点，因此在工作环境恶劣的场合，用 V/F 转换器代替 A/D 转换器，是值得考虑的方案。

**2. V/F 转换器的典型芯片 AD650**

(1) AD650 的功能结构

AD650 是美国模拟器件公司生产的单片 V/F 和 F/V 转换芯片。该芯片为 14 引脚的双列直插式芯片，其功能结构框图如图 6.30 所示。它由输入运算放大器 A1(积分器)、1mA 电流源、导向开关 S1、比较器 A2 和单稳触发器(ONE SHOT)等主要部件组成，频率输出级为集电极开路的晶体管。

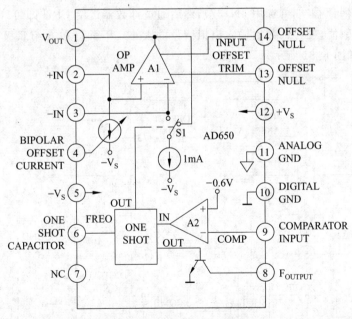

图 6.30　AD650 的功能结构框图

(2) AD650 转换器的主要性能和特点

① 具有高的线性度和高的频率输出范围。AD650 的输出满刻度频率范围可达 1MHz，保证其线性度在规定技术范围内，其输出满刻度频率与线性误差关系如表 6.7 所示。

表 6.7　AD650 输出满刻度频率与线性误差关系

| 输出满刻度频率 | 10kHz | 100kHz | 1MHz |
|---|---|---|---|
| 典型线性误差最大值 | 0.002% | 0.005% | 0.07% |

② 可靠、安全的单片结构,单路脉冲输出,便于实现光电隔离。

③ 具有多种输入配置模式:可配置为双极性、单极性或差分输入电压,也可配置为单极性输入电流。

④ 输入偏移可调 0。

⑤ 可设置成 V/F 转换器,也可设置成 F/V 转换器。

⑥ 频率输出可选择与 CMOS 电平或 TTL 电平兼容。

⑦ 模拟地和数字地分开,可防止实际应用中的地环流。

⑧ AD650 有系列型号,可适合于不同的应用环境。

AD650JN 和 AD650KN 是塑料封装,适用的温度范围为 0℃～＋70℃。AD650AD 和 AD650BD 是陶瓷封装,工业级的温度范围为 -25℃～＋85℃。对于温度范围为 -55℃～＋125℃ 的应用场合,模拟器件公司专门提供了 AD650SD 芯片。

**3. V/F 转换器与 CPU 的接口**

应用 V/F 转换器时,输入模拟信号可以是电流或电压,可以是单极性或双极性。由于频率输出为单路脉冲输出,因此与 CPU 的接口比较简单。只要将其脉冲输出端($F_{out}$)经过快速光电耦合器(如可选用 6N137),然后通过计数器送给 CPU 即可,CPU 定时通过读计数器的计数值,便可计数出输入模拟信号的大小。下面简单介绍双极性电压信号输入的连接图(如图 6.31 所示)。

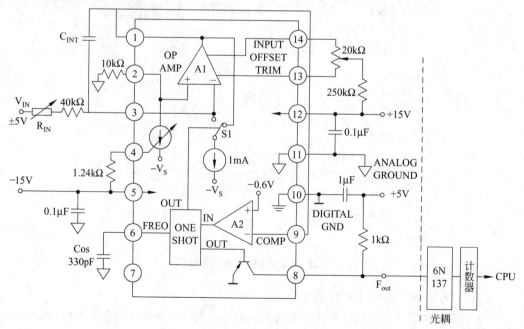

图 6.31　AD650 双极性±5V 电压输入时连接图

图 6.31 中,电源输入为±15V,最大输入电压 $U_{IN}$ 范围为±15V。由 AD650 引脚⑧输出频率 $F_{out}$ 的大小,与输入电压及积分器 A1 的积分周期有关,而积分周期又与输入电阻 $R_{IN}$ 和积分电容 $C_{INT}$ 以及外接电容 $C_{OS}$ 有关,在 $R_{IN}$、$C_{INT}$ 和 $C_{OS}$ 已给定的情况下,$F_{out}$ 就直接决定于 $U_{IN}$ 了。

输出频率和输入电压信号间的关系如公式(6.6)所示。

$$F_{out} = 0.15 \frac{U_{IN}/R_{IN}}{C_{OS} + 4.4 \times 10^{-11}} (\text{Hz}) \tag{6.6}$$

## 6.4　多路转换器

### 6.4.1　多路转换器的作用和要求

多路转换器又称多路开关。在实际数据处理系统或实际控制系统中,被测量或被控制量往往可能是几路或几十路,如图 6.32 所示。对这些回路的参量进行采样和 A/D 转换时,为了共用 A/D 转换器。以节省硬件,可以利用多路开关 MUX,轮流切换各被测量与 A/D 转换电路的通路,达到分时转换的目的。图 6.32 中的模拟量输入通道,其多路开关是"多选一",即其输入是多路待转换的模拟量,每次只选通一路,输出只有一个公共端接至采样保持器与 A/D 转换器。当然,多路开关也可移至 A/D 转换器前,此时每个模拟输入信号前,应有一个采样保持器(对于变化缓慢且不要求同步采样的模拟信号,也可省略采样保持器)。

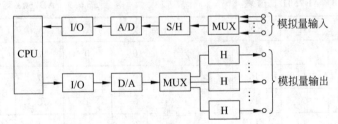

图 6.32　多回路分时共用 A/D、D/A 转换器

对于图 6.32 中的模拟量输出通道,其多路开关应是"一到多"。此时每个模拟量输出信号回路都要有一个保持器。

由于在模拟量输入输出通道中,多路开关是用来切换模拟信号,故称模拟多路开关。模拟开关的性能直接影响输入或输出模拟量的精度和速度,因此要根据实际系统的需要选择合适的模拟多路开关。理想的多路开关断开时,其开路阻抗为无穷大,而接通时的导通电阻应为零。同时要求多路开关的切换速度快,噪音小,寿命长,工作可靠。

电子式开关速度高,工作频率可达 1000 点/秒以上,体积小,寿命长。缺点是导通电阻较大,驱动部分与开关元件不独立,影响小信号的测量精度。

### 6.4.2　几种常用的多路开关集成电路芯片

集成电路的多路开关有多种类型,例如,双四选一模拟开关有美国 RCA 公司的

CD4052,AD公司的AD7502。八选一多路开关有CD4051和AD7501等。十六选一的多路开关有CD4067和AD7506等。

下面以AD公司和RCA公司的多路开关为例,介绍它们的逻辑关系和功能引脚。

**1. AD7501和AD7503**

AD7501和AD7503都是具有8路输入通道、一路公共输出端的多路开关CMOS集成芯片,由三个地址线(A₀、A₁、A₂)及EN的状态来选择8个通道中的一路。图6.33是AD7501和AD7503的功能引脚图,表6.8和表6.9是它们的真值表。从该表中可见AD7501和AD7503除了EN端逻辑电平不同(AD7501的EN是高电平有效,而AD7503的EN端是低电平有效)其他完全一样。

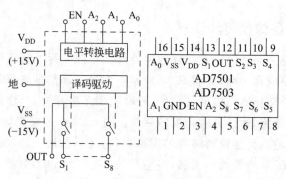

图6.33 AD7501和AD7503功能引脚图

表6.8 AD7501真值表

| A₂ | A₁ | A₀ | EN | ON |
|----|----|----|----|----|
| 0 | 0 | 0 | 1 | 1 |
| 0 | 0 | 1 | 1 | 2 |
| 0 | 1 | 0 | 1 | 3 |
| 0 | 1 | 1 | 1 | 4 |
| 1 | 0 | 0 | 1 | 5 |
| 1 | 0 | 1 | 1 | 6 |
| 1 | 1 | 0 | 1 | 7 |
| 1 | 1 | 1 | 1 | 8 |
| × | × | × | 0 | 无 |

表6.9 AD7503真值表

| A₂ | A₁ | A₀ | EN | ON |
|----|----|----|----|----|
| 0 | 0 | 0 | 0 | 1 |
| 0 | 0 | 1 | 0 | 2 |
| 0 | 1 | 0 | 0 | 3 |
| 0 | 1 | 1 | 0 | 4 |
| 1 | 0 | 0 | 0 | 5 |
| 1 | 0 | 1 | 0 | 6 |
| 1 | 1 | 0 | 0 | 7 |
| 1 | 1 | 1 | 0 | 8 |
| × | × | × | 1 | 无 |

**2. AD7502**

AD7502是双四选一的多路模拟开关,它是依靠两位二进制地址线(A₁、A₀)及选通端EN的状态来选择8路输入中的两个通道,分别和两个输出母线(OUT 1-4和OUT 5-8)相连接。其功能引脚图如图6.34(a)和图6.34(b)所示,其逻辑关系如表6.10所示。

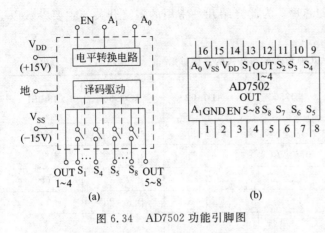

图 6.34　AD7502 功能引脚图

**表 6.10　AD7502 真值表**

| $A_1$ | $A_0$ | EN | ON |
|-------|-------|-----|------|
| 0 | 0 | 1 | 1 和 5 |
| 0 | 1 | 1 | 2 和 6 |
| 1 | 0 | 1 | 3 和 7 |
| 1 | 1 | 1 | 4 和 8 |
| × | × | 0 | |

### 3. CD4051B

CD4051B 和 AD7501 相类似,由三位地址信号控制 8 路模拟量信号的开与关。但与 AD7501 不同之处在于 AD7501 是单方向的多路模拟开关,即只能用于"多到一"的选通, 因此常用于多路模拟量的输入通道。而 CD4051B 是双向的模拟多路开关,其功能引脚图 如图 6.35 所示。其模拟量输入输出通道为 0~7 共 8 路,而其公共输出/输入端只有一个 (引脚为 3)。当芯片的使能端 INH＝0 时,芯片使能。其真值表如表 6.11 所示。由此可 见 CD4051B 既可用于"多到一",也可用于"一到多"的切换。因此,它既常用于多路模拟 量输入通道共享 A/D 转换器的场合,也常用于多路模拟量输出通道,作为 D/A 转换器到 多路模拟量输出的切换开关。

**表 6.11　CD4051B 真值表**

| C | B | A | INH | Channel IN/OUT |
|---|---|---|-----|----------------|
| × | × | × | 1 | × |
| 0 | 0 | 0 | 0 | 0 |
| 0 | 0 | 1 | 0 | 1 |
| 0 | 1 | 0 | 0 | 2 |
| 0 | 1 | 1 | 0 | 3 |
| 1 | 0 | 0 | 0 | 4 |
| 1 | 0 | 1 | 0 | 5 |
| 1 | 1 | 0 | 0 | 6 |
| 1 | 1 | 1 | 0 | 7 |

图 6.35　CD 4051B 功能引脚图

此外,在模拟量输入、输出通道中,也经常采用十六选一的多路开关 AD7506 和具有 双向功能的 CD4067B 等,可参考有关手册。

## 6.4.3　多路开关的主要技术参数

由于模拟多路开关的特性直接影响输入输出模拟量的精度,因此选用多路开关时,必须根据实际系统的要求,选用合适的芯片。为此介绍几种常用的多路开关的主要参数以及这些参数的含义,如表 6.12 所示。

表 6.12　几种常用多路开关的主要参数

| 特性 \ 型号 | AD7501 | AD7503 | AD7502 | AD7506 | CD4051 |
|---|---|---|---|---|---|
| $R_{ON}(\Omega)$ | 170～300 | 170～300 | 170～300 | 300～400 | 150 |
| $R_{ONVS}$ | 0.5%/℃ | 0.5%/℃ | 0.5%/℃ | 0.5%/℃ | |
| $I_{S(off)}$ (nA) | 0.2～2 | 0.2～2 | 0.2～2 | 0.05～5 | 100(PA) |
| $I_{OUT(off)}$ (nA) | 1～10 | 1～10 | 0.6～5 | 0.3～20 | ±0.08 |
| $t_{on}(\mu s)$ | 0.8 | 0.8 | 0.8 | 0.8 | |
| $t_{off}(\mu s)$ | 0.8 | 0.8 | 0.8 | 0.8 | |
| $C_S$(PF) | 5 | 5 | 5 | 5 | |
| $C_{OUT}$(PF) | 30 | 30 | 15 | 40 | |
| 逻辑电平(V) | 0.8～3(J) | 2.4(kS) | 2.4(kS) | 0.8～3 | 5V 电源时 1.5～3V |
| 电源 | ±15V,800μA | ±15V,800μA | ±15V,1mA | +5～+15V | |
| 输入方式 | 8 路 | 8 路 | 双 4 路 | 16 路 | 双向 |
| 开关电流,$I_S$(mA) | 35 | 35 | 35 | 20 | |

表 6.12 中,各参数定义如下。
- $R_{ON}$:接通电阻。
- $R_{ONVS}$:接通电阻的温度漂移。
- $I_{S(off)}$:漏电流。在开关打开时,仍有电流通过开关。
- $I_{OUT(off)}$:开关断开时,输出端的电流。
- $t_{on}$:选通信号 EN 达到 50% 到开关接通的时间延迟。
- $t_{off}$:选通信号 EN 达到 50% 到开关断开时的延迟。
- $C_S$:开关断开时,开关对地电容。
- $C_{OUT}$:开关断开时,输出端对地电容。
- $t_{open}$:切换时间。从一个通道的接通状态到另一个通道接通状态之间两个开关断开的时间。
- 电源:电源电压 $V_{DD}$、$V_{SS}$ 和 $V_{EE}$。模拟开关能接通的最大模拟电压范围为($V_{DD}\sim V_{EE}$)。
- $I_S$:开关电流(Switch Current)。

## 6.5　采样保持器

A/D 转换器完成一次完整的转换过程是需要时间的,因此对变化较快的模拟信号来说,如果不采取措施,将引起转换误差。为了保证转换时的误差在 A/D 转换器的量化误差内,则模拟信号的频率不能过高。现举例说明。

假设一个幅值 $V_m=5V$ 的正弦变化的模拟信号 $V=V_m\sin2\pi ft$,其可能的最大误差为:

$$\frac{\mathrm{d}V}{\mathrm{d}t}=V_m \cdot 2\pi f \cdot \cos2\pi ft \tag{6.7}$$

在横轴坐标交点上,

$$\Delta V \approx V_m \cdot 2\pi f \Delta t \tag{6.8}$$

为了满足 A/D 转换精度的要求,希望在转换时间内,最大信号变化幅度应小于A/D 转换器的量化误差 $\Delta E$,即

$$\Delta V \leqslant \Delta E \tag{6.9}$$

设一个 12 位的 A/D 转换器,其转换时间为 $10\mu s$,基准电源为 10V,其量化误差为最低位所代表的电压信号的一半,即

$$\Delta E=\frac{1}{2} \cdot \frac{10V}{2^{12}} \approx 1.22\mathrm{mV}$$

为了使 A/D 转换器最低位的转换值不受影响,则要求输入信号的最高变化频率为:

$$f_{max} \leqslant \frac{1}{2\pi V_m} \cdot \frac{\Delta E}{\Delta t}=\frac{1}{2\pi \times 5} \cdot \frac{1.22 \times 10^{-3}}{10 \times 10^{-6}} \approx 4\mathrm{Hz}$$

同理可知,若 A/D 转换器的转换时间为 $100\mu s$,则允许输入信号的最高频率只能是 0.4Hz。即 A/D 转换时间越长,不影响转换精度所允许的最高频率就越低。但模拟信号的频率是由生产过程的物理量的性质决定的。因此为了在满足转换精度要求的条件下,提高信号允许的工作频率,可采用采样保持器。采样保持器的作用是在 A/D 进行转换期间,保持采样输入信号大小不变。

### 6.5.1　采样保持器的工作原理

采样保持器的基本组成电路如图 6.36 所示。

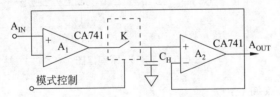

图 6.36　采样保持器的基本组成电路

采样保持电路一般由保持电容器 $C_H$ 和输入输出缓冲器 $A_1$、$A_2$ 以及控制开关 K 组成。它有两种工作模式:采样模式和保持模式,可由模式控制信号选择。

采样期间,模式控制开关 K 闭合,$A_1$ 是高增益放大器,它的输出通过开关 K 给保持电容 $C_H$ 快速充电,使采样保持器的输出随输入变化。K 接通时,要求充电时间越短越好,以使 $U_C$ 迅速达到输入电压值。

保持期间,模式控制信号使开关 K 断开。由于运放 $A_2$ 的输入阻抗高,理想情况下,电容器将保持充电时的最高值。　　　·

目前,采样保持电路大多集成在单一芯片中,但芯片内不含保持电容。一般由用户根据需要选择并外接。保持电容应选择聚苯乙烯电容或聚四氟乙烯电容。电容值的选择应综合考虑精度、采样频率、下降误差、采样/保持偏差等参数(可参考采样保持器的有关手册)。

### 6.5.2　常用的采样保持器集成芯片

采样保持器芯片可分为以下三类。

- 通用型芯片：例如 LF198、LF398、AD582K、AD583K 等。
- 高速型芯片：例如 AD783，HTS-0025、THS-0060、HTC-0300、HA5320/883 等。
- 高分辨率型芯片：例如 SHA1144、DAC1138 等。

现介绍最常用的采样保持器 LF398。

LF398 是采用双极型-场效应管工艺制成的单片采样保持器。其原理框图如图 6.37 所示。它的典型应用的接法如图 6.38 所示。保持电容 $C_H$ 为外接，它的大小的选择取决于维持时间的长短。当选用 $C_H=0.01\mu F$ 时，信号达 0.01％精度的获取时间为 $25\mu s$，保持器电压下降率为每秒 3mV。若 A/D 转换时间为 $100\mu s$，则保持器电压下降为 $300\mu V$。可见精度较高。图 6.37 的逻辑输入端用于控制采样或保持。当控制信号(8 脚)大于1.4V 并且参考电压端(7 脚)接地时，LF398 处于采样模式，与 TTL 的逻辑电平相匹配。在IN＋＝0 和IN－＝0时，处于保持状态；只有当IN－不变，而IN＋变到 1 时，才唯一转换到采样模式。

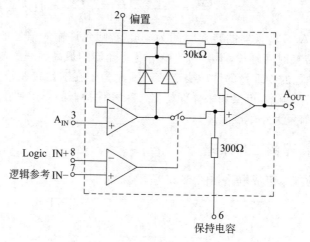

图 6.37　LF398 原理框图

LF398 的主要特点如下：

- 价格较低廉。
- 具有高速采样和低下降率的优点。
- 电源电压在 ±5V 到 ±18V 之间均可。
- 输入阻抗为 $10^{10}\ \Omega$，允许使用高阻抗信号源而不降低精度。

对于要求采样速度和精度较高的应用场合，可以考虑选用 AD582K 或 AD583K。它们均是高性能的采样保持器，可查阅有关手册。

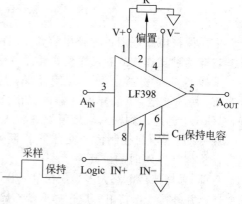

图 6.38　LF398 的典型接法

### 6.5.3 采样保持电路主要技术参数的含义

要正确应用采样保持电路,除了硬件设计上电路要正确连接外,选用技术性能合适的采样保持器,编写正确的采样程序也是很关键的。为此对采样保持电路的主要参数的物理意义必须了解。

在采样保持电路中,主要参数的定义如下(如图 6.39 所示)。

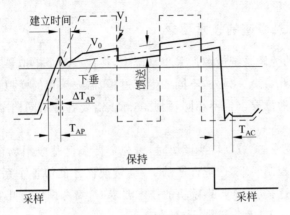

图 6.39　采样保持器特性描述

(1) 孔径时间($T_{AP}$)

采样保持电路中,逻辑控制开关有一定的动作时间。在保持命令发出后至逻辑输入控制开关完全断开所需要的时间,称为孔径时间。由于孔径时间的存在,采样时间被延迟了(如图 6.39 所示)。如果保持命令与 A/D 转换命令同时发出,由于 $T_{AP}$ 的存在,所转换的值将不是保持值,而是在 $T_{AP}$ 时间内一个输入信号的变化值,这将影响 A/D 转换的准确度。因此设计采样程序时,必须充分考虑 $T_{AP}$ 的存在。

(2) 孔径时间不定性($\Delta T_{AP}$)

$\Delta T_{AP}$ 是指孔径时间的变化范围。如果改善保持命令发出的时间,可将孔径时间 $T_{AP}$ 消除。而影响 A/D 转换准确度的是 $\Delta T_{AP}$。

(3) 捕捉时间($T_{AC}$)

采样保持器处于保持模式时,若发出采样命令,采样保持器的输出从保持的值到达当时输入信号的值所需的时间称为捕捉时间。它包括逻辑输入控制开关的延时时间,达到稳定值的建立时间,以及保持值到终值的跟踪时间等。该时间影响采样频率的提高而对转换准确度无影响。

(4) 保持电压的下降

在保持模式时,由于保持电容器的漏电,使保持电压值不是恒定值。保持电压的下降速率可用下式计算:

$$\frac{\Delta V}{\Delta T}(\text{V/s}) = \frac{I(\text{pA})}{C_H(\text{pF})} \tag{6.10}$$

(6.10)式中,$I$ 为下降电流,$C_H$ 为保持电容。

(5) 馈送

在保持模式时,由于输入信号耦合到保持电容器,故有寄生电容,因此输入电压的变化也将引起输出电压微小的变化(如图 6.39 所示)。

# 6.6　数据采集系统

## 6.6.1　模拟量输入通道的技术要求

实际生产过程的控制系统或数据采集系统中,往往有多个模拟量需要采集,有的模拟量多达几十个,甚至几百个。另外,不同的生产过程,需要采集的模拟量性质不同,对模拟量输入通道的精度、速度要求也不相同,因此实际上需要各种不同档次和不同类型的A/D转换模块。

在设计或选用现成的 A/D 转换模块时,首先需要搞清楚应用场合,根据生产过程模拟量的性质、特点和控制要求,选择合适的 A/D 转换器才能使整个系统的性能价格比最优,归纳起来设计和选择 A/D 转换模块的技术要求时,需考虑以下几方面。

① 分辨率:8,10,12,14,16,甚至 24 位。

② 转换速度:低速、高速,甚至超高速。

③ 隔离型或非隔离型。

④ 对于多路采集方式,可分 8 路、16 路、32 路或 48 路等。

⑤ 其他:对有些模拟量,要求多路同步采样的,必须特别处理。

## 6.6.2　高集成度的数据采集系统

从前几节的介绍中可见,一个基本的数据采集系统,要完成生产过程的模拟量的采集并输入计算机进行处理,除了传感器和信号处理环节(如图 6.1 所示)因模拟量的性质不同而有很大差异外,大体上都要经过模拟多路开关、采样保持器和 A/D 转换器这三个基本环节。原来这几个基本环节,都可选用专门的集成电路芯片组成。近几年来,由于大规模集成电路技术的迅速发展,有些生产厂家,逐步把不同功能的芯片集成在同一芯片中,扩展了原有芯片的功能,提高了产品在市场的竞争力,而对广大用户也获得了性能价格比更高的产品,对新产品研究,开发人员来说,也提供了更方便的条件。

例如,ADC 0809 转换芯片就已经把八输入选一的多路开关和逐次逼近的 A/D 转换电路集成到同一芯片中。又如,AD1674 是 AD574A 的更新换代产品,它与 AD574A 引脚兼容,但比 AD574 具有更优越的功能。其一,AD1674 的转换时间比 AD574A 快,仅 $10\mu s$ 便可转换完成;其二,AD1674 芯片集成了采样保持电路与 A/D 转换电路于同一芯片中。当用 AD1674 芯片构成数据采集系统时,就不必另加采样保持器芯片了。

目前市场上已流行集成度更高、功能更强大的数据采集芯片,即把多路开关、采样保持器和高速的 A/D 转换器集成于同一芯片中,实际上一片芯片就是一个高集成度的数据采集系统,利用这样的芯片,只要设计合适的控制信号和与 CPU 的接口电路便可完成多路数据的采集。

这些高集成度的数据采集芯片有如 AD 公司的 AD7859 芯片集成了 8 路多路开关,采样保持器和快速 12 位的 A/D 转换器于同一芯片中,采样速率可高达 20 万次/秒。BURR-BROWN 公司生产的 ADS7842 和 MAXIM 公司的 MAX197、MAX125/MAX126等,都属高集成度的数据采集系统。

MAX197 是美国 Maxim Integrated Products 公司生产的产品,它把多路开关、采样保持器和 A/D 转换器这三大环节集成在一个芯片中,并把这种高集成度的芯片称为数据采集系统(Data-Acquisition System,DAS)。

MAX197 是多量程的 12 位数据采集系统,只需要一个 +5V 的单一电源供电,片内包括 8 路的模拟输入通道和一个 5MHz 宽频带的采样跟踪/保持器与 12 位的 A/D 转换器。MAX197 具有标准的微处理器接口,有三态数据 I/O 端口,全部逻辑输入和输出与TTL/CMOS 兼容。它可应用于工业控制系统、数据采集系统、自动测试系统、机器人和医学仪器等。

(1) MAX197 的主要技术特性

① 分辨率 12 位,精度 1/2LSB。

② 单一 +5V 电源。

③ 8 路模拟输入通道。

④ 可编程选择以下各种输入电压范围:双极性为 ±10V、±5V;单极性为 0～10V 及0～5V。

⑤ 故障保护输入为 ±16.5V。

⑥ 转换时间为 6μs,采样速率为 10 万次/秒。

⑦ 可选择内部或外部捕捉控制。

⑧ 可选择内部 4.096V 或外部参考电压。

⑨ 可选择内部或外部时钟。

⑩ 两种可编程的休眠模式。

⑪ 全部逻辑输入和输出都与 TTL/CMOS 兼容。

(2) MAX197 的引脚及其连接

MAX197 为 28 引脚的双列直插式芯片,其引脚及简单连接图如图 6.40 所示。

MAX197 有系列产品,可应用于不同的温度环境。例如,MAX197C 的运行温度范围为 0℃～+70℃,MAX197E 为 -40℃～+85℃,MAX197M 为 -55℃～+125℃;储藏温度范围为 -65℃～+150℃。

有关 MAX197 的引脚功能、技术性能及其使用方法,可参考其详细说明书。

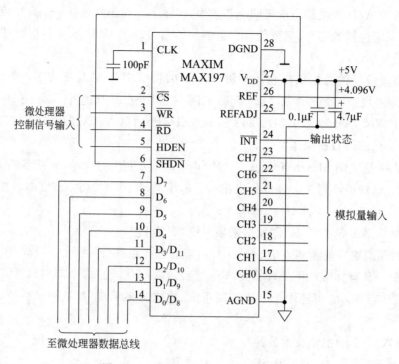

图 6.40　MAX197 引脚及简单连接图

## 6.7　采样定理

一个随时间连续变化的物理量 $f(t)$，如图 6.41(a)所示，经过采样后，得到一系列的脉冲序列 $f^*(t)$，它是离散的信号，被称为采样信号，如图 6.41(c)所示。

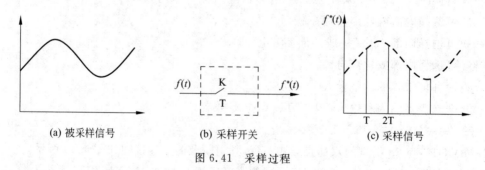

(a) 被采样信号　　　　　　　(b) 采样开关　　　　　　　(c) 采样信号

图 6.41　采样过程

采样信号 $f^*(t)$ 怎样才能如实地反映被采样信号的变化特征呢？根据香农(Shannon)定理，如果随时间变化的模拟信号(包括噪声干扰在内)的最高频率为 $f_{max}$，只要按照采样频率 $f \geqslant 2f_{max}$ 进行采样，那么所给出的样品系列 $f_1^*(t)$，$f_2^*(t)$，…就足以代表(或恢复) $f(t)$ 了。

因此香农定理的表达式见式(6.11)。

$$f \geqslant 2f_{max} \tag{6.11}$$

式(6.11)中,$f$ 为采样频率,$f_{max}$ 为被采样信号的最高频率。

香农定理就是著名的采样定理,对于 50Hz 的正弦交流电流、电压来说,理论上只要每周波采样两点就可以表示其波形的特点了。但为了保证计算准确度,需要有更高的采样频率。因此在实际考虑采样速率时,常采用 $f \geqslant (5 \sim 10) f_{max}$,一般取每周波 12 点、16 点、20 点或 24 点的采样频率足以保证计算电流、电压基波有效值的准确度了。如果为了分析谐波,例如考虑到 13 次谐波,则需要采用每周 32 点的采样速率,即采样频率为 1600Hz。

# 习　题　6

**题 6-1**　模拟量输入通道通常由哪几部分组成? 各部分在数据采集系统中起什么作用?

**题 6-2**　模拟量输出通道通常由哪几部分组成? 各部分的作用如何?

**题 6-3**　D/A 转换器的主要参数有哪些? 各表示什么意义?

**题 6-4**　设 D/A 转换器的输出电压为 0~10V,若有一片 12 位的 D/A 转换器,试求它能分辨的最小输出电压是多少? 若 D/A 转换器的分辨率为 10 位,它能分辨的最小输出电压又是多少?

**题 6-5**　已知 DAC 0832 为 8 位 D/A 转换器芯片,其最大输出电压为 5V,请回答以下问题:

(1) 若其最小位变化一个二进制数位,对应的电压变化是多少?

(2) 若已知输入的数据为 0B5H,试计算其输出电压应为多少?

**题 6-6**　D/A 转换器的输出形式有哪两种? 它们各有何特点?

**题 6-7**　关于 DAC1210 芯片的工作原理,请回答以下问题?

(1) DAC1210 芯片有几种工作方式? 它们的具体转换和控制过程有何区别?

(2) 为什么 DAC1210 芯片内部有两级输入寄存器? 这三组寄存器起什么作用?

(3) 为什么第一级输入寄存器要分为 8 位和 4 位两组,而它们的选通信号又都用同一个 $\overline{LE_1}$? 把它们设计成一组 12 位的输入寄存器可以吗? 有何优缺点?

(4) 请设计一个 DAC1210 与 8088 CPU 接口的连接示意图(采用双缓冲方式)。

(5) 请设计一个 DAC1210 与 12 位 CPU 接口的连接示意图(采用单缓冲方式)。

**题 6-8**　常用的 A/D 转换器有哪几种类型? 它们的工作原理如何? 有何主要特点?

**题 6-9**　试比较逐次逼近型 A/D 转换器和闪烁型 A/D 转换器的工作原理,并回答以下问题?

(1) 为什么逐次逼近型 A/D 转换器的转换速度比闪烁型 A/D 转换器慢?

(2) 它们各适用于什么应用场合?

**题 6-10**　A/D 转换器的主要技术参数有哪些? 各表示什么物理意义?

**题 6-11**　已知某 A/D 转换器的满度输入电压为 10V,分别计算 8 位、12 位和 16 位时,最小有效位的量化单位各为多少?

**题 6-12**　A/D 转换器与 CPU 之间采用查询方式和采用中断方式下,各有什么特点?

**题 6-13**　已知 ADC 0809 的时钟频率为 640kHz,为了简化电路,一般采用 500kHz,现有单片机与其接口,单片机的主频为 4MHz,现拟利用双 D 触发器 74LS74 将 4MHz 分频得到 ADC 0809 所需的 CLOCK 信号,试问:

(1) 需要几片 74LS74?

(2) 74LS74 的逻辑引脚图如题图 6.1 所示,请画出其正确的分频电路,并将其输出注明至 CLOCK 信号。

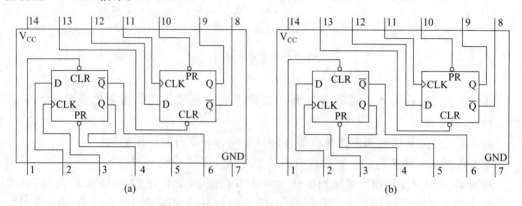

题图 6.1　74LS74 双 D 触发器逻辑引脚图

**题 6-14**　若 ADC 0809 A/D 转换器与 Intel 8088 CPU 通过 Intel 8255 接口,设 8255 的 PB 为数据口,PA、PC 为控制口。将 8 路输入模拟量顺序从 $IN_0 \sim IN_7$ 转换成数字量,并顺序地存放于内存中。

(1) 画出 ADC 0809 通过 Intel 8255 与 Intel 8088 CPU 接口的框图。

(2) 画出实现以上数据采集的流程图,并用汇编语言编写程序。

**题 6-15**　V/F 转换器与 A/D 转换器相比有何特点,为何说它可适用于电磁干扰严重的工作环境?

**题 6-16**　在图 6.32 所示的多路模拟量共享 A/D 转换器和 D/A 转换器的电路中,若模拟量输入和输出各有 8 路,今要选择模拟多路开关,请回答以下问题:

(1) 对于 8 路模拟量输入电路,选哪种多路开关合适?

(2) 对于 8 路模拟量输出电路,应选择哪种型号的多路开关?

**题 6-17**　已知八选一模拟多路开关集成芯片 AD7501 的真值表如表 6.5 所示。若由 EN 和三条地址线 $A_0$、$A_1$、$A_2$ 的状态来依次选择 8 个模拟通道,如题图 6.2 所示,请编写相应的程序段。

**题 6-18**　采样保持器在数据采集系统中起什么作用? 对于什么类型的模拟量,不需采样保持器?

**题 6-19**　以 LF398 采样保持器为例,简述采样保持器的工作原理。选择保持电容器应考虑什么因素?

**题 6-20**　已知陶瓷封装的 12 位 A/D 转换芯

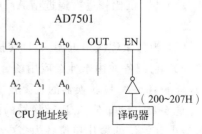

题图 6.2　选择模拟通道示意图

片 AD574AKD,其线性误差如表 6.2 所示,转换时间 $t_c=25\mu s$,如果用它直接采集一个每秒正、负变化 20 次的交变模拟信号 AI 的波形,数据采集系统的组成框图如题图 6.3 所示,请回答如下问题。

题图 6.3　模拟量输入电路框图

(1) 图 6.21 的电路中,80C196 单片机能否正确采集 AI 的波形?

(2) 若要求以上电路转换结果的误差小于等于 A/D 转换器的线性误差,则模拟信号 AI 的变化频率必须限于多大的范围内?

(3) 若想要采集一路市电的交流电压信号,需对以上电路进行哪些改进? 有几种途径可满足正确采集市电的正弦交流电压信号的要求?

**题 6-21**　采样定理的内容是什么? 有何重要意义? 若被采样的信号为 50Hz 的正弦交流信号,含有高次谐波,今需利用傅氏变换分析该交变信号含有 1~32 次谐波的含量,试问:

(1) 每周波至少应采多少点才能分析出 32 次谐波?

(2) 采样频率至少应为多少千赫?

**题 6-22**　已知采样信号频率为 100kHz,求 8 位 A/D 在不用采样/保持器的条件下所要求的转换时间 $t_c$ 等于多少?

**题 6-23**　在 A/D 转换中,输入模拟信号中最高频率分量是 10kHz,则最低取样频率是多少?

# 附　　录

## 附录 1　IBM PC ASCII 码字符表

| 十六进制 | 符号 | 十六进制 | 符号 | 十六进制 | 符号 | 十六进制 | 符号 | 十六进制 | 符号 | 十六进制 | 符号 | 十六进制 | 符号 | 十六进制 | 符号 |
|---|---|---|---|---|---|---|---|---|---|---|---|---|---|---|---|
| 0 |  | 20 |  | 40 | @ | 60 | ` | 80 | Ç | A0 | á | C0 | └ | E0 | α |
| 1 | ☺ | 21 | ! | 41 | A | 61 | a | 81 | ü | A1 | í | C1 | ┴ | E1 | β |
| 2 | ● | 22 | " | 42 | B | 62 | b | 82 | é | A2 | ó | C2 | ┬ | E2 | Γ |
| 3 | ♥ | 23 | # | 43 | C | 63 | c | 83 | â | A3 | ú | C3 | ├ | E3 | π |
| 4 | ♦ | 24 | $ | 44 | D | 64 | d | 84 | ä | A4 | ñ | C4 | ─ | E4 | Σ |
| 5 | ♣ | 25 | % | 45 | E | 65 | e | 85 | à | A5 | Ñ | C5 | ┼ | E5 | σ |
| 6 | ♠ | 26 | & | 46 | F | 66 | f | 86 | å | A6 | ª | C6 | ╞ | E6 | µ |
| 7 | ✚ | 27 | ' | 47 | G | 67 | g | 87 | ç | A7 | º | C7 | ╟ | E7 | τ |
| 8 | ◘ | 28 | ( | 48 | H | 68 | h | 88 | ê | A8 | ¿ | C8 | ╚ | E8 | φ |
| 9 | ◇ | 29 | ) | 49 | I | 69 | i | 89 | ë | A9 | ⌐ | C9 | ╔ | E9 | Θ |
| 0A | ✚ | 2A | * | 4A | J | 6A | j | 8A | è | AA | ¬ | CA | ╩ | EA | Ω |
| 0B | ♂ | 2B | + | 4B | K | 6B | k | 8B | ï | AB | 1/2 | CB | ╦ | EB | δ |
| 0C | ♀ | 2C | , | 4C | L | 6C | l | 8C | î | AC | 1/4 | CC | ╠ | EC | ∞ |
| 0D | ♪ | 2D | − | 4D | M | 6D | m | 8D | ì | AD | ¡ | CD | ═ | ED | Ø |
| 0E | ♫ | 2E | . | 4E | N | 6E | n | 8E | Ä | AE | « | CE | ╬ | EE | ∈ |
| 0F | ☼ | 2F | / | 4F | O | 6F | o | 8F | Å | AF | » | CF | ╧ | EF | ∩ |
| 10 | ► | 30 | 0 | 50 | P | 70 | p | 90 | É | B0 | ░ | D0 | ╨ | F0 | ≡ |
| 11 | ◄ | 31 | 1 | 51 | Q | 71 | q | 91 | æ | B1 | ▒ | D1 | ╤ | F1 | ± |
| 12 | ↕ | 32 | 2 | 52 | R | 72 | r | 92 | Æ | B2 | ▓ | D2 | ╥ | F2 | ≥ |
| 13 | ‼ | 33 | 3 | 53 | S | 73 | s | 93 | Ô | B3 | │ | D3 | ╙ | F3 | ≤ |
| 14 | ¶ | 34 | 4 | 54 | T | 74 | t | 94 | ö | B4 | ┤ | D4 | ╘ | F4 | ⌠ |
| 15 | § | 35 | 5 | 55 | U | 75 | u | 95 | ò | B5 | ╡ | D5 | ╒ | F5 | ⌡ |
| 16 | ▬ | 36 | 6 | 56 | V | 76 | v | 96 | û | B6 | ╢ | D6 | ╓ | F6 | ÷ |
| 17 | ↨ | 37 | 7 | 57 | W | 77 | w | 97 | ù | B7 | ╖ | D7 | ╫ | F7 | ≈ |
| 18 | ↑ | 38 | 8 | 58 | X | 78 | x | 98 | ÿ | B8 | ╕ | D8 | ╪ | F8 | ° |
| 19 | ↓ | 39 | 9 | 59 | Y | 79 | y | 99 | Ö | B9 | ╣ | D9 | ┘ | F9 | ∙ |
| 1A | → | 3A | : | 5A | Z | 7A | z | 9A | Ü | BA | ║ | DA | ┌ | FA | · |
| 1B | ← | 3B | ; | 5B | [ | 7B | { | 9B | ¢ | BB | ╗ | DB | █ | FB | √ |
| 1C | └ | 3C | < | 5C | \ | 7C | | | 9C | £ | BC | ╝ | DC | ▄ | FC | ⁿ |
| 1D | ↔ | 3D | = | 5D | ] | 7D | } | 9D | ¥ | BD | ╜ | DD | ▌ | FD | ² |
| 1E | ▲ | 3E | > | 5E | ^ | 7E | ~ | 9E | Pt | BE | ╛ | DE | ▐ | FE | ■ |
| 1F | ▼ | 3F | ? | 5F | — | 7F | ⌂ | 9F | ƒ | BF | ┐ | DF | ▀ | FF | (blank) |

# 附录 2　8086 指令系统

**1. 指令系统符号说明**

本书正文及附录中涉及指令系统时所用的符号汇总说明如下。

（1）指令操作数的符号

| | |
|---|---|
| dest | 目标操作数 |
| src | 源操作数 |
| reg | 8/16 位通用寄存器 |
| reg8 | 8 位通用寄存器 |
| reg16 | 16 位通用寄存器 |
| mem | 8/16 位存储器地址 |
| mem8 | 8 位存储器地址 |
| mem16 | 16 位存储器地址 |
| mem32 | 32 位存储器地址 |
| acc | 累加器 AL 或 AX |
| sreg | 段寄存器 |
| port | 8/16 位外设端口地址 |
| data | 8/16 位常数 |
| data8 | 8 位常数（0～FFH） |
| data16 | 16 位常数（0～FFFFH） |
| src_table | 用于查表转换的转换表的名字 |
| dest_string | 目标字符串的名字 |
| src_string | 源字符串的名字 |
| near_label | 近标号名 |
| short_label | 短标号名 |
| far_label | 远标号名 |
| near_proc | 近过程名 |
| far_proc | 远过程名 |
| pop_value | 弹出值（0～64K，通常是偶数） |
| ext_op | 外操作码 |

（2）指令功能说明的符号

| | |
|---|---|
| disp | 8/16 位位移量 |
| disp8 | 8 位位移量 |
| disp16 | 16 位位移量 |
| offset | 转移或调用的目标偏移地址（16 位） |
| offset_low | 转移或调用的目标偏移地址的低 8 位 |
| offset_high | 转移或调用的目标偏移地址的高 8 位 |
| seg | 转移或调用的目标段地址（16 位） |
| seg_low | 转移或调用的目标段地址的低 8 位 |

seg_high       转移或调用的目标段地址的高 8 位

＋,－,＊,/       算术运算符(加、减、乘、除)

％       模除,即两个整数相除后取余数

&、∨、⊕       逻辑运算符(逻辑"与"、逻辑"或",逻辑"异或")

(3) 指令机器码的符号

其中 W 位和 S 位、mod、reg、r/m 和 sreg 字段的说明分别见附表 2.1 至附表 2.5。

附表 2.1   W 位和 S 位的说明

| 位 | 等 于 0 | 等 于 1 |
|---|---|---|
| W | 操作数为字节 | 操作数为字 |
| S | 16 位操作数均为有效数据 | 操作数的高 8 位是低 8 位符号位的扩展 |

附表 2.2   mod 字段说明

| mod 字段 | | 录 址 方 式 |
|---|---|---|
| 0 | 0 | 存储器寻址,位移量 disp＝0(r/m＝110 时例外) |
| 0 | 1 | 存储器寻址,位移量 disp 1 个字节(在−128～＋127 之间) |
| 1 | 0 | 存储器寻址,位移量 disp 2 个字节(在−65 536～＋65 535 之间) |
| 1 | 1 | 寄存器寻址,此时 reg 字段和 r/m 字段均表示操作数寄存器 |

附表 2.3   reg 字段说明

| reg 字段以及<br>当 mod 字段＝11 时的 r/m 字段 | | | 操作数寄存器 | |
|---|---|---|---|---|
| | | | W 位＝0 | W 位＝1 |
| 0 | 0 | 0 | AL | AX |
| 0 | 0 | 1 | CL | CX |
| 0 | 1 | 0 | DL | DX |
| 0 | 1 | 1 | BL | BX |
| 1 | 0 | 0 | AH | SP |
| 1 | 0 | 1 | CH | BP |
| 1 | 1 | 0 | DH | SI |
| 1 | 1 | 1 | BH | DI |

附表 2.4   r/m 字段说明

| r/m 字段 | 存储器操作数的有效地址 | | |
|---|---|---|---|
| | mod＝00 | mod＝01 | mod＝10 |
| 000 | (BX)＋(SI) | (BX)＋(SI)＋disp8 | (BX)＋(SI)＋disp16 |
| 001 | (BX)＋(DI) | (BX)＋(DI)＋disp8 | (BX)＋(DI)＋disp16 |
| 010 | (BP)＋(SI) | (BP)＋(SI)＋disp8 | (BP)＋(SI)＋disp16 |
| 011 | (BP)＋(DI) | (BP)＋(DI)＋disps | (BP)＋(DI)＋disp16 |
| 100 | (SI) | (SI)＋disp8 | (SI)＋disp16 |

| r/m 字段 | 存储器操作数的有效地址 | | |
| --- | --- | --- | --- |
| | mod＝00 | mod＝01 | mod＝10 |
| 101 | (DI) | (DI)＋disp8 | (DI)＋disp16 |
| 110 | 直接寻址 | (BP)＋disp8 | (BP)＋disp16 |
| 111 | (BX) | (BX)＋disp8 | (BX)＋disp16 |

附表 2.5　sreg 字段说明

| sreg | 段寄存器 | sreg | 段寄存器 |
| --- | --- | --- | --- |
| 00 | ES | 10 | SS |
| 01 | CS | 11 | DS |

（4）指令时钟数中的符号 EA

EA 表示计算存储器有效地址所需的时间，所需时钟数如附表 2.6 所示。

附表 2.6　有效地址 EA 的说明

| 存储器寻址方式 | | EA（时钟数） |
| --- | --- | --- |
| 只有位移量 | | 6 |
| 基址或变址 | (BX、BP、SI、DI) | 5 |
| 位移量<br>＋<br>基址或变址 | (BX、BP、SI、DI) | 9 |
| 基址<br>＋<br>变址 | BP＋DI，BX＋SI | 7 |
| | BP＋SI，BX＋DI | 8 |
| 位移量<br>＋<br>基址<br>＋<br>变址 | BP＋DI＋disp<br>BX＋SI＋disp | 11 |
| | BP＋SI＋disp | |
| | BX＋DI＋disp | 12 |

以上仅供近似计算时使用。如有段超越前缀，则时钟数再加 2。

（5）指令表中的标志位状态符号

空：标志位不受影响。

X：标志位根据指令执行结果而变化。

U：标志位状态不确定。

R：标志位恢复成推入堆栈以前的状态。

0：标志位置 0。

1：标志位置 1。

## 2. 8086 指令系统表

(1) 数据传送指令(见附表2.7)

附表 2.7　数据传送指令

| 助记符 | 操作数 | 机器码<br>76 543 210 | 字节数 | 时钟数 | 功　　能 | 标　　志<br>O D I T S Z A P C |
|---|---|---|---|---|---|---|
| MOV | reg,reg | 10 001 00w<br>11 reg r/m | 2 | 2 | (reg)←(reg) | |
| | mem,reg | 10 001 00w<br>mod reg r/m<br>(disp)<br>(disp) | 2—4 | 9+EA | (mem)←(reg) | |
| | reg,mem | 10 001 01w<br>mod reg r/m<br>(disp)<br>(disp) | 2—4 | 8+EA | (reg)←(mem) | |
| | mem,data | 11 000 11w<br>mod 000 r/m<br>(disp)<br>(disp)<br>data<br>(data) | 3—6 | 10+EA | (mem)←(data) | |
| | reg,data | 10 11w reg<br>data<br>(data) | 2—3 | 4 | (reg)←data | |
| | acc,mem | 10 100 00w<br>disp<br>disp | 3 | 10 | 若w=0,(AL)←(mem)<br>若w=1,<br>(AX)←((mem)+1:(mem)) | |
| | mem,acc | 10 100 01w<br>disp<br>disp | 3 | 10 | 若w=0,(mem)←(AL)<br>若w=1,<br>((mem)+1:(mem))←(AX) | |
| | sreg,reg16 | 10 001 110<br>11 0sreg r/m | 2 | 2 | (sreg)←(reg16) | |
| | sreg,mem | 10 001 110<br>mod 0sreg r/m<br>(disp)<br>(disp) | 2—4 | 8+EA | (sreg)←(mem) | |
| | reg16,<br>sreg | 10 001 100<br>11 0sreg r/m | 2 | | (reg16)←(sreg) | |
| | mem,<br>sreg | 10 001 100<br>mod 0sreg r/m<br>(disp)<br>(disp) | 2—4 | 9+EA | (mem)←(sreg) | |

续表

| 助记符 | 操作数 | 机器码 76 543 210 | 字节数 | 时钟数 | 功　能 | O | D | I | T | S | Z | A | P | C |
|---|---|---|---|---|---|---|---|---|---|---|---|---|---|---|
| PUSH | mem | 11 111 111 mod 110 r/m (disp) (disp) | 2—4 | 17+EA | (sp)←(sp)−2 ((sp)+1：(sp))←(mem) | | | | | | | | | |
| | reg | 01 010 reg | 1 | 11 | (sp)←(sp)−2 ((sp)+1：(sp))←(reg) | | | | | | | | | |
| | sreg | 00 0sreg 110 | 1 | 10 | (sp)←(sp)−2 ((sp)+1：(sp))←(sreg) | | | | | | | | | |
| POP | mem | 10 001 111 mod 000 r/m (disp) (disp) | 2—4 | 17+EA | (mem)←((sp)+1：(sp)) (sp)←(sp)+2 | | | | | | | | | |
| | reg | 01 011 reg | 1 | 8 | (reg)←((sp)+1：(sp)) (sp)←(sp)+2 | | | | | | | | | |
| | sreg | 00 0sreg 111 | 1 | 8 | (sreg)←((sp)+1：(sp)) (sp)←(sp)+2 | | | | | | | | | |
| XCHG | reg,reg | 10 000 11w 11 reg r/m | 2 | 4 | (reg)↔(reg) | | | | | | | | | |
| | mem,reg | 10 000 11w mod reg r/m (disp) (disp) | 2—4 | 17+EA | (reg)↔(mem) | | | | | | | | | |
| | AX,reg16 | 10 010 reg | 1 | 3 | (reg16)↔(AX) | | | | | | | | | |
| XLAT | src_table | 11 010 111 | 1 | 11 | (AL)←((BX)+(AL)) | | | | | | | | | |
| IN | acc,data8 | 11 100 10w data | 2 | 10 | 若 w=0,(AL)←(data8) 若 w=1,(AX)←((data8)+1：(data8)) | | | | | | | | | |
| | acc,DX | 11 101 10w | 1 | 8 | 若 w=0,(AL)←((DX)) 若 w=1,(AX)←((DX)+1：(DX)) | | | | | | | | | |
| OUT | data8,acc | 11 100 11w data | 2 | 10 | 若 w=0,(data8)←(AL) 若 w=1,((data8)+1：(data))←(AX) | | | | | | | | | |
| | DX,acc | 11 101 11w | 1 | 8 | 若 w=0,((DX))←(AL) 若 w=1,((DX)+1：(DX))←(AX) | | | | | | | | | |
| LEA | reg16, mem16 | 10 001 101 mod reg r/m (disp) (disp) | 2—4 | 2+EA | (reg16)←mem16 | | | | | | | | | |

| 助记符 | 操作数 | 机器码 76 543 210 | 字节数 | 时钟数 | 功　能 | O | D | I | T | S | Z | A | P | C |
|---|---|---|---|---|---|---|---|---|---|---|---|---|---|---|
| LDS | reg16，mem32 | 11 000 101<br>mod reg r/m<br>(disp)<br>(disp) | 2—4 | 16+EA | (reg16)←(mem32)<br>(DS)←(mem32+2) | | | | | | | | | |
| LES | reg16，mem32 | 11 000 100<br>mod reg r/m<br>(disp)<br>(disp) | 2—4 | 16+EA | (reg16)←(mem32)<br>(ES)←(mem32+2) | | | | | | | | | |
| LAHF | | 10 011 111 | 1 | 4 | (AH)←(SF)：(ZF)：X：<br>(AF)：X：(PF)：X：(CF) | | | | | | | | | |
| SAHF | | 10 011 110 | 1 | 4 | (SF)：(ZF)：X：(AF)：X：<br>(PF)：X：(CF)←(AH) | | | | | X | X | X | X | X |
| PUSHF | | 10 011 100 | 1 | 10 | (SP)←(SP)−2<br>((SP)+1：(SP))←(FLAGS) | | | | | | | | | |
| POPF | | 10 011 101 | 1 | 8 | (FLAGS)←((SP)+1：(SP))<br>(SP)←(SP)+2 | R | R | R | R | R | R | R | R | R |

(2) 算术运算指令(见附表2.8)

附表 2.8　算术运算指令

| 助记符 | 操作数 | 机器码 76 543 210 | 字节数 | 时钟数 | 功　能 | O | D | I | T | S | Z | A | P | C |
|---|---|---|---|---|---|---|---|---|---|---|---|---|---|---|
| ADD | reg，reg | 00 000 00w<br>11 reg r/m | 2 | 3 | (reg)←(reg)+(reg) | X | | | | X | X | X | X | X |
| | mem，reg | 00 000 00w<br>mod reg r/m<br>(disp)<br>(disp) | 2—4 | 16+EA | (mem)←(mem)+(reg) | X | | | | X | X | X | X | X |
| | reg，mem | 00 000 01w<br>mod reg r/m<br>(disp)<br>(disp) | 2—4 | 9+EA | (reg)←(reg)+(mem) | X | | | | X | X | X | X | X |
| | reg，data | 10 000 0sw<br>11 000 r/m<br>data<br>(data) | 3—4 | 4 | (reg)←(reg)+data | X | | | | X | X | X | X | X |
| | mem，data | 10 000 0sw<br>mod 000 r/m<br>(disp)<br>(disp)<br>data<br>(data) | 3—6 | 17+EA | (mem)←(mem)+data | X | | | | X | X | X | X | X |

续表

| 助记符 | 操作数 | 机器码<br>76 543 210 | 字节数 | 时钟数 | 功　能 | O | D | I | T | S | Z | A | P | C |
|---|---|---|---|---|---|---|---|---|---|---|---|---|---|---|
| ADD | acc,data | 00 000 10w<br>data<br>(data) | 2—3 | 4 | 若w=0,(AL)←(AL)+data8<br>若w=1,(AX)←(AX)+data16 | X | | | | X | X | X | X | X |
| ADC | reg,reg | 00 010 00w<br>11 reg r/m | 2 | 3 | (reg)←(reg)+(reg)+(CF) | X | | | | X | X | X | X | X |
| | mem,reg | 00 010 00w<br>mod reg r/m<br>(disp)<br>(disp) | 2—4 | 16+EA | (mem)←(mem)+(reg)+(CF) | X | | | | X | X | X | X | X |
| | reg,mem | 00 010 01w<br>mod reg r/m<br>(disp)<br>(disp) | 2—4 | 9+EA | (reg)←(reg)+(mem)+(CF) | X | | | | X | X | X | X | X |
| | reg,data | 10 000 0sw<br>11 010 r/m<br>data<br>(data) | 3—4 | 4 | (reg)←(reg)+data+(CF) | X | | | | X | X | X | X | X |
| | mem,data | 10 000 0sw<br>mod 010 r/m<br>(disp)<br>(disp)<br>data<br>(data) | 3—6 | 17+EA | (mem)←(mem)+data+(CF) | X | | | | X | X | X | X | X |
| | acc,data | 00 010 10w<br>data<br>(data) | 2—3 | 4 | 若w=0,<br>(AL)←(AL)+data8+(CF)<br>若w=1,<br>(AX)←(AX)+data16+(CF) | X | | | | X | X | X | X | X |
| INC | reg8 | 11 111 110<br>11 000 r/m | 2 | 3 | (reg8)←(reg8)+1 | X | | | | X | X | X | X | |
| | mem | 11 111 11w<br>mod 000 r/m<br>(disp)<br>(disp) | 2—4 | 15+EA | (mem)←(mem)+1 | X | | | | X | X | X | X | |
| | reg16 | 01 000 reg | 1 | 2 | (reg16)←(reg16)+1 | X | | | | X | X | X | X | |
| AAA | | 00 110 111 | 1 | 4 | 若((AL)&0FH>9 或(AF)=1,<br>则(AL)←(AL)+6,(AH)←<br>(AH)+1,(AF)←1,(CF)←<br>(AF),(AL)←(AL)&0FH | U | | | | U | U | X | U | X |

续表

| 助记符 | 操作数 | 机器码<br>76 543 210 | 字节数 | 时钟数 | 功　　能 | O | D | I | T | S | Z | A | P | C |
|---|---|---|---|---|---|---|---|---|---|---|---|---|---|---|
| DAA | | 00 100 111 | | | 若((AL)&0FH)>9 或(AF)=1,<br>则(AL)←(AL)+6,(AF)←1;<br>若(AL)>9FH 或(CF)=1,<br>则(AL)←(AL)+60H,(CF)←1 | U | | | | X | X | X | X | X |
| SUB | reg,reg | 00 101 00w<br>11 reg r/m | 2 | 3 | (reg)←(reg)−(reg) | X | | | | X | X | X | X | X |
| | mem,reg | 00 101 00w<br>mod reg r/m<br>(disp)<br>(disp) | 2—4 | 16+EA | (mem)←(mem)−(reg) | X | | | | X | X | X | X | X |
| | reg,mem | 00 101 01w<br>mod reg r/m<br>(disp)<br>(disp) | 2—4 | 9+EA | (reg)←(reg)−(mem) | X | | | | X | X | X | X | X |
| | reg,data | 10 000 0sw<br>11 101 r/m<br>data<br>(data) | 3—4 | 4 | (reg)←(reg)−data | X | | | | X | X | X | X | X |
| | mem,data | 10 000 0sw<br>mod 101 r/m<br>(disp)<br>(disp)<br>data<br>(data) | 3—6 | 17+EA | (mem)←(mem)−data | X | | | | X | X | X | X | X |
| | acc,data | 00 101 10w<br>data<br>(data) | 2—3 | 4 | 若 w=0,(AL)←(AL)−data8<br>若 w=1,(AX)←(AX)−data16 | X | | | | X | X | X | X | X |
| SBB | reg,reg | 00 011 00w<br>11 reg r/m | 2 | 3 | (reg)←(reg)−(reg)−(CF) | X | | | | X | X | X | X | X |
| | mem,reg | 00 011 00w<br>mod reg r/m<br>(disp)<br>(disp) | 2—4 | 16+EA | (mem)←(mem)−(reg)−(CF) | X | | | | X | X | X | X | X |
| | reg,mem | 00 011 01w<br>mod reg r/m<br>(disp)<br>(disp) | 2—4 | 9+EA | (reg)←(reg)−(mem)−(CF) | X | | | | X | X | X | X | X |
| | reg,data | 10 000 0sw<br>11 011 r/m<br>data<br>(data) | 3—4 | 4 | (reg)←(reg)−data−(CF) | X | | | | X | X | X | X | X |
| | mem,data | 10 000 0sw<br>mod 011 r/m<br>(disp)<br>(disp)<br>data<br>(data) | 3—6 | 17+EA | (mem)←(mem)−data−(CF) | X | | | | X | X | X | X | X |

| 助记符 | 操作数 | 机器码 76　543　210 | 字节数 | 时钟数 | 功　能 | O | D | I | T | S | Z | A | P | C |
|---|---|---|---|---|---|---|---|---|---|---|---|---|---|---|
| SBB | acc,data | 00　011　10w<br>data<br>(data) | 2—3 | 4 | 若 w=0,<br>(AL)←(AL)—data8—(CF)<br>若 w=1,<br>(AX)←(AX)—data16—(CF) | X | | | | X | X | X | X | X |
| DEC | reg8 | 11　111　110<br>11　001　r/m | 2 | 3 | (reg8)←(reg8)—1 | X | | | | X | X | X | X | |
| | mem | 11　111　11w<br>mod 001 r/m<br>(disp)<br>(disp) | 2—4 | 15+EA | (mem)←(mem)—1 | X | | | | X | X | X | X | |
| | reg16 | 01　001　reg | 1 | 2 | (reg16)←(reg16)—1 | X | | | | X | X | X | X | |
| NEG | reg | 11　110　11w<br>11　011　r/m | 2 | 3 | (reg)←0—(reg) | X | | | | X | X | X | X | X |
| | mem | 11　110　11w<br>mod 011 r/m<br>(disp)<br>(disp) | 2—4 | 16+EA | (mem)←0—(mem) | X | | | | X | X | X | X | X |
| CMP | reg,reg | 00　111　00w<br>11　reg　r/m | 2 | 3 | (reg)—(reg) | X | | | | X | X | X | X | X |
| | mem,reg | 00　111　00w<br>mod reg r/m<br>(disp)<br>(disp) | 2—4 | 9+EA | (mem)—(reg) | X | | | | X | X | X | X | X |
| | reg,mem | 00　111　01w<br>mod reg r/m<br>(disp)<br>(disp) | 2—4 | 9+EA | (reg)—(mem) | X | | | | X | X | X | X | X |
| | reg,data | 10　000　0sw<br>11　111　r/m<br>data<br>(data) | 3—4 | 4 | (reg)—data | X | | | | X | X | X | X | X |
| | mem,data | 10　000　0sw<br>mod 111 r/m<br>(disp)<br>(disp)<br>data<br>(data) | 3—6 | 10+EA | (mem)—data | X | | | | X | X | X | X | X |
| | acc,data | 00　111　10w<br>data<br>(data) | 2—3 | 4 | 若 w=0,(AL)←data8<br>若 w=1,(AX)←data16 | X | | | | X | X | X | X | X |

| 助记符 | 操作数 | 机器码 76 543 210 | 字节数 | 时钟数 | 功　能 | O | D | I | T | S | Z | A | P | C |
|---|---|---|---|---|---|---|---|---|---|---|---|---|---|---|
| AAS | | 00 111 111 | 1 | 4 | 若((AL)&0FH)>9 或(AF)=1,则(AL)←(AL)-6,(AH)←(AH)-1,(AF)←1,(CF)←(AF),(AL)←(AL)&0FH | U | | | | U | U | X | U | X |
| DAS | | 00 101 111 | 1 | 4 | 若((AL)&0FH)>9 或(AF)=1,则(AL)←(AL)-6,(AF)←1;若(AL)>9FH 或(CF)=1,则(AL)←(AL)-60H,(CF)←1 | U | | | | X | X | X | X | X |
| MUL | reg8 | 11 110 110 <br> 11 100 r/m | 2 | 70-77 | (AX)←(AL) * (reg8),若乘积的高半部分等于 0,则(CF)←0,否则(CF)←1,(OF)←(CF) | X | | | | U | U | U | U | X |
| | mem8 | 11 110 110 <br> mod 100 r/m <br> (disp) <br> (disp) | 2-4 | (76-83)+EA | (AX)←(AL) * (mem8),若乘积的高半部分等于 0,则(CF)←0,否则(CF)←1,(OF)←(CF) | X | | | | U | U | U | U | X |
| | reg16 | 11 110 111 <br> 11 100 r/m | 2 | 118-133 | (DX∶AX)←(AX) * (reg16),若乘积的高半部分等于 0,则(CF)←0,否则(CF)←1,(OF)←(CF) | X | | | | U | U | U | U | X |
| | mem16 | 11 110 111 <br> mod 100 r/m <br> (disp) <br> (disp) | 2-4 | (124-139)+EA | (DX∶AX)←(AX) * (mem16),若乘积的高半部分等于 0,则(CF)←0,否则(CF)←1,(OF)←(CF) | X | | | | U | U | U | U | X |
| IMUL | reg8 | 11 110 110 <br> 11 101 r/m | 2 | 80-98 | (AX)←(AL) * (reg8),若乘积的高半部分是低半部分符号的扩展,则(CF)←0,否则(CF)←1,(OF)←(CF) | X | | | | U | U | U | U | X |
| | mem8 | 11 110 110 <br> mod 101 r/m <br> (disp) <br> (disp) | 2-4 | (86-104)+EA | (AX)←(AL) * (mem8),若乘积的高半部分是低半部分符号的扩展,则(CF)←0,否则(CF)←1,(OF)←(CF) | X | | | | U | U | U | U | X |
| | reg16 | 11 110 111 <br> 11 101 r/m | 2 | 128-154 | (DX∶AX)←(AX) * (reg16),若乘积的高半部分是低半部分符号的扩展,则(CF)←0,否则(CF)←1,(OF)←(CF) | X | | | | U | U | U | U | X |
| | mem16 | 11 110 111 <br> mod 101 r/m <br> (disp) <br> (disp) | 2-4 | (134-160)+EA | (DX∶AX)←(AX) * (mem16),若乘积的高半部分是低半部分符号的扩展,则(CF)←0,否则(CF)←1,(OF)←(CF) | X | | | | U | U | U | U | X |

续表

| 助记符 | 操作数 | 机器码 76 543 210 | 字节数 | 时钟数 | 功　　能 | O | D | I | T | S | Z | A | P | C |
|---|---|---|---|---|---|---|---|---|---|---|---|---|---|---|
| AAM | | 11 010 100<br>00 001 010 | 2 | 83 | $(AH)\leftarrow(AL)/0AH$,<br>$(AL)\leftarrow(AL)\%0AH$ | U | | | | X | X | U | X | U |
| DIV | reg8 | 11 110 110<br>11 110 r/m | 2 | 80—90 | $(AL)\leftarrow(AX)/(reg8)$,<br>$(AH)\leftarrow(AX)\%(reg8)$,若商大于 FFH,则产生一个 0 型中断 | U | | | | U | U | U | U | U |
| | mem8 | 11 110 110<br>mod 110 r/m<br>(disp)<br>(disp) | 2—4 | (86—96)+EA | $(AL)\leftarrow(AX)/(mem8)$,<br>$(AH)\leftarrow(AX)\%(mem8)$,若商大于 FFH,则产生一个 0 型中断 | U | | | | U | U | U | U | U |
| | reg16 | 11 110 111<br>11 110 r/m | 2 | 144—162 | $(AX)\leftarrow(DX:AX)/(reg16)$,<br>$(DX)\leftarrow(DX:AX)\%(reg16)$,若商大于 FFFFH,则产生一个 0 型中断 | U | | | | U | U | U | U | U |
| | mem16 | 11 110 111<br>mod 110 r/m<br>(disp)<br>(disp) | 2—4 | (150—168)+EA | $(AX)\leftarrow(DX:AX)/(mem16)$,<br>$(DX)\leftarrow(DX:AX)\%(mem16)$,若商大于 FFFFH,则产生一个 0 型中断 | U | | | | U | U | U | U | U |
| IDIV | reg8 | 11 110 110<br>11 111 r/m | 2 | 101—112 | $(AL)\leftarrow(AX)/(reg8)$,<br>$(AH)\leftarrow AX\%(reg8)$,若商超出范围($-128\sim+127$),则产生一个 0 型中断 | U | | | | U | U | U | U | U |
| | mem8 | 11 110 110<br>mod 111 r/m<br>(disp)<br>(disp) | 2—4 | (107—118)+EA | $(AL)\leftarrow(AX)/(mem8)$,<br>$(AH)\leftarrow AX\%(mem8)$,若商超出范围($-128\sim+127$),则产生一个 0 型中断 | U | | | | U | U | U | U | U |
| | reg16 | 11 110 111<br>11 111 r/m | 2 | 165—184 | $(AX)\leftarrow(DX:AX)/(reg16)$,<br>$(DX)\leftarrow(DX:AX)\%(reg16)$,若商超出范围($-32\,768\sim+32\,767$),则产生一个 0 型中断 | U | | | | U | U | U | U | U |
| | mem16 | 11 110 111<br>mod 111 r/m<br>(disp)<br>(disp) | 2—4 | (171—190)+EA | $(AX)\leftarrow(DX:AX)/(mem16)$,<br>$(DX)\leftarrow(DX:AX)\%(mem16)$,若商超出范围($-32\,768\sim+32\,767$),则产生一个 0 型中断 | U | | | | U | U | U | U | U |
| AAD | | 11 010 101<br>00 001 010 | 2 | 60 | $(AL)\leftarrow(AH)*0AH+(AL)$,<br>$(AH)\leftarrow0$ | U | | | | X | X | U | X | U |
| CBW | | 10 011 000 | 1 | 2 | 若$(AL)<80H$,则$(AH)\leftarrow0$,<br>否则$(AH)\leftarrow FFH$ | | | | | | | | | |
| CWD | | 10 011 001 | 1 | 5 | 若$(AX)<8000H$,则$(DX)\leftarrow0$,<br>否则$(DX)\leftarrow FFFFH$ | | | | | | | | | |

（3）逻辑指令（见附表 2.9）

附表 2.9　逻辑指令

| 助记符 | 操作数 | 机器码 76 543 210 | 字节数 | 时钟数 | 功　能 | O | D | I | T | S | Z | A | P | C |
|---|---|---|---|---|---|---|---|---|---|---|---|---|---|---|
| AND | reg,reg | 00 100 00w<br>11 reg r/m | 2 | 3 | (reg)←(reg)&(reg) | 0 | | | | X | X | U | X | 0 |
| | mem,reg | 00 100 00w<br>mod reg r/m<br>(disp)<br>(disp) | 2—4 | 16+EA | (mem)←(mem)&(reg) | 0 | | | | X | X | U | X | 0 |
| | reg,mem | 00 100 01w<br>mod reg r/m<br>(disp)<br>(disp) | 2—4 | 9+EA | (reg)←(reg)&(mem) | 0 | | | | X | X | U | X | 0 |
| | reg,data | 10 000 00w<br>11 100 r/m<br>data<br>(data) | 3—4 | 4 | (reg)←(reg)&data | 0 | | | | X | X | U | X | 0 |
| | mem,data | 10 000 00w<br>mod 100 r/m<br>(disp)<br>(disp)<br>data<br>(data) | 3—6 | 17+EA | (mem)←(mem)&data | 0 | | | | X | X | U | X | 0 |
| | acc,data | 00 100 10w<br>data<br>(data) | 2—3 | 4 | 若 w=0,(AL)←(AL)&data8<br>若 w=1,(AX)←(AX)&data16 | 0 | | | | X | X | U | X | 0 |
| TEST | reg,reg | 10 000 10w<br>11 reg r/m | 2 | 3 | (reg)&(reg) | 0 | | | | X | X | U | X | 0 |
| | mem,reg | 10 000 10w<br>mod reg r/m<br>(disp)<br>(disp) | 2—4 | 9+EA | (mem)&(reg) | 0 | | | | X | X | U | X | 0 |
| | reg,data | 11 110 11w<br>11 000 r/m<br>data<br>(data) | 3—4 | 5 | (reg)&data | 0 | | | | X | X | U | X | 0 |
| | mem,data | 11 110 11w<br>mod 000 r/m<br>(disp)<br>(disp)<br>data<br>(data) | 3—6 | 11+EA | (mem)&data | 0 | | | | X | X | U | X | 0 |

| 助记符 | 操作数 | 机器码 76 543 210 | 字节数 | 时钟数 | 功　　能 | O | D | I | T | S | Z | A | P | C |
|---|---|---|---|---|---|---|---|---|---|---|---|---|---|---|
| TEST | acc,data | 10 101 00w / data / (data) | 2—3 | 4 | 若 w=0,(AL)&data8<br>若 w=1,(AX)&data16 | 0 | | | | X | X | U | X | 0 |
| OR | reg,reg | 00 001 00w / 11 reg r/m | 2 | 3 | (reg)←(reg)∨(reg) | 0 | | | | X | X | U | X | 0 |
| | mem,reg | 00 001 00w / mod reg r/m / (disp) / (disp) | 2—4 | 16+EA | (mem)←(mem)∨(reg) | 0 | | | | X | X | U | X | 0 |
| | reg,mem | 00 001 01w / mod reg r/m / (disp) / (disp) | 2—4 | 9+EA | (reg)←(reg)∨(mem) | 0 | | | | X | X | U | X | 0 |
| | reg,data | 10 000 00w / 11 001 r/m / data / (data) | 3—4 | 4 | (reg)←(reg)∨data | 0 | | | | X | X | U | X | 0 |
| | mem,data | 10 000 00w / mod 001 r/m / (disp) / (disp) / data / (data) | 3—6 | 17+EA | (mem)←(mem)∨data | 0 | | | | X | X | U | X | 0 |
| | acc,data | 00 001 10w / data / (data) | 2—3 | 4 | 若 w=0,(AL)←(AL)∨data8<br>若 w=1,(AX)←(AX)∨data16 | 0 | | | | X | X | U | X | 0 |
| XOR | reg,reg | 00 110 00w / 11 reg r/m | 2 | 3 | (reg)←(reg)⊕(reg) | 0 | | | | X | X | U | X | 0 |
| | mem,reg | 00 110 00w / mod reg r/m / (disp) / (disp) | 2—4 | 16+EA | (mem)←(mem)⊕(reg) | 0 | | | | X | X | U | X | 0 |
| | reg,mem | 00 110 01w / mod reg r/m / (disp) / (disp) | 2—4 | 9+EA | (reg)←(reg)⊕(mem) | 0 | | | | X | X | U | X | 0 |
| | reg,data | 10 000 00w / 11 110 r/m / data / (data) | 3—4 | 4 | (reg)←(reg)⊕data | 0 | | | | X | X | U | X | 0 |

| 助记符 | 操作数 | 机器码 76 543 210 | 字节数 | 时钟数 | 功　能 | O | D | I | T | S | Z | A | P | C |
|---|---|---|---|---|---|---|---|---|---|---|---|---|---|---|
| XOR | mem,data | 10 000 00w<br>mod 110 r/m<br>(disp)<br>(disp)<br>data<br>(data) | 3—6 | 17+EA | (mem)←(mem)⊕data | 0 | | | | X | X | U | X | 0 |
| | acc,data | 00 110 10w<br>data<br>(data) | 2—3 | 4 | 若 w=0,(AL)←(AL)⊕data8<br>若 w=1,(AX)←(AX)⊕data16 | 0 | | | | X | X | U | X | 0 |
| NOT | reg | 11 110 11w<br>11 010 r/m | 2 | 3 | 若 w=0,(reg8)←FFH−(reg8)<br>若 w=1,<br>(reg16)←FFFFH−(reg16) | | | | | | | | | |
| | mem | 11 110 11w<br>mod 010 r/m<br>(disp)<br>(disp) | 2—4 | 16+EA | 若 w=0,<br>(mem8)←FFH−(mem8)<br>若 w=1,<br>(mem16)←FFFFH−(mem16) | | | | | | | | | |
| SHL<br>SAL | reg,1 | 11 010 00w<br>11 100 r/m | 2 | 2 | | X | | | | X | X | U | X | X |
| | mem,1 | 11 010 00w<br>mod 100 r/m<br>(disp)<br>(disp) | 2—4 | 15+EA | 只移一位,最低位补 0,若移位后的最高位≠(CF),则(OF)←1,否则(CF)←0 | | | | | | | | | |
| | reg,CL | 11 010 01w<br>11 100 r/m | 2 | 8+4/bit | 操作同上,位移(CL)位,当移位次数不等于 1 时,(OF)的值不确定 | U | | | | X | X | U | X | X |
| | mem,CL | 11 010 01w<br>mod 100 r/m<br>(disp)<br>(disp) | 2—4 | 20+EA<br>+4/bit | | | | | | | | | | |
| SHR | reg,1 | 11 010 00w<br>11 101 r/m | 2 | 2 | | X | | | | X | X | U | X | X |
| | mem,1 | 11 010 00w<br>mod 101 r/m<br>(disp)<br>(disp) | 2—4 | 15+EA | 只移一位,最高位补 0,若移位后的最高位≠次高位,则(OF)←1,否则(OF)←0 | | | | | | | | | |
| | reg,CL | 11 010 01w<br>11 101 r/m | 2 | 8+4/bit | 操作同上,但移(CL)位,当移位次数不等于 1 时,(OF)的值不确定 | U | | | | X | X | U | X | X |
| | mem,CL | 11 010 01w<br>mod 101 r/m<br>(disp)<br>(disp) | 2—4 | 20+EA<br>+4/bit | | | | | | | | | | |

续表

| 助记符 | 操作数 | 机器码 76 543 210 | 字节数 | 时钟数 | 功　能 | O | D | I | T | S | Z | A | P | C |
|---|---|---|---|---|---|---|---|---|---|---|---|---|---|---|
| SAR | reg,1 | 11 010 00w<br>11 111 r/m | 2 | 2 | reg/mem → CF | | | | | | | | | |
| | mem,1 | 11 010 00w<br>mod 111 r/m<br>(disp)<br>(disp) | 2—4 | 15+EA | 只移一位,最高位不变,如果最高位≠次高位,则(OF)←1,否则(OF)←0。 | X | | | | X | X | U | X | X |
| | reg,CL | 11 010 01w<br>11 111 r/m | 2 | 8+4/bit | | | | | | | | | | |
| | mem,CL | 11 010 01w<br>mod 111 r/m<br>(disp)<br>(disp) | 2—4 | 20+EA+4/bit | 操作同上,但移(CL)位,当移位次数不等于1时,(OF)的值不确定 | U | | | | X | X | U | X | X |
| ROL | reg,1 | 11 010 00w<br>11 000 r/m | 2 | 2 | CF ← reg/mem | | | | | | | | | |
| | mem,1 | 11 010 00w<br>mod 000 r/m<br>(disp)<br>(disp) | 2—4 | 15+EA | 只移一位,若移位后的最高位≠(CF),则(OF)←1,否则(OF)←0 | X | | | | | | | | X |
| | reg,CL | 11 010 01w<br>11 000 r/m | 2 | 8+4/bit | | | | | | | | | | |
| | mem,CL | 11 010 01w<br>mod 000 r/m<br>(disp)<br>(disp) | 2—4 | 20+EA+4/bit | 操作同上,但移(CL)位,当移位次数不等于1时,(OF)的值不确定 | U | | | | | | | | X |
| ROR | reg,1 | 11 010 00w<br>11 001 r/m | 2 | 2 | reg/mem → CF | | | | | | | | | |
| | mem,1 | 11 010 00w<br>mod 001 r/m<br>(disp)<br>(disp) | 2—4 | 15+EA | 只移一位,若移位后的最高位≠次高位,则(OF)←1,否则(OF)←0 | X | | | | | | | | X |
| | reg,CL | 11 010 01w<br>11 001 r/m | 2 | 8+4/bit | | | | | | | | | | |
| | mem,CL | 11 010 01w<br>mod 001 r/m<br>(disp)<br>(disp) | 2—4 | 20+EA+4/bit | 操作同上,但移(CL)位,当移位次数不等于1时,(OF)的值不确定 | U | | | | | | | | X |

| 助记符 | 操作数 | 机器码 76 543 210 | 字节数 | 时钟数 | 功　　能 | 标　　志 O D I T S Z A P C |
|---|---|---|---|---|---|---|
| RCL | reg,1 | 11 010 00w<br>11 010 r/m | 2 | 2 | 只移一位,若移位后的最高位≠(CF),则(OF)←1,否则(OF)←0 | X　　　　　　　　X |
| | mem,1 | 11 010 00w<br>mod 010 r/m<br>(disp)<br>(disp) | 2—4 | 15+EA | | |
| | reg,CL | 11 010 01w<br>11 010 r/m | 2 | 8+4/bit | 操作同上,但移(CL)位,当移位次数不等于 1 时,(OF)的值不确定 | U　　　　　　　　X |
| | mem,CL | 11 010 01w<br>mod 010 r/m<br>(disp)<br>(disp) | 2—4 | 20+EA+4/bit | | |
| RCR | reg,1 | 11 010 00w<br>11 011 r/m | 2 | 2 | 只移一位,若移位后的最高位≠次高位,则(OF)←1,否则(OF)←0 | X　　　　　　　　X |
| | mem,1 | 11 010 00w<br>mod 011 r/m<br>(disp)<br>(disp) | 2—4 | 15+EA | | |
| | reg,CL | 11 010 01w<br>11 011 r/m | 2 | 8+4/bit | 操作同上,但移(CL)位,当移位次数不等于 1 时,(OF)的值不确定 | U　　　　　　　　X |
| | mem,CL | 11 010 01w<br>mod 011 r/m<br>(disp)<br>(disp) | 2—4 | 20+EA+4/bit | | |

(4) 串操作指令(见附表 2.10)

附表 2.10　串操作指令

| 助记符 | 操作数 | 机器码 76 543 210 | 字节数 | 时钟数 | 功　　能 | 标　　志 O D I T S Z A P C |
|---|---|---|---|---|---|---|
| MOVS<br>MOVSB<br>MOVSW | dest _ string,<br>src _ string<br>(无操作数)<br>(无操作数) | 10 100 10w | 1 | 18<br>带重复前缀时:<br>9 + 17/rep | 当 w=0,((DI))←((SI))<br>　如(DF)=0,则(SI)←(SI)+1,(DI)←(DI)+1<br>　如(DF)=1,则(SI)←(SI)-1,(DI)←(DI)-1<br>当 w=1,((DI)+1:(DI))←((SI)+1:(SI))<br>　如(DF)=0,则(SI)←(SI)+2,(DI)←(DI)+2<br>　如(DF)=1,则(SI)←(SI)-2,(DI)←(DI)-2 | |

续表

| 助记符 | 操作数 | 机器码 76 543 210 | 字节数 | 时钟数 | 功　能 | O | D | I | T | S | Z | A | P | C |
|---|---|---|---|---|---|---|---|---|---|---|---|---|---|---|
| CMPS CMPSB CMPSW | src_string, dest_string （无操作数） （无操作数） | 10 100 11w | 1 | 22 带重复前缀时： 9 ＋ 22/rep | 当 w＝0，((SI))－((DI))　如(DF)＝0, 则(SI)←(SI)＋1，(DI)←(DI)＋1　如(DF)＝1, 则(SI)←(SI)－1，(DI)←(DI)－1　当 w＝1，((SI)＋1：(SI))←((DI)＋1：(DI))　如(DF)＝0, 则(SI)←(SI)＋2，(DI)←(DI)＋2　如(DF)＝1, 则(SI)←(SI)－2，(DI)←(DI)－2 | X | | | | X | X | X | X | X |
| SCAS SCASB SCASW | dest_string （无操作数） （无操作数） | 10 101 11w | 1 | 15 带重复前缀时：9 ＋15/rep | 当 w＝0，(AL)－((DI))　如(DF)＝0,则(DD)←(DI)＋1　如(DF)＝1,则(DD)←(DI)－1　当 w＝1，(AX)－((DI)＋1：(DI))　如(DF)＝0,则(DD)←(DI)＋2　如(DF)＝1,则(DD)←(DI)－2 | X | | | | X | X | X | X | X |
| LODS LODSB LODSW | src_string （无操作数） （无操作数） | 10 101 10w | 1 | 12 带重复前缀时： 9 ＋ 13/rep | 当 w＝0，(AL)←((SI))　如(DF)＝0,则(SI)←(SI)＋1　如(DF)＝1,则(SI)←(SI)－1　当 w＝1,(AX)←((SI)＋1:(SI))　如(DF)＝0,则(SI)←(SI)＋2　如(DF)＝1,则(SI)←(SI)－2 | | | | | | | | | |
| STOS STOSB STOSW | dest_string （无操作数） （无操作数） | 10 101 01w | 1 | 11 带重复前缀时： 9 ＋ 10/rep | 当 w＝0，((DI))←(AL)　如(DF)＝0,则(DD)←(DI)＋1　如(DF)＝1,则(DD)←(DI)－1　当 w＝1, ((DI)＋1：(DI))←(AX)　如(DF)＝0,则(DD)←(DI)＋2　如(DF)＝1,则(DD)←(DI)－2 | | | | | | | | | |
| REP REPE /REPZ | | 11 110 011 | 1 | 2 | 当(CX)≠0 时,重复执行随后的串操作指令。对于 CMPS 或 SCAS 指令,当(ZF)≠1 时不再重复 | | | | | | | | | |
| REPNE /REPNZ | | 11 110 010 | 1 | 2 | 对于 CMPS 或 SCAS 指令,当(CX)≠0,且(ZF)＝0 时,重复执行随后的串操作指令 | | | | | | | | | |

(5) 控制转移指令(见附表 2.11)

**附表 2.11　控制转移指令**

| 助记符 | 操作数 | 机器码 76 543 210 | 字节数 | 时钟数 | 功　能 | O | D | I | T | S | Z | A | P | C |
|---|---|---|---|---|---|---|---|---|---|---|---|---|---|---|
| JMP | near _ label | 11　101　001 disp disp | 3 | 15 | (IP)←(IP)+disp16 | | | | | | | | | |
| | short _ label | 11　101　011 disp | 2 | 15 | (IP)←(IP)+disp8 | | | | | | | | | |
| | reg16 | 11　111　111 11　100 r/m | 2 | 11 | (IP)←(reg16) | | | | | | | | | |
| | mem16 | 11　111　111 mod 100 r/m (disp) (disp) | 2—4 | 18+EA | (IP)←(mem16) | | | | | | | | | |
| | far _ label | 11　101　010 offset _ low offset _ high seg _ low seg _ high | 5 | 15 | (IP)←offset (CS)←seg | | | | | | | | | |
| | mem32 | 11　111　111 mod 101 r/m (disp) (disp) | 2—4 | 24+EA | (IP)←(mem32) (CS)←(mem32+2) | | | | | | | | | |
| JE/JZ | short _ label | 01　110　100 disp | 2 | 16(转移) 4(不转移) | 若(ZF)=1, (IP)←(IP)+disp8 | | | | | | | | | |
| JNE /JNZ | short _ label | 01　110　101 disp | 2 | 16(转移) 4(不转移) | 若(ZF)=0, (IP)←(IP)+disp8 | | | | | | | | | |
| JS | short _ label | 01　111　000 disp | 2 | 16(转移) 4(不转移) | 若(SF)=1, (IP)←(IP)+disp8 | | | | | | | | | |
| JNS | short _ label | 01　111　001 disp | 2 | 16(转移) 4(不转移) | 若(SF)=0, (IP)←(IP)+disp8 | | | | | | | | | |
| JP /JPE | short _ label | 01　111　010 disp | 2 | 16(转移) 4(不转移) | 若(PF)=1, (IP)←(IP)+disp8 | | | | | | | | | |
| JNP /JPO | short _ label | 01　111　011 disp | 2 | 16(转移) 4(不转移) | 若(PF)=0, (IP)←(IP)+disp8 | | | | | | | | | |
| JO | short _ label | 01　110　000 disp | 2 | 16(转移) 4(不转移) | 若(OF)=1, (IP)←(IP)+disp8 | | | | | | | | | |
| JNO | short _ label | 01　110　001 disp | 2 | 16(转移) 4(不转移) | 若(OF)=0, (IP)←(IP)+disp8 | | | | | | | | | |
| JC | short _ label | 01　110　010 disp | 2 | 16(转移) 4(不转移) | 若(CF)=1, (IP)←(IP)+disp8 | | | | | | | | | |
| JB/ JNAE | short _ label | 01　110　010 disp | 2 | 16(转移) 4(不转移) | 若(CF)=1, (IP)←(IP)+disp8 | | | | | | | | | |

续表

| 助记符 | 操作数 | 机器码 76 543 210 | 字节数 | 时钟数 | 功　能 | O | D | I | T | S | Z | A | P | C |
|---|---|---|---|---|---|---|---|---|---|---|---|---|---|---|
| JNC | short_label | 01 110 011<br>disp | 2 | 16(转移)<br>4(不转移) | 若(CF)=0,<br>　(IP)←(IP)+disp8 | | | | | | | | | |
| JAE<br>/JNB | short_label | 01 110 011<br>disp | 2 | 16(转移)<br>4(不转移) | 若(CF)=0,<br>　(IP)←(IP)+disp8 | | | | | | | | | |
| JA/<br>JNBE | short_label | 01 110 111<br>disp | 2 | 16(转移)<br>4(不转移) | 若(CF)=0,且(ZF)=0,<br>(IP)←(IP)+disp8 | | | | | | | | | |
| JBE<br>/JNA | short_label | 01 110 110<br>disp | 2 | 16(转移)<br>4(不转移) | 若(CF)=1或(ZF)=1,<br>(IP)←(IP)+disp8 | | | | | | | | | |
| JG/<br>JNLE | short_label | 01 111 111<br>disp | 2 | 16(转移)<br>4(不转移) | 若(SF)=(OF)且(ZF)=0,<br>(IP)←(IP)+disp8 | | | | | | | | | |
| JGE<br>/JNL | short_label | 01 111 101<br>disp | 2 | 16(转移)<br>4(不转移) | 若(SF)=(OF),<br>　(IP)←(IP)+disp8 | | | | | | | | | |
| JL/<br>JNGE | short_label | 01 111 100<br>disp | 2 | 16(转移)<br>4(不转移) | 若(SF)≠(OF)且(ZF)=0,<br>(IP)←(IP)+disp8 | | | | | | | | | |
| JLE/<br>JNG | short_label | 01 111 110<br>disp | 2 | 16(转移)<br>4(不转移) | 若(SF)≠(OF)或(ZF)=1,<br>(IP)←(IP)+disp8 | | | | | | | | | |
| JCXZ | short_label | 11 100 011<br>disp | 2 | 18(转移)<br>6(不转移) | 若(CX)=0,<br>(IP)←(IP)+disp8 | | | | | | | | | |
| LOOP | short_label | 11 100 010<br>disp | 2 | 17(循环)<br>5(不循环) | (CX)←(CX)-1,若 CX≠<br>0,(IP)←(IP)+disp8 | | | | | | | | | |
| LOOPE<br>/LOOPZ | short_label | 11 100 001<br>disp | 2 | 18(循环)<br>6(不循环) | (CX)←(CX)-1,若(CX)≠0<br>且(ZF)=1,(IP)←(IP)+disp8 | | | | | | | | | |
| LOOPNE<br>/LOOPNZ | short_label | 11 100 000<br>disp | 2 | 19(循环)<br>5(不循环) | (CX)←(CX)-1,若(CX)≠0<br>且(ZF)=0,<br>(IP)←(IP)+disp8 | | | | | | | | | |
| CALL | near_proc | 11 101 000<br>disp<br>disp | 3 | 19 | (SP)←(SP)-2,<br>((SP)+1:(SP))←(IP),<br>(IP)←(IP)+disp16 | | | | | | | | | |
| | reg16 | 11 111 111<br>11 010 r/m | 2 | 16 | (SP)←(SP)-2,<br>((SP)+1:(SP))←(IP),<br>(IP)←(reg16) | | | | | | | | | |
| | mem16 | 11 111 111<br>mod 010 r/m<br>(disp)<br>(disp) | 2-4 | 21+EA | (SP)←(SP)-2,<br>((SP)+1:(SP))←(IP),<br>(IP)←(mem16) | | | | | | | | | |
| | far_proc | 10 011 010<br>offset_low<br>offset_high<br>seg_low<br>seg_high | 5 | 28 | (SP)←(SP)-2,<br>((SP)+1:(SP))←(CS),<br>(CS)←seg;<br>(SP)←(SP)-2<br>((SP)+1:(SP))←(IP),<br>(IP)←offset | | | | | | | | | |

续表

| 助记符 | 操作数 | 机器码 76 543 210 | 字节数 | 时钟数 | 功　　能 | O | D | I | T | S | Z | A | P | C |
|---|---|---|---|---|---|---|---|---|---|---|---|---|---|---|
| CALL | mem32 | 11　111　111<br>mod 011 r/m<br>(disp)<br>(disp) | 2—4 | 37＋EA | (SP)←(SP)−2,<br>((SP)+1：(SP))←(CS),<br>(CS)←(mem32+2);<br>(SP)←(SP)−2<br>((SP)+1：(SP))←(IP),<br>(IP)←(mem32) | | | | | | | | | |
| RET | | 11　000　011 | 1 | 8 | (IP)←((SP)+1：(SP)),<br>(SP)←(SP)+2 | | | | | | | | | |
| | pop_value | 11　000　010<br>data<br>data | 3 | 12 | (IP)←((SP)+1：(SP)),<br>(SP)←(SP)+2,<br>(SP)←(SP)+data16 | | | | | | | | | |
| | | 11　001　011 | 1 | 18 | (IP)←((SP)+1：(SP)),<br>(SP)←(SP)+2;<br>(CS)←((SP)+1：(SP)),<br>(SP)←(SP)+2 | | | | | | | | | |
| | pop_value | 11　001　010<br>data<br>data | 3 | 17 | (IP)←((SP)+1：(SP)),<br>(SP)←(SP)+2;<br>(CS)←((SP)+1：(SP)),<br>(SP)←(SP)+2,<br>(SP)←(SP)+data 16 | | | | | | | | | |
| INT | 3 | 11　001　100 | 1 | 52 | (SP)←(SP)−2,((SP)+1：<br>(SP))←(FLAGS),<br>(IF)←0,(TF)←0;<br>(SP)←(SP)−2,<br>((SP)+1：(SP))←(CS),<br>(CS)←(14);<br>(SP)←(SP)−2,<br>((SP)+1：(SP))←(IP),<br>(IP)←(12) | | | 0 | 0 | | | | | |
| INT | data8<br>(data8≠3) | 11　001　101<br>data | 2 | 51 | (SP)←(SP)−2,((SP)+1：<br>(SP))←(FLAGS),<br>(IF)←0,(TF)←0,<br>(SP)←(SP)−2,<br>((SP)+1：(SP))←(CS),<br>(CS)←(data×4+2);<br>(SP)←(SP)−2;<br>((SP)+1：(SP))←(IP),<br>(IP)←(data×4) | | | 0 | 0 | | | | | |

续表

| 助记符 | 操作数 | 机器码 76 543 210 | 字节数 | 时钟数 | 功 能 | 标 志 O D I T S Z A P C |
|---|---|---|---|---|---|---|
| INTO | | 11 001 110 | 1 | 53(中断) 4(不中断) | 若(OF)=1, 则(SP)←(SP)−2, ((SP)+1：(SP))←(FLAGS), (IF)←0,(TF)←0; (SP)←(SP)−2, ((SP)+1：(SP))←(CS), (CS)←(12H); (SP)←(SP)−2, ((SP)+1：(SP))←(IP), (IP)←(10H) | 0 0 |
| IRET | | 11 001 111 | 1 | 24 | (IP)←((SP)+1：(SP)), (SP)←(SP)+2; (CS)←((SP)+1：(SP)), (SP)←(SP)+2; (FLAGS)←((SP)+1：(SP)), (SP)←(SP)+2 | R R R R R R R R R |

（6）处理器控制指令（见附表 2.12）

附表 2.12  处理器控制指令

| 助记符 | 操作数 | 机器码 76 543 210 | 字节数 | 时钟数 | 功 能 | O | D | I | T | S | Z | A | P | C |
|---|---|---|---|---|---|---|---|---|---|---|---|---|---|---|
| CLC | | 11 111 000 | 1 | 2 | (CF)←0 | | | | | | | | | 0 |
| STC | | 11 111 001 | 1 | 2 | (CF)←1 | | | | | | | | | 1 |
| CMC | | 11 110 101 | 1 | 2 | (CF)←($\overline{CF}$) | | | | | | | | | X |
| CLD | | 11 111 100 | 1 | 2 | (DF)←0 | | 0 | | | | | | | |
| STD | | 11 111 101 | 1 | 2 | (DF)←1 | | 1 | | | | | | | |
| CLI | | 11 111 010 | 1 | 2 | (IF)←0 | | | 0 | | | | | | |
| STI | | 11 111 011 | 1 | 2 | (IF)←1 | | | 1 | | | | | | |
| NOP | | 10 010 000 | 1 | 3 | 空操作 | | | | | | | | | |
| HLT | | 11 110 100 | 1 | 2 | CPU 暂停 | | | | | | | | | |
| WAIT | | 10 011 011 | 1 | 3 | CPU 等待 | | | | | | | | | |
| ESC | ext＿op, mem | 11 011 XXX mod XXX r/m (disp) (disp) | 2—4 | 8+EA | CPU escape 数据总线←(mem) | | | | | | | | | |
| LOCK | | 11 110 000 | 1 | 2 | 总线锁定 | | | | | | | | | |

# 附录 3    MASM 伪操作命令表

| 类　别 | 伪操作名 | 格　　式 | 功　　能 |
|---|---|---|---|
| 处理器<br>方式<br>伪操作 | .8086 | .8086 | 设置 8086/8088 方式 |
| | .286/.286C | .286/.286C | 设置 80286 非保护方式 |
| | .286P | .286P | 设置 80286 保护方式 |
| | .386/.386C | .386/.386C | 设置 80386 非保护方式 |
| | .386P | .386P | 设置 80386 保护方式 |
| | .486/.486C | .486/.486C | 设置 80486 非保护方式 |
| | 486P | .486P | 设置 80486 保护方式 |
| | .8087 | .8087 | 设置 8087 协处理器方式 |
| | .287 | .287 | 设置 80287 协处理器方式 |
| | .387 | .387 | 设置 80387 协处理器方式 |
| 数据<br>定义<br>伪操作 | DB | ［变量名］DB 操作数［,…］ | 定义字节变量 |
| | DW | ［变量名］DW 操作数［,…］ | 定义字(2 字节)变量 |
| | DD | ［变量名］DD 操作数［,…］ | 定义双字(4 字节)变量 |
| | DQ | ［变量名］DQ 操作数［,…］ | 定义四字(8 字节)变量 |
| | DT | ［变量名］DT 操作数［,…］ | 定义十字节(10 字节)变量 |
| | DF | ［变量名］DF 操作数［,…］ | 定义远字(6 字节)变量,仅用于<br>80386 以上的 CPU |
| | RECORD | 记录名 RECORD 字段［,…］<br>其中各字段的格式为<br>字段名:宽度［=表达式］ | 定义记录类型 |
| | STRUC | 结构名 STRUC<br>　　:(数据定义语句组)<br>结构名 ENDS | 定义结构类型 |
| 符号<br>定义<br>伪操作 | EQU | 名字 EQU 表达式 | 给名字赋值 |
| | = | 名字=表达式 | 同上,但允许重复赋值 |
| | LABEL | 名字 LABEL 表达式 | 定义标号或变量的类型 |
| 段定义<br>伪操作 | SEGMENT | 段名 SEGMENT［定位类型］<br>　　［组合类型］［'类别'］<br>　　　　: | 定义一个逻辑段 |
| | ENDS | 段名 ENDS | |
| | ASSUME | ASSUME 段寄存器名:段<br>名［,…］ | 设定逻辑段段址所在的段寄存器 |
| | GROUP | 组名 GROUP 段名［,…］ | 将若干逻辑段集中在一个 64KB<br>的物理段内,定义为一个组 |
| | ORG | ORG 表达式 | 将地址计数器置为表达式的值 |

| 类　别 | 伪操作名 | 格　　式 | 功　　能 |
|---|---|---|---|
| 过程定义<br>伪操作 | PROC<br><br>ENDP | 过程名 PROC ［NEAR/FAR］<br>⋮<br>过程名 ENDP | 定义一个过程 |
| 模块定义<br>与连接<br>伪操作 | NAME | NAME 模块名 | 指定模块名 |
| | END | END ［标号］ | 表示源程序结束 |
| | PUBLIC | PUBLIC 符号［,…］ | 说明本模块中的公共符号 |
| | EXTRN | EXTRN 名字：类型［,…］ | 说明本模块所用外部符号 |
| 宏处理<br>伪操作 | MACRO<br><br>ENDM | 宏指令名 MACRO［参数［,<br>…］］<br>⋮（宏定义体）<br>ENDM | 宏定义 |
| | PURGE | PURGE 宏指令名［,…］ | 取消已有的宏定义 |
| | LOCAL | LOCAL 局部标号［,…］ | 指出宏定义体中的局部标号 |
| | REPT | REPT 表达式<br>⋮（语句组）<br>ENDM | 重复生成语句组,重复次数由表达式决定 |
| | IRP | IRP 参数,〈自变量［,…］〉<br>⋮（语句组）<br>ENDM | 重复生成语句组,每次重复时顺序用尖括号中的自变量替代语句组中的参数 |
| | IRPC | IRPC 参数,字符串<br>⋮（语句组）<br>ENDM | 重复生成语句组,每次重复时依次用字符串中的各个字符替代语句组中的参数 |
| | EXITM | EXITM | 立即退出宏定义块或重复块 |
| 条件<br>伪操作 | IF<br><br>ELSE<br><br>ENDIF | IF 条件<br>⋮（语句组 1）<br>［ELSE］<br>⋮（语句组 2）<br>ENDIF | 如条件为真,汇编语句组 1<br><br>否则汇编语句组 2 |
| | IF<br>IFE | IF 表达式<br>IFE 表达式 | 表达式不等于零条件为真<br>表达式等于零条件为真 |
| | IF1<br>IF2 | IF1<br>IF2 | 第 1 遍扫描条件为真<br>第 2 遍扫描条件为真 |

续表

| 类 别 | 伪操作名 | 格　　式 | 功　　能 |
|---|---|---|---|
| 条件<br>伪操作 | IFDEF<br>IFNDEF | IFDEF 符号<br>IFNDEF 符号 | 符号已定义条件为真<br>符号未定义条件为真 |
| | IFB<br>IFNB | IFB〈自变量〉<br>IFNB〈自变量〉 | 自变量为空条件为真<br>自变量不为空条件为真 |
| | IFIDN<br><br>IFDIF | IFIDN〈自变量1〉,〈自变量2〉<br>IFDIF〈自变量1〉,〈自变量2〉 | 两个字符串相同条件为真<br><br>两个字符串不同条件为真 |
| 列表<br>伪操作 | . CREF<br>. XCREF | . CREF<br>. XCREF | 输出交叉参考文件<br>禁止输出交叉参考文件 |
| | . LIST<br>. XLIST | . LIST<br>. XLIST | 列表输出<br>禁止列表输出 |
| | . LALL<br>. SALL<br>. XALL | . LALL<br>. SALL<br>. XALL | 列出所有宏扩展<br>不列出宏扩展<br>只列出产生目标代码的宏扩展 |
| | %OUT | %OUT 文本 | 显示文本 |
| | TITLE | TITLE 标题名 | 指定列表文件每页第一行列出的标题 |
| | SUBTTL | SUBTTL 子标题名 | 指定列表文件每页标题后面一行列出的子标题 |
| | PAGE | PAGE 行数,列数<br>PAGE<br>PAGE+ | 设置列表文件的行、列数<br>开始新的一页,页号加1<br>开始新的一章,章号加1,页号置1 |
| | . LFCOND<br>. SFCOND<br>. TFCOND | . LFCOND<br>. SFCOND<br>. TFCOND | 列出条件为假的源程序行<br>不列出条件为假的源程序行<br>使条件为假的列表状态置成与当前相反的状态 |
| 其他<br>伪操作 | COMMENT | COMMENT 定界符 文本 定界符 | 将文本作为注释列出,而不必每行加分号 |
| | . RADIX | . RADIX 表达式<br>(表达式的值在2~16之间) | 设置常数的默认基数,默认值为十进制 |
| | INCLUDE | INCLUDE 文件名 | 将另一源文件加入到当前源文件中进行汇编 |
| | EVEN | EVEN | 使地址计数器的值成为偶数 |

# 附录 4　DOS 系统功能调用(INT 21H)

| 功能号<br>(AH) | 功　　能 | 入 口 参 数 | 出 口 参 数 |
|---|---|---|---|
| 00 | 终止程序 | CS=程序 psp 的段地址 | |
| 01 | 输入字符并回显 | | AL=输入字符的<br>ASCII 码 |
| 02 | 显示字符 | DL=被显示字符的 ASCII 码 | |
| 03 | 从辅助设备读字符<br>(AUX 或 COM1) | | AL=从辅助设备读的<br>字符的 ASCII 码 |
| 04 | 向辅助设备发送字符 | DL=被发送字符的 ASCII 码 | |
| 05 | 打印机输出 | DL=被打印字符的 ASCII 码 | |
| 06 | 直接控制台 I/O(等<br>待至有输入为止) | DL =FF(直接控制台输入)<br>　　=其他值(显示输出) | AL=输入字符的<br>ASCII 码 ZF=0 |
| 07 | 直接控制台输入但不<br>回显<br>(等待至有输入为止)<br>不检查 Ctrl+Break 键 | | AL=输入字符的<br>ASCII 码 |
| 08 | 键盘输入但不回显<br>(等待至有输入为止)<br>检查 Ctrl+Break 键 | | AL=输入字符的<br>ASCII 码 |
| 09 | 显示字符串<br>(串尾字符为 $ ,但不<br>显示) | DS：DX = 被 显 示 字 符 串 首<br>　　　　地址 | |
| 0A | 输入字符串至内存缓<br>冲区 | DS：DX=存放输入字符串的<br>　　　缓冲区的首地址<br>(DS：DX)=用户规定的缓冲<br>　　　区长度<br>(DS：DX+1)=实际输入的<br>字符数,从(DS：DX+2)开始<br>放输入字符串 | |
| 0B | 检查键盘状态(不<br>等待) | | AL =FFH 有输入<br>　　=00H 无输入 |
| 0C | 清除输入缓冲区并请<br>求其他功能(01,06,<br>07,08,0A 等) | AL=被请求的功能号 | |
| 25 | 置中断矢量 | AL=中断类型号<br>DS：DX=中断服务程序入口<br>　　　地址 | |

续表

| 功能号<br>(AH) | 功　　能 | 入 口 参 数 | 出 口 参 数 |
|---|---|---|---|
| 2A | 取日期 | | CX＝年份(1980～2099)<br>DH＝月份(1～12)<br>DL＝日(1～31)<br>AL＝星期(0～6,其中 0<br>　　为周日) |
| 2B | 置日期 | CX：DH：DL＝年：月：日 | AL ＝00H 置入日期有效<br>　　＝FFH 置入日期无效 |
| 2C | 取时间 | | CH＝小时(0～23)<br>CL＝分(0～59)<br>DH＝秒(0～59)<br>DL＝1/100 秒(0～99) |
| 2D | 置时间 | CH：CL：DH：DL＝<br>时：分：秒：1/100 秒 | AL＝00H 置入时间有效<br>　　＝FFH 置入时间无效 |
| 30 | 取 DOS 版本 | | AL＝主版本号<br>AH＝子版本号 |
| 31 | 终止程序并驻留内存 | AL＝用户设置的结束代码<br>DX＝驻留区大小 | |
| 35 | 取中断矢量地址 | AL＝中断类型号 | ES：BX＝中断服务程序<br>　　入口地址 |
| 39 | 建立子目录 | DS：DX＝路径名 ASCIIZ 串地址 | |
| 3A | 删除子目录 | DS：DX＝路径名 ASCIIZ 串地址 | |
| 3B | 改变当前目录 | DS：DX＝新的当前目录的<br>ASCIIZ 串地址 | |
| 3C | 建立文件(建立并打开一个新文件或打开一个已存在的文件长度为 0 的旧文件) | DS：DX＝文件名的 ASCIIZ 串地址<br>CX＝文件属性<br><br>7 6 5 4 3 2 1 0<br>归档 子目录 卷标 系统 隐含 只读<br>15 14 13 12 11 10 9 8 | 成功：AX＝文件代号<br>出错：AX＝错误代码 |
| 3D | 打开文件 | DS：DX＝文件名的 ASCIIZ 串地址<br>AL ＝0 读<br>　　＝1 写<br>　　＝2 读/写 | 成功：AX＝文件代号<br>出错：AX＝错误代码 |
| 3E | 关闭文件 | BX＝文件代号 | 出错：AX＝错误代码 |

续表

| 功能号<br>(AH) | 功　能 | 入 口 参 数 | 出 口 参 数 |
|---|---|---|---|
| 3F | 读文件或设备 | DS：DX＝存放读入信息的数据<br>　　　缓冲区地址<br>BX＝文件代号<br>CX＝读取的字节数 | 成功：AX＝实际读入的<br>　　　字节数<br>　　　＝0已到文件尾<br>出错：AX＝错误码 |
| 40 | 写文件或设备 | DS：DX＝存放写入信息的数据<br>　　　缓冲区地址<br>BX＝文件代号<br>CX＝写入的字节数 | 成功：AX＝实际写入的<br>　　　字节数<br>出错：AX＝错误代码 |
| 41 | 删除文件 | DS：DX＝文件名 ASCIIZ 串<br>　　　地址 | 成功：AX＝0<br>出错：AX＝错误代码 |
| 42 | 移动读/写指针 | BX＝文件代号<br>CX：DX＝位移量<br>AL＝0从文件头开始移动<br>　　＝1从文件指针当前位置向<br>　　　前移动<br>　　＝2从文件尾开始移动 | 成功：DX：CX＝新的<br>读/写指针位置<br>出错：AX＝错误代码 |
| 43 | 取/置文件属性 | DS：DX＝文件名 ASCIIZ 串<br>　　　地址<br>AL＝0取文件属性<br>　　＝1置文件属性<br>CX＝文件属性(AL＝1 时) | 成功：CX＝文件属性<br>出错：AX＝错误代码 |
| 47 | 取当前目录 | DL＝驱动器号<br>DS：SI＝当前目录 ASCIIZ 串<br>　　　地址 | 成功：DS：SI＝当前目<br>录 ASCIIZ 串<br>出错：AX＝错误代码 |
| 48 | 分配内存空间 | BX＝程序需要的 16 字节的内<br>　　存段落数 | 成功：AX＝被分配内<br>存的首址<br>出错：BX＝内存最大<br>可用块中 16 字节的段<br>落数(当没有足够大内<br>存时) |
| 49 | 释放已分配的内存<br>空间 | ES＝内存起始段地址 | 出错：AX＝错误代码 |
| 4A | 修改 48H 功能所分<br>配的内存空间 | ES＝功能 48H 分配的内存块<br>　　的段地址<br>BX＝再申请的 16 字节的段<br>　　落数 | 出错：BL＝内存最大<br>可用块中 16 字节的段<br>落数<br>AX＝错误代码 |

| 功能号<br>(AH) | 功　　能 | 入 口 参 数 | 出 口 参 数 |
|---|---|---|---|
| 4B | 装入/执行程序(一个程序将另一个程序装入并可选择地执行) | DS：DX＝被装入程序名的<br>　　　　ASCIIZ 串地址<br>ES：BX＝参数区首地址(参数<br>　　　　区内容取决于程序<br>　　　　是否执行)<br>AL ＝0 装入且执行<br>　　＝3 装入不执行 | 出错：AX＝错误代码 |
| 4C | 带返回码结束 | AL＝程序员自定的返回码 | |
| 4D | 取返回代码 | | 成功：AX＝31H 或 4CH<br>功能所发送的返回代码 |
| 56 | 文件改名 | DS：DX＝文件旧名 ASCIIZ<br>　　　　串地址<br>ES：DI＝文件新名 ASCIIZ<br>　　　　串地址 | 出错：AX＝错误代码 |
| 57 | 置/取文件日期和时间 | BX ＝文件代号<br>AL ＝0 取文件的日期和时间<br>　　＝1 置文件的日期和时间<br>DX：CX＝日期和时间 | 成功：DX：CX＝文件<br>的日期和时间<br>出错：AX＝错误代码 |
| 57 | 置/取文件日期和时间 | 注：当年为 1980 年 | 成功：DX：CX＝文件<br>的日期和时间<br>出错：AX＝错误代码 |
| 58 | 置/取内存分配策略 | AL ＝0 取内存分配策略码<br>　　＝1 置内存分配策略码<br>　　　(BX 为策略)<br>BX ＝0：首次适配(默认策略<br>　　　码)<br>　　即 DOS 从内存最低端开始<br>　　查找第一个足够大的可用<br>　　内存块<br>　　＝最佳适配<br>　　即 DOS 查找最小可用块<br>　　＝2 最后适配<br>　　即 DOS 从内存高端开始查<br>　　找,分配第一个符合要求<br>　　的可用块 | 成功：AX＝策略码(BX)<br>出错：AX＝错误代码 |
| 5A | 建立临时文件 | DS：DX＝文件名 ASCIIZ 串<br>　　　　地址<br>CX＝文件属性 | 成功：DS：DX＝新文件<br>的 ASCIIZ 串地址<br>出错：AX＝错误代码 |
| 5B | 建立新文件 | DS：DX＝文件名 ASCIIZ 串<br>　　　　地址<br>CX＝文件属性 | 成功：AX＝文件代号<br>出错：AX＝错误代码 |

| 功能号<br>（AH） | 功　能 | 入　口　参　数 | 出　口　参　数 |
|---|---|---|---|
| 5C | 封锁/开锁文件访问 | AL＝0 封锁<br>　＝1 开锁<br>BX＝文件代号（由 3CH、<br>　　　3DH、5BH 功能所返回<br>　　　的）<br>CX：DX＝文件中被封锁区域<br>　　　　的首地址相对于文<br>　　　　件首地址的偏移量<br>SI：DI＝被封锁区域的字节数 | 出错：AX＝错误码 |
| 5E | 建立网络参数 | AL＝0 获取机器名<br>　＝2 设置打印机参数<br>　＝3 获取打印机参数 | |
| 62 | 取程序段前缀地址 | | BX＝PSP 段地址 |

# 附录 5　BIOS 调用

| INT | 功能号<br>（AH） | 功能 | 入　口　参　数 | 出　口　参　数 |
|---|---|---|---|---|
| 5 | | 屏幕打印 | | |
| 10 | 0 | 置显示方式 | AL＝0　40×25 黑白文本<br>　＝1　40×25 彩色文本<br>　＝2　80×25 黑白文本<br>　＝3　80×25 彩色文本<br>　＝4　320×200 彩色图形<br>　＝5　320×200 黑白图形<br>　＝6　640×200 黑白图形<br>　＝7　80×25 单色文本<br>　＝8　160×200 16 色图形（PC$_{jr}$）<br>　＝9　320×200 16 色图形（PC$_{jr}$）<br>　＝A　640×200 16 色图形（PC$_{jr}$）<br>　＝D　320×200 彩色图形（EGA）<br>　＝E　640×200 彩色图形（EGA）<br>　＝F　640×350 黑白图形（EGA）<br>　＝10　640×350 彩色图形（EGA）<br>　＝11　640×480 单色图形（EGA）<br>　＝12　640×480 16 色图形（EGA）<br>　＝13　320×200 256 色图形（EGA）<br>　＝40　80×30 彩色文本（CGE400）<br>　＝41　80×50 彩色文本（CGE400）<br>　＝42　640×400 彩色文本（CGE400） | |

续表

| INT | 功能号<br>(AH) | 功能 | 入 口 参 数 | 出 口 参 数 |
|---|---|---|---|---|
| 10 | 1 | 置光标类型 | $CH_{4\sim0}$=光标起始行<br>(当 $CH_5$=1 时光标消失)<br>$CL_{4\sim0}$=光标结束行 | |
| 10 | 2 | 置光标位置 | DH：DL=行：列<br>BH=页号 | |
| 10 | 3 | 读光标位置 | BH=页号 | DH：DL=行：列<br>CH：CL=光标起始行：<br>结束行 |
| 10 | 4 | 读光笔位置 | | AH=0 光笔未被触发,<br>　=1 光笔已被触发<br>此时　DH：DL=字符行：<br>　　　　列(文本<br>　　　　方式)<br>　　　CH：BX=像素行：<br>　　　　列(图形<br>　　　　方式) |
| 10 | 5 | 置当前显示页 | AL=页号 | |
| 10 | 6 | 当前显示页上滚或屏幕初始化 | CH：CL=窗口左上角行号：列号<br>DH：DL=窗口右下角行号：列号<br>BH=窗口底部卷入行属性<br>AL=上卷行数<br>　=0,清窗口 | |
| 10 | 7 | 当前显示页下滚或屏幕初始化 | CH：CL=窗口左上角行号：列号<br>DH：DL=窗口右下角行号：列号<br>BH=窗口顶部卷入行属性<br>AL=下卷行数<br>　=0,清窗口 | |
| 10 | 8 | 读光标位置的字符及属性 | BH=页号 | AL=字符的 ASCII 码<br>　=0(当没有对应于字<br>　符的 ASCII 码)<br>AH=字符属性 |
| 10 | 9 | 在光标位置上显示字符及属性 | BH=页号<br>AL=字符的 ASCII 码<br>BL=字符的属性 | |
| 10 | A | 在光标位置上显示字符 | BH=页号<br>AL=字符的 ASCII 码 | |
| 10 | B | 置彩色调色板 | BH=0　BL=0～15 彩色值<br>320×200 图形方式下为设置屏幕<br>本底色<br>字符方式下为设置外边框色<br>BH=1　BL=0、1 调色板号<br>320×200 图形方式下为设置调色板 | |

| INT | 功能号<br>(AH) | 功　能 | 入　口　参　数 | 出　口　参　数 |
|---|---|---|---|---|
| 10 | C | 写　点 | DX：CX=点的行号：列号<br>AL=1～3,点的彩色值(320×200 图形方式) | |
| 10 | D | 读点 | | |
| 10 | E | 以电传方式写字符(光标前移)(不能置字符属性) | DX：CX=点的行号：列号<br>AL=字符的 ASCII 码<br>BL=字符的前景色 | AL=点的彩色值 |
| 10 | F | 取当前显示方式 | | AL=当前显示方式(参见00H 功能)<br>AH=每行文本字符数<br>BH=页号 |
| 10 | 13 | 写字符串(适用于AT 机) | ES：BP=被显示串在内存中的地址<br>CX=串的字节数<br>BH=页号<br>DH：DL=显示字符串的起始行号：列号<br><br>AL=0,BL=属性,串：字符,字符…<br><br>=1,BL=属性,串：字符,字符…<br><br>=2,串：字符,属性,字符,属性…<br><br>=3,串：字符,属性,字符,属性… | 光标返回到 DH：DL 指定的起始位置<br>光标放置在字符串的结尾处<br>光标返回到 DH：DL 指定的起始位置<br>光标放置在字符串的结尾处 |
| 13 | 2 | 读磁盘扇区(读取的全部扇区必须在同一磁道内) | DH：DL=磁头号：驱动号<br>CH：CL=磁道号：扇区号<br>AL=读取的扇区数<br>ES：BX=数据缓冲区地址 | 成功：AH=0<br>　　　AL=读取的扇区数<br>出错：AH=错误代码 |
| 13 | 3 | 写磁盘扇区(必须写在同一磁道内) | DH：DL=磁头号：驱动器号<br>CH：CL=磁道号：扇区号<br>AL=读取的扇区数<br>ES：BX=数据缓冲区地址 | 成功：AH=0<br>　　　AL=写入的扇区数<br>出错：AH=错误代码 |

| INT | 功能号<br>(AH) | 功能 | 入 口 参 数 | 出 口 参 数 |
|---|---|---|---|---|
| 14 | 0 | 初始化串口 | DX＝串口号(0,1)<br>AL＝初始化参数<br><br>　　　7 6 5 4 3 2 1 0<br>AL 波特率\|奇偶位\|停止位\|<br>波特率<br>　　110 000　无校 00<br>　　150 001　奇校 01<br>　　300 010　无校 10<br>　　600 011　偶校 11<br>　1200 100<br>　2400 101<br>　4800 110<br>　9600 111<br>10:7位字符<br>11:8位字符<br>0:一个停止位<br>1:两个停止位 | AH ＝通信口状态<br>　AH$_7$：超时<br>　AH$_6$：传送移位寄存器<br>　AH$_5$：传送保持寄存<br>器空<br>　AH$_4$：断点检测错<br>　AH$_3$：帧检错<br>　AH$_2$：奇偶校错<br>　AH$_1$：溢出<br>　AH$_0$：数据准备好<br>AL＝调制解调器状态<br>　AL$_7$＝检测到接收线信号<br>　AL$_6$＝检测到呼叫指示<br>器信号<br>　AL$_5$＝数据发送准备<br>好 DSR<br>　AL$_4$＝清除发送 CTS<br>　AL$_3$＝接收线信号检测<br>的改变<br>　AL$_2$＝后沿呼叫检测器<br>信号<br>　AL$_1$＝数据装置准备好<br>DSR 信号变化<br>　AL$_0$＝清除发送 CTS<br>信号变化 |
| 14 | 1 | 向串口写<br>一字符(发<br>送) | DX＝串口号(0,1)<br>AL＝字符的 ASCII 码 | 成功：AH$_7$＝0<br>出错：AH$_7$＝1<br>　AH$_{6\sim0}$＝通信口状态<br>（同功能 0） |
| 14 | 2 | 从串口读<br>一字符(接<br>收) | DX＝串口号(0,1) | 成功：AL ＝ 字 符 的<br>ASCII<br>码<br>　AH$_7$＝0<br>出错：AH$_7$＝1<br>　AH$_{6\sim0}$＝通信口状<br>态（同功<br>能 0） |
| 14 | 3 | 取串口状态 | DX＝串口号(0,1) | AH＝通信口状态(同功能<br>0)<br>AL＝调制解调器状态(同<br>功能0) |

| INT | 功能号<br>(AH) | 功能 | 入 口 参 数 | 出 口 参 数 |
|---|---|---|---|---|
| 16 | 0 | 读下一个键字符(若字符已输入并放入键盘缓冲区,则立即返回该字符,否则等待,直到有字符输入为止) | | AL＝字符的 ASCII 码<br>　　＝0(字 符 无 ASCII 码)<br>AH＝字符的扫描码 |
| 16 | 1 | 检测字符是否准备好(不等待输入) | | ZF＝0 键盘缓冲区中有字符<br>　则AL＝字符的 ASCII码<br>　　AH＝字符的扩展码<br>ZF＝1 键盘缓冲区中无字符 |
| 16 | 2 | 取当前转换键状态 | | AL＝转换键状态 |
| 17 | 0 | 打印一个字符且返回打印机状态 | AL＝字符的 ASCII 码<br>DX＝打印机号(0～2) | AH＝打印机状态 |
| 17 | 1 | 初始化打印机口并返回打印机状态 | DX＝打印机号(0～2) | AH＝打印机状态 |
| 17 | 2 | 取打印机状态 | DX＝打印机号(0～2) | AH＝打印机状态 |
| 1A | 0 | 读当前时钟值 | | CX：DX＝时钟计数值 |
| 1A | 1 | 置当前时钟值 | CX：DX＝时钟计数值 | |

# 附录 6　IBM PC 键盘扫描码

| 键 | 扫描码 | 键 | 扫描码 | 键 | 扫描码 | 键 | 扫描码 |
|---|---|---|---|---|---|---|---|
| Esc | 01 | O | 18 | X | 2D | F8 | 42 |
| 1 | 02 | P | 19 | C | 2E | F9 | 43 |
| 2 | 03 | [ | 1A | V | 2F | F10 | 44 |
| 3 | 04 | ] | 1B | B | 30 | NumLock | 45 |
| 5 | 06 | Enter | 1C | N | 31 | ScrollLock | 46 |
| 6 | 07 | Ctrl | 1D | M | 32 | Home | 47 |
| 8 | 09 | A | 1E | , | 33 | ↑ | 48 |
| 9 | 0A | S | 1F | . | 34 | PgUp | 49 |
| 0 | 0B | D | 20 | / | 35 | − | 4A |
| - | 0C | F | 21 | Shift(右) | 36 | ← | 4B |
| = | 0D | G | 22 | Prtsc | 37 | ↖ | 4C |
| BackSpace | 0E | H | 23 | Alt | 38 | → | 4D |
| Tab | 0F | J | 24 | Space | 39 | + | 4E |
| Q | 10 | K | 25 | CapsLOCK | 3A | End | 4F |
| W | 11 | L | 26 | F1 | 3B | ↓ | 50 |
| E | 12 | ; | 27 | F2 | 3C | PgDn | 51 |
| R | 13 | , | 28 | F3 | 3D | Ins | 52 |
| T | 14 | · 、 | 29 | F4 | 3E | Del | 53 |
| Y | 15 | Shift(左) | 2A | F5 | 3F | | |
| U | 16 | \ | 2B | F6 | 40 | | |
| I | 17 | Z | 2C | F7 | 41 | | |

# 附录 7　字符的扩充码

| 扩充码 | 对应的输入字符的组合 | 扩充码 | 对应的输入字符的组合 |
|---|---|---|---|
| 15 | Shift+Tab | 83 | Del |
| 16~25 | Alt+Q~P | 84~93 | Shift+F1~F10 |
| 30~38 | Alt+A~L | 94~103 | Ctrl+F1~F10 |
| 44~50 | Alt+Z~M | 104~113 | Alt+F1~F10 |
| 59~68 | F1~F10 | 114 | Ctrl+Prtsc |
| 71 | Home | 115 | Ctrl+← |
| 72 | ↑ | 116 | Ctrl+→ |
| 73 | PgUp | 117 | Ctrl+End |
| 75 | ← | 118 | Ctrl+PgDn |
| 77 | → | 119 | Ctrl+Home |
| 79 | End | 120~131 | Alt+1,2,…,9,0,-,= |
| 80 | ↓ | 132 | Ctrl+PgUp |
| 81 | PgDn | | |
| 82 | Ins | | |

## 附录 8　IBM PC/XT 的中断矢量表

| 类型号 | 地址（H） | 中　断　功　能 |
|---|---|---|
| 0 | 0～3 | 除法错 |
| 1 | 4～7 | 单步 |
| 2 | 8～B | NMI |
| 3 | C～F | 断点 |
| 4 | 10～13 | 溢出 |
| 5 | 14～17 | 打印屏幕 |
| 6,7 | 18～1F | 保留 |
| 8 | 20～23 | 定时器 |
| 9 | 24～27 | 键盘 |
| A | 28～2B | 保留 |
| B | 2C～2F | 异步通信口 2 |
| C | 30～33 | 异步通信口 1 |
| D | 34～37 | 硬盘 |
| E | 38～3B | 软盘 |
| F | 3C～3F | 打印机 |
| 10 | 40～43 | 显示器 I/O 调用 |
| 11 | 44～47 | 设备配量检查调用 |
| 12 | 48～4B | 存储器容量检查调用 |
| 13 | 4C～4F | 软/硬盘 I/O 调用 |
| 14 | 50～53 | 异步通信 I/O 调用 |
| 15 | 54～57 | 盒式磁带 I/O 调用 |
| 16 | 58～5B | 键盘 I/O 调用 |
| 17 | 5C～5F | 打印机 I/O 调用 |
| 18 | 60～63 | 驻留 BASIC 入口 |
| 19 | 64～67 | 系统自举入口 |
| 1A | 68～6B | 日时针调用 |
| 1B | 6C～6F | 键盘 Ctrl＋Break 控制 |
| 1C | 70～73 | 定时器报时 |
| 1D | 74～77 | 显示器参数表 |
| 1E | 78～7B | 软盘参数表 |
| 1F | 7C～7F | 字符点阵参数表 |
| 20 | 80～83 | 程序结束,返回 DOS |
| 21 | 84～87 | DOS 功能调用 |
| 22 | 88～8B | 结束地址 |
| 23 | 8C～8F | Ctrl＋Break 退出地址 |
| 24 | 90～93 | 标准错误出口地址 |

| 类型号 | 地址(H) | 中　断　功　能 |
|---|---|---|
| 25 | 94～97 | 磁盘顺序读 |
| 26 | 98～9B | 磁盘顺序写 |
| 27 | 9C～9F | 程序结束且驻留内存 |
| 28～3F | A0～FF | DOS 使用或保留 |
| 40 | 100～103 | 软盘 I/O |
| 41 | 104～107 | 硬盘参数表 |
| 42～5F | 108～17F | 保留 |
| 60～67 | 180～19F | 为用户软中断保留 |
| 68～7F | 1A0～1FF | 保留 |
| 80～F0 | 200～3C3 | BASIC 使用 |
| F1～FF | 3C4～3FF | 保留 |

# 附录9　部分习题参考答案

## 第　1　章

**题 1-11**　8 位无符号数：0～255　　　　　8 位有符号数：−128～+127

　　　　　16 位无符号数：0～65 535　　　16 位有符号数：−32 768～+32 767

**题 1-12**

| 数字 \ 类型 | 原　　码 | 反　　码 | 补　　码 |
|---|---|---|---|
| −1 | 1000 0001<br>1000 0000 0000 0001 | 1111 1110<br>1111 1111 1111 1110 | 1111 1111<br>1111 1111 1111 1111 |
| −45 | 1010 1101<br>1000 0000 0010 1101 | 1101 0010<br>1111 1111 1101 0010 | 1101 0011<br>1111 1111 1101 0011 |
| −127 | 1111 1111<br>1000 0000 0111 1111 | 1000 0000<br>1111 1111 1000 0000 | 1000 0001<br>1111 1111 1000 0001 |

**题 1-16**　1. 1100 0101　　　　　　　　　　2. 305

　　　　　3. 0000 0001 1001 0111　　　　4. 197

**题 1-17**　−59

**题 1-18**　35FD　　SF：0　　ZF：0　　CF：1　　OF：1

## 第　2　章

**题 2-1**　1. 寄存器间接寻址　　　　　　　2. 寄存器寻址

　　　　　3. 立即寻址　　　　　　　　　　4. 直接寻址

　　　　　5. 变址寻址　　　　　　　　　　　6. 基址-变址寻址

　　　　　7. 基址寻址

**题 2-2**　1. A5000H　　　　　　　　　　4. F3100H

　　　　　5. F2005H　　　　　　　　　　6. A700AH

　　　　　7. F400BH

**题 2-3**　B689DH　　　E101H

**题 2-5**　1. 不正确。因源操作数类型为字,而目标操作数类型为字节。

　　　　　2. 不正确。因不能用一条 MOV 指令实现两个存储单元之间的数据传送。

**题 2-6**　1. (AH)=42H

　　　　　2. (DI)=2100H　　　　(SP)=2802H

　　　　　3. (SI)=3000H　　　　(DI)=2000H

　　　　　　(AL)=61H　　　　　(BL)=31H

　　　　　　(SP)=FF00H

**题 2-9**　1. 不正确。因源操作数类型为字,而目标操作数类型为字节。

　　　　　2. 不正确。因不能对段寄存器进行算术运算。

**题 2-10**　1. (AL)=76H,(CF)=0,(ZF)=0,(SF)=0,(AF)=0,(OF)=0,(PF)=0

　　　　　5. (AL)=00H,(CF)=1,(ZF)=1,(SF)=0,(AF)=1,(OF)=0,(PF)=1

**题 2-11**　1. (AL)=54H,(CF)=0,(ZF)=0,(SF)=0,(AF)=0,(OF)=1,(PF)=0

　　　　　5. (AL)=38H,(CF)=1,(ZF)=0,(SF)=0,(AF)=0,(OF)=0,(PF)=0

**题 2-12**　1. (4100H)=51H,　　　　　(4101H)=84H

　　　　　2. (AL)=EBH,(CF)=0,(ZF)=0,(SF)=1,(AF)=0,(OF)=0,(PF)=1

　　　　　3. (AL)=51H,(CF)=1,(ZF)=0,(SF)=0,(AF)=1,(OF)=0,(PF)=0

　　　　　4. (4100H)=EBH,　　　　　(4101H)=7DH

**题 2-14**　1. MOV　　　AL,0

　　　　　2. XOR　　　AL,AL(或 SUB　　　AL,AL)

　　　　　3. OR　　　　AL,AL(或 AND　　　AL,AL)

**题 2-24**　1. ① MOV　　AX,1001H

　　　　　　　PUSH　　AX

　　　　　　② PUSH　　1001H

　　　　　2. ① MOV　　CL,5

　　　　　　　RCL　　　AX,CL

　　　　　　② RCL　　　AX,5

　　　　　3. ① MOV　　AX,BX

　　　　　　　MOV　　　BX,0BH

　　　　　　　IMUL　　BX

　　　　　　　MOV　　　CX,AX

　　　　　　② IMUL　　CX,BX,0BH

**题 2-25**　① MOV　　　AL,BL

```
        CBW
        MOV        CX,AX
  ②  MOVSX      ECX,BX
```

# 第 3 章

**题 3-1**　1. 15 个内存单元。内容分别为:01H,02H,03H,04H,31H,32H,33H,34H, FBH,80H,FFH,30H,46H,46H,48H。

2. 1 个内存单元。内容为 4BH。

3. 10 个内存单元。内容分别为:00H,00H,FFH,FFH,30H,32H,64H,00H, D3H,FFH。

4. 16 个内存单元。内容分别为:0CH,00H,00H,00H,FDH,FFH,FFH, FFH,CDH,ABH,00H,00H,24H,00H,00H,00H。

5. 1 个内存单元。内容为 3FH。

6. 4 个内存单元。没有赋予特定的内容。

7. 45 个内存单元。为 5 组重复的内容,每组 9 个,内容分别为 09H,09H,09H, 09H,08H,08H,08H,06H,00H。

8. 160 个内存单元。为 10 组重复的内容,每组 16 个,内容分别为 02H,00H, FEH,FFH,然后有 12 个没有赋予特定内容的单元。

**题 3-2**　1. (AL)=28H　　　　　　　　2. (BL)=A6H

3. (CL)=0FH　　　　　　　　4. (DL)=01H

5. (AH)=BEH　　　　　　　　6. (AX)=0000H

7. (BX)=FFFFH

**题 3-3**　1. (SI)='XW'　　　　　　　　2. (DI)为变量 BUFF1 的偏移地址

3. (AL)=1　　　　　　　　　4. (AH)=2

5. (BL)=10　　　　　　　　　6. (BH)=50

7. (CL)=10　　　　　　　　　8. (CH)=100

9. (DL)=4　　　　　　　　　10. (DH)=400

**题 3-10**　第 2 小题提示:

· 参见 3.4.2 节,根据输入字符缓冲区第 2 字节(ACTCHAR),即输入字符的个数决定每一位二进制的幂次。

· 可利用第 1 章 1.2.1 节中的公式(1.2)。

# 第 4 章

**题 4-1**　1. (②)　　　　　　　　　　2. (④)

3. (③)　　　　　　　　　　4. (④)

5. (③)　　　　　　　　　　6. (①)

7. (①)　　　　　　　　　　8. (②)

9. (③)

**题 4-2**　1.（电容）　　　　　　　　　　2.（640）

3.（0）～（FFFFF）　　　　　　4.（紫外线）,（FF）

5.（1024）　　　　　　　　　　6.（EEPROM）

7.（低）　　　　　　　　　　　8.（$\overline{RAS}$）和（$\overline{CAS}$）

9.（$\overline{MEMR}$）,（$\overline{MEMW}$）

10.　2732　　　（4）　　KB

2764　　　（8）　　KB

27128　　（16）　　KB

27256　　（32）　　KB

27512　　（64）　　KB

27C040　（512）　KB

**题 4-3**　主存储器通常是指地址在 0～9FFFFH 的 640KB 内存。

内存保留区是指地址在 A0000H～FFFFFH 的 384KB 的内存,留给视频适配器和 BIOS 用。

扩展内存是指地址高于 100000H(大于 1GB)的内存,也叫 XMS。

**题 4-4**　双口 RAM 主要用于多 CPU 系统。它的特点是有两套相同的地址线/数据线,分属于不同的 CPU,便于上下位计算机数据的传递。

**题 4-5**　串行 EEPROM 的优点是数据线少(有 1,2,3 线),体积小,便于应用。

**题 4-6**　闪存特点是可电擦除和重复编程,单一电源供电,容量大,功耗低。用于移动储存,例如 U 盘、消费类电子产品等。

**题 4-7**　27128 的地址范围是 0～3FFFH ,地址重叠区 4000H～7FFFFH。

2764 的地址范围是 8000H～9FFFH。

**题 4-8**　2764 的地址范围是 0～1FFFH;

6264 的地址范围是 8000H～9FFFH

**题 4-9**

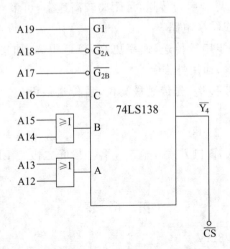

**题 4-10**　2000H～207FFH

（还有地址重叠区为 20800H～A0FFFH）

**题 4-11**　38000H～3FFFFH

# 第 5 章

**题 5-4**　在 CPU 执行指令过程中不会,在 DMA 传送过程中会。

**题 5-5**　1. AEN 在此限制地址译码电路只在 CPU 执行指令时起作用(不会在 DMA 传送时,错将存储器地址当成 I/O 地址译码)。

　　　　2. 译码电路是不完全译码,有地址重叠,400H 地址是本译码电路 $\overline{Y_0}$ 输出端的重叠区。

　　　　3. $\overline{IOW}$ 在此限制译码输出端选中只写端口。

**题 5-6**　1. $\overline{IOW}$ 信号有效,$DB_0$＝1。　　2. 最后 AL 的 $D_0$＝0。

**题 5-8**　1. CPU 当前开中断。　　　　　　2. IRQi 的优先级同时大于 IRQm 和 IRQn。

**题 5-9**　1. $IRQ_2$ 的中断类型号为 0AH,矢量地址为 28H。

　　　　2. 中断服务程序入口地址为 0E8EH:0026H＝0E906H。

**题 5-11**

```
PUSH DS
MOV  AX,2000H
MOV  DS,AX
MOV  DX,100H
MOV  AH,25H
MOV  AL,0FH        ;IRQ₇ 的中断类型号
INT  21H           ;安装中断矢量
POP  DS
```

**题 5-16**　RS-232:3 根。异步串行传送,接口简单,适用于较近距离较低速率点对点传送。

　　　　RS-485:2 根。异步串行传送,远距离较高速率,可多点联成网。接口较复杂要用专用接口板卡或转换电路。

　　　　USB:4 根。异步串行传送,速率更高,较近距离,加集线器易扩展,即插即用,占用系统资源少,通用性强。

　　　　SPI:3 根。同步传送,先传送最高位,后传送最低位。可在较近距离内以主从方式联成网。

**题 5-17**　1. ②　　　　2. ③

**题 5-18**　A 口方式 0 输入,B 口方式 0 输出。各个发光二极管 LED 全灭。

**题 5-19**　①

# 第 6 章

**题 6-4**　2.44mV,　9.78mV

**题 6-5**　(1) 19.61mV　(2) 3549.41mV

**题 6-11**　39.2mV,　2.44mV,　0.153mV

**题 6-12**  在采用查询方式下,CPU 要花很多时间去查询 A/D 转换器的状态,不能充分发挥 CPU 的效率。在中断方式下,CPU 发出启动转换信号,就可以另做别的事。转换完毕,CPU 响应中断,读取转换结果。

**题 6-16**  (1)应选择由多到 1 的模拟多路开关,例如 AD7501、AD7503 即可。当然,选择由多到 1 和由 1 到多的双向模拟多路开关也可以。

(2)必须选择由 1 到多的模拟多路开关,例如 CD4051B。

**题 6-21**  (1) 64 点/周      (2) 3.2 kHz

**题 6-22**  $0.0124\mu s$

**题 6-23**  20kHz

# 参 考 文 献

1. 孙德文. 微型计算机技术(修订版). 北京:高等教育出版社,2005

2. 孙力娟等. 微型计算机原理与接口技术. 北京:清华大学出版社,2007

3. 戴梅萼,史嘉权. 微型计算机技术及其应用(第 3 版). 北京:清华大学出版社,2003

4. 周明德. 微型计算机系统原理及应用(第 5 版). 北京:清华大学出版社,2007

5. 沈美明,温冬婵. IBM－PC 汇编语言程序设计(第 2 版). 北京:清华大学出版社,2001

6. 马春燕. 微机原理与接口技术. 北京:电子工业出版社,2007

7. 朱世鸿. 微机系统和接口应用技术. 北京:清华大学出版社,2006

8. 艾德才等. 微机原理与接口技术. 北京:清华大学出版社,2005

# 读者意见反馈

亲爱的读者：

感谢您一直以来对清华版计算机教材的支持和爱护。为了今后为您提供更优秀的教材，请您抽出宝贵的时间来填写下面的意见反馈表，以便我们更好地对本教材做进一步改进。同时如果您在使用本教材的过程中遇到了什么问题，或者有什么好的建议，也请您来信告诉我们。

地址：北京市海淀区双清路学研大厦 A 座 602 室　计算机与信息分社营销室 收
邮编：100084　　　　　　　　　电子邮件：jsjjc@tup.tsinghua.edu.cn
电话：010-62770175-4608/4409　邮购电话：010-62786544

---

教材名称：微型计算机系统原理及应用（第 3 版）
ISBN：978-7-302-19352-4
**个人资料**
姓名：_____ 年龄：_____ 所在院校/专业：_____
文化程度：_____ 通信地址：_____
联系电话：_____ 电子信箱：_____
**您使用本书是作为：**□指定教材 □选用教材 □辅导教材 □自学教材
**您对本书封面设计的满意度：**
□很满意 □满意 □一般 □不满意　改进建议_____
**您对本书印刷质量的满意度：**
□很满意 □满意 □一般 □不满意　改进建议_____
**您对本书的总体满意度：**
从语言质量角度看 □很满意 □满意 □一般 □不满意
从科技含量角度看 □很满意 □满意 □一般 □不满意
**本书最令您满意的是：**
□指导明确 □内容充实 □讲解详尽 □实例丰富
**您认为本书在哪些地方应进行修改？**（可附页）
_____
_____
**您希望本书在哪些方面进行改进？**（可附页）
_____
_____
_____

---

# 电子教案支持

敬爱的教师：

为了配合本课程的教学需要，本教材配有配套的电子教案（素材），有需求的教师可以与我们联系，我们将向使用本教材进行教学的教师免费赠送电子教案（素材），希望有助于教学活动的开展。相关信息请拨打电话 010-62776969 或发送电子邮件至 jsjjc@tup.tsinghua.edu.cn 咨询，也可以到清华大学出版社主页（http://www.tup.com.cn 或 http://www.tup.tsinghua.edu.cn）上查询。